Fokus *Mathematik*

Gymnasium Klasse 5
Hessen

unter Mitarbeit von:
Clemens Groß
Peter Prewitz
Dr. Karen Reitz-Koncebovski
Dr. Jürgen Stein

herausgegeben durch:
Renatus Lütticken
Dietmar Scholz
Claudia Uhl

Cornelsen

Begleitmaterialien zum Lehrwerk

für Schülerinnen und Schüler

Arbeitsheft Klasse 5
978-3-06-006652-0

Arbeitsheft Klasse 5
mit CD-ROM
978-3-06-006619-3

für Lehrerinnen und Lehrer

Lehrerfassung
des Schülerbuchs
Klasse 5
978-3-06-006622-3

Lösungsheft Klasse 5
978-3-06-006620-9

Autoren: Dr. Norbert Esper †, Silke Göttge, Katrin Höffken, Christof Höger, Markus Krysmalski, Renatus Lütticken, Dr. Karen Reitz-Koncebovski, Dietmar Scholz, Johannes Schornstein, Ingeborg Tuffner-Denker

Berater: Gerhard Bauer, Clemens Groß, Monica Hettrich, Peter Prewitz, Dr. Jürgen Stein

Herausgeber: Renatus Lütticken, Dietmar Scholz, Claudia Uhl

Redaktion: Dr. Peter Birnbaum, Dr. Karen Reitz-Koncebovski, Uwe Schönefeld

Illustration: Peter Menne, Uta Bettzieche (S. 100/101)

Technische Zeichnungen: Martin Frech, Christian Görke

Zwischentitel und Sonderseiten: Dorothée Billard, medienfrech.de, Ungermeyer, Daniel Tietze

Umschlaggestaltung und Layoutkonzept: Wolfgang Lorenz, Wladimir Perlin

Bildrecherche: Peter Hartmann

Technische Umsetzung: medienfrech.de

Einige der in dieser Ausgabe genutzten Materialien wurden auch noch von Dr. Norbert Esper † und Johannes Schornstein herausgeberisch betreut.

www.cornelsen.de

Unter der folgenden Adresse befinden sich multimediale Zusatzangebote für die Arbeit mit dem Schülerbuch.
www.cornelsen.de/fokus-mathematik
Die Buchkennung ist **MFK006618**

1. Auflage, 1. Druck 2011

Alle Drucke dieser Auflage sind inhaltlich unverändert und können im Unterricht nebeneinander verwendet werden.

Druck: CS-Druck CornelsenStürtz, Berlin

ISBN 978-3-06-006618-6 (Schülerbuch)
ISBN 978-3-06-006622-3 (Lehrerfassung)

Inhalt gedruckt auf säurefreiem Papier aus nachhaltiger Forstwirtschaft.

Inhalt

Inhalt

Liebe Schülerin, lieber Schüler,

dieses Buch will dich einladen, Mathematik anhand von interessanten Situationen zu lernen, denen du jeden Tag begegnen kannst. Es soll dir zeigen, dass es gar nicht so schwer ist, selbstständig mathematische Probleme zu lösen. Wenn du genau hinschaust, kannst du darin selbst viele Fragen aufwerfen und Zusammenhänge entdecken, die letztlich auf wichtige mathematische Begriffe und Sätze führen.

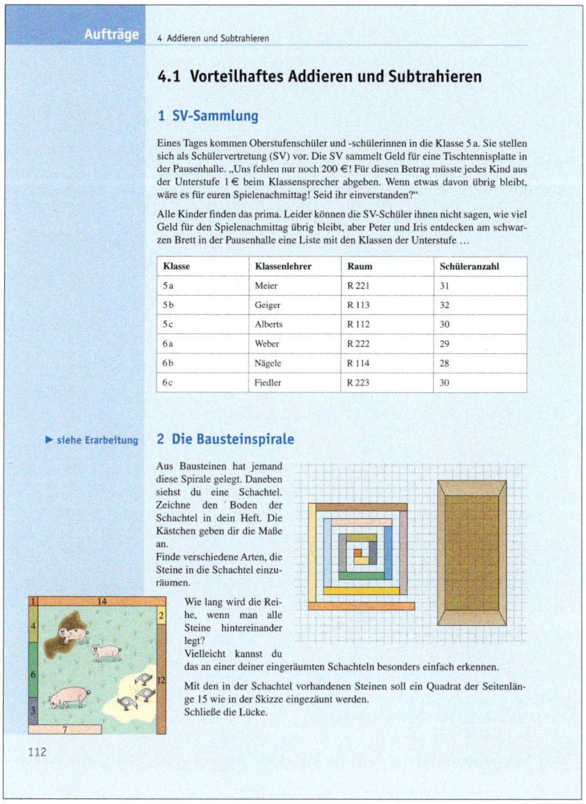

Aufträge 4 Addieren und Subtrahieren

4.1 Vorteilhaftes Addieren und Subtrahieren

1 SV-Sammlung

Eines Tages kommen Oberstufenschüler und -schülerinnen in die Klasse 5 a. Sie stellen sich als Schülervertretung (SV) vor. Die SV sammelt Geld für eine Tischtennisplatte in der Pausenhalle. „Uns fehlen nur noch 200 €! Für diesen Betrag müsste jedes Kind aus der Unterstufe 1 € beim Klassensprecher abgeben. Wenn etwas davon übrig bleibt, wäre es für euren Spielenachmittag! Seid ihr einverstanden?"

Alle Kinder finden das prima. Leider können die SV-Schüler ihnen nicht sagen, wie viel Geld für den Spielenachmittag übrig bleibt, aber Peter und Iris entdecken am schwarzen Brett in der Pausenhalle eine Liste mit den Klassen der Unterstufe …

Klasse	Klassenlehrer	Raum	Schüleranzahl
5 a	Meier	R 221	31
5 b	Geiger	R 113	32
5 c	Alberts	R 112	30
6 a	Weber	R 222	29
6 b	Nägele	R 114	28
6 c	Fiedler	R 223	30

▶ siehe Erarbeitung

2 Die Bausteinspirale

Aus Bausteinen hat jemand diese Spirale gelegt. Daneben siehst du eine Schachtel. Zeichne den Boden der Schachtel in dein Heft. Die Kästchen geben dir die Maße an.
Finde verschiedene Arten, die Steine in die Schachtel einzuräumen.

Wie lang wird die Reihe, wenn man alle Steine hintereinander legt?
Vielleicht kannst du das an einer deiner eingeräumten Schachteln besonders einfach erkennen.

Mit den in der Schachtel vorhandenen Steinen soll ein Quadrat der Seitenlänge 15 wie in der Skizze eingezäunt werden.
Schließe die Lücke.

112

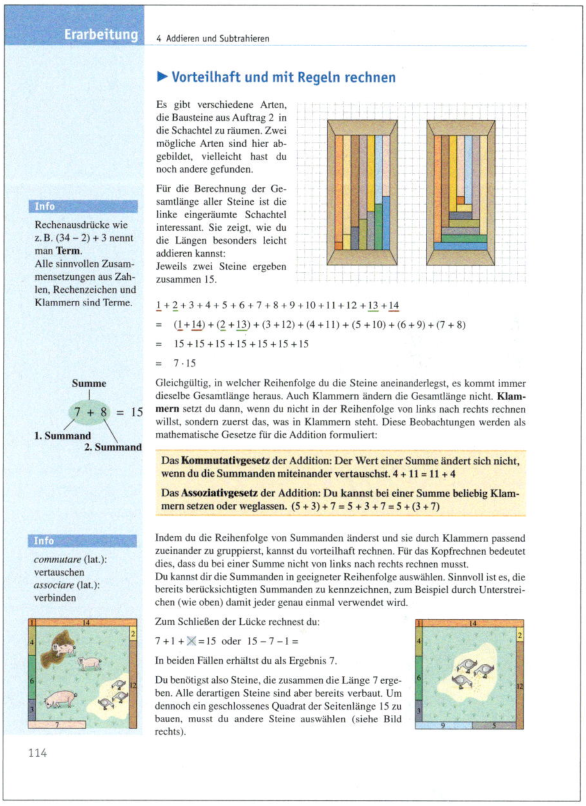

Erarbeitung 4 Addieren und Subtrahieren

▶ Vorteilhaft und mit Regeln rechnen

Es gibt verschiedene Arten, die Bausteine aus Auftrag 2 in die Schachtel zu räumen. Zwei mögliche Arten sind hier abgebildet, vielleicht hast du noch andere gefunden.

Für die Berechnung der Gesamtlänge aller Steine ist die linke eingeräumte Schachtel interessant. Sie zeigt, wie du die Längen besonders leicht addieren kannst:
Jeweils zwei Steine ergeben zusammen 15.

Info
Rechenausdrücke wie z. B. (34 – 2) + 3 nennt man **Term**.
Alle sinnvollen Zusammensetzungen aus Zahlen, Rechenzeichen und Klammern sind Terme.

$\underline{1} + \underline{2} + 3 + 4 + 5 + 6 + 7 + 8 + 9 + 10 + 11 + 12 + \underline{13} + \underline{14}$
$= (\underline{1} + \underline{14}) + (\underline{2} + \underline{13}) + (3 + 12) + (4 + 11) + (5 + 10) + (6 + 9) + (7 + 8)$
$= 15 + 15 + 15 + 15 + 15 + 15 + 15$
$= 7 \cdot 15$

Summe
7 + 8 = 15
1. Summand
2. Summand

Gleichgültig, in welcher Reihenfolge du die Steine aneinanderlegst, es kommt immer dieselbe Gesamtlänge heraus. Auch Klammern ändern die Gesamtlänge nicht. **Klammern** setzt du dann, wenn du nicht in der Reihenfolge von links nach rechts rechnen willst, sondern zuerst das, was in Klammern steht. Diese Beobachtungen werden als mathematische Gesetze für die Addition formuliert:

Das Kommutativgesetz der Addition: Der Wert einer Summe ändert sich nicht, wenn du die Summanden miteinander vertauschst. 4 + 11 = 11 + 4

Das Assoziativgesetz der Addition: Du kannst bei einer Summe beliebig Klammern setzen oder weglassen. (5 + 3) + 7 = 5 + 3 + 7 = 5 + (3 + 7)

Info
commutare (lat.): vertauschen
associare (lat.): verbinden

Indem du die Reihenfolge von Summanden änderst und sie durch Klammern passend zueinander zu gruppierst, kannst du vorteilhaft rechnen. Für das Kopfrechnen bedeutet dies, dass du bei einer Summe nicht von links nach rechts rechnen musst.
Du kannst dir die Summanden in geeigneter Reihenfolge auswählen. Sinnvoll ist es, die bereits berücksichtigten Summanden zu kennzeichnen, zum Beispiel durch Unterstreichen (wie oben) damit jeder genau einmal verwendet wird.

Zum Schließen der Lücke rechnest du:

7 + 1 + ☒ = 15 oder 15 – 7 – 1 =

In beiden Fällen erhältst du als Ergebnis 7.

Du benötigst also Steine, die zusammen die Länge 7 ergeben. Alle derartigen Steine sind aber bereits verbaut. Um dennoch ein geschlossenes Quadrat der Seitenlänge 15 zu bauen, musst du andere Steine auswählen (siehe Bild rechts).

114

Aufträge

Am Beginn eines jeden Abschnittes findest du mehrere Aufträge. Bei diesen verschiedenen Aufträgen sollst du etwas herausfinden, indem du geschickt probierst und deine Kenntnisse anwendest.
Dir werden Situation begegnen, die du schon aus eigenem Erleben kennst. An anderen Stellen gibt es eher eine mathematische Regel zu entdecken.
In deiner Klasse könnt ihr entweder nur einen Auftrag oder mehrere in Gruppen-, Partner- oder Einzelarbeit gleichzeitig oder nacheinander bearbeiten.
Es ist unerheblich, welcher Auftrag bearbeitet wird. Alle führen zum gleichen Ziel.

Die Erarbeitung

Einer der Aufträge wird in jedem Abschnitt sorgfältig ausgeführt. Dabei lernst du die wichtigen neuen Begriffe und Zusammenhänge kennen. So gewöhnst du dich allmählich an mathematische Texte. Hier kannst du nachsehen, wenn du etwas wiederholen willst oder krank warst.

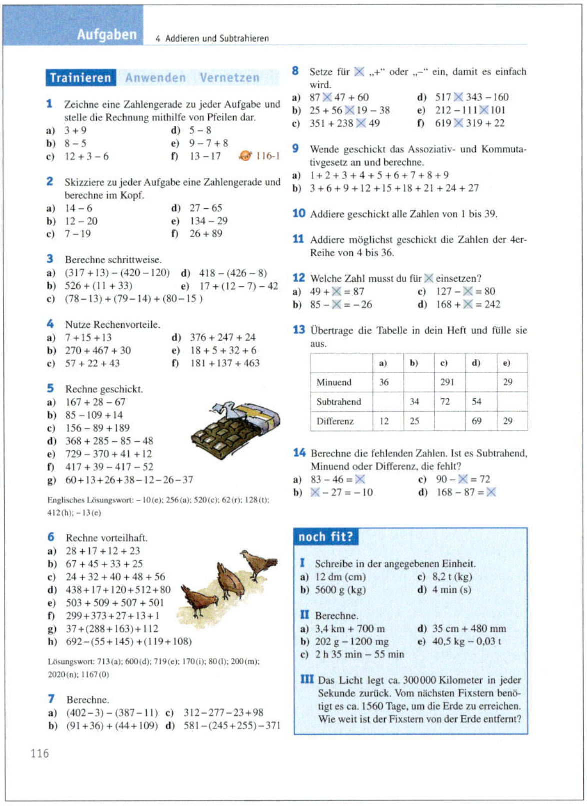

Aufgaben 4 Addieren und Subtrahieren

Trainieren Anwenden Vernetzen

1 Zeichne eine Zahlengerade zu jeder Aufgabe und stelle die Rechnung mithilfe von Pfeilen dar.
a) 3 + 9 d) 5 − 8
b) 8 − 5 e) 9 − 7 + 8
c) 12 + 3 − 6 f) 13 − 17 116-1

2 Skizziere zu jeder Aufgabe eine Zahlengerade und berechne im Kopf.
a) 14 − 6 d) 27 − 65
b) 12 − 20 e) 134 − 29
c) 7 − 19 f) 26 + 89

3 Berechne schrittweise.
a) (317 + 13) − (420 − 120) d) 418 − (426 − 8)
b) 526 + (11 + 33) e) 17 + (12 − 7) − 42
c) (78 − 13) + (79 − 14) + (80 − 15)

4 Nutze Rechenvorteile.
a) 7 + 15 + 13 d) 376 + 247 + 24
b) 270 + 467 + 30 e) 18 + 5 + 32 + 6
c) 57 + 22 + 43 f) 181 + 137 + 463

5 Rechne geschickt.
a) 167 + 28 − 67
b) 85 − 109 + 14
c) 156 − 89 + 189
d) 368 + 285 − 85 − 48
e) 729 − 370 + 41 + 12
f) 417 + 39 − 417 − 52
g) 60 + 13 + 26 + 38 − 12 − 26 − 37

Englisches Lösungswort: −10 (e); 256 (a); 520 (c); 62 (r); 128 (t); 412 (h); −13 (e)

6 Rechne vorteilhaft.
a) 28 + 17 + 12 + 23
b) 67 + 45 + 33 + 25
c) 24 + 32 + 40 + 48 + 56
d) 438 + 17 + 120 + 512 + 80
e) 503 + 509 + 507 + 501
f) 299 + 373 + 27 + 13 + 1
g) 37 + (288 + 163) + 112
h) 692 − (55 + 145) + (119 + 108)

Lösungswort: 713 (a); 600 (d); 719 (e); 170 (i); 80 (l); 200 (m); 2020 (n); 1167 (0)

7 Berechne.
a) (402 − 3) − (387 − 11) c) 312 − 277 − 23 + 98
b) (91 + 36) + (44 + 109) d) 581 − (245 + 255) − 371

8 Setze für ✕ „+" oder „−" ein, damit es einfach wird.
a) 87 ✕ 47 + 60 d) 517 ✕ 343 − 160
b) 25 + 56 ✕ 19 − 38 e) 212 − 111 ✕ 101
c) 351 + 238 ✕ 49 f) 619 ✕ 319 + 22

9 Wende geschickt das Assoziativ- und Kommutativgesetz an und berechne.
a) 1 + 2 + 3 + 4 + 5 + 6 + 7 + 8 + 9
b) 3 + 6 + 9 + 12 + 15 + 18 + 21 + 24 + 27

10 Addiere geschickt alle Zahlen von 1 bis 39.

11 Addiere möglichst geschickt die Zahlen der 4er-Reihe von 4 bis 36.

12 Welche Zahl musst du für ✕ einsetzen?
a) 49 + ✕ = 87 c) 127 − ✕ = 80
b) 85 − ✕ = −26 d) 168 + ✕ = 242

13 Übertrage die Tabelle in dein Heft und fülle sie aus.

	a)	b)	c)	d)	e)
Minuend	36		291		29
Subtrahend		34	72	54	
Differenz	12	25		69	29

14 Berechne die fehlenden Zahlen. Ist es Subtrahend, Minuend oder Differenz, die fehlt?
a) 83 − 46 = ✕ c) 90 − ✕ = 72
b) ✕ − 27 = −10 d) 168 − 87 = ✕

noch fit?

I Schreibe in der angegebenen Einheit.
a) 12 dm (cm) c) 8,2 t (kg)
b) 5600 g (kg) d) 4 min (s)

II Berechne.
a) 3,4 km + 700 m d) 35 cm + 480 mm
b) 202 g − 1200 mg e) 40,5 kg − 0,03 t
c) 2 h 35 min − 55 min

III Das Licht legt ca. 300 000 Kilometer in jeder Sekunde zurück. Vom nächsten Fixstern benötigt es ca. 1560 Tage, um die Erde zu erreichen. Wie weit ist der Fixstern von der Erde entfernt?

116

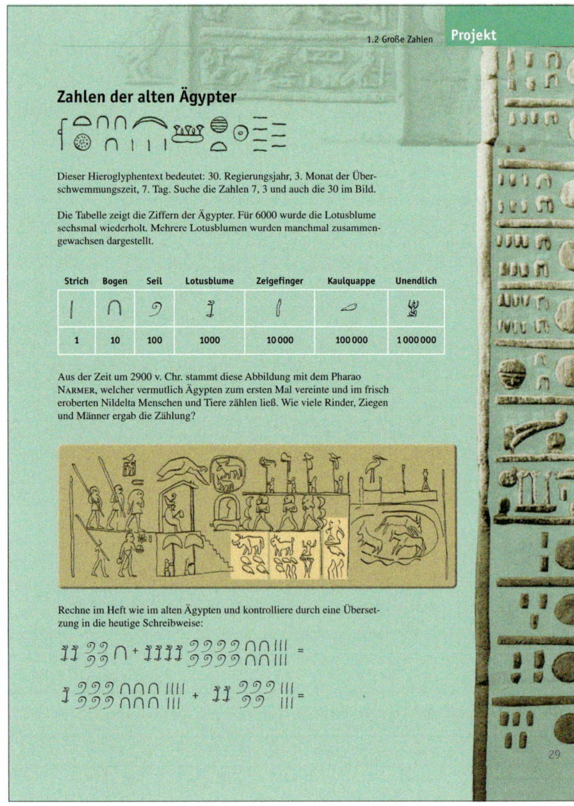

1.2 Große Zahlen Projekt

Zahlen der alten Ägypter

Dieser Hieroglyphentext bedeutet: 30. Regierungsjahr, 3. Monat der Überschwemmungszeit, 7. Tag. Suche die Zahlen 7, 3 und auch die 30 im Bild.

Die Tabelle zeigt die Ziffern der Ägypter. Für 6000 wurde die Lotusblume sechsmal wiederholt. Mehrere Lotusblumen wurden manchmal zusammengewachsen dargestellt.

Strich	Bogen	Seil	Lotusblume	Zeigefinger	Kaulquappe	Unendlich
1	10	100	1000	10 000	100 000	1 000 000

Aus der Zeit um 2900 v. Chr. stammt diese Abbildung mit dem Pharao NARMER, welcher vermutlich Ägypten zum ersten Mal vereinte und im frisch eroberten Nildelta Menschen und Tiere zählen ließ. Wie viele Rinder, Ziegen und Männer ergab die Zählung?

Rechne im Heft wie im alten Ägypten und kontrolliere durch eine Übersetzung in die heutige Schreibweise:

29

Aufgaben

In jedem Abschnitt gibt es natürlich viele Aufgaben, damit du dein neues Wissen einüben kannst und erfährst, wo es dir überall nutzt.
Der Aufgabenteil ist dreigeteilt:
Beim „Trainieren" übst du die Rechentechniken.
Beim „Anwenden" nutzt du diese Rechentechniken in anderen Zusammenhängen.
Wenn du deiner Fähigkeiten sicher bist, wendest du sie beim „Vernetzen" schließlich auf die unterschiedlichsten – auch nicht-mathematischen – Bereiche an.
Teilweise wirst du im Aufgabenteil sogar fremdspachlichen Aufgaben begegnen.

Projekte und Methoden

Des Weiteren findest du in den meisten Kapiteln grüne Projekt- oder Methoden-Seiten. Sie zeigen anhand eines interessanten Themas beispielsweise wo die Mathematik im Alltag angewendet wird oder wie sie in der Vergangenheit betrieben wurde.
Hier findest du sowohl Anregungen für die Arbeit im regulären Unterricht als auch für eine selbstständige Präsentation bei einem Referat.
Die Methoden können dir helfen, typische Aufgabenstellungen erfolgreich zu bewältigen.

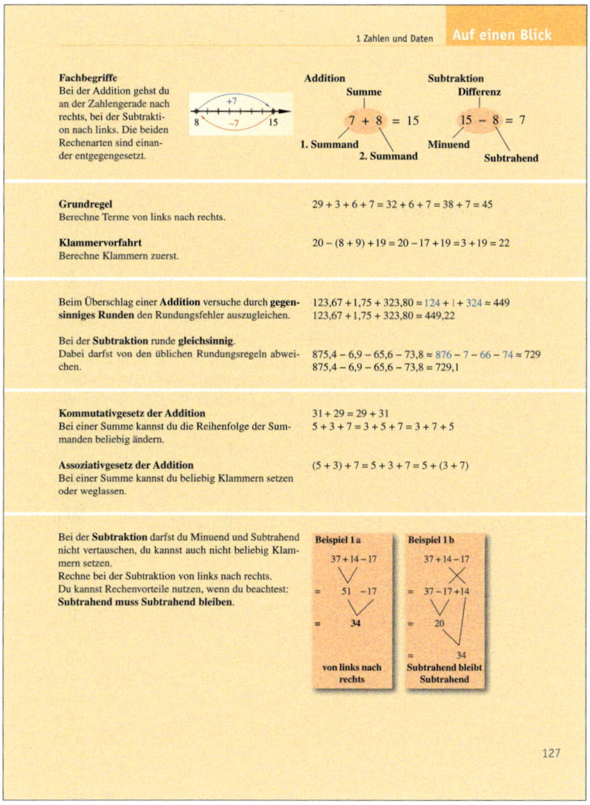
1 Zahlen und Daten Auf einen Blick

Fachbegriffe
Bei der Addition gehst du an der Zahlengerade nach rechts, bei der Subtraktion nach links. Die beiden Rechenarten sind einander entgegengesetzt.

Addition: Summe – 7 + 8 = 15 – 1. Summand, 2. Summand
Subtraktion: Differenz – 15 − 8 = 7 – Minuend, Subtrahend

Grundregel
Berechne Terme von links nach rechts.
29 + 3 + 6 + 7 = 32 + 6 + 7 = 38 + 7 = 45

Klammervorfahrt
Berechne Klammern zuerst.
20 − (8 + 9) + 19 = 20 − 17 + 19 = 3 + 19 = 22

Beim Überschlag einer **Addition** versuche durch **gegensinniges Runden** den Rundungsfehler auszugleichen.
123,67 + 1,75 + 323,80 ≈ 124 + 1 + 324 ≈ 449
123,67 + 1,75 + 323,80 = 449,22

Bei der **Subtraktion** runde **gleichsinnig**.
Dabei darfst von den üblichen Rundungsregeln abweichen.
875,4 − 6,9 − 65,6 − 73,8 ≈ 876 − 7 − 66 − 74 ≈ 729
875,4 − 6,9 − 65,6 − 73,8 = 729,1

Kommutativgesetz der Addition
Bei einer Summe kannst du die Reihenfolge der Summanden beliebig ändern.
31 + 29 = 29 + 31
5 + 3 + 7 = 3 + 5 + 7 = 3 + 7 + 5

Assoziativgesetz der Addition
Bei einer Summe kannst du beliebig Klammern setzen oder weglassen.
(5 + 3) + 7 = 5 + 3 + 7 = 5 + (3 + 7)

Bei der **Subtraktion** darfst du Minuend und Subtrahend nicht vertauschen, du kannst auch nicht beliebig Klammern setzen.
Rechne bei der Subtraktion von links nach rechts.
Du kannst Rechenvorteile nutzen, wenn du beachtest:
Subtrahend muss Subtrahend bleiben.

Beispiel 1a: 37 + 14 − 17 = 51 − 17 = 34 – von links nach rechts
Beispiel 1b: 37 + 14 − 17 = 37 − 17 + 14 = 20 … = 34 – Subtrahend bleibt Subtrahend

127

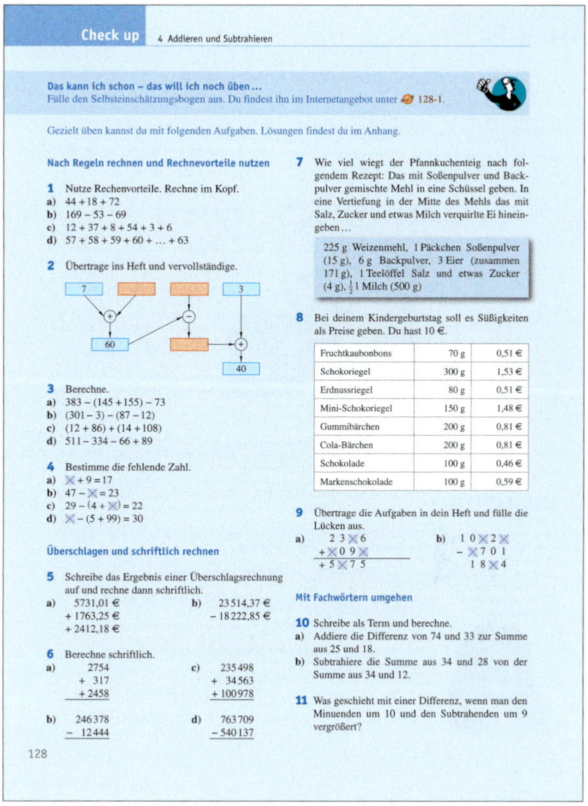
Check up 4 Addieren und Subtrahieren

Das kann ich schon – das will ich noch üben …
Fülle den Selbsteinschätzungsbogen aus. Du findest ihn im Internetangebot unter 128-1.

Gezielt üben kannst du mit folgenden Aufgaben. Lösungen findest du im Anhang.

Nach Regeln rechnen und Rechenvorteile nutzen

1 Nutze Rechenvorteile. Rechne im Kopf.
a) 44 + 18 + 72
b) 169 − 53 − 69
c) 12 + 37 + 8 + 54 + 3 + 6
d) 57 + 58 + 59 + 60 + … + 63

2 Übertrage ins Heft und vervollständige.

3 Berechne.
a) 383 − (145 + 155) − 73
b) (301 − 3) − (87 − 12)
c) (12 + 86) + (14 + 108)
d) 511 − 334 − 66 + 89

4 Bestimme die fehlende Zahl.
a) ☒ + 9 = 17
b) 47 − ☒ = 23
c) 29 − (4 + ☒) = 22
d) ☒ − (5 + 99) = 30

Überschlagen und schriftlich rechnen

5 Schreibe das Ergebnis einer Überschlagsrechnung auf und rechne dann schriftlich.
a) 5731,01 € + 1763,25 € + 2412,18 €
b) 23 514,37 € − 18 222,85 €

6 Berechne schriftlich.
a) 2754 + 317 + 2458
b) 246 378 − 12 444
c) 235 498 + 34 563 + 100 978
d) 763 709 − 540 137

7 Wie viel wiegt der Pfannkuchenteig nach folgendem Rezept: Das mit Soßenpulver und Backpulver gemischte Mehl in eine Schüssel geben. In eine Vertiefung in der Mitte des Mehls das mit Salz, Zucker und etwas Milch verquirlte Ei hineingeben …

225 g Weizenmehl, 1 Päckchen Soßenpulver (15 g), 6 g Backpulver, 3 Eier (zusammen 171 g), 1 Teelöffel Salz und etwas Zucker (4 g), $\frac{1}{2}$ l Milch (500 g)

8 Bei deinem Kindergeburtstag soll es Süßigkeiten als Preise geben. Du hast 10 €.

Fruchtkaubonbons	70 g	0,51 €
Schokoriegel	300 g	1,53 €
Erdnussriegel	80 g	0,51 €
Mini-Schokoriegel	150 g	1,48 €
Gummibärchen	200 g	0,81 €
Cola-Bärchen	200 g	0,81 €
Schokolade	100 g	0,46 €
Markenschokolade	100 g	0,59 €

9 Übertrage die Aufgaben in dein Heft und fülle die Lücken aus.
a) 2 3 ☒ 6 + ☒ 0 9 ☒ = 5 ☒ 7 5
b) 1 0 ☒ 2 ☒ − ☒ 7 0 1 = 1 8 ☒ 4

Mit Fachwörtern umgehen

10 Schreibe als Term und berechne.
a) Addiere die Differenz von 74 und 33 zur Summe aus 25 und 18.
b) Subtrahiere die Summe aus 34 und 28 von der Summe aus 34 und 12.

11 Was geschieht mit einer Differenz, wenn man den Minuenden um 10 und den Subtrahenden um 9 vergrößert?

128

Auf einen Blick

Am Ende eines jedes Kapitels findest du die Seite „Auf einen Blick", welche in einem gelblichen Farbton gehalten ist. Hier werden die wichtigsten mathematischen Erträge des Kapitels und ihre Bedeutung für dich herausgestellt und an Beispielen erläutert. Du erhältst dadurch eine Übersicht über die wesentlichen Ergebnisse und ihren Zusammenhang und kannst nachschlagen, wenn du für eine Klassenarbeit lernen willst.

Check up

Bevor das nächste Kapitel beginnt, kannst du dein Wissen beim „Check up" selbst einschätzen und weiter festigen.
Dazu solltest du dir zuerst den Selbsteinschätzungsbogen aus dem Online-Portal herunterladen und ausfüllen. (Ab Seite v findest du eine Anleitung zur Arbeit mit dem Online-Portal und auf Seite viii eine kurze Erklärung zu dem Selbsteinschätzungsbogen.)
Wenn du beim Ausfüllen ehrlich zu dir selbst bist, kannst du daran sehen, ob du das Wichtigste verstanden hast und was du eventuell noch üben solltest.
Mit den Aufgaben auf der Check-up-Seite kannst du nun wichtige mathematische Inhalte des Kapitels, bei denen du dir unsicher bist, gezielt üben.
Die Lösungen zu den Check ups findest du im Anhang am Ende des Buches.

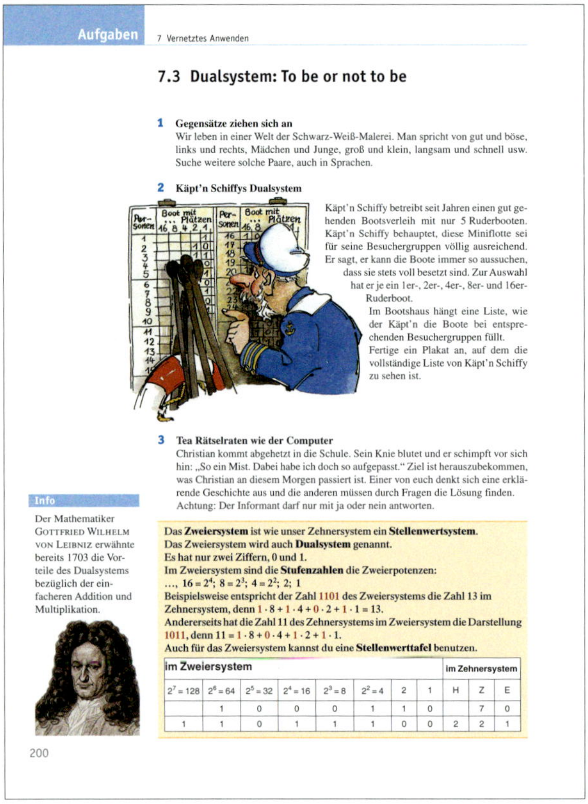
Aufgaben 7 Vernetztes Anwenden

7.3 Dualsystem: To be or not to be

1 Gegensätze ziehen sich an
Wir leben in einer Welt der Schwarz-Weiß-Malerei. Man spricht von gut und böse, links und rechts, Mädchen und Junge, groß und klein, langsam und schnell usw. Suche weitere solche Paare, auch in Sprachen.

2 Käpt'n Schiffys Dualsystem
Käpt'n Schiffy betreibt seit Jahren einen gut gehenden Bootsverleih mit nur 5 Ruderbooten. Käpt'n Schiffy behauptet, diese Miniflotte sei für seine Besuchergruppen völlig ausreichend. Er sagt, er kann die Boote immer so aussuchen, dass sie stets voll besetzt sind. Zur Auswahl hat er je ein 1er-, 2er-, 4er-, 8er- und 16er-Ruderboot.
Im Bootshaus hängt eine Liste, wie der Käpt'n die Boote bei entsprechenden Besuchergruppen füllt.
Fertige ein Plakat an, auf dem die vollständige Liste von Käpt'n Schiffy zu sehen ist.

3 Tea Rätselraten wie der Computer
Christian kommt abgehetzt in die Schule. Sein Knie blutet und er schimpft vor sich hin: „So ein Mist. Dabei habe ich doch so aufgepasst." Ziel ist herauszubekommen, was Christian an diesem Morgen passiert ist. Einer von euch denkt sich eine erklärende Geschichte aus und die anderen müssen durch Fragen die Lösung finden. Achtung: Der Informant darf nur mit ja oder nein antworten.

Info
Der Mathematiker Gottfried Wilhelm von Leibniz erwähnte bereits 1703 die Vorteile des Dualsystems bezüglich der einfacheren Addition und Multiplikation.

Das **Zweiersystem** ist wie unser Zehnersystem ein **Stellenwertsystem**.
Das Zweiersystem wird auch **Dualsystem** genannt.
Es hat nur zwei Ziffern, 0 und 1.
Im Zweiersystem sind die **Stufenzahlen** die Zweierpotenzen:
…, $16 = 2^4$; $8 = 2^3$; $4 = 2^2$; 2; 1
Beispielsweise entspricht der Zahl 1101 des Zweiersystems die Zahl 13 im Zehnersystem, denn $1 \cdot 8 + 1 \cdot 4 + 0 \cdot 2 + 1 \cdot 1 = 13$.
Andererseits hat die Zahl 11 des Zehnersystems im Zweiersystem die Darstellung 1011, denn $11 = 1 \cdot 8 + 0 \cdot 4 + 1 \cdot 2 + 1 \cdot 1$.
Auch für das Zweiersystem kannst du eine **Stellenwerttafel** benutzen.

im Zweiersystem								im Zehnersystem		
$2^7 = 128$	$2^6 = 64$	$2^5 = 32$	$2^4 = 16$	$2^3 = 8$	$2^2 = 4$	2	1	H	Z	E
	1	0	0	0	1	1	0		7	0
1	1	0	1	1	1	0	0	2	2	1

200

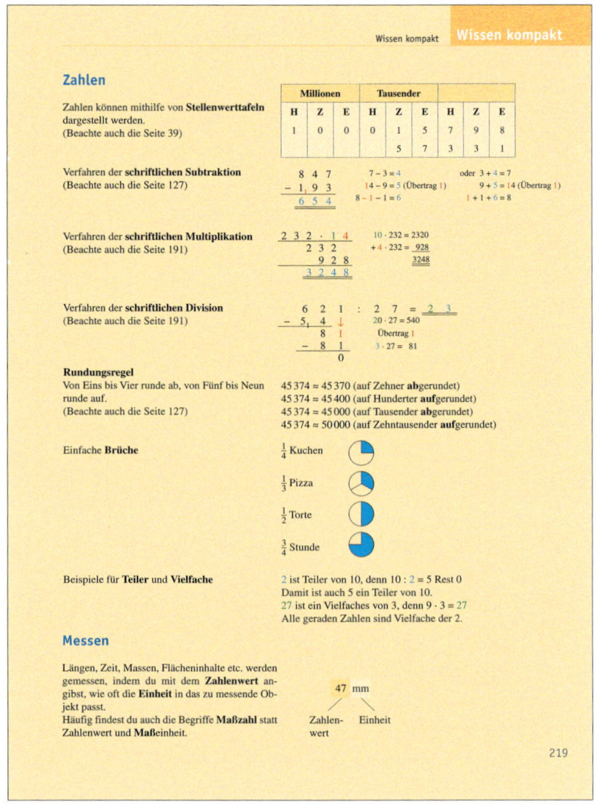
Wissen kompakt

Zahlen

Zahlen können mithilfe von **Stellenwerttafeln** dargestellt werden.
(Beachte auch die Seite 39)

Millionen			Tausender					
H	Z	E	H	Z	E	H	Z	E
1	0	0	0	1	5	7	9	8
				5	7	3	3	1

Verfahren der **schriftlichen Subtraktion**
(Beachte auch die Seite 127)
847 − 193 = 654
$7 - 3 = 4$; $14 - 9 = 5$ (Übertrag 1); $8 - 1 - 1 = 6$
oder $3 + 4 = 7$; $9 + 5 = 14$ (Übertrag 1); $1 + 1 + 6 = 8$

Verfahren der **schriftlichen Multiplikation**
(Beachte auch die Seite 191)
232 · 14: 232 + 928 = 3248
$10 \cdot 232 = 2320$
$+4 \cdot 232 = 928$
3248

Verfahren der **schriftlichen Division**
(Beachte auch die Seite 191)
621 : 27 = 23; − 54; 81; − 81; 0
$20 \cdot 27 = 540$
Übertrag 1
$3 \cdot 27 = 81$

Rundungsregel
Von Eins bis Vier runde ab, von Fünf bis Neun runde auf.
(Beachte auch die Seite 127)
45 374 ≈ 45 370 (auf Zehner **ab**gerundet)
45 374 ≈ 45 400 (auf Hunderter **auf**gerundet)
45 374 ≈ 45 000 (auf Tausender **ab**gerundet)
45 374 ≈ 50 000 (auf Zehntausender **auf**gerundet)

Einfache **Brüche**
$\frac{1}{4}$ Kuchen
$\frac{1}{3}$ Pizza
$\frac{1}{2}$ Torte
$\frac{3}{4}$ Stunde

Beispiele für **Teiler** und **Vielfache**
2 ist Teiler von 10, denn 10 : 2 = 5 Rest 0
Damit ist auch 5 ein Teiler von 10.
27 ist ein Vielfaches von 3, denn $9 \cdot 3 = 27$
Alle geraden Zahlen sind Vielfache der 2.

Messen

Längen, Zeit, Massen, Flächeninhalte etc. werden gemessen, indem du mit dem **Zahlenwert** angibst, wie oft die **Einheit** in das zu messende Objekt passt.
Häufig findest du auch die Begriffe **Maßzahl** statt Zahlenwert und **Maß**einheit.
47 mm — Zahlenwert, Einheit

219

Vernetztes Anwenden

Im letzten Kapitel „Vernetztes Anwenden" übst du, das Gelernte in neuen Zusammenhängen und beim Lösen etwas komplexerer und schwieriger Aufgabenstellungen anzuwenden. Du vertiefst dabei dein aus diesem Buch erworbenes Wissen und nutzt es in vielfältiger Weise.
Die Aufgaben zeigen dir, wo Mathematik in deinem alltäglichen Leben eine Rolle spielt. Um sie zu lösen, musst du selbst entscheiden, wie ein Lösungsweg aussehen kann und dir dann aus den verschiedenen Abschnitten das nötige Handwerkszeug zusammensuchen.

Wissen kompakt

Im Anhang findest du außer den Lösungen zu den Check ups auch die Rubrik „Wissen kompakt". Diese Zusammenfassung zeigt dir, welche Inhalte von vorangegangenen Schuljahren für dieses Buch vorausgesetzt werden.
Zuletzt befindet sich im Anhang eine Zeichenerklärung und ein Register, wo du zu einzelnen Begriffen und Verfahren die dazugehörigen Seiten nachschlagen kannst.

Zur Arbeit mit dem Online-Portal

Liebe Schülerin, lieber Schüler,
zu diesem Buch gibt es ein multimediales Zusatzangebot im Internet. Es liefert an geeigneten Stellen passgenaues Zusatzmaterial zum Buch.

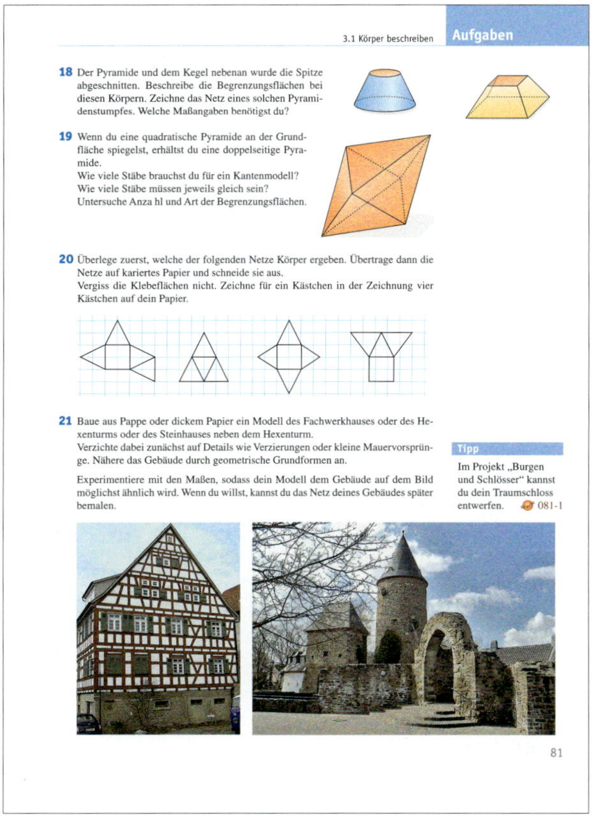

3.1 Körper beschreiben **Aufgaben**

18 Der Pyramide und dem Kegel nebenan wurde die Spitze abgeschnitten. Beschreibe die Begrenzungsflächen bei diesen Körpern. Zeichne das Netz eines solchen Pyramidenstumpfes. Welche Maßangaben benötigst du?

19 Wenn du eine quadratische Pyramide an der Grundfläche spiegelst, erhältst du eine doppelseitige Pyramide.
Wie viele Stäbe brauchst du für ein Kantenmodell?
Wie viele Stäbe müssen jeweils gleich sein?
Untersuche Anza hl und Art der Begrenzungsflächen.

20 Überlege zuerst, welche der folgenden Netze Körper ergeben. Übertrage dann die Netze auf kariertes Papier und schneide sie aus.
Vergiss die Klebeflächen nicht. Zeichne für ein Kästchen in der Zeichnung vier Kästchen auf dein Papier.

21 Baue aus Pappe oder dickem Papier ein Modell des Fachwerkhauses oder des Hexenturms oder des Steinhauses neben dem Hexenturm.
Verzichte dabei zunächst auf Details wie Verzierungen oder kleine Mauervorsprünge. Nähere das Gebäude durch geometrische Grundformen an.
Experimentiere mit den Maßen, sodass dein Modell dem Gebäude auf dem Bild möglichst ähnlich wird. Wenn du willst, kannst du das Netz deines Gebäudes später bemalen.

Tipp
Im Projekt „Burgen und Schlösser" kannst du dein Traumschloss entwerfen. 081-1

81

Mediencode

An vielen Stellen findst du im Buch dieses kleine Symbol ↻ mit einer Nummer, einem sogenannten Mediencode.

Im Online-Portal kannst du diesen Mediencode eingeben, um dir die zusätzlichen Materialen anzusehen. Befolge dazu die folgenden Schritte:

1. Rufe die Website www.cornelsen.de/fokus-mathematik auf.
2. Gib die Buchkennung **MFK006618** ein.
3. Gib nun den Mediencode ein, den du im Buch gefunden hast, z.B. 081-1.

Nachdem du den Mediencode eingegeben hast, werden dir in der Mitte zusätzliche Materialen angezeigt, die genau auf die ausgewählte Stelle im Buch passen.
Du kannst auch über die Liste links navigieren, anstatt den Mediencode direkt einzugeben. Dort ist das Buch mit seiner Kapitelstruktur genau abgebildet.

Wenn du auf ein Zusatzmaterial klickst, öffnet sich ein neues Fenster mit dem Medienelement, z. B. eine interaktive Übung.

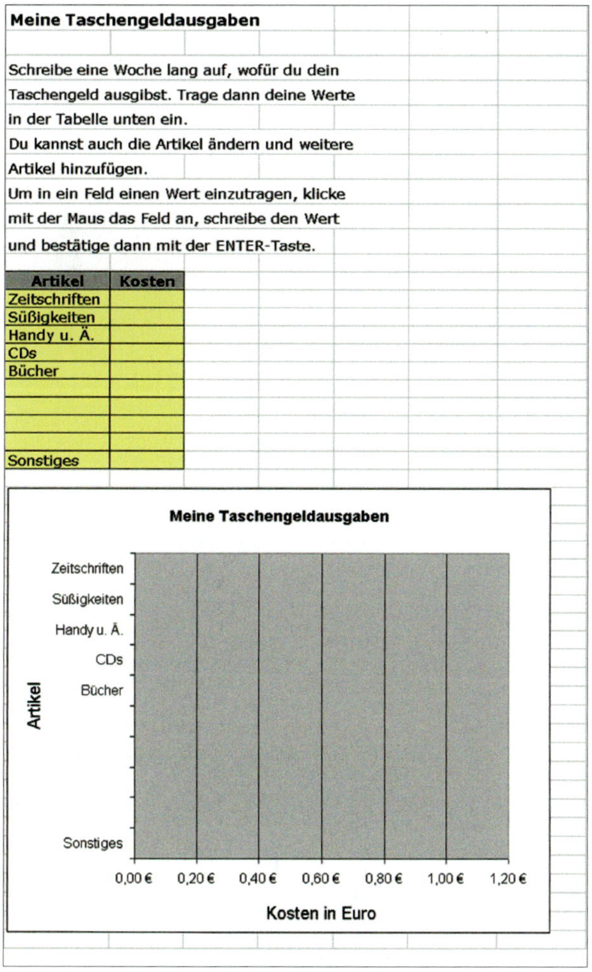

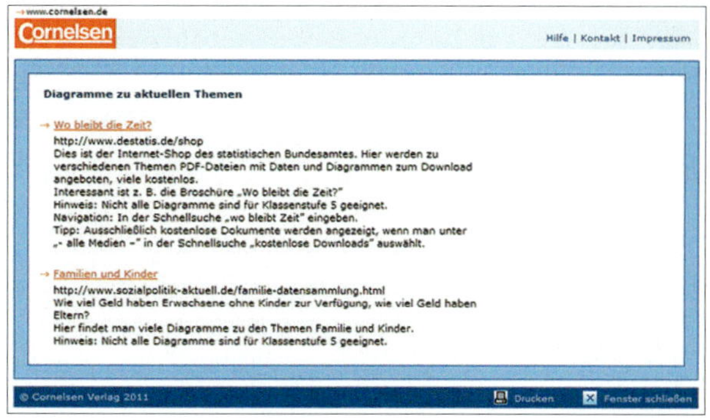

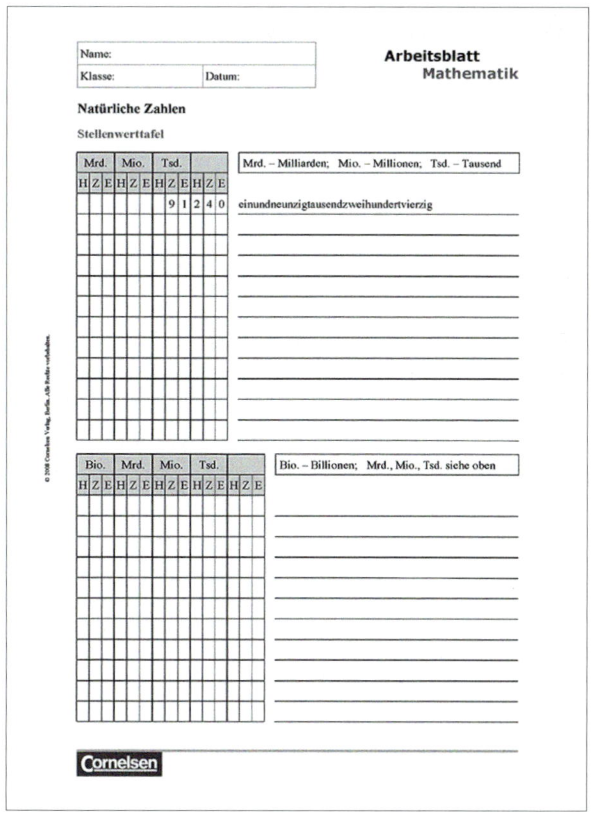

Im Online-Portal findest du zum Beispiel
- Arbeitsblätter zum weiteren Üben,
- Infotexte mit zusätzlichen Erklärungen,
- interaktive Übungen, die du selbst auswerten kannst,
- Animationen und Simulationen,
- vorbereitete Excel-Tabellen als Ergänzung zu Übungen,
- eine Geometrie-Software,
- Links, die dich auf die passenden Internetseiten verweisen.

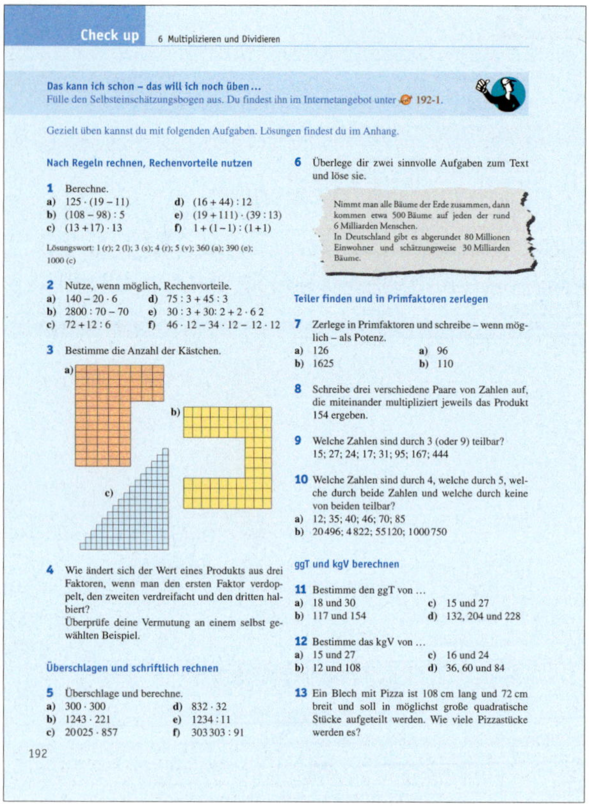

Check up 6 Multiplizieren und Dividieren

Das kann ich schon – das will ich noch üben ...
Fülle den Selbsteinschätzungsbogen aus. Du findest ihn im Internetangebot unter 192-1.

Gezielt üben kannst du mit folgenden Aufgaben. Lösungen findest du im Anhang.

Nach Regeln rechnen, Rechenvorteile nutzen

1 Berechne.
a) 125 · (19 – 11) d) (16 + 44) : 12
b) (108 – 98) : 5 e) (19 + 111) · (39 : 13)
c) (13 + 17) · 13 f) 1 + (1 – 1) : (1 + 1)

Lösungswort: 1 (r); 2 (l); 3 (s); 4 (r); 5 (v); 360 (a); 390 (e); 1000 (c)

2 Nutze, wenn möglich, Rechenvorteile.
a) 140 – 20 · 6 d) 75 : 3 + 45 : 3
b) 2800 : 70 – 70 e) 30 : 3 + 30: 2 + 2 · 6 2
c) 72 + 12 : 6 f) 46 · 12 – 34 · 12 – 12 · 12

3 Bestimme die Anzahl der Kästchen.
a) b) c)

4 Wie ändert sich der Wert eines Produkts aus drei Faktoren, wenn man den ersten Faktor verdoppelt, den zweiten verdreifacht und den dritten halbiert?
Überprüfe deine Vermutung an einem selbst gewählten Beispiel.

Überschlagen und schriftlich rechnen

5 Überschlage und berechne.
a) 300 · 300 d) 832 · 32
b) 1243 · 221 e) 1234 : 11
c) 20025 · 857 f) 303303 : 91

6 Überlege dir zwei sinnvolle Aufgaben zum Text und löse sie.

Nimmt man alle Bäume der Erde zusammen, dann kommen etwa 500 Bäume auf jeden der rund 6 Milliarden Menschen.
In Deutschland gibt es abgerundet 80 Millionen Einwohner und schätzungsweise 30 Milliarden Bäume.

Teiler finden und in Primfaktoren zerlegen

7 Zerlege in Primfaktoren und schreibe – wenn möglich – als Potenz.
a) 126 a) 96
b) 1625 b) 110

8 Schreibe drei verschiedene Paare von Zahlen auf, die miteinander multipliziert jeweils das Produkt 154 ergeben.

9 Welche Zahlen sind durch 3 (oder 9) teilbar?
15; 27; 24; 17; 31; 95; 167; 444

10 Welche Zahlen sind durch 4, welche durch 5, welche durch beide Zahlen und welche durch keine von beiden teilbar?
a) 12; 35; 40; 46; 70; 85
b) 20496; 4822; 55120; 1000750

ggT und kgV berechnen

11 Bestimme den ggT von ...
a) 18 und 30 c) 15 und 27
b) 117 und 154 d) 132, 204 und 228

12 Bestimme das kgV von ...
a) 15 und 27 c) 16 und 24
b) 12 und 108 d) 36, 60 und 84

13 Ein Blech mit Pizza ist 108 cm lang und 72 cm breit und soll in möglichst große quadratische Stücke aufgeteilt werden. Wie viele Pizzastücke werden es?

192

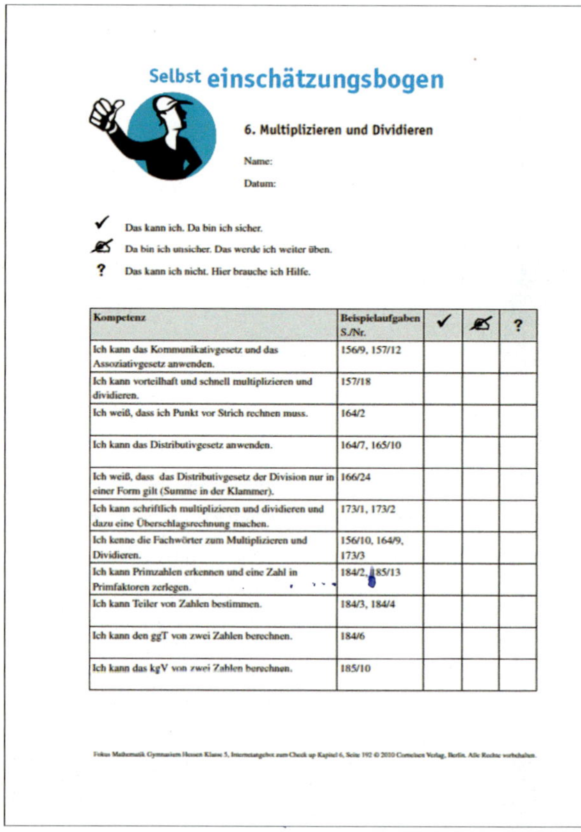

Selbst einschätzungsbogen

6. Multiplizieren und Dividieren

Name:

Datum:

✓ Das kann ich. Da bin ich sicher.
Da bin ich unsicher. Das werde ich weiter üben.
? Das kann ich nicht. Hier brauche ich Hilfe.

Kompetenz	Beispielaufgaben S./Nr.	✓		?
Ich kann das Kommunikativgesetz und das Assoziativgesetz anwenden.	156/9, 157/12			
Ich kann vorteilhaft und schnell multiplizieren und dividieren.	157/18			
Ich weiß, dass ich Punkt vor Strich rechnen muss.	164/2			
Ich kann das Distributivgesetz anwenden.	164/7, 165/10			
Ich weiß, dass das Distributivgesetz der Division nur in einer Form gilt (Summe in der Klammer).	166/24			
Ich kann schriftlich multiplizieren und dividieren und dazu eine Überschlagsrechnung machen.	173/1, 173/2			
Ich kenne die Fachwörter zum Multiplizieren und Dividieren.	156/10, 164/9, 173/3			
Ich kann Primzahlen erkennen und eine Zahl in Primfaktoren zerlegen.	184/2, 185/13			
Ich kann Teiler von Zahlen bestimmen.	184/3, 184/4			
Ich kann den ggT von zwei Zahlen berechnen.	184/6			
Ich kann das kgV von zwei Zahlen berechnen.	185/10			

Fokus Mathematik Gymnasium Hessen Klasse 5, Internetangebot zum Check up Kapitel 6, Seite 192 © 2010 Cornelsen Verlag, Berlin. Alle Rechte vorbehalten.

Selbsteinschätzungsbogen und Übungsaufgaben

Ein Zusatzmaterial, welches dir regelmäßig im Buch begegnet, ist der Selbsteinschätzungsbogen.
Dazu findest du auf den Check-up-Seiten immer einen Mediencode. Wenn du diesen Mediencode im Online-Portal eingibst, kannst du dir den Selbsteinschätzungsbogen herunterladen.

Auf dem Selbsteinschätzungsbogen erkennst du, was du nach Beenden des Kapitels wissen und können solltest. Die dort angegebenen Beispielaufgaben aus dem Buch können dir bei deiner Einschätzung helfen. Wenn du feststellst, dass du dir an einer Stelle noch etwas unsicher bist, findest du Aufgaben zum gezielten Üben auf der Check-up-Seite.

1. Zahlen und Daten

In unserer Umwelt und in den Medien begegnen uns Zahlen in unterschiedlicher Gestalt: geschrieben mit Ziffern oder Buchstaben, angeordnet in Listen oder Tabellen, grafisch dargestellt in Diagrammen oder auf dem Zahlenstrahl.
Zahlen, Tabellen und Diagramme lesen und verstehen, vergleichen und bewerten – damit beschäftigst du dich in diesem Kapitel.
Dabei werden dir auch sehr große Zahlen begegnen: bis zu den Billionen. Du lernst Möglichkeiten kennen, wie du dir einen Überblick über die großen Zahlen verschaffen, wie du sie ordnen und übersichtlich schreiben kannst.
Du wirst auch selbst Daten sammeln, auswerten und darstellen. Zum Zeichnen von Diagrammen lernst du den Computer zu benutzen.

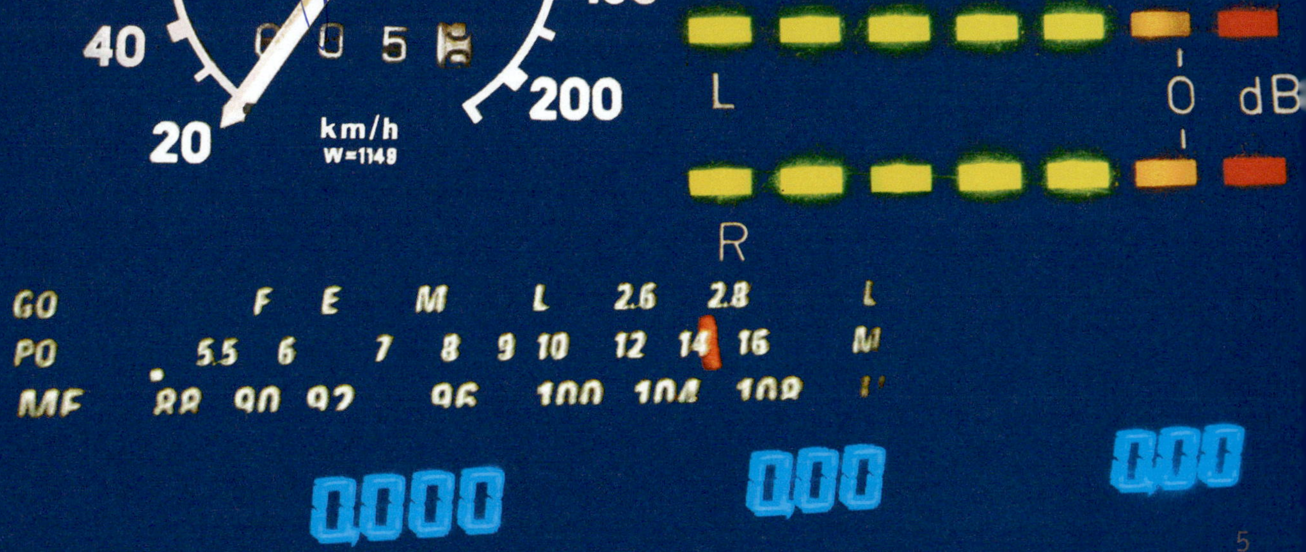

Ausflug in den Frankfurter Zoo

Der Zoo in der Rhein-Main-Metropole ist beliebtes Ausflugsziel für Kinder und Erwachsene, Familien und Schulklassen. Plane einen Klassenausflug (einen Familienausflug, einen Ausflug mit Freunden) in den Zoo.

ZOO FRANKFURT

Eintrittspreise

	Tageskarte	Jahreskarte	Samstag Spezial[1]	Feierabend Spezial[2]	Gruppe (ab 20 Personen)
Erwachsene	8,00 €	60,00 €	6,00 €	6,00 €	3,00 €
Kinder und Jugendliche (6–17 Jahre)	4,00 €	25,00 €	3,00 €	3,00 €	3,00 €
Schüler und Studenten mit gültigem Ausweis	4,00 €	25,00 €	3,00 €	3,00 €	
Wehr- und Zivildienstleistende mit gültigem Ausweis	4,00 €	25,00 €	3,00 €	3,00 €	
Schwerbehinderte mit gültigem Ausweis	4,00 €	25,00 €	3,00 €	3,00 €	
Familie (zwei Erwachsene und familienangehörige Kinder)	20,00 €	90,00 €			

[1] jeden letzten Samstag im Monat [2] täglich, zwei Stunden vor Zooschließung

Öffnungszeiten

	Sommer	Winter
Zoo	täglich von 9.00–19.00 Uhr	täglich von 9.00–17.00 Uhr
Exotarium	täglich von 10.00–18.30 Uhr	Montag bis Donnerstag von 10.00–16.30 Uhr Freitag bis 21.00 Uhr
Grzimekhaus	täglich von 9.30–18.30 Uhr	täglich von 9.30–16.30 Uhr

Fütterungszeiten

	Tag	Zeiten
Katzendschungel	Mittwoch bis Sonntag	Sommer 16.30 Uhr/Winter 15.30 Uhr
Robbenklippen	täglich	11.00 Uhr und 15.30 Uhr
Pinguine	täglich außer Freitag	10.45 Uhr und 15.45 Uhr
Krokodile	Donnerstag	15.15 Uhr
Tropengewitter im Exotarium	täglich	11.30 Uhr und 15.30 Uhr

An welchem Wochentag würdest du den Ausflug machen?
Schreibe einen Zeitplan für den Tag.
Wie viel würde der Ausflug kosten?
Wenn dir Informationen fehlen, schreibe deine Fragen auf.

Gibt es in deiner Nähe einen Zoo? Informiere dich im Internet über Preise und Öffnungszeiten und stelle diese Informationen übersichtlich in Tabellen zusammen.

Das Grzimekhaus, benannt nach dem berühmten Zoologen und langjährigen Direktor des Frankfurter Zoos Prof. Dr. GRZIMEK, zählt zu den größten Nachttierhäusern Europas.

Hier wird tagsüber künstliche Nacht erzeugt, so dass Nachttiere in Aktivität beobachtet werden können, zum Beispiel ozeanische Baumkängurus, afrikanische Erdwölfe und Schwarzfußkatzen, oder (wie in unserem Bild) die Schlankloris, eine aus Indien stammende Primatengattung.

1.1 Tabellen, Listen, Diagramme

1 Rekorde im Tierreich

Die zehn ältesten Tiere der Welt*		
1	Riesenschwamm „Scolymastra joubini“	10 000 Jahre
2	Galapagosschildkröte	250 Jahre
3	Wal	200 Jahre
4	Stör	150 Jahre
zum Vergleich: Mensch		122 Jahre
5	Flussperlmuschel	110 Jahre
6	Hummer	100 Jahre
7	Kakadu	95 Jahre
8	Kolkrabe	90 Jahre
9	Elefant	86 Jahre
10	Schimpanse	60 Jahre

*erreichbares Alter/ältestes bekanntes Exemplar

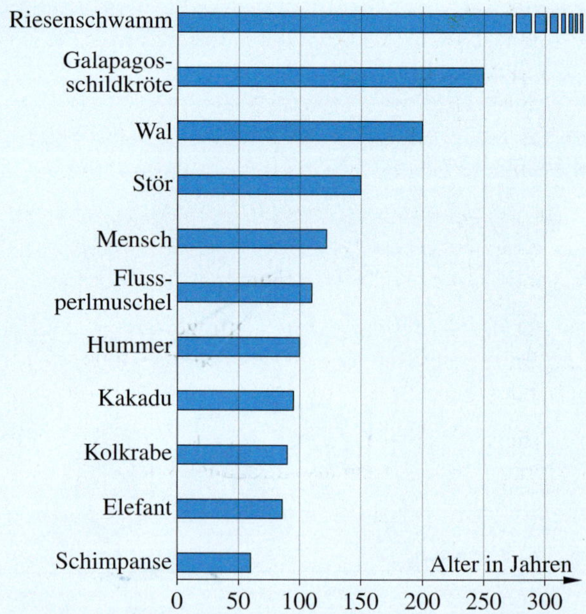

Welche Tiere am ältesten werden können, ist hier auf zwei verschiedene Weisen dargestellt. Vergleiche Tabelle und Diagramm.
„Übersetze“ die folgenden Diagramme in Tabellen.

Schreibe einen Bericht über Rekorde im Tierreich. Beschränke dich dabei auf die Informationen, die du am wichtigsten oder interessantesten findest.

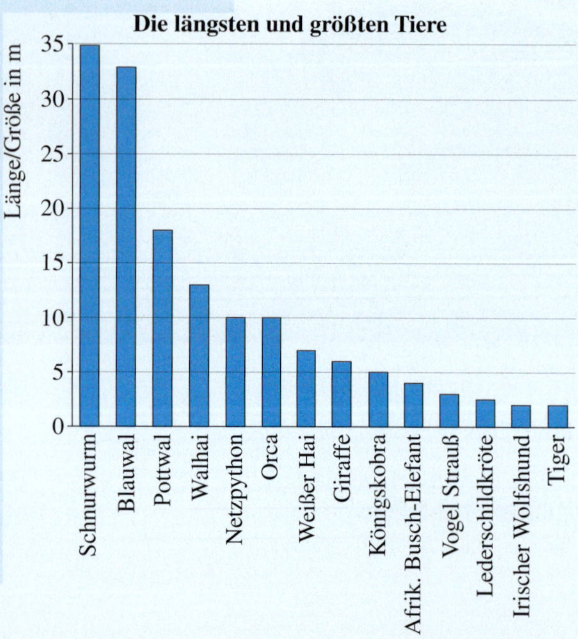

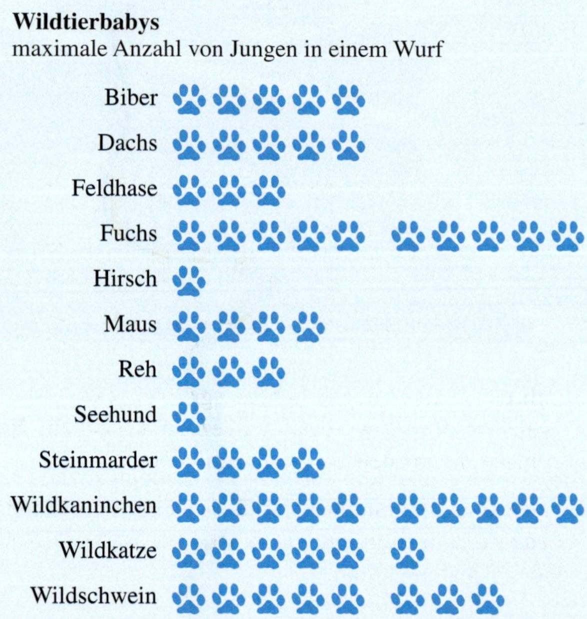

2 Schülerdaten

► siehe Erarbeitung

Ihr kommt vermutlich aus verschiedenen Grundschulen. Um euch untereinander besser kennen zu lernen, könnt ihr in eurer Klasse eine Umfrage durchführen. Schreibt dafür alle Fragen auf, die euch einfallen, zum Beispiel:

- Wie viele Mädchen und wie viele Jungen sind in eurer Klasse?
- Von welchen Grundschulen kommt ihr?
- Was gefällt euch an der neuen Schule am besten?
- Womit verbringt ihr am liebsten eure Freizeit?

Stellt aus euren Fragen einen Fragebogen zusammen. Oder verwendet den Fragebogen, den ihr im Internetangebot zu diesem Lehrbuch unter 009-1 findet.

Wertet die Ergebnisse eurer Umfrage aus. Tragt die Ergebnisse übersichtlich in Tabellen zusammen. Versucht dann, sie auch in Diagrammen darzustellen.

Auf dieser Doppelseite findet ihr einige Beispiele von Diagrammen, die euch als Anregung dienen können.

Lieblingssportart	Strichliste	Anzahl
Badminton	𝍸 I	6
Fußball	IIII	4
Tischtennis	𝍸	5
Bowling	𝍸 I	6
andere	IIII	4

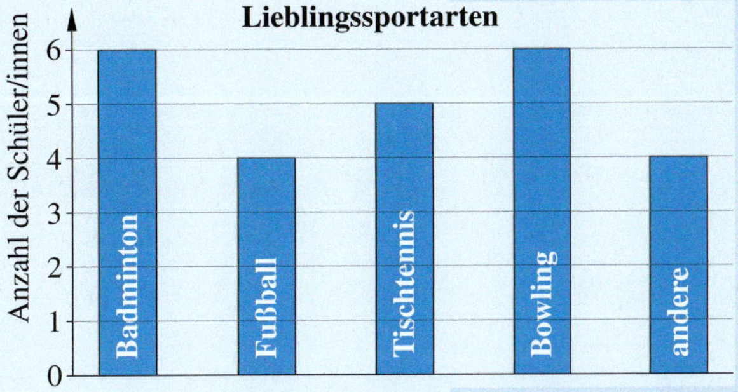

3 Reisefieber

Ein Reisebüro, das auf Urlaubsreisen an die Nordsee spezialisiert ist, bereitet einen Prospekt mit Informationen über Helgoland vor. Es wählt folgende Diagramme:

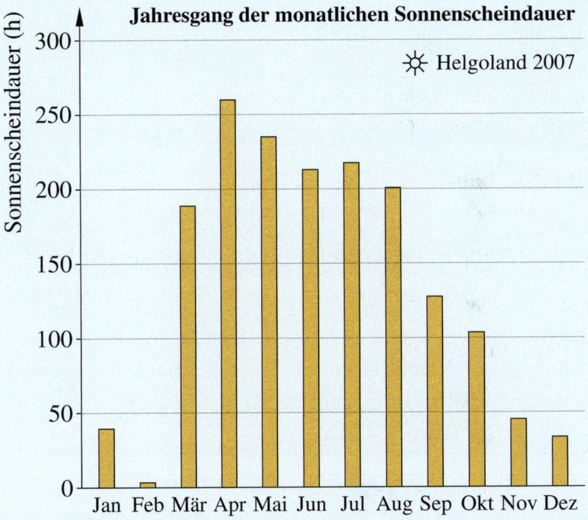

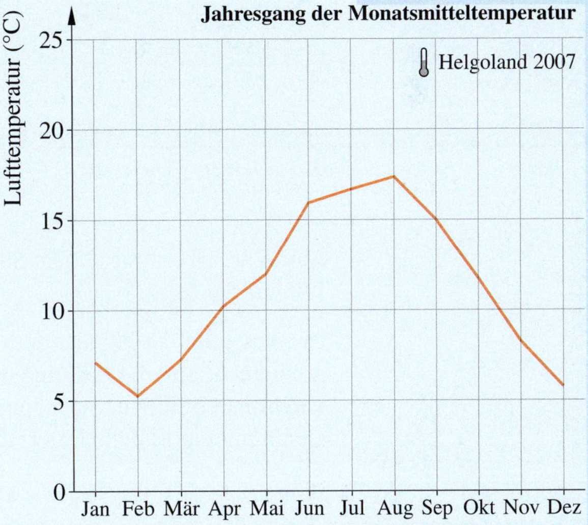

Beschreibe, was in den beiden Diagrammen dargestellt ist.
In welchem Monat würdest du die Insel besuchen? Begründe deine Entscheidung mit Daten, die du aus den Diagrammen abliest.

Vergleiche die Darstellungsarten der beiden Diagramme miteinander. Könntest du die Daten aus den Diagrammen auch noch auf andere Weise darstellen?

▶ Daten erfassen und darstellen

Die Daten aus den Fragebögen im Auftrag 2 lassen sich gut in einer **Tabelle** auflisten.

Name	Alter (Jahre)	Größe (cm)	Geschwisterzahl	Lieblingssportart	…
Aaron	10	140	2	Badminton	
Anna	9	145	1	Tischtennis	
Maike	10	162	3	Fußball	
Olga	10	147	0	Tischtennis	
Valentin	12	157	1	Handball	
…					

Einzelne Merkmale können in einem **Diagramm** anschaulich dargestellt werden. Hier wird in einem Säulendiagramm die Größe des Kindes durch die Höhe der Säule gezeigt.

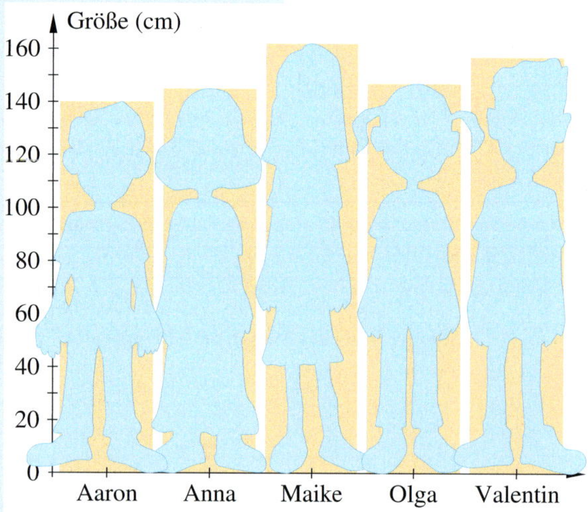

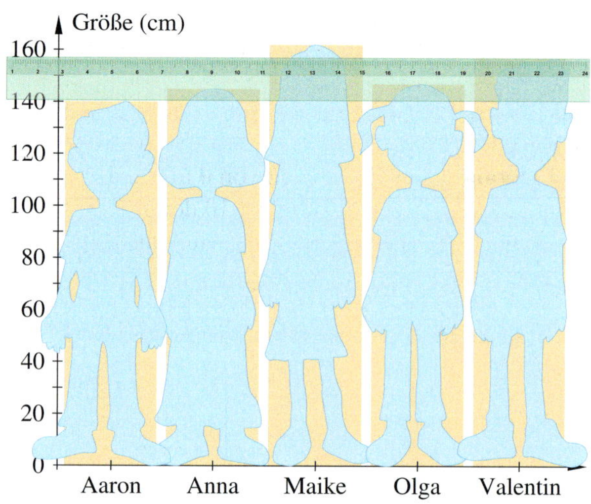

Aaron ist 140 cm groß. Die Säule, die seine Größe darstellt, reicht genau bis zur Marke 140 auf der Skala.

Um Valentins Größe aus dem Diagramm abzulesen, nimm ein Lineal zuhilfe, lege es waagerecht am oberen Rand der Säule an und sieh dann auf der Skala nach. Du kannst Valentins Größe nur schätzen: zwischen 150 und 160 cm, näher bei 160 cm. Der Vergleich mit der Tabelle liefert den genaueren Wert: 157 cm.

Diagramme lesen

- **Diagramme veranschaulichen Zahlen. Die Beschriftung der Achsen gibt an, *was* das Diagramm darstellen soll.**
- **Im Säulendiagramm steht jede Säule für eine Zahl. Zum Ablesen vergleiche die Höhe der Säule mit der Skala auf der senkrechten Achse. Ein Lineal kann dabei hilfreich sein. Wenn eine Zahl zwischen zwei Werten auf der Skala liegt, kannst du schätzen – oder die Skala feiner unterteilen.**

Wenn dich interessiert, wie viele Kinder die gleiche Lieblingssportart oder eine andere Gemeinsamkeit haben, kannst du eine **Strichliste** führen und die Anzahlen im Diagramm veranschaulichen.

Wie kommst du zur Schule?	Strichliste	Anzahl
zur Fuß	𝍸 |	6
mit Bus	𝍸 𝍸	10
Zug	||	2
Auto	|	1
Fahrrad	𝍸 |	6
…		

Wie kommst du zur Schule?

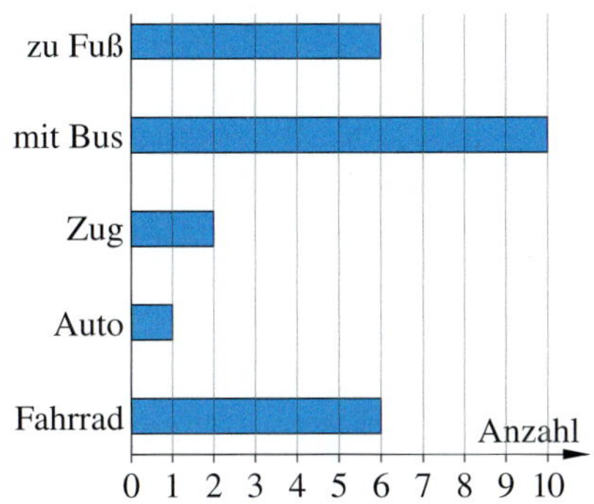

Balkendiagramm

Wie kommst du zur Schule?

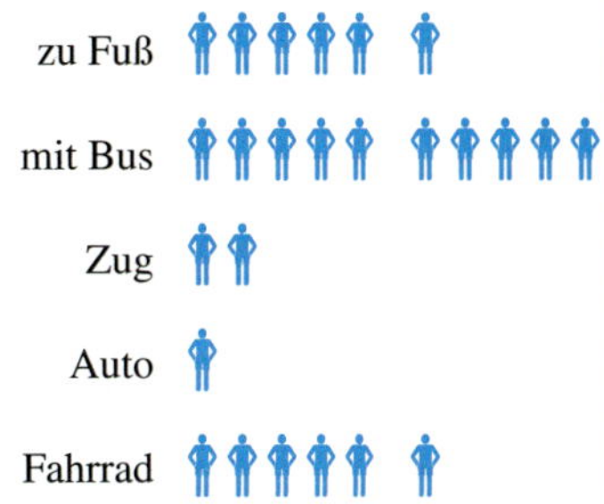

Figurendiagramm, auch Piktogramm genannt

Wenn du selbst ein Diagramm zeichnen willst, kannst du so vorgehen:

- Zeichne zwei **Achsen**, eine nach oben, eine nach rechts.
- Auf einer Achse trage die Namen ein, also was gezählt oder gemessen wird.
- Auf der anderen Achse trage die Skala mit den Zahlen oder Anzahlen ein. Welche Achse die Namenachse und welche die Zahlenachse ist, kannst du selbst entscheiden.
- Auf der **Skala** sollen die Zahlen von 0 bis zu dem größten Wert, der vorkommt, Platz haben. Im letzten Beispiel ist 10 der größte Wert. Nimmst du 1 cm als Einheit, dann muss die Achse wenigstens 10 cm lang sein.

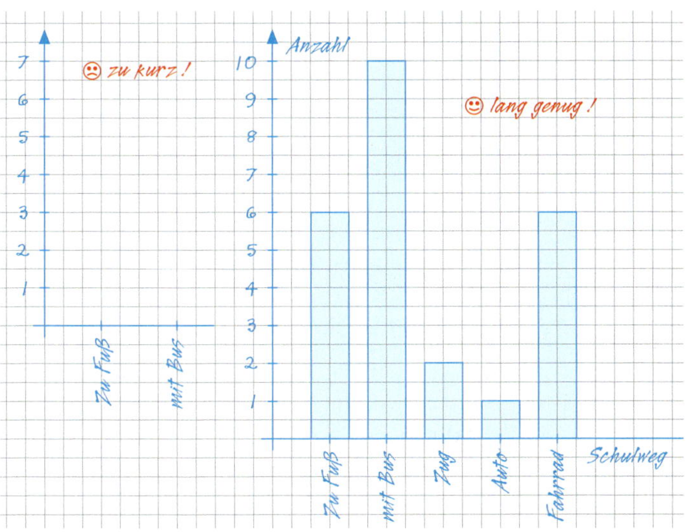

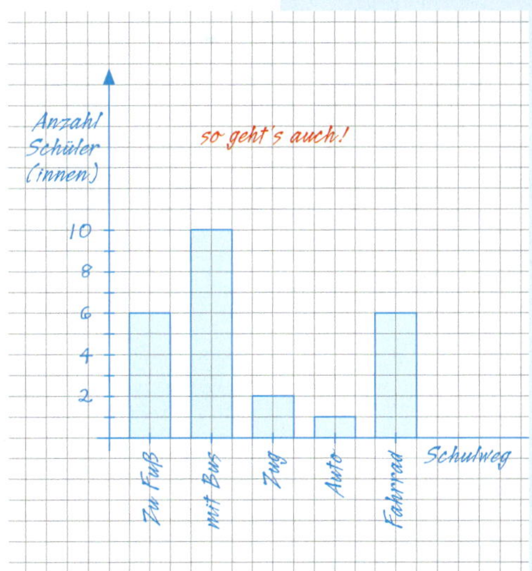

Diagramme zeichnen

Checkliste für ein gutes Diagramm:

- **Die Skala auf der Zahlenachse beginnt in der Regel bei 0 und reicht bis zum größten Wert.**
- **Die Einteilung der Skala auf der Achse ist gleichmäßig.**
- **Die Achsen sind so beschriftet, dass der Betrachter versteht, was dargestellt ist.**

Trainieren Anwenden Vernetzen

1 Wissenswertes über Haustiere:
Trage die Werte in eine Tabelle ein. Welcher Wert ist der größte, welcher der kleinste?

a) So schwer werden die Tiere etwa:

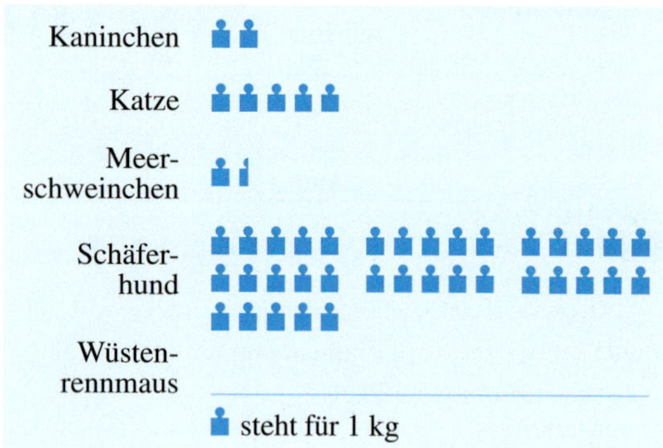

b) So groß bzw. lang werden diese Tiere etwa:

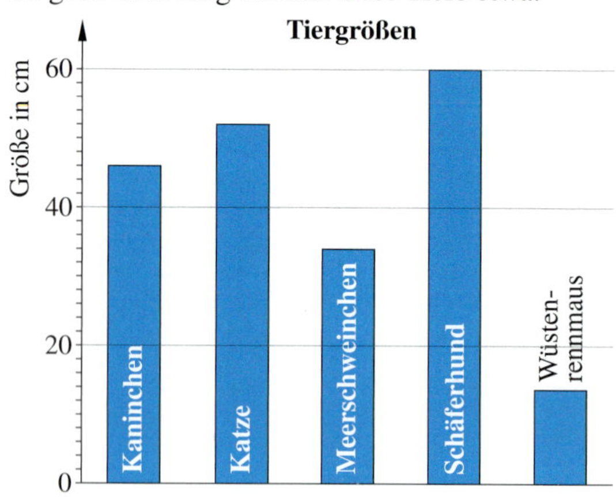

c) So alt können diese Tiere werden:

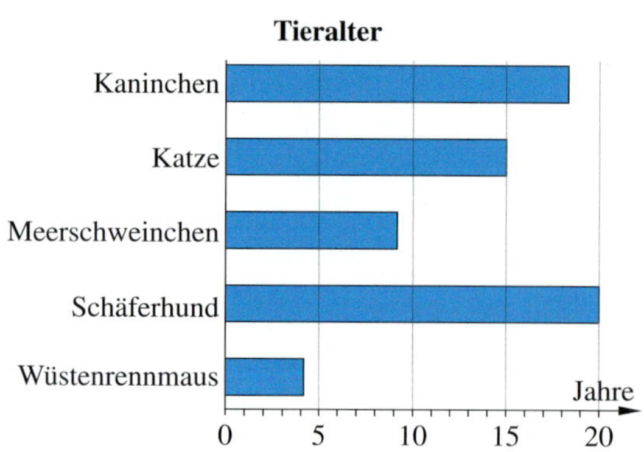

2 Stelle die Sonnenscheindauer von Freiburg in einer Tabelle dar.

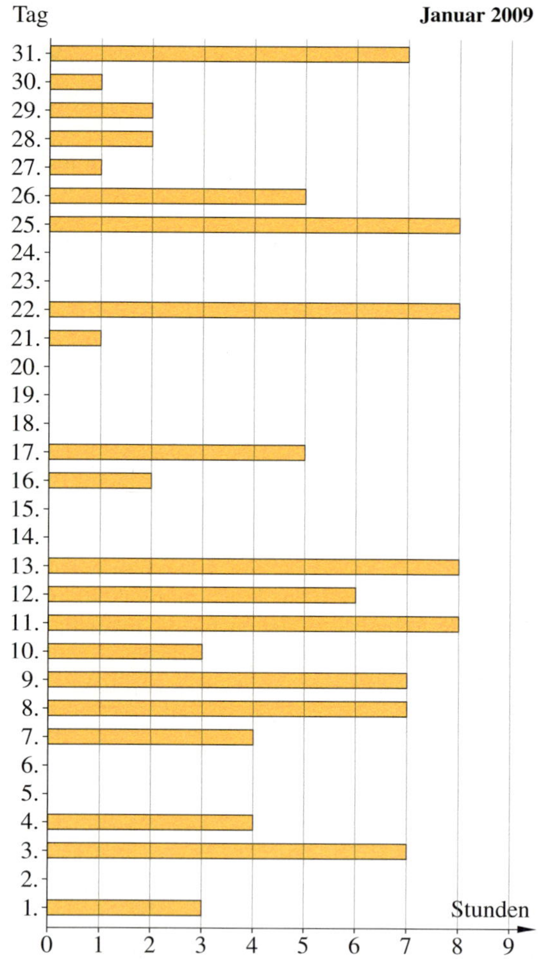

3 Die Altersverteilung der Schüler einer Klasse ist dieser Tabelle zu entnehmen.

Alter (Jahre)	Strichliste	Anzahl
12	||	2
11	~~||||~~ |||	8
10	~~||||~~ ~~||||~~ |||	13
9	||	2

a) Zeichne verschiedene Diagramme zur Tabelle: ein Säulendiagramm, ein Balkendiagramm, ein Figurendiagramm.

b) Welches Diagramm passt nach deiner Einschätzung besonders gut? Begründe.

4 Was hat eine Kugel Eis früher gekostet?
Diese Frage hat Friederike verschiedenen älteren Verwandten gestellt. Sie schreibt alle Preise mit Zeitangaben in eine Tabelle. Die Pfennigpreise rechnet sie in Cent um: 10 Pfennig entsprechen 5 Cent, 1 DM (Deutsche Mark) entspricht 50 Cent. Dann zeichnet Friederike ein Diagramm dazu. Hier siehst du ihre Tabelle und ihr Diagramm:

Wann?	Preis	in Cent
vor 40 Jahren	10 Pfennig	5
vor 30 Jahren	30 Pfennig	15
vor 20 Jahren	50 Pfennig	25
vor 10 Jahren	1 DM	50
heute	70 Cent	70

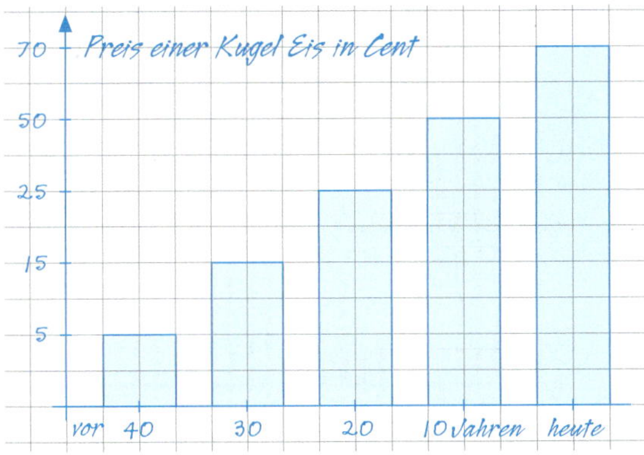

Was stimmt nicht an diesem Diagramm?
Zeichne das Diagramm richtig. Finde ein passendes Figurendiagramm.

5 Wie viele Zähne hat der Mensch?

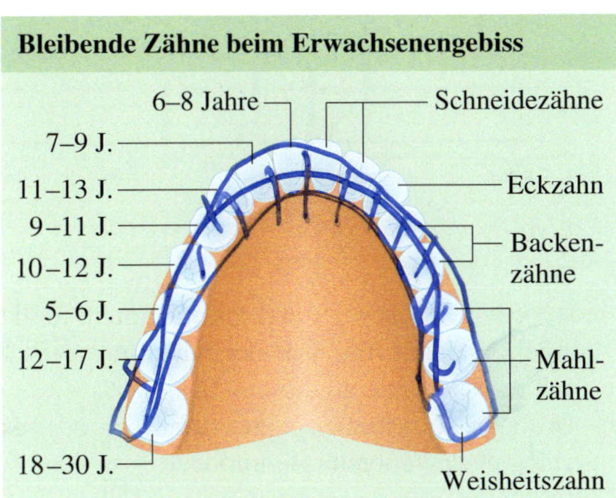

Kleine Kinder haben 20 Zähne, das sogenannte Milchzahngebiss.
Das Gebiss eines Erwachsenen zählt in der Regel 32 Zähne. Hunde und Bären haben mehr: 42 Zähne, Katzen dagegen nur 30. Mäuse kommen mit 16 Zähnen aus, Elefanten brauchen 26.

Übertrage die Zahlen in eine Tabelle und stelle sie in einem Säulen- oder Balkendiagramm dar.
Wer hat am meisten Zähne, wer am wenigsten? Ordne nach der Anzahl.

noch fit?

I Aus wie vielen Quadraten besteht jeweils die Fläche? Schreibe auf, wie du gerechnet oder was du überlegt hast.

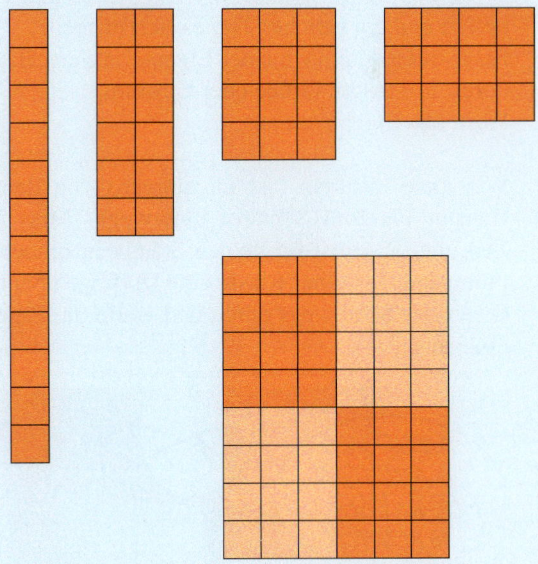

II Hier sind alle Multiplikationsaufgaben mit dem Ergebnis 15:
3 · 5   5 · 3   1 · 15   15 · 1

Schreibe in ähnlicher Weise alle Multiplikationsaufgaben mit dem Ergebnis 48 (Ergebnis 36, Ergebnis 60) auf.

III Berechne
12 · 40   150 · 40
120 · 40   150 · 80

Findest du verschiedene Wege zur Lösung?

Trainieren **Anwenden** Vernetzen

6 In einer Klasse wurden die Schülerinnen und Schüler befragt, welche Arten von Fernsehsendungen sie am liebsten sehen.

Sportsendungen: Bastian, Alex, Nils, Flo, Ulrich, Michael, Annika, Sarah, Christopher

Tierfilme: Anja, Linda, Andreas, Nicolas, Judith, Valerie

Jugendsendungen: Kathi, Phillipp, Markus, Sandra

Ratesendungen: Barbara, Julia, Katharina, Jonas, Bob, Oliver, Thomas

Werte aus und erstelle ein Diagramm.

Begründe deine Wahl für die Diagrammart und vergleiche sie mit einer anderen Art.

7 Erfrage in deiner Klasse, wer zu Hause ein Tier besitzt und um welches Tier es sich handelt.

Frage außerdem nach einer Eigenschaft des Haustieres, z. B. Alter, Größe oder Gewicht.

Werte die Ergebnisse aus.

8 Wie viele Minuten bist du morgens von deiner Haustür bis zum Schultor unterwegs? Miss die Zeit, die du selbst für deinen Schulweg brauchst. Führe dann in deiner Klasse eine Umfrage über die Dauer des Schulwegs durch und werte die Ergebnisse aus.

Willst du dir hier mit einer Strichliste Überblick verschaffen, so ist es sinnvoll, nah beieinander liegende Werte zusammenzufassen, zum Beispiel immer 10 Minuten.

Du würdest also abzählen, bei wem der Schulweg unter 10 Minuten, 10 bis unter 20 Minuten, 20 bis unter 30 Minuten usw. dauert.

9 Der heißeste Tag des Jahres 2009 war der 20. August. Am Rhein wurden Temperaturen bis zu 38 Grad Celsius gemessen. Nicht ganz so hoch waren die Temperaturen, die die Wetterstation Offenbach gemessen hat.

Hier findet ihr die Wetterdaten aus Offenbach für den August 2009:

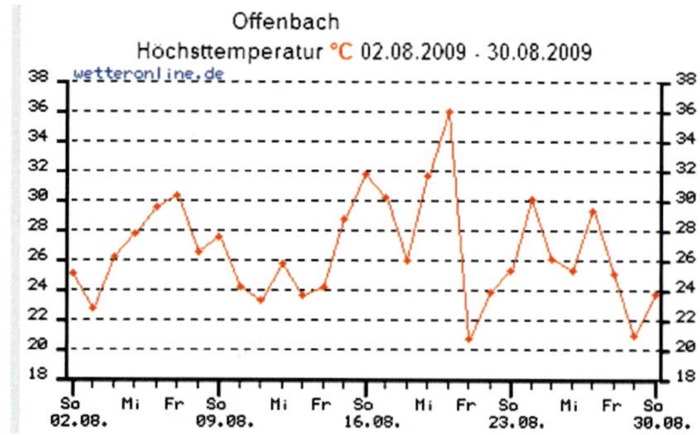

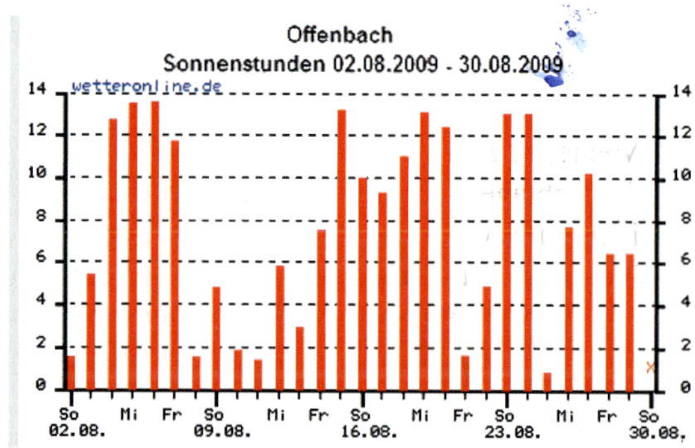

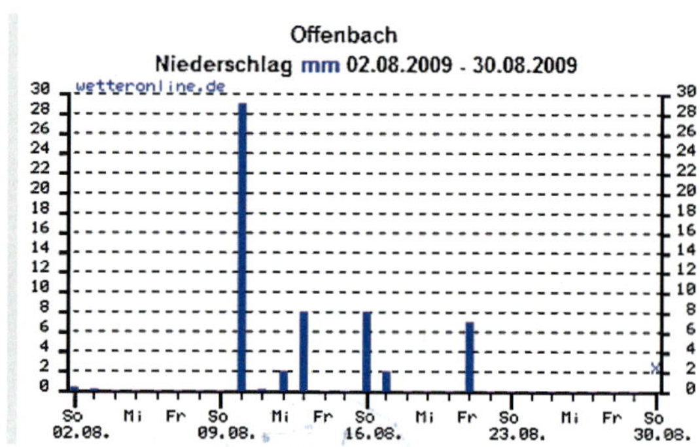

a) Wertet die Daten aus. Stellt euch gegenseitig verschiedene Fragen zu den Diagrammen, zum Beispiel: Welcher Tag war der wärmste? Wie lange schien die Sonne an diesem Tag?

b) Besorgt die aktuellen Wetterdaten von der nächstgelegenen Wetterstation und wertet sie aus. Links findet ihr im Internetangebot unter 014-1.

Trainieren Anwenden Vernetzen

10 In Deutschland verbraucht eine Person im Haushalt durchschnittlich 126 Liter Wasser pro Tag. Hier siehst du, wofür:

Trinken, Kochen	5 l
Geschirr spülen	3 l
Wäsche waschen	29 l
Zähne putzen	1 l
Duschen, Baden	50 l
Toilettenspülung	30 l
Wohnung putzen	3 l
Auto waschen	3 l
Pflanzen gießen	2 l

a) Überschlage, wie viel Wasser ein Mensch in einer Woche, in einem Jahr verbraucht.

b) Überschlage den Wasserverbrauch einer vierköpfigen Familie am Tag, in der Woche, im Jahr.

c) Die Weltgesundheitsorganisation WHO hat errechnet, dass ein Mensch mindestens 25 l Wasser pro Tag zum Trinken, Kochen und für den hygienischen Bedarf braucht.
Vergleiche den täglichen Wasserverbrauch pro Kopf in verschiedenen Ländern.
Veranschauliche die Daten durch ein passendes Diagramm.

USA	474 l
Italien	268 l
Deutschland	126 l
Dänemark	136 l
Indien	25 l
Trockengebiete in Afrika	20 l
Madagaskar	5 l

d) Sprecht in eurer Klasse darüber, wie diese Unterschiede zu erklären sind.
Weitere Informationen rund um das Thema Wasser, Wassermangel, Wasserverbrauch findet ihr im Internetangebot unter 015-1.

11 Beim Würfeln kommt die Sechs viel seltener als andere Zahlen – das glauben viele Leute. Ihr könnt es nachprüfen durch das folgende Experiment.
Würfelt sehr oft, mindestens 100 Mal (vielleicht schafft ihr sogar 1000 Mal) und macht eine Strichliste, welche Zahl wie oft vorkommt.
Stellt die Ergebnisse in einem Diagramm dar. Was fällt euch auf?
Ihr könnt übrigens auch den Computer würfeln lassen: 015-1.

12 Ein weitereres Würfel-Experiment: Zwei Würfel sollen gleichzeitig geworfen werden. Es interessiert die Augensumme.

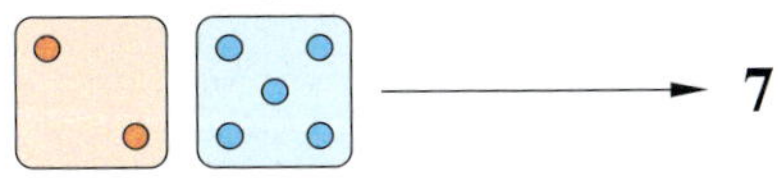

a) Welche Zahlen können als Augensumme überhaupt vorkommen? Was vermutet ihr: Kommt eine der Augensummen häufiger vor als andere?

b) Führt nun das Experiment sehr oft durch und macht eine Strichliste über die Häufigkeit der einzelnen Augensummen.
Stellt die Ergebnisse in einem Diagramm dar.
Bestätigen die Ergebnisse eure Vermutung aus Aufgabenteil a)?

c) Untersucht die Augensummen systematisch: Schreibt oder zeichnet alle möglichen Ausgänge des Würfel-Experiments auf und ordnet sie nach der Augensumme.
Vergleicht mit euren Ergebnissen aus Aufgabenteil b). Was fällt euch auf?

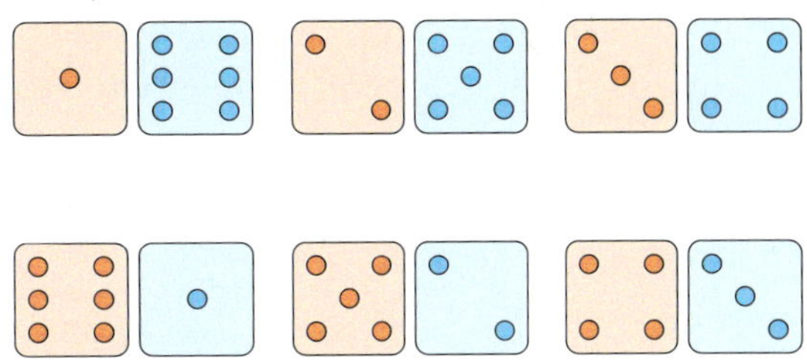

Aufgabe der Woche

Schneide aus Zeitungen oder Zeitschriften Tabellen und Diagramme, die etwas mit Zahlen zu tun haben, aus und klebe sie in dein Heft.
Notiere jeweils darunter, wie du die Tabellen und Diagramme „liest“, welche Informationen du aus ihnen entnehmen kannst.

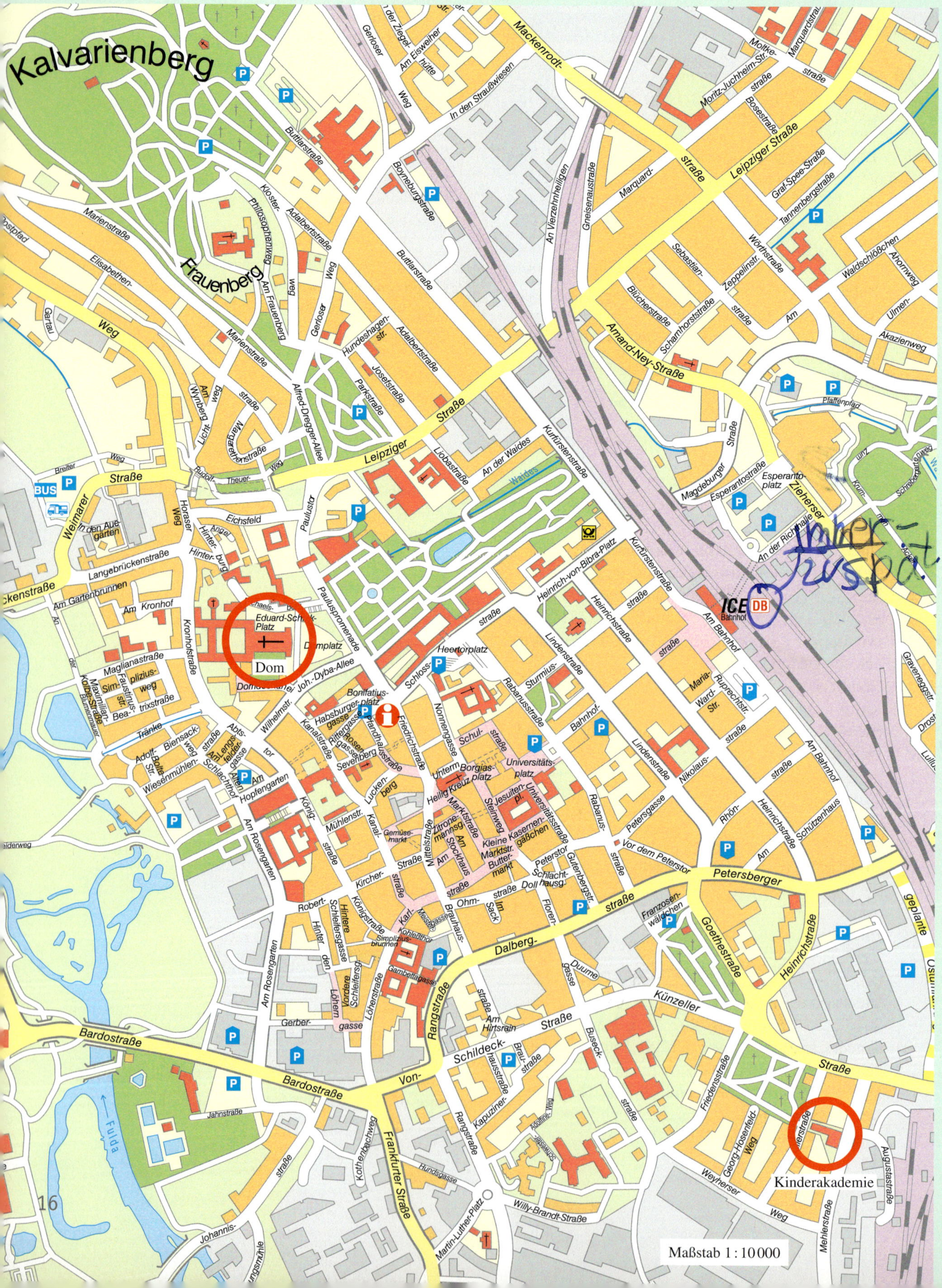
Kalvarienberg
Frauenberg
Dom
Eduard-Schick-Platz
Domplatz
Kinderakademie
ICE DB Bahnhof
Leipziger Straße
Mackenrodtstraße
Marquardstraße
Amand-Ney-Straße
Kurfürstenstraße
Heinrichstraße
Lindenstraße
Rabanusstraße
Petersberger Straße
Dalbergstraße
Künzeller Straße
Bardostraße
Von-Schildeck-Straße
Frankfurter Straße
Rangstraße
Goethestraße
Weimarer Straße
Langebrückenstraße
Paulustor
Pauluspromenade
Heertorplatz
Friedrichstraße
Universitätsplatz
Am Bahnhof
Magdeburger Straße
Esperantoplatz
Weyherser Weg
Mehlerstraße
Augustastraße
Fulda
Maßstab 1:10 000

Maßstab

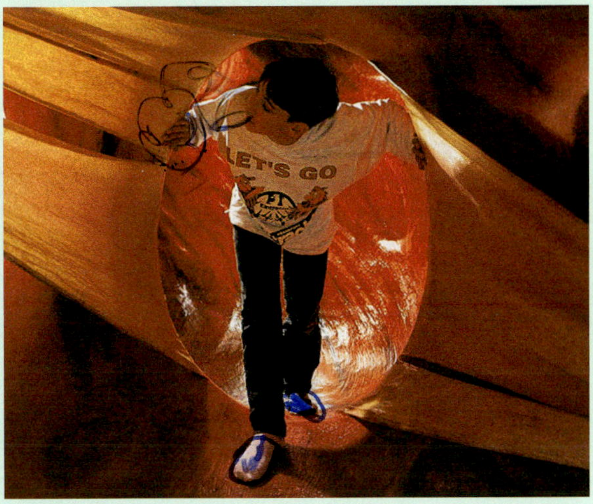

Familie Leipold ist unterwegs zur Kinder-Akademie Fulda und hat eine Führung durch das „Begehbare Herz“ gebucht.
Frau Leipold schlägt vor, dies mit einer Stadtbesichtigung zu verbinden. Als die vier am Bahnhof ankommen, haben sie bis zur Führung noch zwei Stunden Zeit und überlegen, ob dies für einen Besuch im Dom reicht, dem Wahrzeichen der Stadt.
Sucht in Gruppenarbeit eine möglichst günstige Route vom Bahnhof zum Dom.
Überlegt, wie ihr die Länge des Weges mithilfe des Stadtplans möglichst genau abschätzen könnt. Vergleicht eure Lösungen.

Aufgaben

1 Wie viel Zeit muss Familie Leipold für den Weg zum Dom in Fulda einplanen, wenn sie durchschnittlich 4 km in einer Stunde weit kommt?
Reichen zweieinhalb Stunden, um zum Dom und dann zur Kinder-Akademie zu gehen?

Info

Ein Maßstab von z. B. 1 : 20 000 bedeutet:
1 cm in der Karte entspricht 20 000 cm (oder 200 m) in Wirklichkeit.

2 Das Hauptgebäude der Kinder-Akademie ist eine ehemalige Fabrikhalle mit rechteckiger, 20 mal 36 Meter großer Grundfläche. Zeichne die Halle maßstabsgetreu in dein Heft.

3 Die Karte auf der linken Seite wurde im Maßstab 1 : 10 000 gedruckt.
Welche anderen Maßstäbe kannst du auf Karten im Atlas oder auf Stadtplänen finden? Recherchiere!

4 Auf dem Heimweg nach Darmstadt breitet Lena die Autokarte im Maßstab 1 : 200 000 aus und will abschätzen, wie weit es bis nach Hause ist.
Sie misst folgende Entfernungen (Luftlinie):
Fulda – Frankfurt 45 cm, Frankfurt – Darmstadt 16 cm.

5 Bringt Pläne eures Schulortes oder Wanderkarten aus der Umgebung mit in die Schule.
Sucht und messt dieselben Wege auf verschiedenen Karten. Vergleicht die Maßstäbe. Plant einen Unterrichtsgang mit Karte.

1.2 Große Zahlen

▶ siehe Erarbeitung

1 Planetenwege

Seid ihr schon einmal auf einem Planetenweg gewandert, sozusagen von der Sonne bis zu den weitesten Planeten?

Entlang eines Planetenwegs sind verkleinerte Modelle der Sonne und der Planeten so aufgestellt, dass Größe und Abstand das Sonnensystem in einem bestimmten Maßstab abbilden. Oft wird der Maßstab 1 : 1 Milliarde (Mrd.) gewählt. Das bedeutet, dass 1 *km* Wanderstrecke 1 000 000 000 *km* im Weltraum entsprechen.

Unter 018-1 findet ihr mehr über Planetenwege. Vielleicht gibt es einen Planetenweg in eurer Nähe?

Viele Planetenwege führen bis zum Pluto, früher der neunte und kleinste Planet, den die Internationale Astronomische Union (IAU) 2006 zum „Zwergplaneten" erklärt hat.

Wie lang ist ein Planetenweg von der Sonne bis zum Pluto beim Maßstab 1 :1 Mrd.?

Planet	Entfernung zur Sonne in km
Pluto	5 913 520 000
Merkur	57 910 000
Mars	227 940 000
Venus	108 200 000
Erde	149 600 000
Neptun	4 504 300 000
Uranus	2 870 990 000
Saturn	1 429 400 000
Jupiter	778 330 000

In dieser Tabelle sind die Planeten nach ihrer Größe geordnet. Ordnet sie neu nach ihrer Entfernung von der Sonne. Lest die Zahlen.

Die Astronomie-AG einer Schule will den Bau eines geradlinig verlaufenden Planetenwegs vorbereiten und fertigt dafür untenstehende Zeichnung an.

Übertragt den Zahlenstrahl in euer Heft – oder ladet ihn aus dem Internet herunter 018-2 – und tragt die fehlenden Planeten ein.

Bei den Planeten, die der Sonne am nächsten liegen, gelingt das vermutlich nur sehr ungenau. Zeichnet weitere Zahlenstrahlen und probiert verschiedene Einteilungen aus, um die nahen Planeten genauer eintragen zu können.

Zeigt euch gegenseitig eure Lösungen und diskutiert sie.

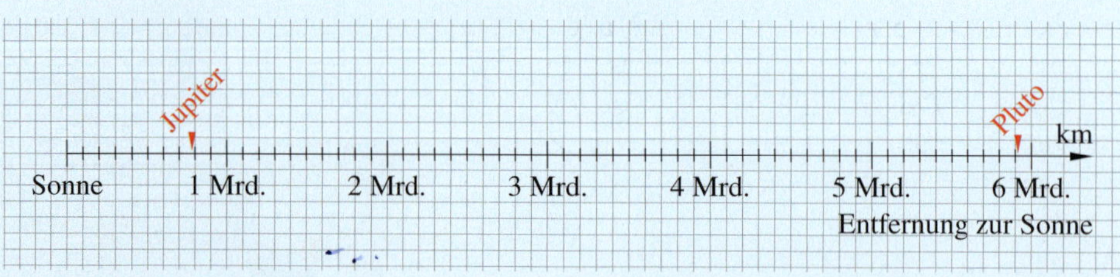

2 Dino-Galerie

Brachiosaurus vor ca. 139 Mio. Jahren

Tyrannosaurus Rex vor ca. 66 Mio. J.

Stegosaurus vor ca. 154 Mio. Jahren

Parasaurolophus vor ca. 83 Mio. J.

Velociraptor vor ca. 80 Mio. Jahren

Ichthyosaurus vor ca. 215 Mio. Jahren

Die Erde entstand vor 4 500 000 000 (*lies:* vier Milliarden fünfhundert Millionen *oder:* viereinhalb Milliarden) Jahren, die meisten Tierstämme entwickelten sich seit dem Beginn des Erdaltertums vor 550 000 000 Jahren. Das Erdmittelalter begann mit der Trias genannten Epoche vor 225 000 000 Jahren. Auf die Trias folgte vor 195 000 000 Jahren der Jura, danach, 136 000 000 Jahre vor unserer Zeit, die Kreidezeit, welche etwa vor 65 000 000 Jahren endete.

In welchen Epochen der Erdgeschichte gab es Saurier?
Ordne die vorkommenden Zahlen. Markiere die Erdepochen ab dem Erdaltertum auf einem Zahlenstrahl und trage dort ein, wann die Saurier gelebt haben.
Lies die Zahlen.
Erkläre, weshalb die Zeitangaben mit so vielen Nullen enden.

3 Im Zahlenland ℕ

Du kannst dir sicherlich gut vorstellen, dass es in einem großen Land mit vielen Bewohnern häufig zu Streitigkeiten kommt. Ein Streitpunkt im Zahlenland ist immer wieder die Frage, welche Bewohnerin die meisten Rechte hat und damit das Land regiert. Vor Urzeiten wurde einmal festgelegt, dass die kleinste und die größte Bewohnerin regieren sollten.

Eines Tages begegnen sich im Zahlenland die Bewohnerin 68 756 432 102 430, die 26 754 692 118 966, die 9 692 439 775 208 und die achtundsechzig Billionen siebenhundertsechsundfünfzig Milliarden vierhundertzweiunddreißig Millionen hundertzweitausendvierhunderteinunddreißig.
Jede von ihnen behauptet, die größte aller Zahlen zu sein und damit entsprechende Rechte zu haben. Zur Schlichtung dieser Streitigkeiten werden meistens die kleineren Bewohnerinnen hinzugezogen, da sie ja ähnliche Probleme kennen. Die Zahl 2, die diesmal eingeschaltet wird, meint, dass sie sich nicht streiten müssten … Was meinst du dazu?
Bringe Ordnung in das Zahlengewirr!

▶ Große Zahlen ordnen und übersichtlich darstellen

Große Zahlen werden durch eine Stellenwerttafel verständlicher.

	Milliarden (Mrd.)			Millionen (Mio.)			Tausender					
	H	Z	E	H	Z	E	H	Z	E	H	Z	E
Pluto			5	9	1	3	5	2	0	0	0	0
Merkur					5	7	9	1	0	0	0	0

Die Stellenwerttafel hilft, große Zahlen zu vergleichen und zu ordnen. Du kannst große Zahlen auch in Dreiergruppen übersichtlich schreiben: 778 330 000

Übersicht über große Zahlen gewinnst du auch durch Runden. Hier sind die Zahlen aus dem Auftrag 1 geordnet und gerundet:

Planet	**Entfernung zur Sonne in** ***km***	**Entfernung zur Sonne in** ***km*** **gerundet auf Millionen**	**Entfernung zur Sonne in** ***km*** **gerundet auf zehn Millionen**
Merkur	57 910 000	58 000 000	60 000 000
Venus	108 200 000	108 000 000	110 000 000
Erde	149 600 000	150 000 000	150 000 000
Mars	227 940 000	228 000 000	230 000 000
Jupiter	778 330 000	778 000 000	780 000 000
Saturn	1 429 400 000	1 429 000 000	1 430 000 000
Uranus	2 870 990 000	2 871 000 000	2 870 000 000
Neptun	4 504 300 000	4 504 000 000	4 500 000 000
Pluto	5 913 520 000	5 914 000 000	5 910 000 000

Zur Erinnerung

Bei 1, 2, 3, 4 wird abgerundet. Bei 5, 6, 7, 8, 9 wird aufgerundet.
Beispiel:
64 753 ≈ 64 750
64 753 ≈ 64 800
64 753 ≈ 65 000
64 753 ≈ 60 000
je nach gewünschter Genauigkeit.
Das Zeichen ≈ bedeutet „ist ungefähr gleich".

Willst du große Zahlen auf dem Zahlenstrahl darstellen, musst du einen geeigneten Maßstab finden. Um 6 Milliarden Kilometer auf Heftbreite zu zeichnen, kannst du ein Kästchen für 200 Millionen Kilometer nehmen, bzw. 1 *cm* für 400 Mio. *km*.
Wenn du diesen Maßstab um das Zehnfache vergrößerst, also 1 *cm* für 40 Mio. *km* nimmst, kannst du auch die der Sonne nächstgelegenen Planeten gut eintragen.
Hier eine verkleinerte Zeichnung:

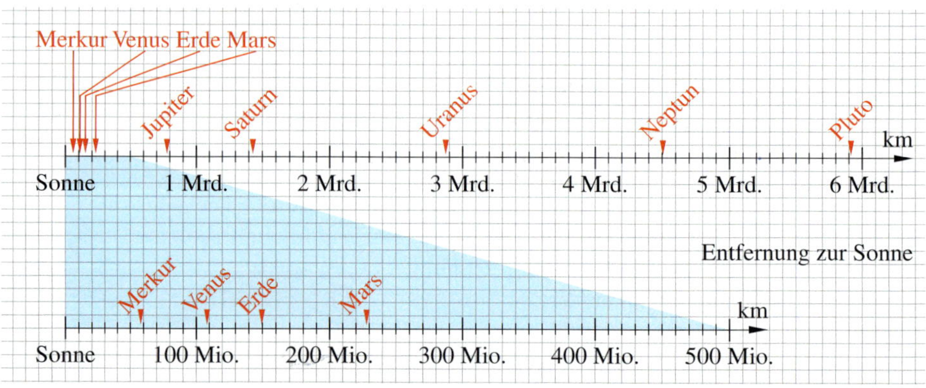

Die Zahlen 0, 1, 2, 3, 4, …, mit denen du zählst, heißen natürliche Zahlen.
Da man immer eins addieren kann, hat jede natürliche Zahl einen Nachfolger, und jede natürliche Zahl außer der 0 hat einen Vorgänger. Die Gesamtheit oder Menge aller natürlichen Zahlen wird mit $\mathbb{N}$ bezeichnet und man schreibt:
$\mathbb{N} = \{0; 1; 2; 3; 4; \ldots\}$
Es gibt keine größte natürliche Zahl. Die Menge $\mathbb{N}$ der natürlichen Zahlen ist unbegrenzt.

Im Zehnersystem brauchen wir nur zehn Ziffern, um beliebig große natürliche Zahlen zu schreiben.

Zahlennamen im Zehnersystem				
Eins	=	1 E (Einer)	=	1
Zehn	=	1 Z (Zehner)	=	10
Hundert	=	1 H (Hunderter)	=	100
Tausend	=	1 T (Tausender)	=	1000
Zehntausend	=	10 T	=	10 000
Hunderttausend	=	100 T	=	100 000
eine Million	=	1 Mio.	=	1 000 000
zehn Millionen	=	10 Mio.	=	10 000 000
hundert Millionen	=	100 Mio.	=	100 000 000
eine Milliarde	=	1 Mrd.	=	1 000 000 000
zehn Milliarden	=	10 Mrd.	=	10 000 000 000
hundert Milliarden	=	100 Mrd.	=	100 000 000 000
eine Billion	=	1 Bio.	=	1 000 000 000 000

Info

Das englische Zahlwort „one billion" bedeutet eine Milliarde.
Und „one trillion" ist die übliche englische Bezeichnung für die deutsche Billion.

Die Stufenzahlen des Zehnersystems erhältst du, wenn du die 10 mit sich selbst multiplizierst:
$100 = 10 \cdot 10$
$1000 = 10 \cdot 10 \cdot 10$

… ich kann noch viel größere Zahlen schreiben: $10^{15} = 1\,000\,000\,000\,000\,000$

Produkte aus gleichen Faktoren kannst du abgekürzt schreiben:
$100 = 10 \cdot 10 = 10^2$
$1000 = 10 \cdot 10 \cdot 10 = 10^3$
$1\,000\,000 = 10 \cdot 10 \cdot 10 \cdot 10 \cdot 10 \cdot 10 = 10^6$

Ein Ausdruck wie 10^3 heißt Potenz mit der Basis 10 und dem Exponenten 3. Der Exponent gibt an, wie oft die Basis als Faktor vorkommt.
Den Exponenten bezeichnet man auch mit Hochzahl und die Basis mit Grundzahl.

$4^3 = 4 \cdot 4 \cdot 4 = 64$ (Exponent: 3; Basis: 4)

4^3 spricht man „vier hoch drei". Ebenso bedeutet „elf hoch sieben" 11^7.
Potenzen mit dem Exponenten 2 werden häufig auch als **Quadrate** bezeichnet.
5^2 spricht man z. B. „fünf Quadrat".
Potenzen mit der Basis 10 nennt man auch **Zehnerpotenzen**.

Trainieren Anwenden Vernetzen

1 Jeweils zwei Zahlen sind gleich.

a) 3 Mio.
b) 30 Mrd.
c) 300 Mio.
d) 3000 Mio.
e) 3 000 000 000
f) 300 000 000
g) 3 000 000
h) 30 000 000 000

2 Trage die Zahlen in eine Stellenwerttafel ein und schreibe sie in Worten auf.

a) 4008
b) 56
c) 2 300 014
d) 20 070
e) 9 000 021
f) 4 320 080 065
g) 1 010 010 001
h) 453 200 089

3 Gib nach Möglichkeit den Vorgänger und den Nachfolger an und trage sämtliche Zahlen in eine Stellenwerttafel ein.

a) 300 356
b) 6 099 000
c) 99 999
d) 1 Mio.
e) 3 Mrd.
f) 0
g) 543 990 000 000
h) 1
i) 1 100 100 100
j) 101 Bio.

4 Runde auf Tausender. Zur Kontrolle: Je zwei Ergebnisse sind gleich.

a) 6 404 367
b) 83 214
c) 210 487
d) 1 Mio.
e) 999 542
f) 209 508
g) 6 403 721
h) 83 459

5 Gib die größte und kleinste Zahl an, die zu dem angegebenen gerundeten Wert führt.

a) Auf Hunderter gerundet: 964 700
b) Auf Tausender gerundet: 965 000
c) Auf Zehntausender gerundet: 960 000
d) Auf Hunderttausender gerundet: 1 000 000
e) Auf Milliarden gerundet: 0

6 Schreibe alle Zahlen auf, die du mit den Ziffern 0, 4, 0, 3, 0 bilden kannst und ordne sie nach ihrer Größe.

7 Schreibe in Ziffern.

a) 300 Millionen 622 Tausend 49
b) 5 Billionen 17 Milliarden 512 Tausend
c) 10 Billionen 30 Millionen 400
d) 543 Milliarden 24 Millionen 321 Tausend

(Zur Kontrolle: Die Summe der Hunderttausenderziffern ist 14.)

8 Schreibe in Ziffern.

a) vier Millionenundzwölf
b) hundert Millionen dreihundertachtzehntausendvierhundertvierunddreißig
c) dreiundsiebzig Milliarden fünfhundertacht Millionen neunhundertfünfzigtausendzweihundertzwölf
d) zwei Billionen hundertdreizehn Milliarden neunundneunzig Millionen achtzigtausendvierhundertsechsundfünfzig
e) dreihundert Billionen zwei Milliardenundeins

(Zur Kontrolle: Die Zahlen werden von Teilaufgabe zu Teilaufgabe um zwei Stellen länger.)

9 Sortiere der Größe nach.

a) 278; 300 001; 100 203; 99 999; 30 002
b) 546 783 002; 23 425 871; 3 366 667 771; 90 012 334; 900 233 330
c) 3 Mrd. 501 Mio. 435 Tausend 234; 3 501 435 233; 3 501 346 233

10 Schreibe die Potenz als Produkt und berechne.

a) 10^3; 10^7; 10^2; 10^4
b) 2^3; 2^7; 2^{10}; 3^3; 1^{12}
c) 20^3; 11^2; 100^3; 1000^2.

11 Schreibe die Produkte als Potenz.

a) $4 \cdot 4 \cdot 4 \cdot 4 \cdot 4$
b) $10 \cdot 10 \cdot 10 \cdot 10 \cdot 10 \cdot 10 \cdot 10$
c) $101 \cdot 101 \cdot 101 \cdot 101 \cdot 101 \cdot 101$

12 Welche Zahlen sind gleich?
10^6; 2^3; 2^4; 100^3; 4^2; $2 \cdot 4$; $4 \cdot 4$; 1 000 000; 16; 8

13 Schreibe als Zehnerpotenz.

a) 1 000 000; 1000; 100; 100 000 000; 100 000
b) 100 000 000 000 000

14 Finde möglichst viele verschiedene Weisen, um diese Zahlen zu schreiben:

a) Hundert
b) Zehntausend
c) 1 Million
d) 1 Milliarde

15 Zähle! Stellt euch gegenseitig ähnliche Aufgaben.

a) Zähle in 5er Schritten von 150 bis 200.
b) Zähle in 25er Schritten von 100 bis 300.
c) Zähle von 0 in vier Schritten bis 1000.
d) Zähle von 0 in acht Schritten bis 1000.
e) Zähle von 0 in fünf (zehn) Schritten bis 100 000

16 Hier wurde aus 10 Ziffern eine Zahl gebildet. Lies die Zahl und schreibe sie in Worten auf. Bilde mit denselben Ziffern fünf möglichst große und fünf möglichst kleine zehnstellige Zahlen. Ordne die Zahlen der Größe nach.

Milliarden (Mrd.)			Millionen (Mio.)			Tausender					
H	Z	E	H	Z	E	H	Z	E	H	Z	E
		1	7	5	3	9	2	0	4	6	8

17 Schreibe auf, welche Zahlen am Zahlenstrahl rot markiert sind.

a) 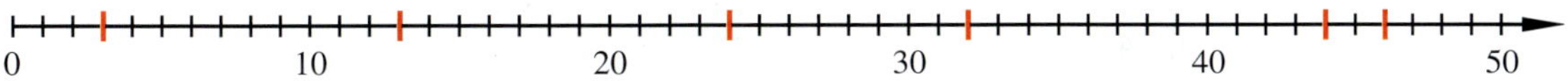

b) 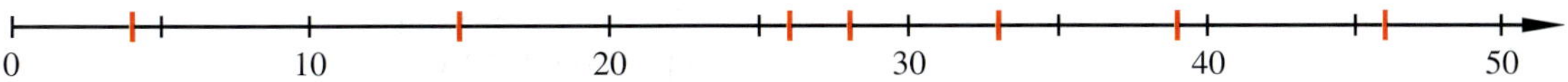

c) 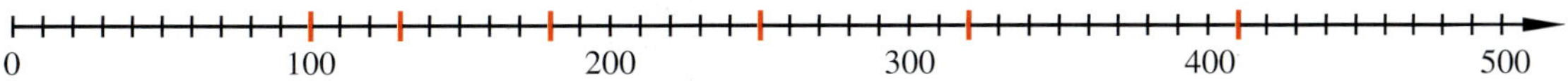

18 Zeichne einen Zahlenstrahl bis 20 und trage die folgenden Zahlen ein: 5; 12; 2; 19; 7; 1; 16.

19 Zeichne einen Zahlenstrahl bis 110. Wähle 1 cm für je 10. Trage die folgenden Zahlen ein:
20; 45; 60; 100; 85; 65; 50; 25; 37; 4; 99; 104.

20 Runde die folgenden Zahlen jeweils auf dieselbe Stelle und trage sie auf einem Zahlenstrahl ein:

a) 9 999, 1016, 7400, 2910, 5501, 7809, 5399, 19 700, 10 879, 444

b) 99 999, 51 314, 17 266, 23 721, 125 116, 7809, 55 300, 599

noch fit?

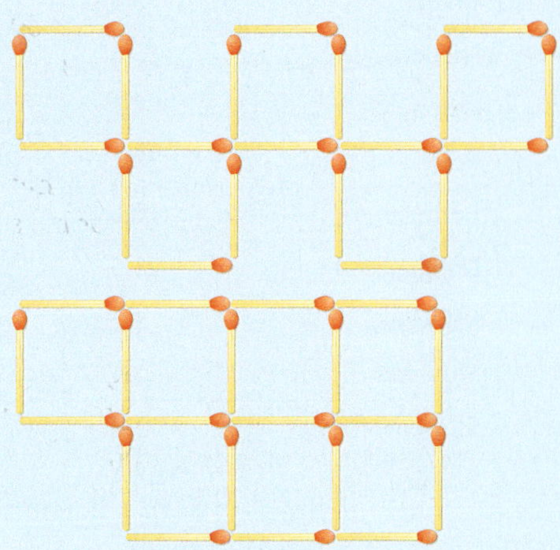

I Betrachte die beiden Streichholz-Figuren.

a) Welche Streichhölzer muss man umlegen, um aus den 5 Quadraten des oberen Bildes die 7 gleich großen Quadrate des unteren zu erhalten?

b) Kannst du aus dem oberen Bild durch Umlegen von drei Hölzern sechs Quadrate derselben Größe erhalten?

c) Gelingt es dir auch, durch Umlegen von nur zwei Hölzern sechs Quadrate derselben Größe zu erhalten?

II Wie viele Quadrate beliebiger Größe enthält die untere Streichholzfigur? Wie viele Rechtecke kann man darin finden?

III Setze die Zahlenfolgen um mindestens 5 Zahlen fort.

a) 3, 6, 9, 12,

b) 2, 4, 8, 16, …

Trainieren **Anwenden** Vernetzen

21 Die Europäische Union (EU) zwischen 2000 und 2009

a) Vergleiche die Karte (2000) mit der Tabelle (2009). Beschreibe die Entwicklung der EU in dieser Zeitspanne. Gibt es neuere Entwicklungen? Recherchiere. 024-1.

b) Ordne die Staaten nach der Einwohnerzahl. Schreibe dabei die Einwohnerzahlen ohne Komma: 10,7 Mio. = 10 700 000.

c) Runde die Flächenangaben einheitlich und ordne die Staaten nach der Größe ihrer Fläche.

Land	Einw. (Mio.)	Fläche (km²)
Belgien	10,7	30 510
Bulgarien	7,6	110 994
Dänemark	5,5	43 094
Deutschland	82,2	357 021
Estland	1,3	45 226
Finnland	5,3	337 030
Frankreich	63,8	547 030
Griechenland	11,2	131 940
Großbritannien	61,2	244 820
Irland	4,4	70 280
Italien	59,6	301 320
Lettland	2,3	64 589
Litauen	3,4	65 200
Luxemburg	0,5	2 586
Malta	0,4	316
Niederlande	16,4	41 526
Österreich	8,3	83 858
Polen	38,1	312 685
Portugal	10,6	92 931
Rumänien	21,5	238 391
Schweden	9,2	449 964
Slowakei	5,4	48 845
Slowenien	2,0	20 253
Spanien	45,3	504 782
Tschechien	10,4	78 866
Ungarn	10,0	93 030
Zypern	0,8	9 250

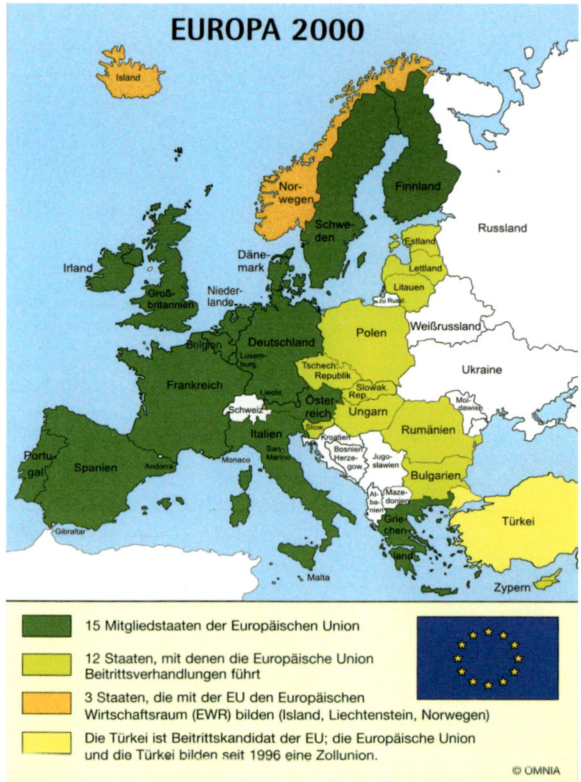

22 Wie groß sind die Planeten?

a) Ordne die Planeten nach ihrem Durchmesser und vergleiche mit dem Durchmesser der Sonne: 1 390 000 km.

b) Für einen neuen Planetenweg werden Modelle im Maßstab 1 : 1 Mrd. gebaut.
Wie groß wird das Modell der Sonne? Gib auch die Durchmesser der Planetenmodelle an.

Planet	Durchmesser (km)
Merkur	4 880
Venus	12 104
Erde	12 756
Mars	6 794
Jupiter	142 984
Saturn	120 536
Uranus	51 118
Neptun	49 532
Pluto	2 300

23 Vergleiche die Bevölkerungszahlen der Europäischen Union aus 27 Mitgliedsstaaten (EU-27) mit den bevölkerungsreichsten Ländern der Welt.

a) Ordne die Tabelle nach der Einwohnerzahl.

b) Veranschauliche die Bevölkerungszahlen auf einem Zahlenstrahl.
Finde einen geeigneten Maßstab dafür.

Land	Bevölkerung (Mio.)
China	1 321,8
EU-27	495,0
Indien	1 129,9
Japan	127,4
Russland	141,4
USA	301,0

24 Der Haushaltsplan der Bundesregierung für das Jahr 2009 sah Folgendes vor:

Auswärtiges Amt	3 028 000 000 €
Inneres	5 620 450 000 €
Finanzen	4 868 300 000 €
Wirtschaft	6 133 350 000 €
Arbeit und Soziales	123 599 560 000 €
Verkehr und Bauwesen	26 690 240 000 €
Verteidigung	31 179 480 000 €
Umwelt	1 418 450 000 €
Bildung und Forschung	10 204 500 000 €

a) Stell dir vor, du bist jetzt Nachrichtensprecher(in) im Fernsehen.
In deiner Sendung sollst du eine Meldung über den Haushaltsplan vorlesen und dabei die einzelnen Posten der Größe nach nennen.
Schreibe zur Vorbereitung auf die Sendung einen Notizzettel mit dem Nachrichtentext und übe ihn vorzutragen.

b) Für eine anschließende Diskussion mit einem Studiogast sollst du den Haushaltsplan in übersichtlicher Form im Kopf haben.
Runde geeignet und schreibe die Zahlen so auf, wie du sie dir einprägen würdest.

25 Begründe, welche Zahlangaben der untenstehenden Zeitungsnotiz natürliche Zahlen sind und welche nicht?

> 6780 Schaulustige ließen sich weder von Eintrittspreisen zwischen 20,60 € und 30,60 € noch von Temperaturen um −14 °C abschrecken. Bereits 30 Minuten vor Beginn war die Zuschauertribüne zu $\frac{2}{3}$ besetzt.

26 Vergleiche die beiden Gebrauchtwagenanzeigen aus einer alten Zeitung. Die Angaben für den Kilometerstand sind gerundet.

Um wie viel kann sich der Kilometerstand der beiden Autos in Wirklichkeit unterscheiden? Was ist der kleinste, was der größtmögliche Unterschied?

Anzeigen: KFZ-Markt	
Renault Twingo, Liberty, rot, Faltdach, Bj. 7/98, 25 tkm, VB 4900 €	Renault Twingo, Liberty, Faltdach, R/CD, Bj. 6/98, 26 000 km, 4800 €

27 Der Journalist Genauwisser hat einen Bauern über seinen Hühnerstall interviewt und anscheinend die Sache etwas zu genau genommen. Runde die Zahlen so, dass die Informationen einprägsam sind.

> **Alblandkurier**
>
> Ein typischer Hühnerhof produziert mit 15 346 Hennen täglich 11 243 Eier und hat ständig 8971 Küken in der Aufzucht. Jedes Huhn legt im ersten Jahr 253 Eier, in den 25 Wochen danach noch mal 103 Eier. Das halbautomatische Sammeln, Sortieren und Verpacken der Eier dauert eine Stunde am Tag. Die Tagesproduktion landet in 31,23 Kisten. Jede Woche werden 7618 kg Futtermittel angeliefert.

28 „Zahlenlogelei"

a) Gib an, wie viele dreistellige Zahlen es gibt.

b) Wie viele dreistellige Zahlen haben an der Zehnerstelle eine 5?

c) Wie viele dreistellige Zahlen haben an der Hunderterstelle und an der Einerstelle eine 5?

d) Bei wie vielen dreistelligen Zahlen kommt die Ziffer 5 genau einmal vor?

Römische Zahlen

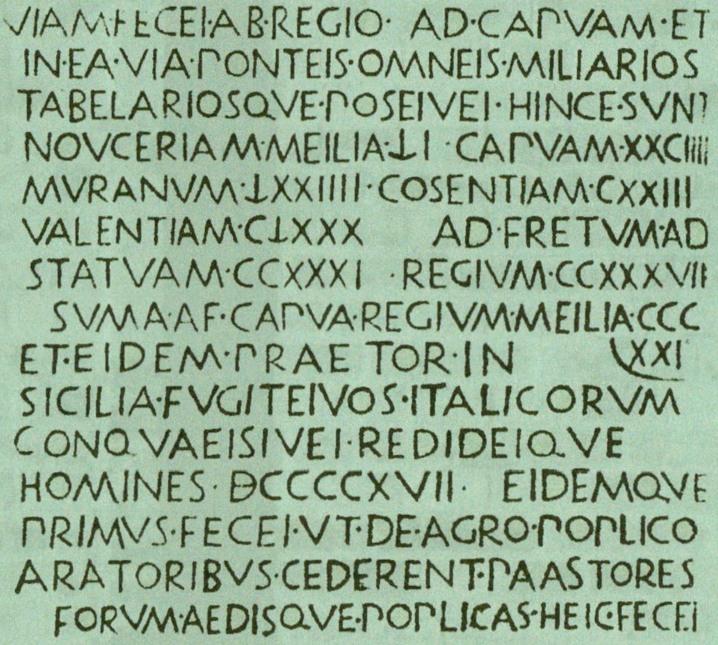

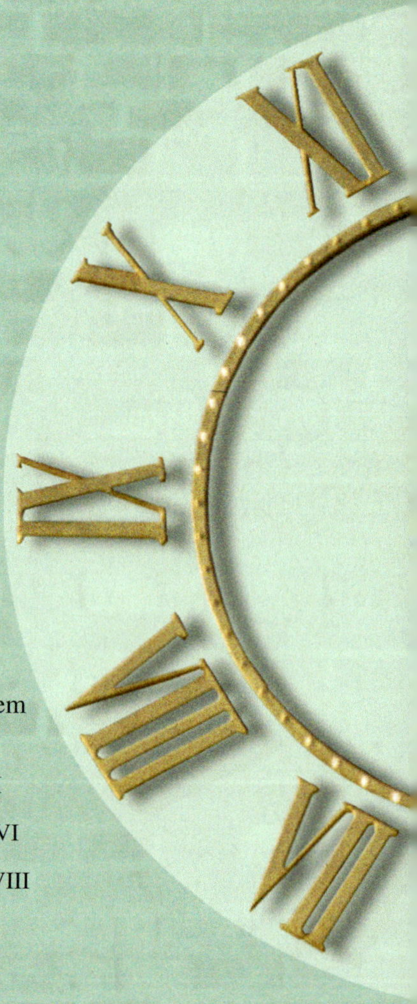

Der obige Text ist lateinisch. Darin sind auch römische Zahlzeichen enthalten, ebenso auf dem Ziffernblatt der alten Kirchturmuhr. Anhand der Beispielrechnungen kannst du das römische Zahlensystem entschlüsseln:

III + II	=	V	VIII + VIII	=	XVI
VII + III	=	X	XXX – IV	=	XXVI
I + II	=	III	XXIII + XXV	=	XLVIII
V – I	=	IV	XXXIX + XI	=	L
V + III	=	VIII	XXXII + LXVIII	=	C
X – II	=	VIII	CCCX + CDLX + CCXXX	=	M

Lege in deinem Heft eine Tabelle an, in der du die Bedeutung der römischen Zahlzeichen festhältst.

Römische Zahlzeichen	I	V	X	L	C	D	M
Bedeutung							

Aufgaben

1 Nun kannst du sicher die folgenden Zahlen in unser Zehnersystem übersetzen:

a) VI
b) IX
c) LXIV
d) MDCCCLXIII
e) MMVIII
f) MCDLXXVII
g) MMCCXXII

Lösungswort: 4 (o); 9 (s); 2008 (r); 2222 (x); 19 (b); 1863 (e); 1477 (i); 1881 (l); 6 (a); 64 (t)

2 Schreibe dein Geburtsjahr in römischen Zahlzeichen. Beachte die Regeln am Ende dieser Doppelseite.

3 Caesar lässt seine Truppen zählen. Sein Schreiber kommt aufgeregt herbeigelaufen: „Caesar, wir können nicht weiter notieren, wir haben die größte Zahl erreicht!"

a) Ab welcher Zahl kann der Schreiber nicht mehr mithalten?

b) Erfinde ein römisches Zeichen für 5000. Bis zu welcher Zahl kommt man nun mit dem römischen System?

c) Das Heer, mit dem Caesar Gallien eroberte, war etwa 50 000 bis 70 000 Mann stark.
Welche weitere Zeichen müsstest du erfinden, um diese Zahlen mit römischen Zahlzeichen aufschreiben zu können?

Regeln für die römischen Zahlen
Die Zeichen I, X, C und M dürfen höchstens dreimal hintereinander, die Zeichen V, L, D dürfen nur einmal in einer Zahl vorkommen. Stehen die Zahlzeichen ihrer Größe nach geordnet, so werden sie addiert. Steht das Zeichen für eine kleinere Zahl links von einer größeren, so wird die kleinere Zahl von der größeren subtrahiert.

Tipp

Mit großen Zahlen operieren kannst du in den Projekten „Forschungsreise" und „Megastädte". 028-2

Trainieren Anwenden **Vernetzen**

29 Spiel für zwei Personen. Ihr benötigt einen Würfel und je ein Blatt mit einer Stellenwerttafel bis Hunderttausend. Es wird abwechselnd gewürfelt, jeder Spieler trägt die Augenzahl an einer beliebigen Position seiner Stellenwerttafel ein. Die größte sechsstellige Zahl gewinnt.

a) Spielt insgesamt drei Runden.
b) Beschreibe, wie du vorgehst, um eine möglichst große Zahl zu erhalten.
c) Welche sechsstelligen Zahlen kommen in dem Spiel nie vor?
d) Wie viele verschiedene Zahlen kann es bei dem Spiel geben?

(Kontrolle zu Teil d: 100 000 oder 999 999 oder 46 656)

30 „Also, ich mag die römischen Zahlen lieber. Da kann ich mein Geburtsjahr 2000 ganz einfach schreiben: MM. Ohne Nullen, die ja sowieso einfach ‚Nichts' sind." – Seid ihr einverstanden?
a) Tragt Argumente für die römischen Zahlen und für unser Zehnersystem zusammen. Was „kann" die Null?
b) Informiert euch über die Geschichte der Zahlen. 028-1

Info

Eine **Primzahl** ist eine Zahl, die genau zwei verschiedene Teiler hat: 1 und sich selbst.
Die 1 ist deshalb keine Primzahl (sie hat nur einen Teiler).
Die ersten Primzahlen sind: 2, 3, 5, 7, 11, …
Weil sie eine große Bedeutung für die Verschlüsselung von Computerdaten haben, werden Primzahlen sehr intensiv erforscht.

31 Im November 2001 wurde die bis dahin größte Primzahl mithilfe einer weltweiten Vernetzung von Computern gefunden.
Die Computer benötigten zusammengezählt 13 000 Jahre Rechenzeit. Die Zahl hat 4 053 946 Stellen.
In deinem Mathematikbuch benötigen 6 Ziffern etwa 1 cm.
a) Wie breit müsste eine Buchseite ungefähr sein, wenn diese Primzahl in eine Zeile passen soll?
b) Wie breit und hoch müsste die Buchseite sein, wenn alle Ziffern dieser Primzahl auf eine Seite passen sollten?

32 Die Erde umkreist die Sonne nicht auf einer exakten Kreisbahn. Deshalb schwankt der Abstand zur Sonne zwischen 147 100 000 km und 152 100 000 km. In einem Taschenkalender soll dennoch nur ein Wert für diesen Abstand angegeben werden. (Man nennt diesen Wert den mittleren Abstand zur Sonne.)
a) Welchen Wert würdest du nehmen?
b) Vergleiche mit den Zahlen aus Auftrag 1 (S. 18).

Aufgabe der Woche

Finde eine neunstellige Zahl mit den folgenden Eigenschaften:
- Jede der Ziffern 1 bis 9 kommt in der Zahl vor.
- Die Tausenderziffer ist doppelt so groß wie die Millionenziffer, die Zehntausender- doppelt so groß wie die Zehnmillionen- und die Hunderttausender- doppelt so groß wie die Hundertmillionenziffer.
- In jeder Dreiergruppe, also Millionen, Tausender, Einer, werden die Ziffern von links nach rechts größer.

Zahlen der alten Ägypter

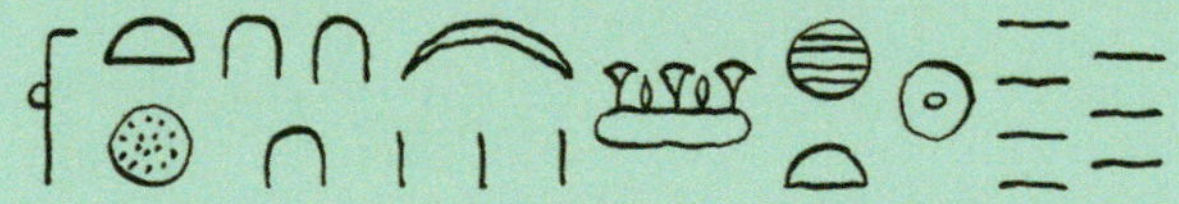

Dieser Hieroglyphentext bedeutet: 30. Regierungsjahr, 3. Monat der Überschwemmungszeit, 7. Tag. Suche die Zahlen 7, 3 und auch die 30 im Bild.

Die Tabelle zeigt die Ziffern der Ägypter. Für 6000 wurde die Lotusblume sechsmal wiederholt. Mehrere Lotusblumen wurden manchmal zusammengewachsen dargestellt.

Strich	Bogen	Seil	Lotusblume	Zeigefinger	Kaulquappe	Unendlich
	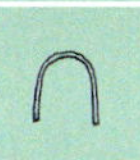					
1	10	100	1000	10 000	100 000	1 000 000

Aus der Zeit um 2900 v. Chr. stammt diese Abbildung mit dem Pharao NARMER, welcher vermutlich Ägypten zum ersten Mal vereinte und im frisch eroberten Nildelta Menschen und Tiere zählen ließ. Wie viele Rinder, Ziegen und Männer ergab die Zählung?

Rechne im Heft wie im alten Ägypten und kontrolliere durch eine Übersetzung in die heutige Schreibweise:

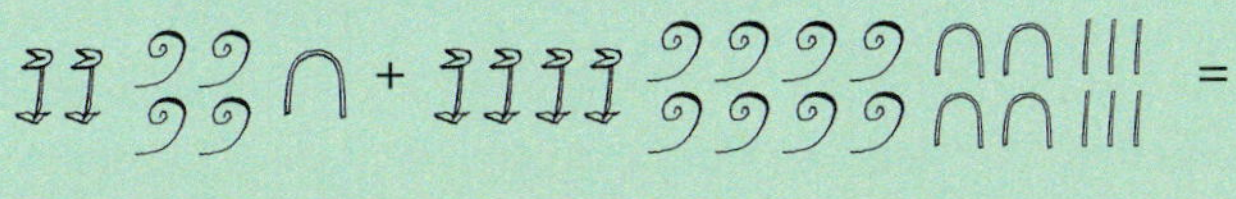

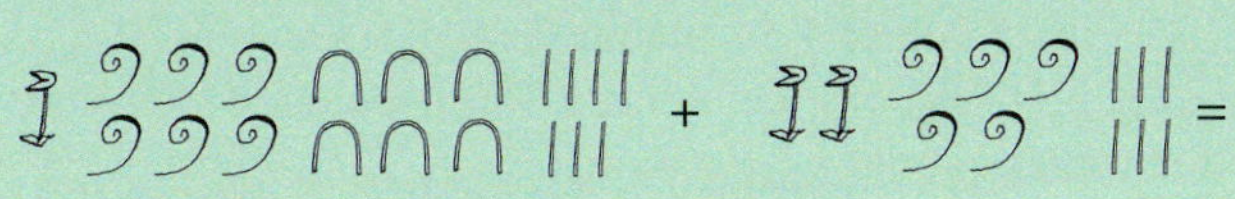

1.3 Daten

▶ siehe Erarbeitung

1 Wer ist der Schnellste?

Lebewesen	Geschwindigkeit $\left(\frac{km}{h}\right)$
Wanderfalke	320
Gepard	105
Fächerfisch	100
Strauß	95
Eiderente	86
Mensch	44
Faultier	0,15

Zum Vergleich wird angenommen, das Lebewesen könnte die Höchstgeschwindigkeit, die es auf kurzen Strecken erreicht, eine Stunde lang durchhalten. In der Tabelle ist angegeben, wie viele Kilometer pro Stunde es dann zurücklegen würde.

Die drei Diagramme unten sollen alle den Sachverhalt der Tabelle darstellen. Welches Diagramm erfüllt diesen Anspruch am ehesten? Begründe.
Finde eine Achseneinteilung, durch die du den Sachverhalt noch deutlicher und gleichzeitig korrekt darstellen kannst, und zeichne selbst ein Diagramm.

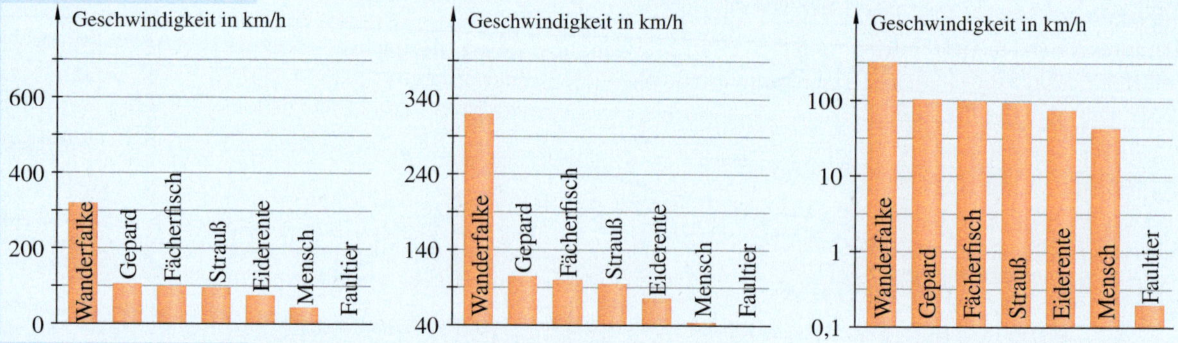

2 Reiseland Deutschland

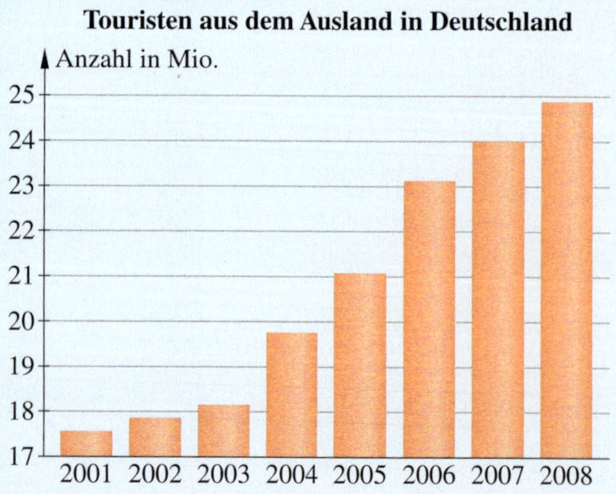

Auf einer Touristikmesse wird diese Grafik vorgestellt. Der deutsche Vertreter erläutert: „Deutschland wird als Reiseland immer beliebter. Wie Sie sehen, hat sich die Zahl der ausländischen Touristen in Deutschland von 2005 bis 2008 nahezu verdoppelt." Überprüfe die Behauptung. Korrigiere sie gegebenenfalls. Erkläre, was hier geschehen ist. Ist das Diagramm falsch? Sprecht in der Klasse darüber.
Übertrage die Daten aus dem Diagramm in eine Tabelle und zeichne ein aus deiner Sicht besseres Diagramm. Schreibe auf, wie du zu deiner Achseneinteilung gekommen bist.
Aus welchen Ländern die meisten Touristen nach Deutschland kommen – oder wohin die Deutschen am liebsten reisen – kannst du den Daten und Aufgaben im Internetangebot unter 030-1 entnehmen.

3 Sonnenenergie

Aus der Sonnenstrahlung kann man nutzbare Energie (z. B. Strom) gewinnen. Um den Standort entsprechender Anlagen planen zu können, benötigt man Informationen, wie stark die Strahlung dort ist.
In der Einheit, mit der die Sonneneinstrahlung gemessen wird, ist berücksichtigt, wie viel Energie im Mittel pro Jahr auf 1 Quadratmeter Bodenfläche trifft.

In der Tabelle und in der grafischen Darstellung findest du Angaben zur Sonneneinstrahlung an verschiedenen Orten.

Weltrekord im bemannten solargetriebenen Flug: 350 km

Sonneneinstrahlung an einigen Orten	
Ort	Sonnenstrahlung
Albuquerque	2630 Einheiten
Almeria	2580 Einheiten
Nizza	1790 Einheiten
Rom	1664 Einheiten
Athen	1622 Einheiten
Zürich	1089 Einheiten

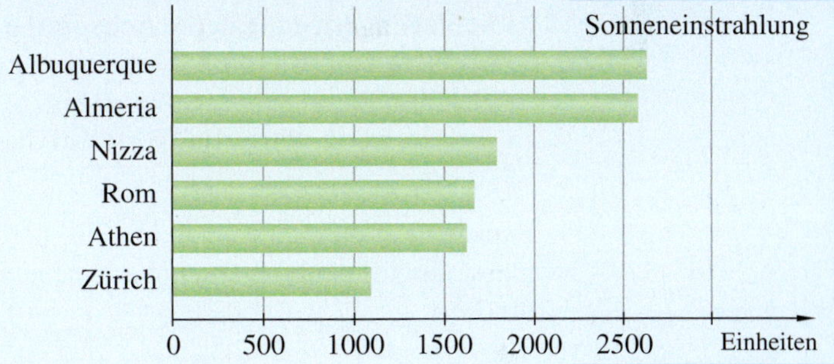

Vergleiche die Werte aus dem Ausland mit denen deutscher Städte in der untenstehenden Karte.

Ergänze die obige Tabelle um einige deutsche Städte und zeichne dann ein dazugehöriges Diagramm. Begründe, in der Nähe welcher Städte du Solaranlagen bauen würdest.

Welche Vor- und Nachteile haben die drei Darstellungsarten auf dieser Seite?

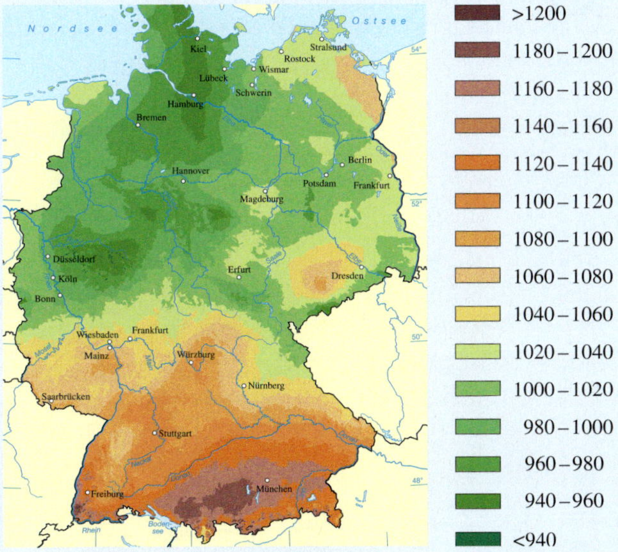

▶ Geeignete Achseneinteilung für ein Diagramm finden

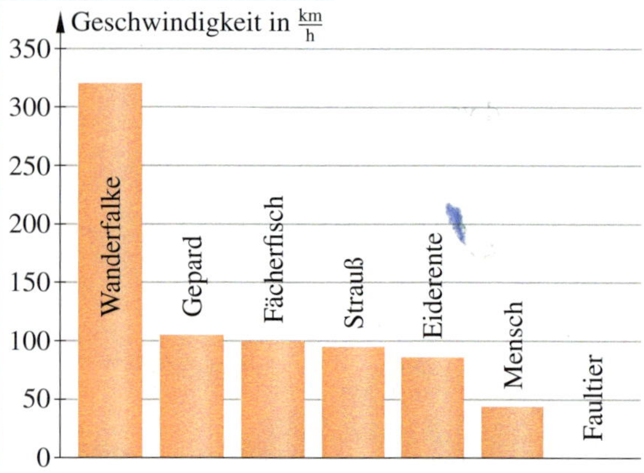

Von den drei Diagrammen in Auftrag 1 erfüllt nur das erste die Regeln für ein gutes Diagramm: Die Skala auf der Zahlenachse beginnt bei 0, und die Achse ist gleichmäßig eingeteilt. Jedoch ist die Achseneinteilung so gewählt, dass die Unterschiede zwischen den verschiedenen Lebewesen kaum zu erkennen sind.

Beim zweiten Diagramm beginnt die Einteilung auf der senkrechten Achse erst bei 40, beim dritten Diagramm ist die Einteilung schwer verständlich und die einzelnen Werte kaum ablesbar.
Ein Beispiel für eine gut gewählte Achseneinteilung siehst du im Diagramm links.

Weg zu einer geeigneten Achseneinteilung
- **Finde den größten Wert, der vorkommt.**
- **Stelle fest, wie lang deine Achse auf dem Papier (höchstens) sein kann.**
- **Probiere aus, wie groß die Schritte auf deiner Achse sein können, wenn du in gleichmäßigen Schritten von 0 bis zum größten Wert gelangen willst.**
- **Runde, wenn nötig, die Werte auf dieselbe Stelle.**

Entscheidest du dich ausnahmsweise dafür, die Achse nicht bei 0 beginnen zu lassen, musst du dies deutlich erkennbar machen. Sonst entsteht leicht ein völlig falscher Eindruck.

Ein Beispiel dafür siehst du unten: Alle diese Kleinwagen haben eine Leistung von 70 KW (90 PS). Aber bei ihren Höchstgeschwindigkeiten gibt es enorme Unterschiede!

Den Eindruck jedenfalls vermittelt das linke Diagramm.
Das rechte Diagramm hingegen zeigt die Höchstgeschwindigkeiten im richtigen Verhältnis zueinander.

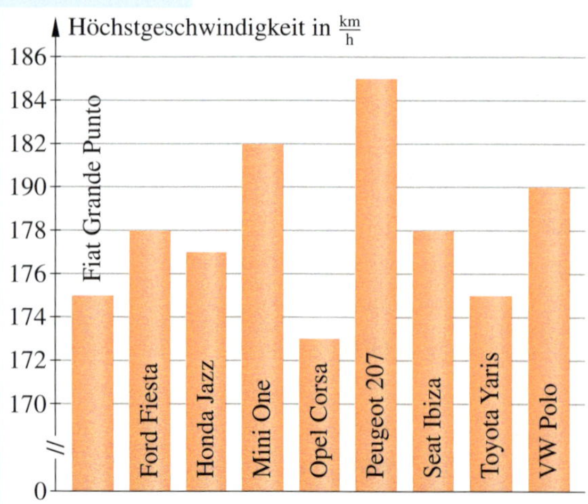

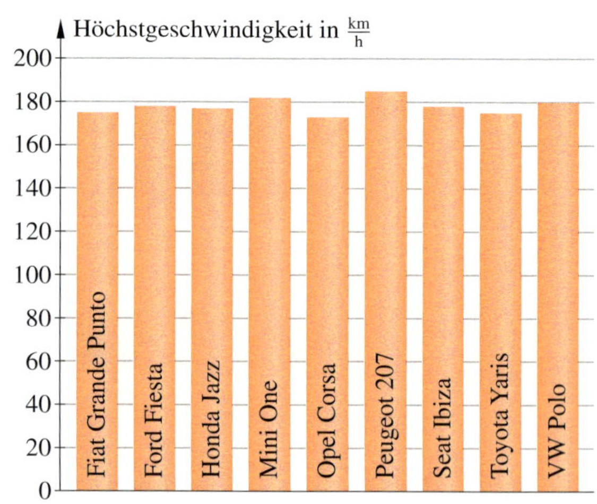

Trainieren Anwenden Vernetzen

1 Übertrage die Daten in eine Tabelle und stelle die Höhen in einem Säulendiagramm dar.

Die höchsten Kirchtürme
Das Ulmer Münster hat wohl den größten Kirchturm von allen mit einer Höhe von 161 m.
Der Kölner Dom ist die Kirche mit dem zweithöchsten Kirchturm der Welt. Er hat eine Höhe von 157 m. Die Kathedrale von Rouen misst 151 m. Das Straßburger Münster ist 142 m hoch.
Der Wiener Stephansdom hat eine Höhe von 137 m. St. Peter in Rom ist 133 m hoch.
Die Michaelskirche in Hamburg und der Dom von Salisbury messen beide 132 m.
Nicht ganz so hoch ist die Petrikirche in Rostock mit 127 m.

2 Runde die maximalen Zuschauerzahlen der folgenden Fußballstadien einheitlich und stelle sie in einem Säulendiagramm dar. Markiere dann auf jeder Säule die Anzahl der Sitzplätze.

Stadion	**maximale Zuschauerzahl**	**davon Sitzplätze**
Commerzbank Arena, Frankfurt	52 300	48 132
Olympiastadion, Berlin	74 228	72 228
Weserstadion, Bremen	42 358	37 512
Signal Iduna Park, Dortmund	80 552	65 718
AWD-Arena, Hannover	49 951	44 652
HSH Nordbank Arena, Hamburg	57 274	51 750
Allianz Arena, München	69 901	66 575
Mercedes-Benz Arena, Stuttgart	55 896	53 198
Volkswagen-Arena, Wolfsburg	30 122	26 385
Veltins Arena, Gelsenkirchen	61 482	54 083

3 Dem folgenden Diagramm kannst du entnehmen, wie oft verschiedene Arten von Bäumen in einem Jahr in deutschen Baumschulen angepflanzt wurden.
Schreibe für jede Art die Anzahl der angepflanzten Bäume auf und vergleiche die Anzahlen.

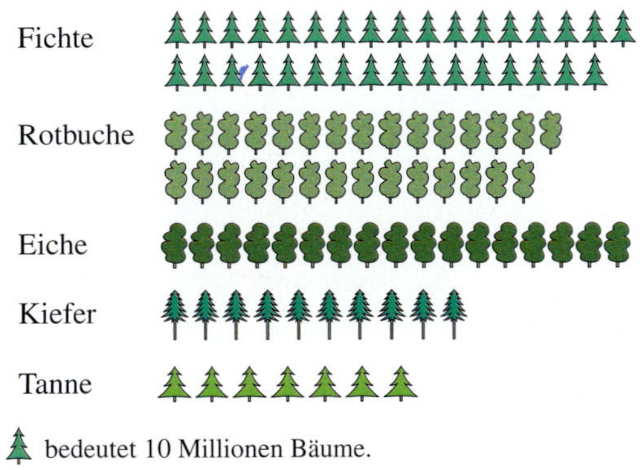

4 Im unteren Diagramm sind einige der längsten Flüsse der Erde dargestellt.
Übertrage die Daten in eine Tabelle.

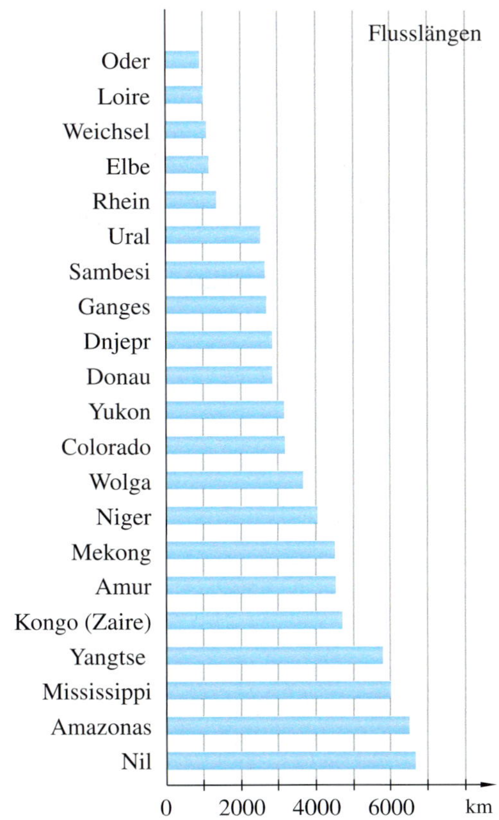

Diagramme mit dem Computer zeichnen

Jenny hat im Internet eine Liste der längsten Hängebrücken der Welt gefunden.

Brückenname	Mittel-spann-weite	Land	Fer-tig-stel-lung
Akashi-Kaikyo-Brücke	1991 m	Japan	1998
Xihoumen-Brücke	1650 m	China	2008
Storebælt-Brücke	1624 m	Dänemark	1998
Runyang-Brücke	1490 m	China	2005
Humber-Brücke	1410 m	Großbritannien	1981
Jangyn-Brücke	1385 m	China	1997
Tsing-Ma-Brücke	1377 m	China	1997
Verrazano-Narrows-Brücke	1298 m	USA	1967
Golden Gate Bridge	1280 m	USA	1937
Yangluo-Brücke	1280 m	China	2007

Sie sucht noch die längste Hängebrücke Deutschlands heraus. Das ist die Rheinbrücke Emmerich, gebaut 1965, mit einer Spannweite von 500 m.

Jenny will den Computer ein Diagramm mit den Spannweiten der Hängebrücken zeichnen lassen.

Das macht sie so:

1 Zuerst überträgt Jenny die Tabelle in ein Tabellenkalkulationsprogramm. In die Spalte A trägt sie die Namen der Hängebrücken, in die nächste Spalte deren Spannweiten ein.

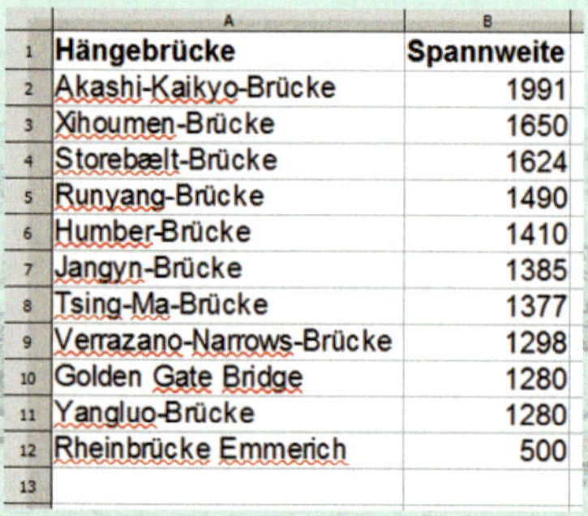

	A	B
1	Hängebrücke	Spannweite
2	Akashi-Kaikyo-Brücke	1991
3	Xihoumen-Brücke	1650
4	Storebælt-Brücke	1624
5	Runyang-Brücke	1490
6	Humber-Brücke	1410
7	Jangyn-Brücke	1385
8	Tsing-Ma-Brücke	1377
9	Verrazano-Narrows-Brücke	1298
10	Golden Gate Bridge	1280
11	Yangluo-Brücke	1280
12	Rheinbrücke Emmerich	500
13		

2 Nun kann sie das Diagramm zeichnen lassen. Dazu markiert sie die Felder, in die sie die Werte eingetragen hat.

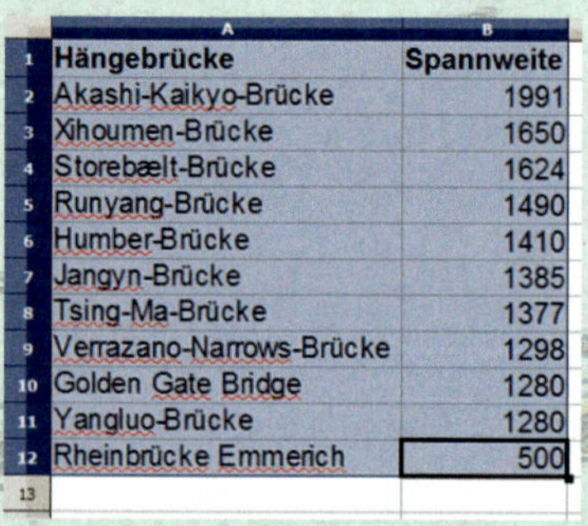

	A	B
1	Hängebrücke	Spannweite
2	Akashi-Kaikyo-Brücke	1991
3	Xihoumen-Brücke	1650
4	Storebælt-Brücke	1624
5	Runyang-Brücke	1490
6	Humber-Brücke	1410
7	Jangyn-Brücke	1385
8	Tsing-Ma-Brücke	1377
9	Verrazano-Narrows-Brücke	1298
10	Golden Gate Bridge	1280
11	Yangluo-Brücke	1280
12	Rheinbrücke Emmerich	500
13		

3 Über das Menü ruft Jenny den Diagrammassistenten auf. Sie kann zwischen verschiedenen Diagrammtypen wählen und entscheidet sich für ein Balkendiagramm.

Auf dem Bildschirm erscheint zugleich eine Diagrammvorschau.

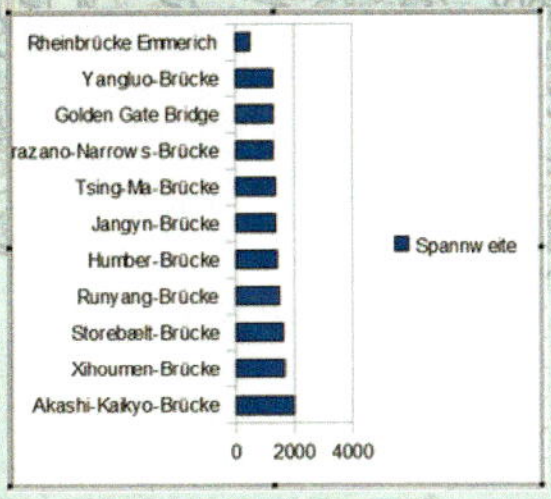

4 Mithilfe des Diagrammassistenten kann Jenny Einstellungen für das Diagramm festlegen und dem Diagramm einen Titel geben.

Die Diagrammvorschau verändert sich entsprechend.

5 Durch Anklicken einzelner Teile des Diagramms kann sie das Diagramm noch weiter verändern: Sie kann das Diagramm verschieben oder vergrößern und verkleinern, sie kann andere Farben auswählen, Schriftart und Schriftgröße verändern usw.

Aufgaben

1 Erstelle wie Jenny ein Diagramm zur Darstellung der Spannweiten der Hängebrücken.

Probiere verschiedene Möglichkeiten der Gestaltung des Diagramms aus – z. B. die Größe ändern oder Achsenbezeichnungen einführen. Versuche auch Farben und Schriften zu verändern.

2 Suche im Buch Aufgaben, zu denen du Diagramme von Hand gezeichnet hast, und erstelle zu diesen nun Diagramme mit dem Computer.

Löse die weiteren Aufgaben in Kapitel 1.3 mit einem Tabellenkalkulationsprogramm. 035-1

noch fit?

I Sicherlich kennst du aus der Grundschule die Zeichen für „kleiner“ und „größer“ und kannst diese Ausdrücke lesen: $222 < 345$ und $1420 > 777$.
Setze das richtige Zeichen.

a) 5341 … 5143 **c)** 255 679 101 … 89 433 101
b) 14 721 … 17 312 **d)** 9 999 990 … 11 111 110

II Schreibe die Zahlen nach der Größe geordnet auf. Verwende das Zeichen < .
5123, 4101, 207 559 231, 946 478, 27, 536 409, 118 358, 25 262

III Darstellungen am Zahlenstrahl

a) Die Punkteverteilung bei einer Klassenarbeit wurde auf einem Zahlenstrahl dargestellt. Welche Punktzahlen wurden erreicht?

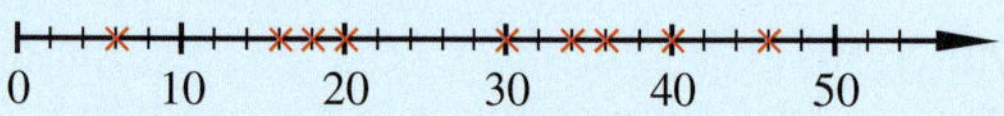

b) Bei einem Weitsprungwettbewerb erreichte ein Springer die folgenden Weiten in Zentimeter. Schreibe sie als Zahlen auf.

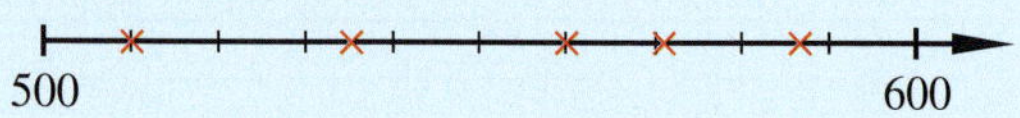

Trainieren **Anwenden** Vernetzen

5 Im Internet findet sich folgende Übersicht der längsten Eisenbahn- und U-Bahn-Tunnel der Welt:
53 900 m Seikan-Tunnel (Japan)
49 940 m Eurotunnel (Frankreich-Großbrit.)
40 600 m MetroSur Madrid (Spanien)
34 576 m Lötschberg-Basistunnel (Schweiz)
31 800 m U-Bahnlinie 7 Berlin (Deutschland)
28 300 m Guadarrama-Tunnel (Spanien)
25 810 m Iwate-Ichinohe-Tunnel (Japan)
22 170 m Dai-Shimizu-Tunnel (Japan)
19 803 m Simplontunnel (Italien-Schweiz)
19 054 m Vereina-Tunnel (Schweiz)
18 713 m Shin-Kanmon-Tunnel (Japan)
18 490 m Apenninbasistunnel (Italien)

a) Prüfe, ob die Angaben stimmen, und stelle die Längen in einem Diagramm dar.
b) Suche im Internet die längsten Straßentunnel. Vergleiche mit den Eisenbahntunneln.

6 Suche im Atlas oder im Internet die höchsten Berge der einzelnen Kontinente. Trage deren Höhen in eine Tabelle ein.
Vergleiche mit den Meerestiefen in der folgenden Tabelle. Stelle beides in einem Diagramm dar.

Name	Tiefe (in m)
Marianengraben	11 034
Japangraben	10 554
Kurilengraben	10 542
Puerto-Rico-Graben	9219
Peru-Chile-Graben	8050
Aleutengraben	7822
Caymangraben	7680
Javagraben	7450
Mittelamerikanischer Graben	6662
Golf von Mexiko	5203
Mittelmeer	5121
Rotes Meer	2920
Schwarzes Meer	2211

7 Auf einer Etappe der Tour de France 2003 ging die Route nacheinander über die nachfolgend angegebenen Höhen.

Ortsname	Höhe
Sallanches	619 m
Côte de Megève	1130 m
Albertville	370 m
Saint-Michel-de-Maurienne	723 m
Col du Télégraphe	1566 m
Valloire	1411 m
Col du Galibier	2645 m
Ferney d’Oisans	960 m
Bourg d’Oisans	722 m
L’Alpe-Huez	1850 m

a) Zeichne ein Säulendiagramm für die Höhen.
b) Vergleiche die Etappenhöhen mit denen der 16. Etappe der Tour von 2002.

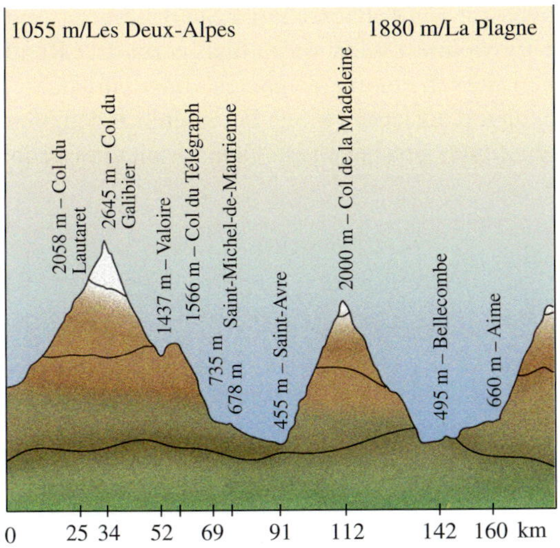

8 Stelle die Längen jeweils in einem Säulendiagramm dar. Beschreibe die Entwicklung des Verkehrsnetzes. Vergleiche Schienen- und Straßenverkehr.

Überörtliches Verkehrsnetz		
Gesamtlänge (in km)	1995	2005
Bundesautobahnen	11 190	12 363
Bundesstraßen	41 700	40 980
Landesstraßen	86 700	86 550
Kreisstraßen	89 300	91 580
Eisenbahnstreckennetz	45 100	41 300

9 Emilia und Max haben die Entwicklung ihres Taschengelds in einem Diagramm dargestellt. Wer von beiden hat mehr Taschengeld bekommen?
Wer von beiden hat mehr Chancen, seine Eltern mit seinem Diagramm davon zu überzeugen, dass eine Taschengelderhöhung angemessen wäre?

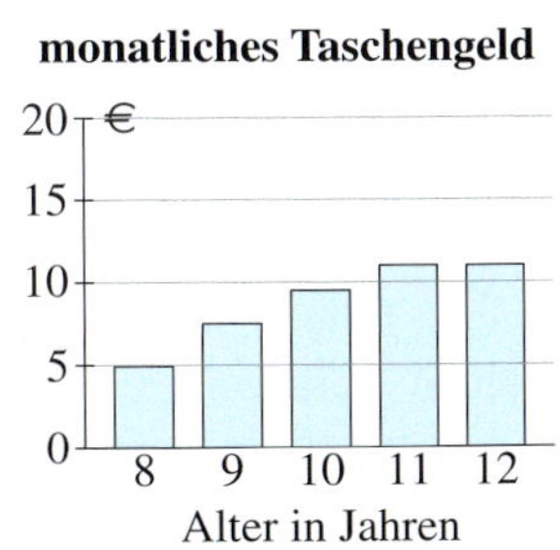

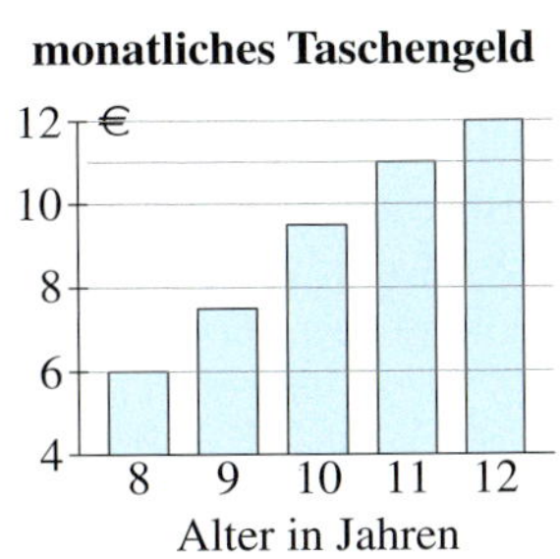

Trainieren Anwenden **Vernetzen**

10 Daten zur Weltbevölkerung:.

Bevölkerung in Millionen			
Jahr	1900	1950	2000
Afrika	120	224	800
Asien	940	1402	3684
Australien	6	13	31
Europa	400	547	728
Nordamerika	100	172	306
Südamerika	50	166	518
gesamt	1616	2524	6067

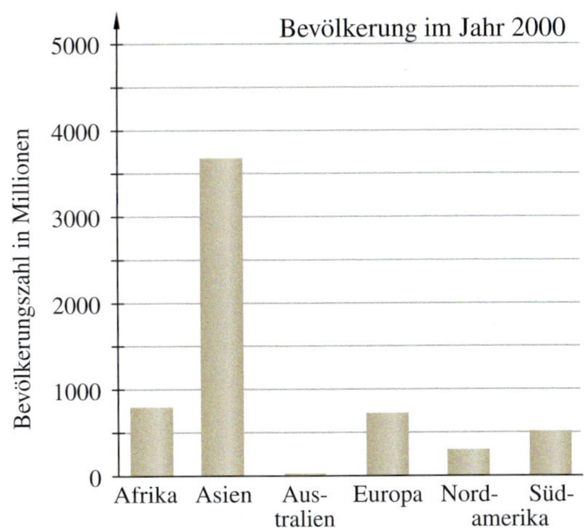

a) Vergleiche die Verteilung der Weltbevölkerung auf die einzelnen Kontinente.
Hat sich an dieser Verteilung im Laufe des letzten Jahrhunderts etwas verändert?

b) Stelle die Bevölkerungszahlen für das Jahr 2000 in einem Figurendiagramm dar.
Vergleiche diese Darstellung mit dem Säulendiagramm hinsichtlich möglicher Vor- und Nachteile.

c) Stelle die Veränderung der Bevölkerungszahlen in Europa und Südamerika in einem von dir gewählten Diagramm dar.
Begründe deine Wahl des Diagramms.

d) Vergleiche dieZahlenwerte mit den aktuellen Bevölkerungszahlen.

e) Ein Blick in die Vergangenheit: Vor 2000 Jahren gab es etwa 300 Mio. Menschen, vor 1000 Jahren 310 Mio., vor 500 Jahren 500 Mio., vor 200 Jahren 1 Mrd. Stelle die Daten anschaulich dar.

Jahr	Anzahl
1875	969 100
1890	1 578 800
1910	2 071 300
1939	4 338 800
1950	3 336 000
2005	3 392 000

11 Nebenstehend findest du Angaben zur Einwohnerzahl der Stadt Berlin.

a) Auf welche Stelle wurden die Einwohnerzahlen vermutlich gerundet? Runde auf Hunderttausender und stelle die Daten in einem geeigneten Diagramm dar.

b) Kannst du die großen Schwankungen erklären? Frage bei älteren Bekannten oder Verwandten nach, was zu diesen Zeiten geschehen ist. Oder nimm ein Geschichtsbuch zuhilfe.

12 Ordne die neben stehenden Zahlen zu.

(T) 13 983 816 (D) 497 000 000 (S) 190 000 000 000 (U) 2653 (B) 3000 bis 5000 (P) 5000 (A) 125 000 (E) 5 Mio.

a) Etwa so viele Wörter benutzt ein Deutscher beim Sprechen.
b) Monatseinkommen eines durchschnittlichen Haushaltes mit Kindern.
c) So viele Einwohner hat die EU (27 Länder).
d) So viele Stichwörter hat der Duden.
e) Etwa so viele Soldaten hatte eine römische Legion.
f) So viele Hunde gibt es in Deutschland.
g) So viel Euro geben die Deutschen in einem Jahr für Lebensmittel aus.
h) So viele Möglichkeiten gibt es, 6 Zahlen auf einem Lottoschein anzukreuzen.

Lösungswort: Name einer Stadt

13 In den Diagrammen ist dargestellt, wie viele Tierarten innerhalb der genannten Artengruppen gefährdet sind.

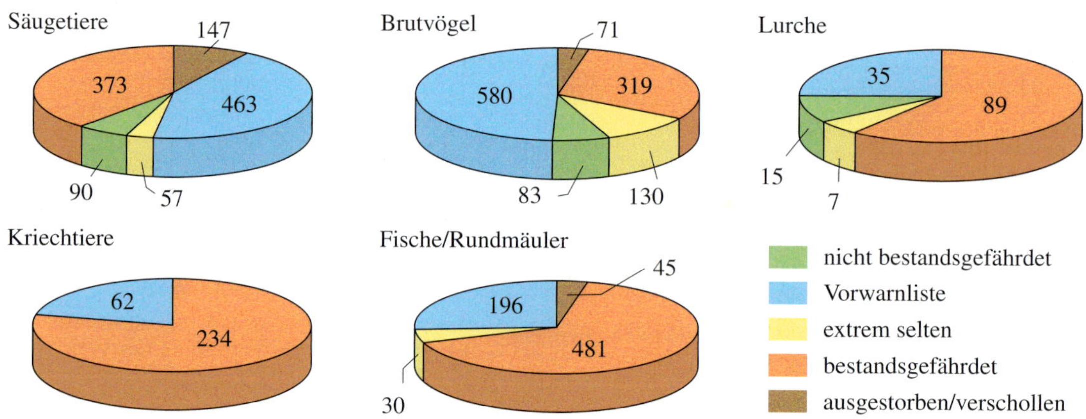

a) Übertrage die Werte jeweils in eine Tabelle und stelle sie in Säulendiagrammen dar. Vergleiche die Werte der einzelnen Tierarten.

b) Welche Vorteile bieten die drei Darstellungsarten: Tortendiagramm, Tabelle, Säulendiagramm?

Tipp

Im Projekt „Bürgermeister“ findest du durch Umfragen die Wünsche deiner Mitbürger heraus und triffst Entscheidungen für deine Stadt. 038-1

Aufgabe der Woche

Suche in Zeitungen oder Zeitschriften Datendiagramme, bei denen dir die Achseneinteilung oder die Darstellungsart ungewöhnlich erscheinen. Schneide die Diagramme aus und klebe sie in dein Heft. Notiere jeweils darunter, was dir an dem Diagramm aufgefallen ist. Wie zuverlässig und genau sind die Daten deiner Meinung nach?

Strichlisten eignen sich zum Erfassen von Daten.

Zahl der Geschwister	Strichliste	Anzahl
2	|||	3
1	𝍸 |||	8
0	𝍸 |	6

In Tabellenform oder als Diagramm lassen sich Daten übersichtlich darstellen.
Aus der Tabelle können die Daten unmittelbar abgelesen werden – meistens leichter als aus einem Diagramm. Dafür kann man in einem Diagramm die Größen der verschiedenen Werte sehr gut vergleichen. Insbesondere erkennt man sofort besonders große bzw. kleine Werte.

Ort	Sonneneinstrahlung
Albuquerque	2630 Einheiten
Almeria	2580 Einheiten
Nizza	1790 Einheiten
Rom	1664 Einheiten
Athen	1622 Einheiten
Zürich	1089 Einheiten

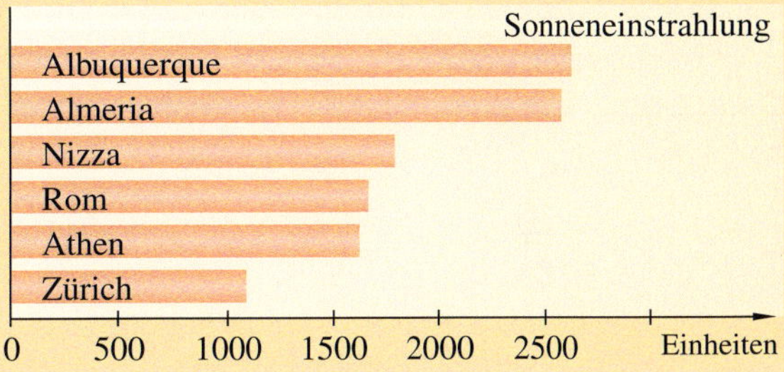

Große Zahlen werden vor dem Zeichnen eines Diagramms oft gerundet.
Gerundete Zahlen sind, wenn es auf die Genauigkeit nicht ankommt, übersichtlicher.

Für das obige Diagramm wurden die Zahlenwerte auf die Hunderterstelle gerundet.
Regel: Wenn auf die zu rundende Stelle 1, 2, 3 oder 4 folgt, so wird abgerundet: $2710 \approx 2700$, bei 5, 6, 7, 8, 9 wird aufgerundet: $2580 \approx 2600$.

In **Dreiergruppen** geschriebene Zahlen lassen sich besser lesen. Verständlich werden große Zahlen in der Stellenwerttafel.

Beispiel: 245 213 002 345 328

Bio.			Mrd.			Mio.			T					
H	Z	E	H	Z	E	H	Z	E	H	Z	E	H	Z	E
2	4	5	2	1	3	0	0	2	3	4	5	3	2	8

Zahlennamen im **Zehnersystem**

1 Tausend	=	1000	=	10^3
1 Million	=	1 000 000	=	10^6
1 Milliarde	=	1 000 000 000	=	10^9
1 Billion	=	1 000 000 000 000	=	10^{12}

Multipliziert man eine Zahl mit sich selbst, kann man dies als **Potenz** darstellen.
Dabei gibt der **Exponent** an, wie oft die **Basis** mit sich selbst multipliziert wird.

Exponent

$4^3 = 4 \cdot 4 \cdot 4 = 64$

Basis

Die Menge der **natürlichen Zahlen** wird mit $\mathbb{N}$ bezeichnet.

$\mathbb{N} = \{0; 1; 2; 3; 4; \ldots\}$

Das kann ich schon – das will ich noch üben …
Fülle den Selbsteinschätzungsbogen aus. Du findest ihn im Internetangebot unter ↻ 040-1.

Gezielt üben kannst du mit folgenden Aufgaben. Lösungen findest du im Anhang.

Zahlen runden

1 Runde jeweils auf Hunderter sowie auf Tausender.
a) 111 173
b) 10 499
c) 1575
d) 832

2 Beim Runden auf Tausender ergab sich die Zahl 47 000.
Wie groß kann die Ausgangszahl höchstens gewesen sein, wie groß muss sie mindestens gewesen sein?

Diagramme lesen und zeichnen

3

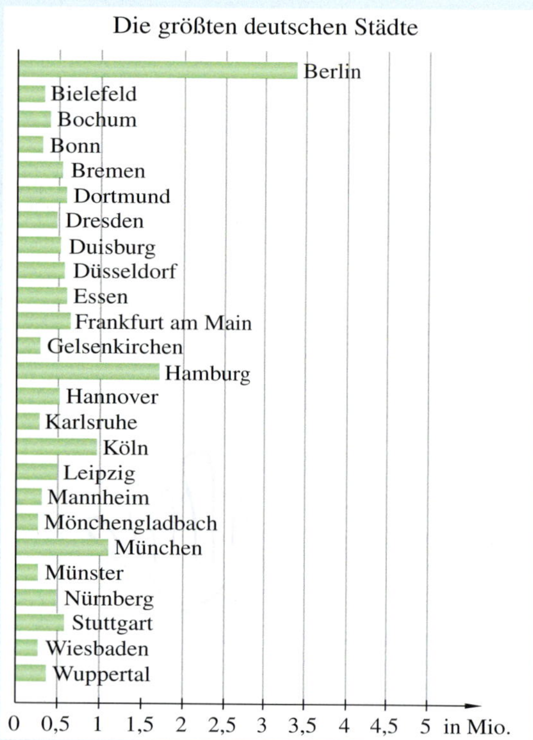

a) Ermittle die 5 größten deutschen Städte und notiere ihre Einwohnerzahlen in einer Tabelle. Mit welcher Genauigkeit kannst du das tun?
b) Stelle in einem Figurendiagramm die Einwohnerzahlen der 5 größten deutschen Städte dar.

4 Erstelle ein Säulendiagramm.
Zur Information: 1 km^2 (Quadratkilometer) ist der Flächeninhalt einer Fläche von 1 km Länge und 1 km Breite.

Europas größte Seen	Fläche (in km^2)
Ladogasee (Russland)	17 703
Vänersee (Schweden)	5584
Peipussee (Estland/Russland)	3550
Saimasee (Finnland)	1460
Inarisee (Finnland)	1102
Plattensee (Ungarn)	596
Genfer See (Schweiz/Frankr.)	580
Bodensee (Deutschland/ Österreich/Schweiz)	572
Lough Neagh (Schottland)	388
Gardasee (Italien)	370

Zahlen darstellen

5 Schreibe in Ziffern.
a) sechzig Millionen dreihunderttausendundzehn
b) sechs Millionen sechstausendundsechs

6 Trage in eine Stellenwerttafel ein und lies die Zahlen.
a) 1 234 567 890
b) 1 056 713 499 999

7 Der Vorgänger einer Zahl ist 779 999. Gib ihren Nachfolger an.

8 Schreibe alle Zahlen auf, die du mit den Ziffern 5, 0, 0, 7 bilden kannst und ordne sie nach ihrer Größe.

9 Zeichne jeweils einen Zahlenstrahl und finde eine geeignete Einteilung, um folgende Zahlen einzutragen:
a) 2, 4, 8, 16
b) 2, 4, 8, 16, 32, 64
c) 2, 4, 8, 16, 32, 64, 128, 256
Was beobachtest du? Ergeben sich Muster?

2. Größen messen

Zahlen sind nicht nur zum Zählen gut. Zusammen mit Einheiten wie Kilogramm, Millimeter oder Sekunde geben Zahlen Größen an. Durch Größenangaben werden Gegenstände vergleichbar.

In diesem Kapitel wirst du Massen und Längen von Gegenständen sowie Zeitspannen schätzen, vergleichen und messen. Du wirst dich mit den Einheiten beschäftigen, in denen diese Größen angegeben werden, und üben, die verschiedenen Einheiten ineinander umzurechnen. Und schließlich wirst du „unter Null" messen und die „roten Zahlen" kennenlernen, vor denen sich manche Leute fürchten …

2.1 Währungen und Massen

▶ siehe Erarbeitung

1 Apfelpfannkuchen

Zutaten für 3 Personen:

3	säuerliche Äpfel
170 g	Mehl
250 ml	Milch
50 g	Zucker
2	Eier
	Öl für die Pfanne

Die Äpfel klein schneiden oder reiben. Die Zutaten zu einem Teig verrühren.
Den Teig etwa 10 Minuten ruhen lassen. In einer gefetteten Pfanne die Pfannkuchen ausbacken, jeweils einmal wenden.

Die Klasse 5 a möchte zum Mittagessen am Projekttag Apfelpfannkuchen backen. Zusammen mit der Lehrerin sind sie 30 Personen. In der Klassenkasse sind 22 Euro und 75 Cent.

Einige Kinder gehen im Auftrag der Klasse einkaufen.
Schreibe das Rezept für 30 Personen und eine Einkaufsliste.
Reicht das Geld aus der Klassenkasse? Zum Vergleich ist links der Kassenzettel eines kleineren Einkaufs abgebildet.

Kennt ihr unterschiedliche Schreibweisen, um die Geldbeträge oder die Massen in diesem Auftrag aufzuschreiben?

2 Tonnenschwer

„Mein Ranzen ist 0,009 Tonnen schwer“, behauptet Miriam. „Meiner wiegt aber 10 250 000 Milligramm“, antwortet Lars.
Kann das sein? Wer hat den schwereren Ranzen?
Wiege deine Schultasche, dein Mäppchen und verschiedene Gegenstände, die du darin findest. Schreibe die Ergebnisse in verschiedener Weise auf: einmal „sinnvoll“, sodass die Masse des Gegenstands möglichst gut vorstellbar und verständlich ist, und dann auf einem extra Zettel möglichst „verrückt“ und unverständlich.
Tauscht in Zweiergruppen die Zettel mit den „verrückten“ Größen untereinander aus, rechnet sie um und vergleicht mit den „sinnvollen“ Größen, die ihr euch aufgeschrieben habt. Versucht Regeln zu formulieren: Wie schreibt ihr die Masse eines Gegenstands möglichst sinnvoll auf? Wie rechnet ihr Tonnen, Kilogramm, Gramm und Milligramm ineinander um?

3 Riesig die Kleinen

Jede Packung Trinkjoghurt besteht aus 8 Fläschchen à 100 g. Auf der ganzen Palette befinden sich 1200 Packungen.

100 g dieses Produktes enthalten durchschnittlich:	
Brennwert kJ/kcal	350/83
Eiweiß	2,8 g
Kohlenhydrate	14,2 g
Fett	1,6 g

Gemäß Lebensmittelrecht ohne Konservierungsstoffe

Könntest du die jeweilige Menge an Eiweiß, Kohlenhydraten oder Fett, die sich auf dieser Palette befinden, noch tragen?

▶ Geldbeträge und Massenangaben

Zur Erinnerung

Angaben von Größen:

99	ct
Zahlenwert	Einheit

Ein Geldbetrag von 22 Euro und 75 Cent kann in gemischter Schreibweise so abgekürzt werden: 22 € 75 ct.
Gebräuchlicher ist die Kommaschreibweise mit der Einheit Euro: 22,75 €.
Wenn die Klasse Centmünzen gesammelt hätte, würde sie wohl 2275 ct schreiben.

·100

1 € = 100 ct   1 ct

€		ct		
2	2	7	5	22 € 75 ct = 22,75 € = 2275 ct
		9	9	0 € 99 ct = 0,99 € = 99 ct
	6	8	4	6 € 84 ct = 6,84 € = 684 ct

Bei der Berechnung der Massen im Auftrag 1 kannst du so vorgehen:
Für 30 Personen brauchst du zehnmal so viel Zutaten wie für 3 Personen.
Statt 170 g Mehl brauchst du jetzt 1700 g Mehl. Übersichtlicher wird diese Größe, wenn du sie in Kilogramm umrechnest: 1700 g = 1,7 kg oder 1 kg 700 g.
Das ist etwas weniger als 2 kg. Mehl wird üblicherweise in Packungen zu je 1 kg verkauft. Du musst also 2 kg Mehl auf die Einkaufsliste schreiben.

Info

In der Umgangssprache wird häufig der Begriff Gewicht benutzt, wenn eigentlich **Masse** gemeint ist.

Die Einheiten der Masse: Eintausend 1-Gramm-Stücke ergeben zusammen die Masse von einem Kilogramm (kg). Eintausend Kilogramm ergeben die Masse einer Tonne (t). Ein Gramm (g) besteht aus eintausend kleineren Massestücken von jeweils einem Milligramm (mg).

·1000   ·1000   ·1000

1 t = 1000 kg   1 kg = 1000 g   1 g = 1000 mg   1 mg

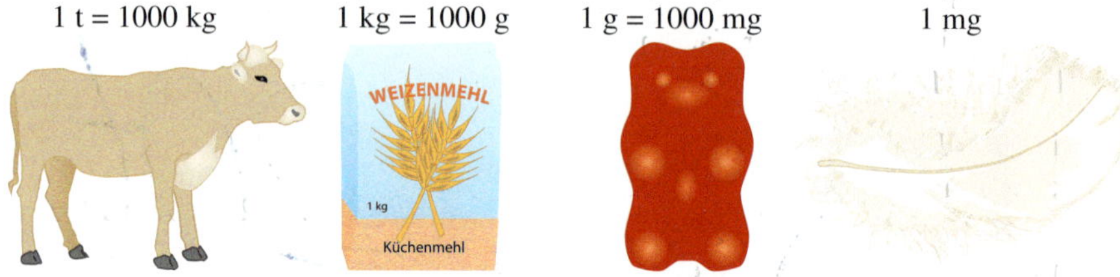

t			kg			g			mg		
				1	7	0	0				1 kg 700 g = 1,7 kg = 1700 g
						8	0	0	3	0	80 g 30 mg = 80,03 g = 80 030 mg
1	2	0	0	0	0	0	7				12 t 7 g = 12,000007 t = 12 000 007 g
			1	0	2	5	0	0	0	0	10 kg 250 g = 10 250 g = 10 250 000 mg = 0,01025 t = 10,25 kg

12,45 €
Einer-Euro

Unmittelbar vor dem Komma stehen immer die Einer der angegebenen Maßeinheit. Eine Größenangabe ist gut verständlich, wenn vor dem Komma eine ein-, zwei- oder höchstens dreistellige Zahl steht und auch hinter dem Komma nur wenige Stellen folgen: 10,25 kg ist viel besser vorstellbar als 0,01025 t oder 10 250 000 mg.
Wähle die Einheit am besten immer so, dass der Zahlenwert gut überschaubar ist.

Trainieren Anwenden Vernetzen

1 Welche Einheit (Tonne, Kilogramm, Gramm, Milligramm) passt am besten zur Angabe der Masse
a) eines Müsliriegels?
b) einer Ameise?
c) eines Menschen?
d) eines Lastwagens?

2 Ergänze jeweils die Einheit mg, g, kg oder t.
a) Ein Liter Wasser wiegt genau 1 ☒.
b) Eine volle Tintenpatrone wiegt 1 ☒.
c) Ein großer Elefant wiegt 6 ☒.
d) Ein Bleistift wiegt 5 ☒.
e) Eine Fliege wiegt 5 ☒.

3 Rechne in eine besser überschaubare Einheit um.
a) 330 000 g **d)** 17 000 000 mg
b) 75 000 kg **e)** 0,006 t
c) 0,02099 kg **f)** 55 000 000 000 mg

4 Moritz hat sich folgende Regel zum Umrechnen von Einheiten der Masse aufgeschrieben:

Beim Umrechnen in die nächst kleinere Einheit (z. B. von Kilogramm in Gramm) multipliziere ich den Zahlenwert mit 1000, das heißt ich verschiebe das Komma um 3 Stellen nach rechts.
Beispiel: 0,25 kg = 250 g.
Die Einheit wird kleiner, der Zahlenwert wird größer, aber die Masse bleibt gleich.

Schreibe in ähnlicher Weise eine Regel für das Umrechnen in die nächst größere Einheit auf.

5 Rechne in die angegebene Einheit um.
a) 2890 ct (€) **e)** 733 ct (€)
b) 2890 kg (t) **f)** 7330 g (kg)
c) 289 kg (t) **g)** 733 mg (g)
d) 289 g (t) **h)** 733 mg (kg)

6 Schreibe ohne Komma.
a) 0,40 € **e)** 72,30 € **i)** 115,60 €
b) 0,4 kg **f)** 72,3 t **j)** 115,6 kg
c) 0,4 t **g)** 72,3 g **k)** 115,6 t
d) 0,0004 t **h)** 0,0723 kg **l)** 0,1156 t

7 Wandle in die nächst kleinere Einheit um.
a) 37 t; 42 kg; 55 g; 304 kg; 8100 g
b) 0,1 kg; 3,44 kg; 56,9 t; 0,088 g
c) 220 kg; 22 t; 2,2 g; 0,22 kg; 0,022 t
d) 0,0007 g; 0,00403 kg; 1,0767 t

8 Schreibe auf möglichst viele verschiedene Arten.
a) 3300 g **b)** 200 t 20 mg

9 Wandle um.
a) in g: 3 kg; 25 000 mg; 0,2 t; 107 kg,
b) in kg: 5 t; 35 000 g; 11 t; 999 999 mg,
c) in mg: 12 g; 3,5 kg; 8 t; 125 kg; 1300 g,
d) in t: 490 000 g; 370 000 kg; 500 kg. 045-1

10 Gib in Kommaschreibweise an.
a) 3 t 570 kg **e)** 31 kg 520 g
b) 4 kg 23 g **f)** 3 g 141 mg
c) 3 kg 9 g **g)** 13 kg 7 mg
d) 3 € 9 ct **h)** 1 t 248 g

11 Verwandle in gleiche Einheiten.
a) 5 € und 23 ct **e)** 35 kg und 22 g
b) 60 € und 2 ct **f)** 0,54 t und 7,7 kg
c) 47 € und 176 ct **g)** 0,02 g und 70 mg
d) 1 € und 8 310 ct **h)** 487 g und 1,1 kg

12 Ordne der Größe nach.
a) 377 ct; 37,70 €; 0,37 €; 3,77 €
b) 601 g; 60 100 mg; 6,01 kg; 0,0601 t; 6,01 g
c) 0,0082 t; 82 kg; 820 g; 820 000 000 mg; 8,2 t

noch fit?

I Finde eine Regel und setze sinnvoll fort.
a) 1; 4; 7; 10; 13; 16; 19; …
b) 1; 2; 4; 7; 11; 16; 22; …
c) 1; 1; 2; 3; 5; 8; 13; 21; …

II Fülle die Lücken sinnvoll.
a) 1; 3; ☒; 7; 9; 11; ☒; ☒
b) 2; 8; ☒; 128; 32; ☒; 2
c) 1; ☒; 2; 4; 3; 9; ☒; 16; ☒; ☒
d) 10; 5; 15; ☒; 19; 3; 22; ☒

III Setze die Musterfolge fort. Schreibe auf, welche Regelmäßigkeiten du entdeckst.

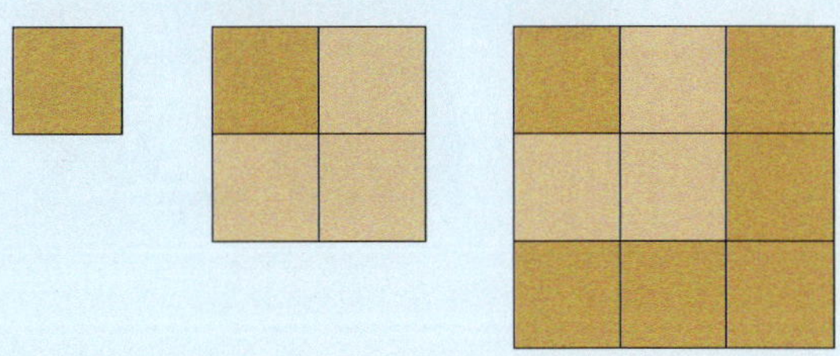

Trainieren **Anwenden** Vernetzen

13 Schätze zuerst, überprüfe dann mit einer Waage: Wie groß ist die Masse deines Mathematikbuches, deiner leeren Schultasche, deiner gepackten Schultasche?

14 Ein Bratenstück wiegt 6,280 kg. Der Fleischer schneidet davon 4 Schnitzel zu je 150 g ab. Wie viel Kilogramm Bratenfleisch bleiben übrig?

15 Ein Karton Seife wiegt 4,25 kg, ein Seifenstück 150 g und der Karton 650 g. Wie viele Stücke Seife enthält der Karton?

16 Ein 8er-Satz Holzbohrer wiegt samt Schachtel 0,75 kg. Die Schachtel wiegt 170 g und die Bohrer unterscheiden sich voneinander jeweils um 15 g.
Wie schwer ist jeder einzelne Bohrer?

17 Ein Specht verzehrt pro Tag etwa 3000 Waldameisen. Das sind ca. 30 g.
Wie viel Kilogramm wiegt seine Jahresration?

18 Schätze die Masse der Bremer Stadtmusikanten. Gehe von lebendigen Tieren und nicht von der Bronzeskulptur aus, die in Bremen steht.

Trainieren Anwenden **Vernetzen**

19 Laras Mutter hat auf dem Markt für 6,48 € drei Kisten mit insgesamt 6,3 kg Äpfeln gekauft, um Apfelmus zu kochen. Lara zählt 36 Äpfel, 4 davon sind angefault.
Wie viel kostet ein Apfel und wie viel Gramm wiegt er durchschnittlich?

20 In einem der Säcke befindet sich ausschließlich Falschgeld. Die falschen Münzen sind äußerlich nicht von den echten in den anderen Säcken zu unterscheiden, aber 100 mg leichter. Eine echte Münze wiegt 10 g. Nachdem der Falschgeld-Experte 36 Münzen abgewogen hat, entlarvt er zielsicher die Münzen im Sack Nr. 7 als Falschgeld, obwohl er nur ein einziges Mal gewogen hat.

21 Stelle dir acht Würfel vor, sieben davon sind gleich schwer, einer ist etwas leichter.
Wie oft musst du mit einer einfachen Balkenwaage wiegen, um den leichteren Würfel herauszufinden? Samira behauptet, dass sie nur zweimal zu wiegen braucht, um die Aufgabe eindeutig zu lösen. Kann das stimmen?

22 Auf einem Reiterhof werden täglich 1,5 Zentner (1 Zentner = 50 kg) Hafer an die Pferde verfüttert.

a) Wie lange kommt man mit 1,35 t Hafer aus?

b) Der Hafer wird in 25-kg-Säcken geliefert. Wie viele Säcke benötigt man in einer Woche?

Tipp

Im Projekt „Ein eigenes Pferd" lernt ihr mehr über Pflege und Unterbringung der Tiere.
047-1

23 Wie schwer ist das Brot?

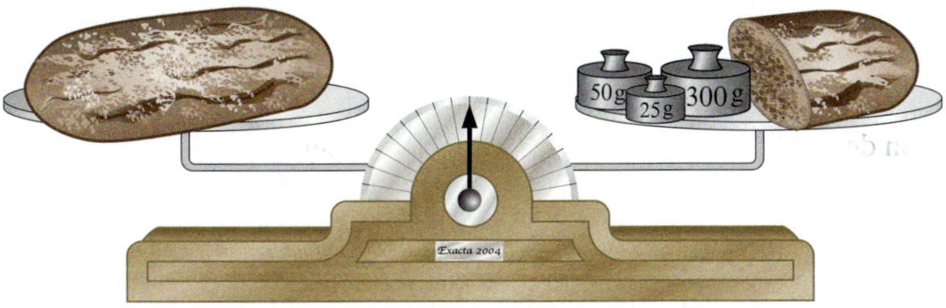

24 Vergleiche die Masse des Saftes mit der Masse eines leeren Glases.

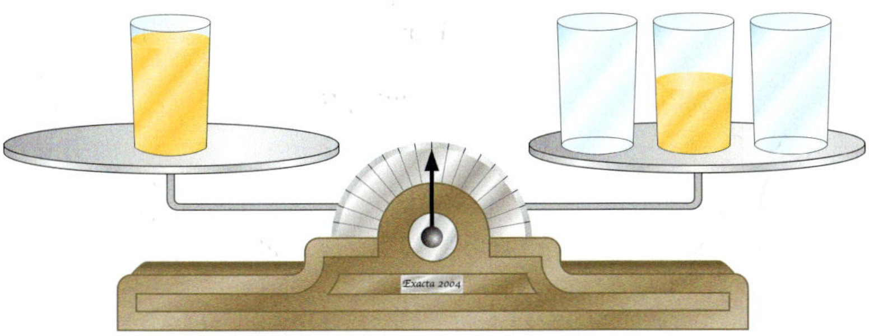

Tipp

Im Projekt „Wiegen mit Münzen" hängt dein Spielgewinn von deiner Masse ab. 047-2

Aufgabe der Woche

Materialien: Knetmasse 2 kg, Balkenwaage. Stelle ohne weitere Hilfsmittel einen Satz Massestücke – man sagt auch Wägestücke – für eine Balkenwaage her. Damit sollst du beliebig schwere Gegenstände bis zu einer Masse von 2 kg auf ein Gramm genau abwiegen können. Welche Wägestücke musst du wie oft anfertigen?

Formuliere eine Herstellungsanleitung.

Längen messen

In früheren Zeiten erfolgte das Messen von Längen durch den Vergleich mit menschlichen Körperteilen. Im alten Ägypten war die menschliche Elle (die Länge des Unterarms vom Ellenbogen bis zur Mittelfingerspitze) das Grundmaß.
Im Mittelalter kamen außerdem noch Zoll (Daumenbreite), Fuß, Rute (ungefähr 16 Füße hintereinander) und Meile (ca. 24 000 Fuß) hinzu – um hier nur die neben der Elle gebräuchlichsten Längenmaße zu nennen.
Das Problem war, dass sich diese Maße zwar direkt vom Menschen ableiten ließen und somit jeder damit arbeiten konnte, aber gleichzeitig eine Fülle von unterschiedlichen (Glied-)Maßen existierte.

Alte Längenmaße im Vergleich

	1 Zoll	1 Fuß	1 Elle	1 Rute	1 Meile
Baden	3,0 cm	30 cm	60 cm	3,0 m	8,9 km
Bayern	2,4 cm	29 cm	83 cm	2,9 m	7,4 km
Preußen	2,6 cm	31 cm	67 cm	3,8 m	7,5 km
Sachsen	2,4 cm	28 cm	57 cm	4,3 m	9,1 km
Württemberg	2,9 cm	29 cm	61 cm	2,9 m	7,5 km

048-1

Woher kommen unsere modernen Einheiten?

Vor mehr als 200 Jahren begann man in Frankreich mit der Vereinheitlichung des Maßsystems. Heute gibt es ein Internationales Einheitensystem (SI), dessen Basiseinheiten von den Ländern der Erde festgelegt wurden. Alle anderen Einheiten werden daraus abgeleitet.
Wann immer auf der Welt etwas gewogen wird, vergleichen wir es letztlich mit dem Urkilogramm. Das ist ein Metallzylinder, der in Sèvres bei Paris aufbewahrt wird. 1889 wurde international festgelegt, dass dieser Zylinder exakt ein Kilogramm wiegt. Das Urkilogramm besteht aus Platin und Iridium, weil diese Metalle nicht vom Luftsauerstoff angegriffen werden und sich bei Änderungen der Temperatur nur wenig ausdehnen. Aber man kann natürlich nie wissen – deshalb steht das Urkilogramm auf einem runden Tischchen, über das eine Art Käseglocke gestülpt ist, und über diese eine weitere, zweite Käseglocke.
Exakte Nachbildungen des Urkilogramms werden in vielen Ländern aufbewahrt, in Deutschland zum Beispiel bei der Physikalisch-Technischen Bundesanstalt in Braunschweig. Dort informieren sich die Eichämter, um Waagen und Massestücke zu eichen.

Auch das Urmeter besteht aus einer Platin-Iridium-Legierung und liegt ebenfalls in Sèvres bei Paris. Es wurde definiert als vierzigmillionster Teil des Erdumfangs. Mit den modernen Messinstrumenten wurde diese Definition im 20. Jahrhundert geändert: Heute entspricht ein Meter der Strecke, die das Licht in einer bestimmten Zeitspanne zurücklegt.

Aufgaben

1 Wie groß sind ein Zoll, ein Fuß, eine Elle und eine Rute, wenn du deinen eigenen Körper zum Maß nimmst? Vergleiche deine Maße mit den historischen Längenmaßen.

2 Stell dir vor, du bist Tuchhändler im Mittelalter. Du verkaufst deine Ware auf dem Markt in München. Die Herstellungskosten in deiner Heimatstadt betragen pro Elle 2 Taler.
a) Wie viel Taler musst du für dein Tuch in München verlangen, um Gewinn zu machen?
b) Welchen Preis müsstest du verlangen, wenn deine eigene Elle das Maß wäre?
c) Ermittle die Entfernung in km zwischen deiner Heimatstadt und München. Welche Entfernung hätte damals ein Meilenstein in München für die Strecke zu dir nach Hause angegeben – und welche Entfernung stünde auf einem Stein in deinem Heimatort?

3 Wir schreiben das Jahr 1790: Entwirf ein Streitgespräch, eine Rede vor einem wissenschaftlichen Kongress oder ein Schreiben an den Landesherrn. Das Thema ist die Notwendigkeit eines einheitlichen Maßsystems.

2.2 Längen

1 Der Weg ist das Ziel

Tipp

Ihr könnt auch unter 050-1 den Plan der Innenstadt von Ulm ausdrucken.

Sebastian und seine Schwester Annika wohnen in Neu-Ulm und gehen in dieselbe Schule. Morgens trennen sich jedoch oft ihre Wege. Sebastian (orange Linie) holt meist noch einige Klassenkameraden ab. Annika (grüne Linie) hingegen mag gerne Hunde. Sie besucht deshalb, nachdem sie ebenfalls eine Freundin abgeholt hat, fast täglich ihre besonderen Lieblinge aus der näheren Umgebung. Auf einem Stadtplan haben die Geschwister ihre Schulwege eingezeichnet.

Welches Geschwisterkind muss mehr Zeit für den Weg einplanen?
Wer von euch findet den kürzesten Weg zur Schule?

Messt die Wege so genau wie möglich.

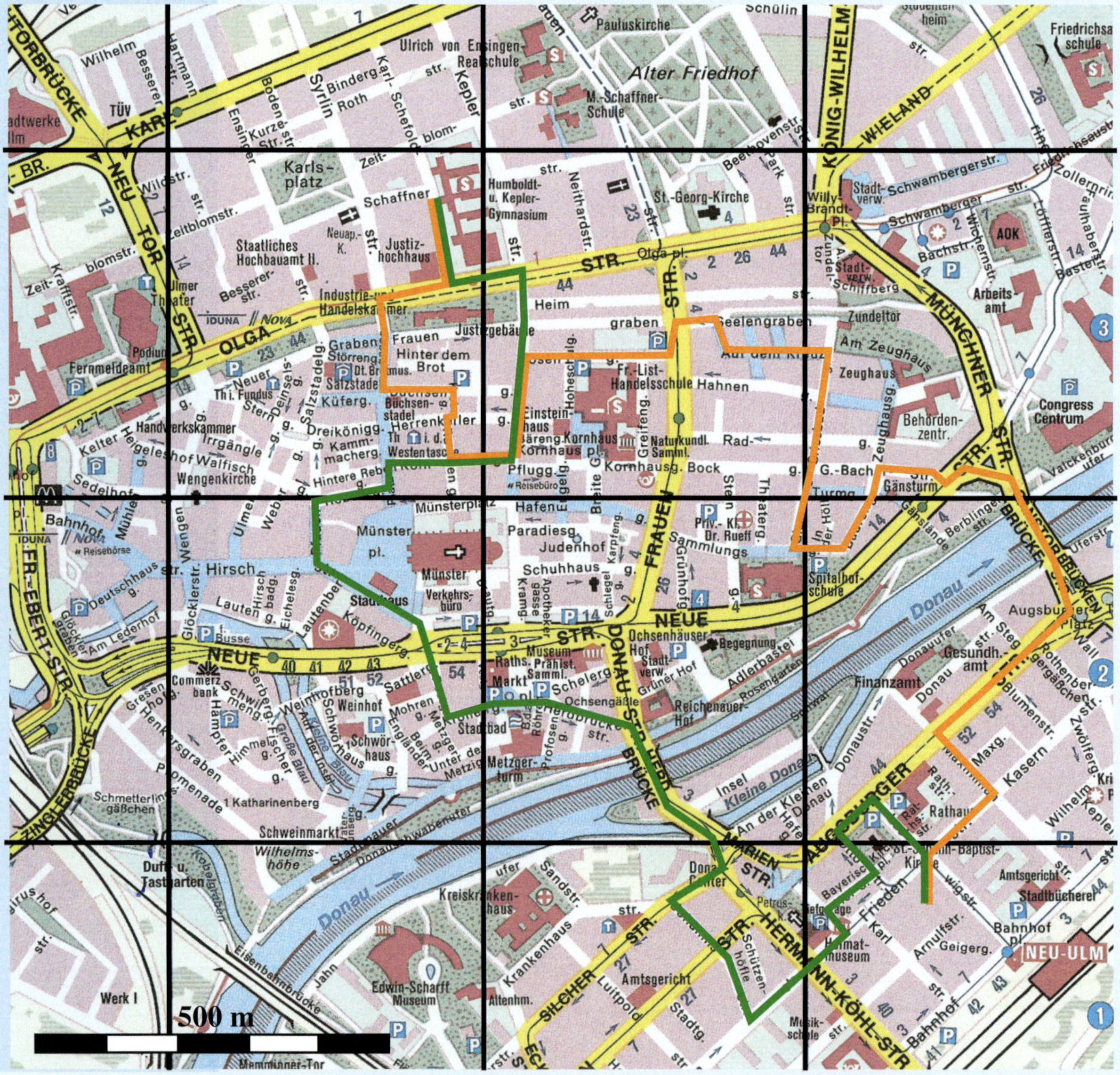

2 Gewichtige Entscheidung

▶ siehe Erarbeitung

8	Hubraum cm³				Rauminhalt des Tanks m³		-
9	Nutz- oder Aufliegelast kg			10			
11	Steh-/Liegeplätze	-		12	Sitzplatz einschl. Führ.pl. u. Nots.		5
13	Maße über alles mm	L	13052	B	2150	H	3218
14	Leergewicht kg		7600	15	Zul. gesamt-gewicht kg		13600

Kann das gut gehen?

3 Körper vermessen

Vermesst gegenseitig eure Körper und schreibt mindestens zehn Maße auf: Fußlänge, Daumenbreite, Kopfumfang und so weiter.

Vergleicht einzelne Maße innerhalb der Klasse. Zum Beispiel: Wer hat den längsten Arm? Sortiert alle Armlängenmaße der Größe nach.
Welche Einheit eignet sich besonders gut zur Angabe der einzelnen Maße?

Könnt ihr alle Messwerte auch in ein- und derselben Einheit angeben, z.B. nur in Metern (m)?
Sucht einen Messwert aus und gebt diesen in möglichst vielen verschiedenen Einheiten an.

Wie lang wären deine Haare, wenn du sie abschneiden und einzeln in einer Reihe aneinander legen würdest?

ungefähre Anzahl der Haare eines Menschen nach Farbe	
blond	150 000
braun	110 000
schwarz	100 000
rot	90 000

▶ Längenangaben

Wie aus den Fahrzeugpapieren des Lkw im Auftrag 2 hervorgeht, hat er eine Breite von 2150 mm. Um diese Information mit der auf dem Verkehrsschild vergleichen zu können, müssen die Zahlenangaben in der gleichen **Längeneinheit** vorliegen. Aber wie kommst du von einer Einheit zur anderen?

Ein Meter (m) wird in zehn gleiche Abschnitte unterteilt, die jeweils einen Dezimeter (dm) lang sind. Auch jeder Dezimeter wird wieder in zehn gleiche Abschnitte unterteilt, es entsteht ein Zentimeter (cm). Nach der Unterteilung der Zentimeter entstehen – nach dem gleichen System – die Millimeter (mm). Es gibt aber auch noch größere Einheiten, denn eintausend Meter ergeben zusammen die Einheit ein Kilometer (km).
Um Längeneinheiten umzuwandeln, kannst du mit den Umrechnungszahlen in der folgenden Zeichnung arbeiten oder eine Einheitentafel verwenden.

·1000 ·10 ·10 ·10

1 km = 1000 m 1 m = 10 dm 1 dm = 10 cm 1 cm = 10 mm 1 mm

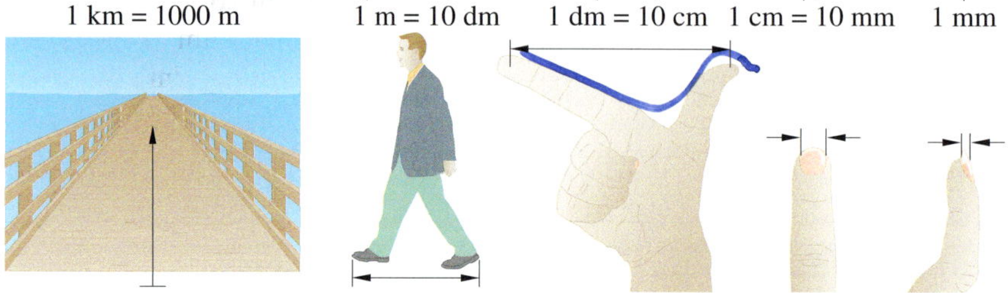

km				m	dm	cm	mm	
				2	1	5	0	2 m 1 dm 5 cm = 2 m 15 cm = 2,15 m = 215 cm = 2150 mm
	1	0	0	8				1 km 8 m = 1,008 km = 1008 m
	2	0	7	0	4	0	4	2 km 70 m 4 dm 4 mm = 2,070404 km = 2070404 mm
		5	0	0	0	0	1	500 m 1 mm = 500,001 m = 500001 mm

Info

2,5 cm

Zahlenwert Einheit

Da Größen meist durch Messen gewonnen werden, wird die „Einheit" manchmal auch als „Maßeinheit" und der „Zahlenwert" als „Maßzahl" bezeichnet.

Für die Breite des Lkw bedeutet dies: 2150 mm = 2 m 15 cm = 2,15 m.
Der Lkw passt also über die Brücke. Aber ist er nicht zu schwer?

Das Rechnen mit Massen ist dir aus dem letzten Kapitel schon vertraut:
Der Lkw hat ein Leergewicht von 7600 kg.
Seine Ladung berechnest du als 7 · 750 kg = 5250 kg.
Mit Ladung ist der Lkw 7600 kg + 5250 kg = 12850 kg schwer.
12850 kg = 12 t 850 kg = 12,85 t.

Das ist zuviel für die Brücke. Der Fahrer sollte mindestens zwei Kisten abladen, um gefahrlos die Brücke überqueren zu können.

Die Vorsätze vor den Basiseinheiten bedeuten immer das gleiche:
***kilo*-(k): das 1000-Fache, von *griech. chilioi* = 1000,**
***dezi*-(d): der 10. Teil, *zenti*-(c): der 100. Teil, *milli*-(m): der 1000. Teil**
von *lat. decem* = 10, *lat. centum* = 100, *lat. mille* = 1000.

Trainieren Anwenden Vernetzen

1 Welche Längeneinheit passt am besten zur Angabe
a) der Länge eines Bleistifts?
b) der Dicke einer Bleistiftspitze?
c) der Länge deines Schulwegs?
d) der Breite der Tafel?
e) der Maße eines Blattes Papier?
f) der Entfernung des Mondes von der Erde?

2 Suche vergleichbare reale Gegenstände. Miss jeweils eine Länge. Gib sie in der gemischten und in der Kommaschreibweise an.

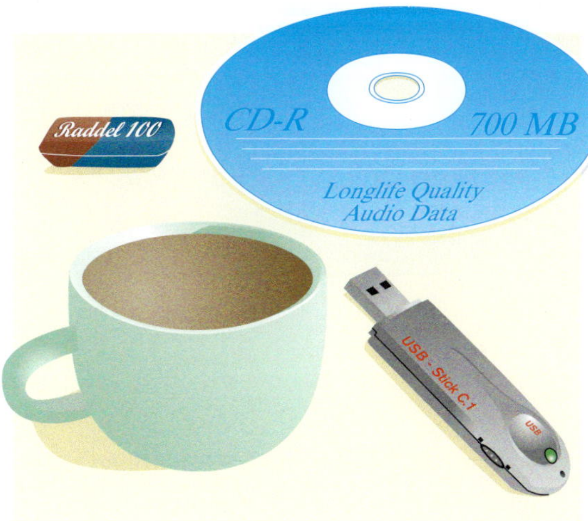

3 Rechne in eine besser überschaubare Einheit um.
a) Der Kirchturm ist 12 000 cm hoch.
b) Der Klassenraum ist 6600 mm breit.
c) Eine Fliege ist 0,007 m lang.
d) Die Entfernung von Kassel nach Frankfurt beträgt 190 000 m.
e) Eine Wüstenrennmaus kann mit Schwanz ungefähr 0,00012 km lang werden.
f) Waldemars Schulweg ist 440… mm lang. Ergänze zunächst die fehlenden Nullen. Es gibt mehrere sinnvolle Möglichkeiten.

4 Schreibe in
a) cm: 50 mm; 3 dm; 7 m; 130 mm; 12 dm,
b) mm: 8 cm; 4 dm; 3,7 cm; 5 m; 1,4 dm,
c) m: 40 dm; 300 cm; 8 km; 110 dm; 5,9 km,
d) dm: 3 m; 0,5 km; 2000 mm; 700 cm; 14 m.

5 Welche Längen sind gleich?
a) 5 dm 2 cm; 520 cm; 0,52 m; 5,2 m; 5200 mm
b) 3,07 m; 307 mm; 30 dm 7 cm; 3070 mm; 30,7 cm

6 Schreibe auf möglichst viele verschiedene Arten.
a) 39,9 cm **b)** 0,0072 km

7 Rechne in die angegebene Einheit um. 053-1
a) 1872 m (km) **d)** 423 g (kg)
b) 25 m (km) **e)** 1320 kg (t)
c) 297 mm (dm) **f)** 984 mg (g)

8 Schreibe ohne Komma.
a) 3,6 dm **d)** 7,2 kg **g)** 9,4 m
b) 2,5 km **e)** 33,9 t **h)** 104,1 dm
c) 55,3 cm **f)** 0,7 g **i)** 77,9 km

9 Verwandle in gleiche Einheiten.
a) 14 m 36 dm **c)** 0,7 km 2100 dm
b) 45 cm 30 mm **d)** 0,02 g 20 mg

10 Gib in Kommaschreibweise an.
a) 8 km 20 m **d)** 42 g 120 mg
b) 17 m 5 dm **e)** 5 t 230 kg
c) 41 km 12 dm **f)** 9 kg 3 g

11 Zeichne die drei längsten Strecken mit Lineal.
a) 19 cm **d)** 210 mm
b) 97 mm **e)** 1 dm 3 cm
c) 1 dm **f)** 1 dm 2 cm 9 mm

12 Ordne der Länge nach.
a) 0,094 m; 94 cm; 9 dm; 940 000 mm; 9,4 km
b) 1,01 m; 10 100 cm; 10 100 mm; 1,01 km; 101 dm

13 Wie weit sind die Orte voneinander entfernt?

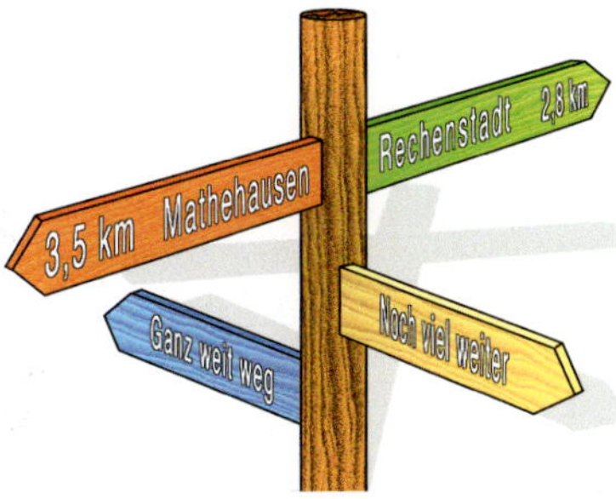

14 Partnerspiel mit Längen: „Die Tür ist ungefähr 0,0021 km hoch – richtig oder falsch?" „Ich seh' etwas, was du nicht siehst, und das ist 30 cm lang."
Jede richtige Antwort gibt einen Punkt.
Wenn ihr uneinig seid, ob eine Antwort richtig ist, messt nach. Findet ihr auch dann keine Einigung, schreibt Frage und Antwort auf und sucht einen Schiedsrichter.

noch fit?

I Ein innen hohler quaderförmiger Kasten wird mit Bausteinwürfeln gefüllt.
Wie viele Würfel sind im nebenstehenden Quader? Wie viele fehlen noch?

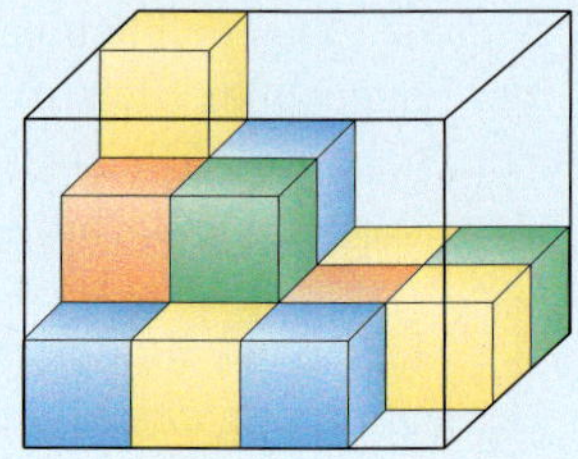

II Aus wie vielen Würfeln bestehen die drei Figuren A, B, C?

III Welche der fünf Ansichten gehört zu welcher der obigen Figuren A, B, C?

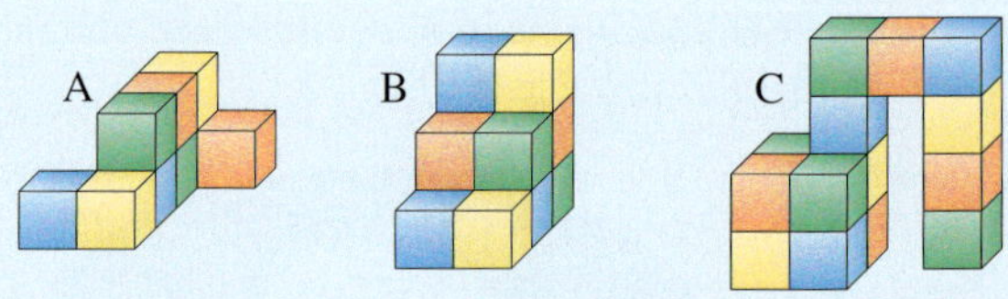

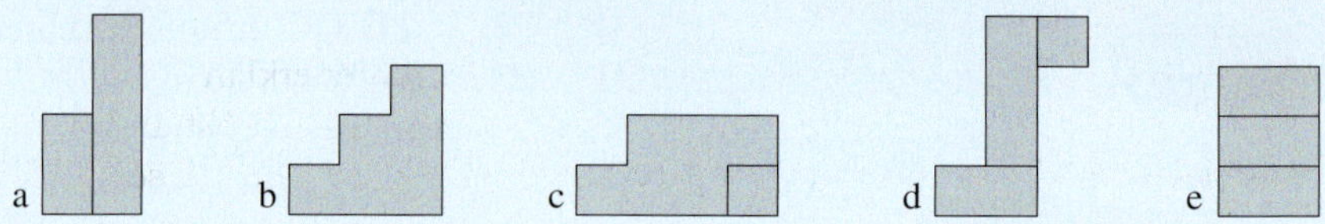

Trainieren **Anwenden** **Vernetzen**

15 Schätze gemeinsam mit deinem Nachbarn die Länge einiger Gegenstände in euren Mäppchen. Messt anschließend genau nach. Wer schätzt besser, du oder dein Nachbar?
054-1

16 Marcos Schulweg ist 1,5 km lang. Wie viele Schritte macht er auf dem Weg, wenn seine durchschnittliche Schrittlänge 60 cm beträgt?
Wie lang ist der Weg zum Getränkemarkt, wenn Marco bis dahin insgesamt 1800 Schritte macht?

17 Familie Fleißig tapeziert!
Auf einer Rolle Tapete sind insgesamt 10,05 m aufgewickelt. Herr Fleißig schneidet zunächst 2,5 m und danach 1,7 m davon ab. Frau Fleißig bedient sich ebenfalls und schneidet 68 cm und 3,46 m ab.
a) Wie viel Meter Tapete wurden insgesamt abgeschnitten?
b) Wie viel Meter Tapete sind noch auf der Rolle?

18 Die 2,6 cm breite Randleiste eines Fotorahmens hat die Außenmaße 31,8 cm (Höhe) und 23,1 cm (Breite). Wie hoch und wie breit ist der sichtbare Teil des Fotos?

19 Auf einer 28 g schweren Rolle Nähgarn sind 0,8 km Faden aufgewickelt. Die leere Rolle ist 4 g schwer.
a) Wie schwer ist ein Meter Faden?
b) Wie schwer ist ein 120 dm langer Faden?
c) Wie viel Meter Faden wurden bereits verbraucht, wenn die Rolle nur noch 22,6 g schwer ist?

20 Im Supermarkt sollen Dosen als Blickfang aufgebaut werden. Der 15-jährige Peter macht gerade sein Schulpraktikum und wird damit beauftragt. Er entscheidet sich, eine dreieckige Form aus Dosen zu bauen.
Dafür stellt er zunächst 15 Dosen in eine Reihe, darüber eine Reihe mit 14 Dosen usw. Jede der Dosen ist 1,44 dm hoch.

a) Bestimme die Anzahl der Dosen, wenn in der obersten Reihe nur noch eine Dose stehen soll.
b) Peter ist 1,73 m groß. Sollte er sich lieber eine Leiter holen?
c) Peters Chef befürchtet einen Unfall, wenn der Stapel zu hoch wird. Deshalb soll Peter aus seinen Dosen lieber zwei Dreiecksgebilde bauen, die nicht höher als 1,5 m sind.
Erläutere die beste Möglichkeit, mit den vorhandenen Dosen diese Aufgabe zu bewältigen.

21 Michael besichtigt eine Tropfsteinhöhle. Der Höhlenführer erklärt, dass der größte Tropfstein 6,75 m hoch ist und in 10 Jahren um etwa 3 mm wächst. Bestimme das Alter des Tropfsteins. Überlege, wie genau diese Altersbestimmung sein könnte.

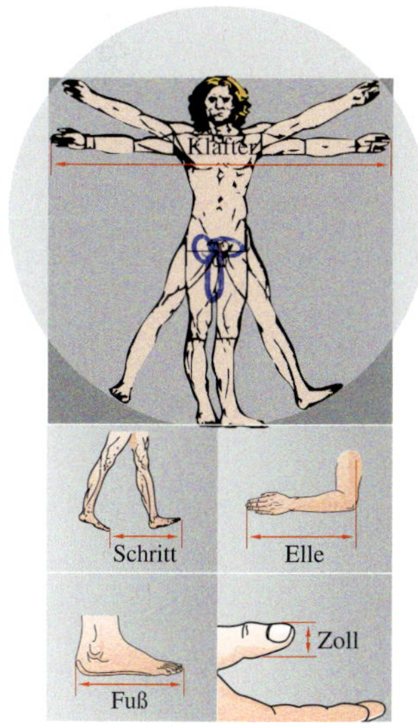

22 Bestimme die Länge deines Heftes, Tisches, Klassenraumes und die Größe deines Nachbarn mit den nebenstehend abgebildeten „alten" Einheiten.
Vergleicht die Ergebnisse eurer Messung innerhalb der Klasse. Dabei gibt es sicher einiges zu diskutieren.

23 Informiert euch über Längen- und Masseeinheiten in den USA. Erstellt ein aussagekräftiges Plakat.

24 Write the measurement without a decimal point.
a) 1 foot = 30.5 cm
b) 1 yard = 91.4 cm
c) 1 mile = 1.609 km
d) 10 inches = 2.54 dm
e) 1 pound = 0.454 kg
f) 1 ounce = 28.35 g

Trainieren Anwenden **Vernetzen**

25 Bestimme möglichst genau die Dicke einer Seite in deinem Mathematikbuch mit dem Lineal. Beschreibe deine Vorgehensweise.

26 Eine Portion Zahnpasta ist 2000 mg schwer.
a) Wie oft kann man sich die Zähne putzen?
b) Wie viel Meter Zahnpasta sind in der Tube?

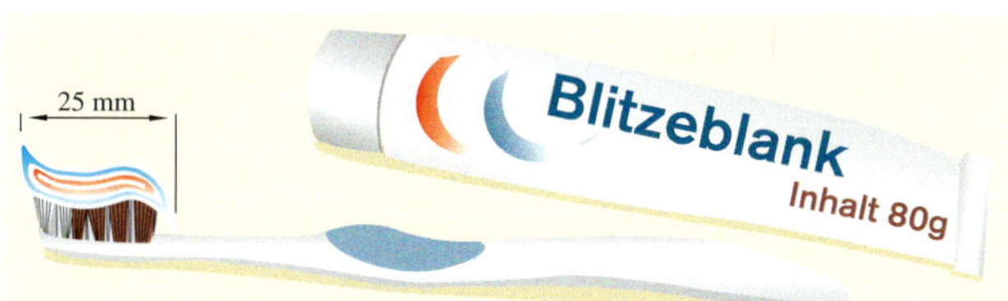

27 Stelle dir einen Turm vor, bei dem sich Menschen jeweils auf den Schultern stehen. Wie hoch wäre ein solcher Turm aus allen Einwohnern Deutschlands?

28 Ein Gebäude mit Keller, Erdgeschoss und 1. Obergeschoss ist vom Erdboden bis zum Dach 11 m hoch. Jedes Stockwerk ist 3 m, das Dach 4 m hoch.

a) Wie weit ragt der Keller aus dem Boden?

b) Wie viele Treppenstufen führen vom Keller bis unters Dach?

29 Florian und Steffi wollen eine kleine Wanderung zu einer Waldhütte unternehmen. Von der Bushaltestelle aus gibt es vier Möglichkeiten, um dorthin zu gelangen:

a) Bestimme den Längenunterschied zwischen dem längsten und dem kürzesten Weg.

Gepäckliste

1. Rucksack (leer)	1,6 kg
2. Rucksack (leer)	1,35 kg
Fotoapparat	530 g
Fernglas	1,3 kg
Belegte Brote	750 g
2 Getränke	je 0,95 kg

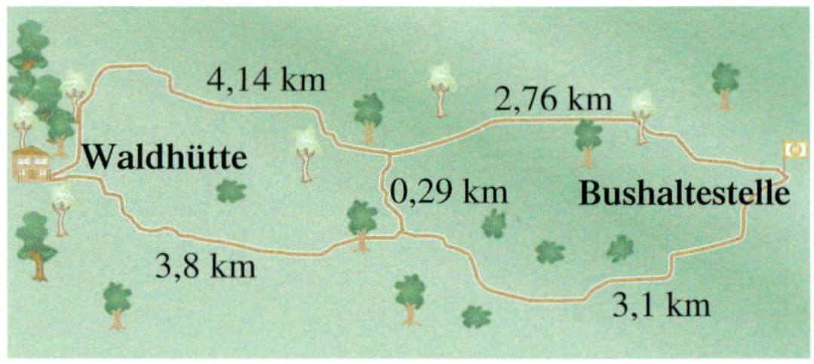

b) Ihr Gepäck wollen die beiden möglichst gerecht aufteilen. Hilf ihnen.

30 Löse die Aufgaben am Rand. Übertrage dann die dazugehörigen Merksätze in dein Heft und fülle dabei die Lücken mit den Wörtern:

größer | kleiner | multiplizieren | dividieren | rechts | links

1 km = ☒ dm
1 dm = ☒ mm
1 m = ☒ cm
1 cm = ☒ mm
1 mm = ☒ cm
1 dm = ☒ m
1 cm = ☒ dm
1 m = ☒ km

a) Wenn die Einheit … wird, dann wird der Zahlenwert …
Ich muss …

b) Wenn die Einheit … wird, dann wird der Zahlenwert …
Ich muss … beziehungsweise das Komma nach … verschieben.

c) Beim Umrechnen von mm in cm rückt das Komma um eine Stelle nach …
Schreibe wenigstens fünf weitere derartige Merksätze für das Umrechnen von Einheiten der Länge, Masse oder Währung in andere Einheiten auf.

Aufgabe der Woche

Suche dir fünf Anfangsbuchstaben aus und finde Gegenstände, die ungefähr die angegebene Länge haben können. Sammelt die Ergebnisse in der Klasse: Bekommt ihr ein ganzes Längenalphabet zusammen?

Anfangsbuchstabe	1 km	1 m	1 dm	1 cm	1 mm
A	Allee	Ameisenhaufen (Höhe)	Apfelsine (Durchmesser)	Apfelstiel	Ameisenkopf
…					

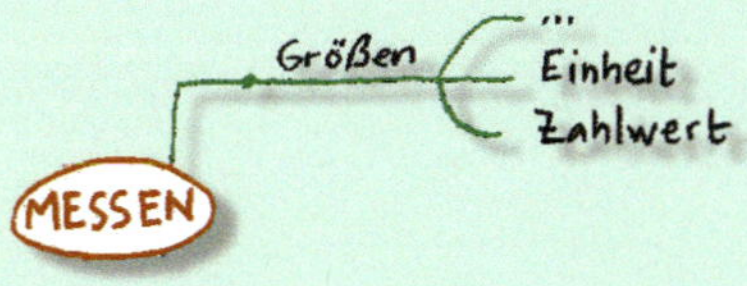

Mindmaps

Warum können sich einige von euch gut merken, was im Mathematikunterricht vorkommt und andere nicht oder nur mit sehr hohem Arbeitsaufwand?

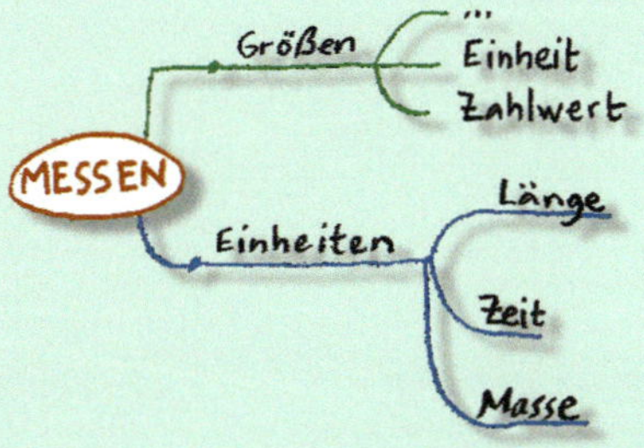

Viel hängt davon ab, wie gut ihr mit dem Aufbau der Mathematik zurechtkommt. Auf dieser Seite lernt ihr eine Möglichkeit kennen, wie ihr den Schulstoff für euch selbst sortieren könnt, sodass es euch leichter fällt, den Überblick zu behalten. Eine Möglichkeit, den Stoff für sich selbst zusammenhängend darzustellen und danach gezielter zu lernen, sind „Gedächtnis-Landkarten" – so genannte Mindmaps.

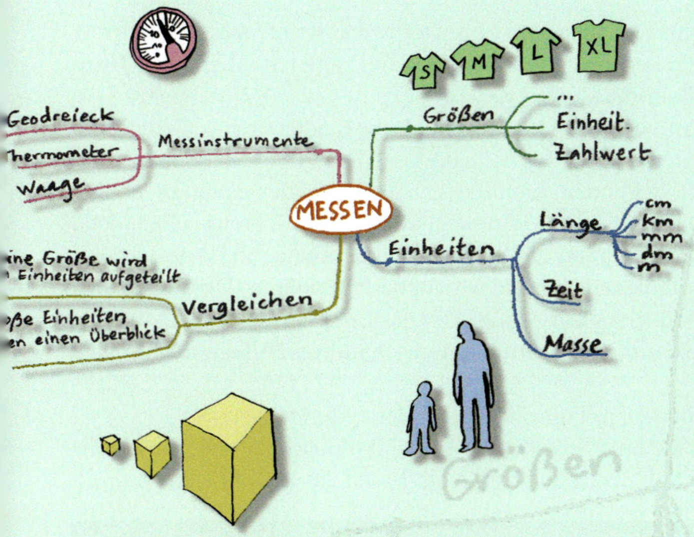

Hier seht ihr zwei unterschiedliche Mindmaps zum Thema „Messen". Bei der ersten wurde auch ihre Entstehung nachgestellt:

Es werden zentrale Begriffe zum jeweiligen Thema übersichtlich miteinander in Verbindung gebracht. Ihr erhaltet eine Vorstellung davon, wie sich diese Begriffe gegenseitig beeinflussen. Mithilfe von Bildern und Farben könnt ihr euch die Zusammenhänge besser einprägen.

Wichtig ist es dabei, dass ihr eure eigene „Landkarte" schafft und dann mit anderen vergleicht und diskutiert. Deshalb sind beide Mindmaps nur Beispiele und auch nicht vollständig.

Aufgaben

1 Betrachtet die beiden Mindmaps.

a) Beschreibt die Entstehung der ersten Mindmap.

b) Vergleicht die beiden unterschiedlichen Mindmaps und vervollständigt sie. Begründet eure Entscheidungen und diskutiert.

2 Entwickelt eure eigene Mindmap zum Thema „Messen".

3 Im nächsten Kapitel wird es um Geometrie gehen. Erstellt eine Mindmap zum Thema „geometrische Formen" auf einem Plakat, das ihr in der Klasse präsentiert. Eventuell könnt ihr eure Plakate im Klassenraum aufhängen und im Laufe des Schuljahres ergänzen.

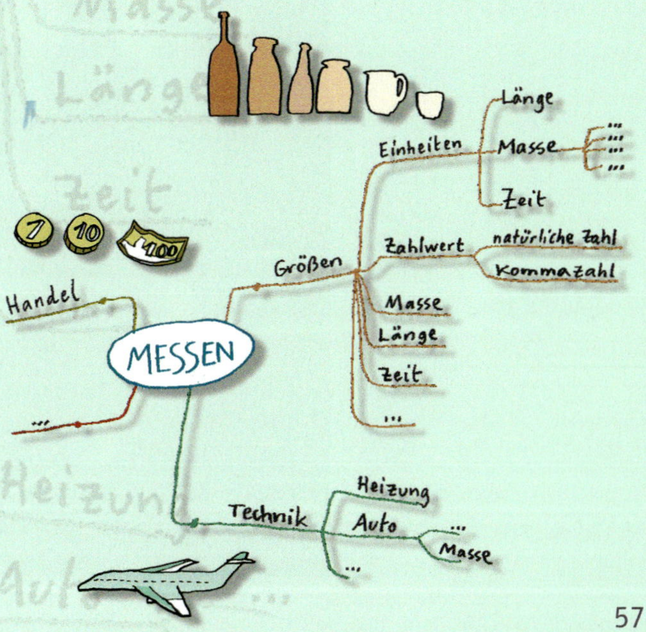

2.3 Zeit

1 Sonne, Mond und Erde

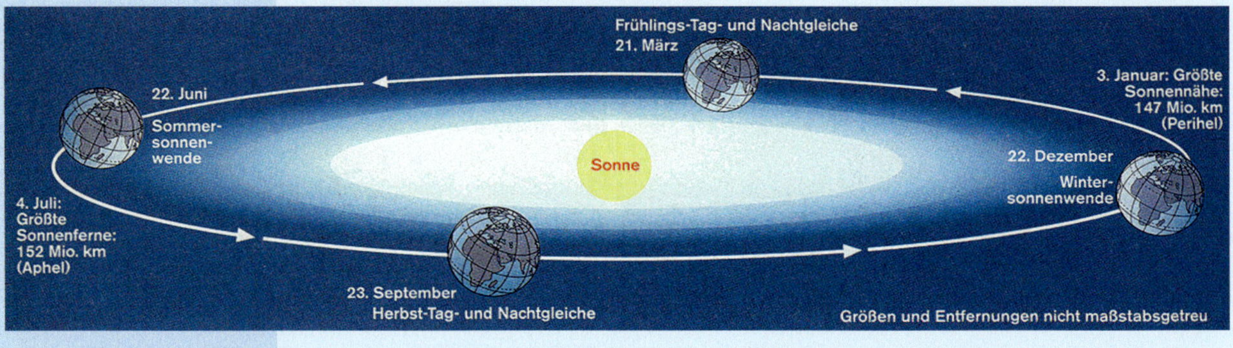

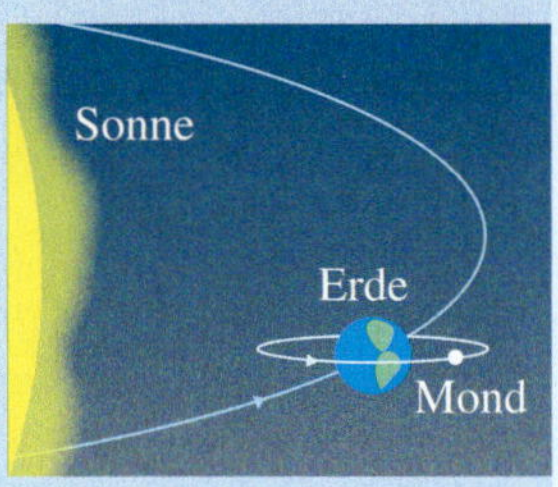

Info

Mittlere Entfernung Erde–Mond: 384 400 km

Im Weltall ist alles in Bewegung, nichts steht still. Der Mond dreht sich um die Erde. Erde und Mond gemeinsam drehen sich um die Sonne. Und zugleich rotiert jeder Himmelskörper um seine eigene Achse.
Innerhalb von 365 Tagen, 5 Stunden, 48 Minuten und 46 Sekunden dreht sich die Erde mit dem Mond einmal um die Sonne. Eine Rotation der Erde um sich selbst dauert 23 Stunden, 56 Minuten und 4 Sekunden. Ziemlich genau 24 Stunden dauert es, bis wir von der Erde aus die Sonne wieder in genau der gleichen Himmelsrichtung sehen (denn hier ist noch die Bewegung der Erde um die Sonne zu berücksichtigen.) Aus der Drehung des Mondes um die Erde lassen sich die Mondphasen erklären. Die Zeitspanne zwischen zwei Vollmonden – d. h. bis der Mond, von der Erde aus beobachtet, wieder die gleiche Stellung zur Sonne erreicht – beträgt durchschnittlich 29 Tage, 12 Stunden und 44 Minuten.
Erläutere, was diese Informationen mit unserem Kalender zu tun haben.
Das Licht legt in jeder Sekunde eine Strecke von rund 300 000 km zurück. Bestimme die Zeitspanne, die das Licht von der Sonne bzw. vom Mond zur Erde braucht.

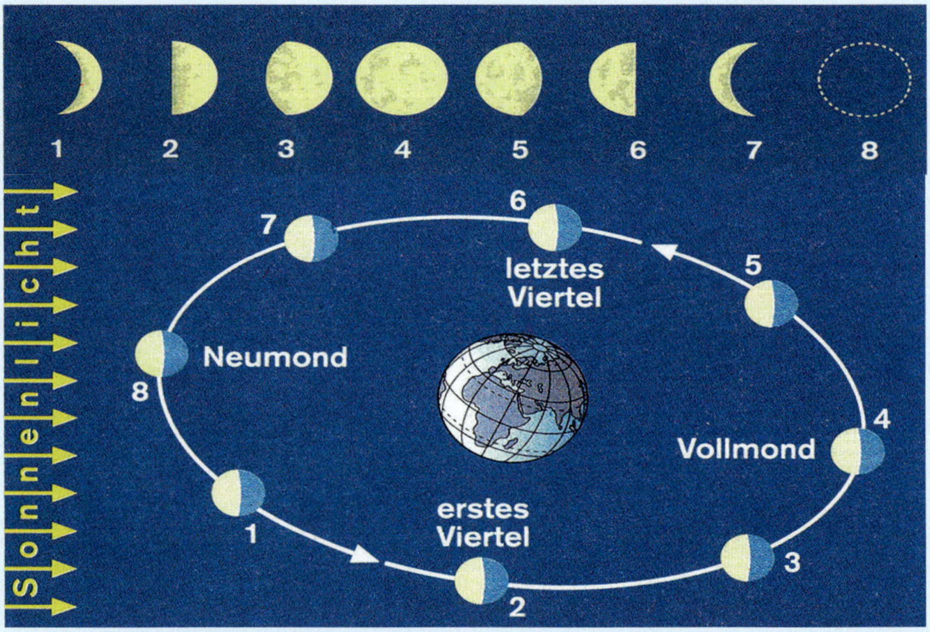

2 Wie viele Sekunden bist du alt?

► siehe Erarbeitung

Schreibe alles auf, was du wissen musst, um dein Alter in Sekunden so genau wie möglich angeben zu können.
Überlege, wen du fragen kannst oder woher du die benötigten Informationen bekommst.
Triff, wo nötig, sinnvolle Annahmen.
Schreibe deinen Lösungsweg Schritt für Schritt auf.

3 Schulausflug in den Zoo

Kassel Hauptbahnhof–Frankfurt (Main) Zoo

		Linie	Zeit	Linie	Zeit	Linie	Zeit	Linie	Zeit	Linie	Zeit	Linie	Zeit	Linie	Zeit	Linie	Zeit
Verkehrstage		Sa		Mo–Sa		Mo–Sa		Mo–Sa		Mo–Fr		Mo–Sa		Mo–Sa		Sa	
Kassel Hauptbahnhof	**ab**	RE	08:05	RE	08:23	RE	08:23	🚆 RT	08:39	🚌	08:46		09:10	🚆 RT	09:19	🚌	09:33
Kassel Bahnhof Wilhelmshöhe	**an**	3903	08:09	30	08:28	30		9	08:43	500	08:55	05/51		5	09:23		09:42
Kassel Bahnhof Wilhelmshöhe	**ab**	🚆 ICE	08:16	🚆 ICE	08:38			🚆 ICE	09:16	🚆 ICE	09:16			🚆 ICE	09:38	🚆 IC	09:51
Fulda Bahnhof	**an**	593		71				375		375			10:37	973		1887	10:26
Fulda Bahnhof	**ab**											ICE	10:44			ICE	10:44
Frankfurt (Main) Südbahnhof	**an**											1642	11:37			1642	11:37
Frankfurt (Main) Südbahnhof	**ab**											🚌	11:45			🚌	11:45
Frankfurt (Main) Hauptbahnhof	**an**		09:44		10:00		10:34		10:44		10:44	14			11:00	14	
Frankfurt (Main) Hauptbahnhof	**ab**	U	09:50	Fuß-weg		U	10:42	U	10:50	U	10:50			Fuß-weg			
Frankfurt (Main) Hauptbahnhof tief	**an**	U4		(7 Min.)		U4		U4		U4				(7 Min.)			
Frankfurt (Main) Hauptbahnhof tief	**ab**			S	10:07									S	11:07		
Frankfurt (Main) Ostendstraße	**an**			5	10:13									5	11:13		
Frankfurt (Main) Ostendstraße	**ab**			🚌	10:15									🚌	11:15		
Frankfurt (Main) Konstablerwache	**an**		09:54	14			10:46		10:54		10:54			14			
Frankfurt (Main) Konstablerwache	**ab**	U	10:02			U	10:52	U	11:02	U	11:02						
Frankfurt (Main) Zoo	**an**	U7	10:03		10:16	U7	10:53	U7	11:03	U7	11:03		11:56		11:16		11:56
Dauer			01:58		01:53												

Welche Verbindung würdest du wählen? Begründe deine Wahl.
Berücksichtige dabei Reisedauer und Umsteigezeiten. Vervollständige die unteren beiden Zeilen des Fahrplans.
Schreibe eine „Legende“ zum Fahrplan, d. h. erkläre, was die Zeichen, Abkürzungen und Zahlen bedeuten.

▶ Zeitpunkt und Zeitspanne

Eine Frage der Art „Wie viele Sekunden bist du alt?“ ist die Frage nach einer **Zeitspanne**. Üblicherweise gibst du dein Alter in Jahren an. Um es sekundengenau auszurechnen, musst du zwei **Zeitpunkte** möglichst genau kennen: den Zeitpunkt deiner Geburt und den Zeitpunkt „jetzt“.

Deine Geburtszeit haben vielleicht deine Eltern auf die Minute genau aufgeschrieben. Aber den Zeitpunkt „jetzt“ kannst du nie genau feststellen, denn während du darüber nachdenkst, welchen Zeitpunkt du für „jetzt“ nehmen willst, sind schon wieder mehrere Sekunden vergangen. Du kannst also nur eine sinnvolle Annahme treffen und damit dein Alter *ungefähr* in Sekunden ausrechnen.

Info

Schaltjahre (etwa alle vier Jahre: 2004, 2008 usw.) haben 366 Tage.

Die Abkürzungen der Zeiteinheiten kommen aus dem Lateinischen:
a: *annus* = Jahr
d: *dies* = Tag
h: *hora* = Stunde

Nimm zum Beispiel den 27.02.2002 um 3:47 Uhr als Geburtszeitpunkt und als „jetzt“ den Zeitpunkt 07.10.2011 um 10:00 Uhr. Einen ersten Überblick über die Zeitspanne dazwischen bekommst du zum Beispiel durch diese Abschätzung:

von 2002 bis 2011	9 Jahre
vom 27. Februar bis zum 7. Oktober	ungefähr 7 Monate und 10 Tage, genauer: 222 Tage
von 3:47 Uhr bis 10:00 Uhr	6 Stunden und 13 Minuten

Die verschiedenen **Zeiteinheiten** hängen so miteinander zusammen:

Ein Jahr (a) hat **365 Tage (d)**, jeder Tag **24 Stunden (h)**, jede Stunde **60 Minuten (min)**, jede Minute **60 Sekunden (s)** und jede Sekunde besteht aus eintausend **Millisekunden (ms).**

·365 ·24 ·60 ·60 ·1000

1 a = 365 d 1 d = 24 h 1 h = 60 min 1 min = 60 sek 1 sek = 1000 ms 1 ms

Umrechnen von größeren in kleinere Zeiteinheiten kannst du damit so:

1 a = 365 d (·24)
365 d = 8769 h (·60)
8769 h = 525 600 min (·60)
525 600 min = 31 536 000 s (·1000)
31 536 000 s = 31 536 000 000 ms

Wegen der unterschiedlichen Umrechnungszahlen können wir bei Zeiteinheiten keine Stellenwerttafel aufstellen.
Auch mit der Kommaschreibweise ist es nicht so einfach, denn 2 h 5 min sind **nicht** 2,5 h oder 25 min.

Trainieren Anwenden Vernetzen

1 In welcher Einheit sollten folgende Zeitspannen angegeben werden?
a) Dauer der Osterferien.
b) Eine Unterrichtsstunde.
c) Ein Augenaufschlag.
d) Länge deines Lieblingsliedes.
e) Umlaufzeit der Erde um die Sonne.
f) Dauer eines Telefongespräches.
g) Kochen eines Frühstückseis.
h) Das Leuchten einer Sternschnuppe.
i) Vorbereitung auf die Mathearbeit.

2 Kann das stimmen?
a) Ich brauche täglich 50 400 s Schlaf.
b) Ich putze im Monat 3 h lang Zähne.
c) Der Zahnarzt empfiehlt, wenigstens zweimal am Tag 180 000 ms lang Zähne zu putzen.
d) Die Faschingszeit dauert 111 111 min.
e) Ich habe 1200 s lang Hausaufgaben gemacht.
f) Ich kann 500 Minuten ohne Unterbrechung ein Buch lesen.

3 Ein Marathonlauf beginnt um 10:07 Uhr. Einer der Läufer erreicht nach 2 h 24 min sein Ziel. Ist hier ein Zeitpunkt oder eine Zeitspanne angegeben?

4 Rechne in die nächstkleinere Zeiteinheit um. Schreibe auf, welche Überlegungen du bei der Umrechnung anstellst.
a) 4 h **c)** 5 min **e)** 3 d
b) 2 a **d)** 0,5 h **f)** 3,7 s

5 Gib die Zeitspanne in gemischter Schreibweise an. Ein Beispiel: 144 min = 120 min + 24 min = 2 · 60 min + 24 min = 2 h 24 min.
a) 200 min **c)** 30 h **e)** 500 d
b) 144 s **d)** 1000 min **f)** 96 h

6 Welche Angaben bezeichnen die gleiche Uhrzeit?
a) 14:05 Uhr; 02:05 Uhr; fünf nach zwei; 14^{05} Uhr; 14 Uhr und 5 Minuten;
(amerikanische Angaben:) 02:05 am; 02:05 pm
b) 7:45 Uhr; 07:15 Uhr; 19^{45} Uhr; Viertel vor acht; Viertel nach sieben; Dreiviertel acht; 7 Uhr und 15 Minuten; neunzehn Uhr fünfundvierzig;
(amerikanische Angaben:) 07:45 am; 07:45 pm

7 Notiere die Uhrzeiten auf unterschiedliche Weise.
23:45 Uhr; 0:15 Uhr; 15:37 Uhr; 9:02 Uhr

8 Berechne die Zeitspanne zwischen den beiden Zeitpunkten. Verdeutliche deine Lösung mit einer Zeichnung oder beschreibe deinen Lösungsweg.
a) 1:52 Uhr und 2:24 Uhr
b) 9:57 Uhr und 12:05 Uhr
c) 20:30 Uhr und 7:00 Uhr
d) 10. Mai und 14. September
e) 25. 12. 2010 und 24. 04. 2011 (Ostersonntag)
061-1

9 Welche Größenangaben passen zu den Abbildungen?

1 t – 180 cm – 100 g – 324 m – 4 g – 42 km – 75 kg – 2 h 20 min – 59 Cent – 20 mm – 4 m – 1000 kg – 140 min – 16 cm – 2 cm – 7300 t – 11 000 €

10 Schreibe in
a) min: 5 h; 180 s; 1 h 35 min; 4 h 56 min; 480 s
b) s: 12 min; 34 000 ms; 1 h; 16 min 16 s
c) h: 240 min; 4 d; 3600 s; 1 a; 720 min
d) d: 120 h; 2880 min; 360 h; 86 400 s
e) s: 2 d; 7 h; 230 000 ms; 47 min. 061-2

11 Wandle in die nächst kleinere Einheit um.
a) 12 dm; 8,2 km; 107 m; 125 cm
b) 23 t; 102 kg; 0,5 kg; 5500 g
c) 15 min; 4 a; 14 d; 800 s; 12 h
d) 220 kg; 35 min; 1,2 km; 5400 cm

12 Ordne der Größe nach.
a) 80,8 m; 0,8 km; 880 dm; 8008 cm; 88 000 mm
b) 402 g; 40 200 mg; 4,02 kg; 0,0402 t; 4,02 g
c) 2200 min; 22 h; 22 000 s; 22 d; 2 h 2 min

13 Verwandle in gleiche Einheiten.
a) 32 m 13 dm **e)** 0,2 km 2500 dm
b) 412 g 2,7 kg **f)** 0,05 g 50 mg
c) 2 h 45 min **g)** 1 d 100 min
d) 85 cm 40 mm **h)** 2 min 180 000 ms

noch fit?

I Rechne vorteilhaft im Kopf.

a) 25 + 28 + 12 + 15 **d)** 76 + 13 + 37 + 44
b) 291 + 47 + 9 **e)** 763 + 124 + 176
c) 44 + 176 + 56 + 24 **f)** 7 + 344 + 30 + 663

II Rechne vorteilhaft im Kopf.

a) 825 – 67 – 5 – 20 **d)** 1194 – 27 – 63
b) 273 – 32 – 73 – 1 **e)** 9504 – 2800 – 1500
c) 5382 – 47 – 17 **f)** 7725 – 550 – 5450

III Gesucht sind Zahlen. Welche sind es?

a) Die Hälfte der Zahl ist 35.
b) Das Doppelte der Zahl ist 84.
c) Das Dreifache der Zahl ist 339.
d) Drei Viertel der Zahl ist 15.
e) Zählst du 1463 und die gesuchte Zahl zusammen, so erhältst du 3925.
f) Verminderst du 88 um die gesuchte Zahl, so erhältst du 55.
g) Ziehst du von der gesuchten Zahl 453 ab, so erhältst du 129.
h) Die Zahl 933 und die gesuchte Zahl unterscheiden sich um 308.

Trainieren **Anwenden** Vernetzen

14 Wie oft bewegt sich das Pendel einer Pendeluhr in 3 Minuten hin und her, wenn es für eine Hin- und Herbewegung 3 Sekunden braucht?

15 Ein durchschnittliches Jahr ist 365 d 5 h 48 min 46 s lang, nämlich genauso lang wie die Umlaufzeit der Erde um die Sonne (vgl. S. 58).
Berechne den Zeitunterschied zu einem normalen Jahr mit 365 Tagen sowie zu einem Schaltjahr mit 366 Tagen.

16 Bei Ebbe und Flut vergeht zwischen zwei Hochwasserständen eine Zeitspanne von 12 h 25 min. Gib eine sinnvolle Schätzung für die Anzahl der Gezeitenwechsel innerhalb eines Jahres an.

17 Berechne die fehlenden Angaben.

Abfahrt	Ankunft	Fahrtdauer
17:30 Uhr	?	2 h 15 min
23:46 Uhr	0:53 Uhr	?
?	9:05 Uhr	1 h 35 min
18:10 Uhr	21:20 Uhr	?

18 Klassenfahrt nach Berlin: Welche Zugverbindung würdest du für den Hinweg wählen?
Begründe deine Wahl, berücksichtige dabei Reisedauer und Umsteigezeiten.

Gießen	ab	07:35	IC 2378
Hannover Hbf	an	09:56	
Hannover Hbf	ab	10:31	ICE 845
Berlin Hbf	an	12:11	ICE 855
Gießen	ab	08:04	RE 4102
Kassel-Wilhelmshöhe	an	09:27	
Kassel-Wilhelmshöhe	ab	09:43	IC 694
Berlin Hbf	an	12:21	

19 Sandras Uhr geht pro Tag um 1 min 20 s vor.
a) Berechne die Differenz zur genauen Zeit nach einer Woche, nach einem Monat (30 Tage) und nach einem Jahr.
b) Wie viele Tage dauert es, bis Sandras Uhr zum nächsten Mal wieder die genaue Uhrzeit anzeigt?

20 Daten der astronomischen Jahreszeitenanfänge 2011 für die mitteleuropäische Zeitzone:
Frühling 21. März 00:21 MEZ
Sommer 21. Juni 19:16 MESZ
Herbst 23. September 11:04 MESZ
Winter 22. Dezember 06:30 MEZ
(Info: MESZ = mitteleuropäische Sommerzeit).
Recherchiere aktuelle Daten im Internet.
Berechne die Dauer der Jahreszeiten.

21 Aus der Karte auf der folgenden Seite geht hervor, dass es in New York 6 Uhr morgens ist, wenn bei uns 12 Uhr mittags ist.
a) Wie spät ist es in New York, wenn bei uns der Vormittagsunterricht beginnt?
b) Nachts um zwei klingelt das Telefon bei Müllers in Kassel. Ein Notfall? – Es meldet sich Max, der gerade zum Schüleraustausch in New York ist.
c) Sucht im Atlas eine Karte der Zeitzonen und stellt euch gegenseitig ähnliche Aufgaben.

22 Die Flugzeit eines Fluges von Frankfurt nach New York beträgt 8 h 30 min. Wie spät ist es in New York bei der Landung, wenn man um 3 Uhr nachmittags in Frankfurt gestartet ist?

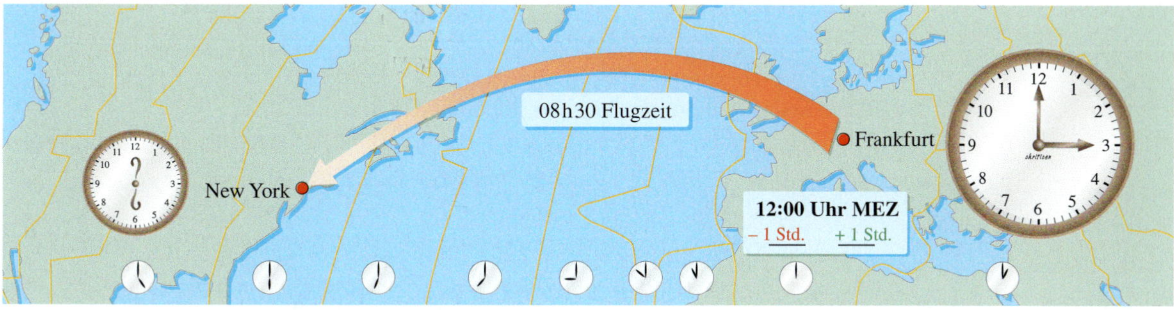

Trainieren Anwenden **Vernetzen**

23 Ein Geschäftsmann fliegt von Frankfurt a. M. nach Moskau. Wie muss er seine Uhr verstellen, wenn in dieser Nacht die Sommerzeit in beiden Städten endet?
Nebenstehend siehst du die Abflugzeit in Frankfurt a. M. und die Zeit zu diesem Moment in Moskau.

Frankfurt a. M.

Moskau

24 Eine Woche hat sieben Tage.

a) Welcher Wochentag ist am 24. Dezember, wenn der 1. Dezember ein Sonntag ist?

b) Der 3. Mai ist ein Dienstag. Welches Datum haben die nächsten zehn Dienstage?

c) Welcher Wochentag ist heute in einem (zwei, drei) Jahren?

25 Familie Groß hat drei Kinder. Der jüngste Sohn ist halb so alt wie der älteste. Der älteste ist 825 Tage älter als die 11 Jahre 1 Monat (30 d) und 16 Tage alte Schwester.
Bestimme das Alter der drei Geschwister auf den Tag genau.

26 Der berühmte Physiker Albert Einstein wurde am 14. März 1879 in Ulm geboren. Er starb am 18. April 1955. Seine Asche wurde seinem Wunsch entsprechend an einem unbekannten Ort verstreut.
Wie alt wurde Albert Einstein auf den Tag genau?

Aufgabe der Woche

Schreibe wichtige Daten deines Lebens in chronologischer Reihenfolge auf. Berechne Zeitspannen: dein Leben an einem bestimmten Ort, Besuch von Schule oder Kindergarten, dein Leben als Einzelkind bzw. mit Geschwistern usw.

Suche jeweils ein Ereignis in deinem Leben, das du am besten in Jahren (in Monaten, in Wochen, in Tagen, in Stunden, in Minuten, in Sekunden) angeben kannst.

2.4 Messen unter Null

1 Winterliche und nächtliche Temperaturen

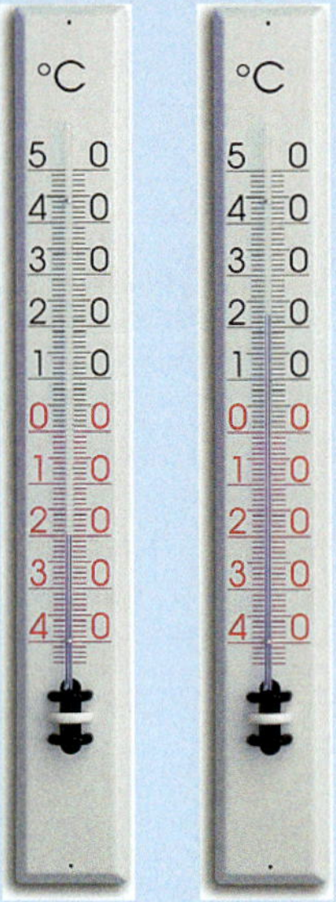

Das linke Thermometer zeigt die tiefste, das rechte die höchste Temperatur an, die im Dezember 2009 auf der Wasserkuppe gemessen wurde.
Die Grafik unten gibt den Tagestemperaturverlauf in Frankfurt am Main an einem der ersten Frühlingstage (21. 3. 2009) wieder.
Erzähle!

Überlege selbst einen Auftrag zum Temperaturmessen. Stelle deine Messwerte anschließend übersichtlich dar. Oder besorge dir interessante Temperaturdaten aus dem Internet und stelle diese grafisch dar. 064-1.

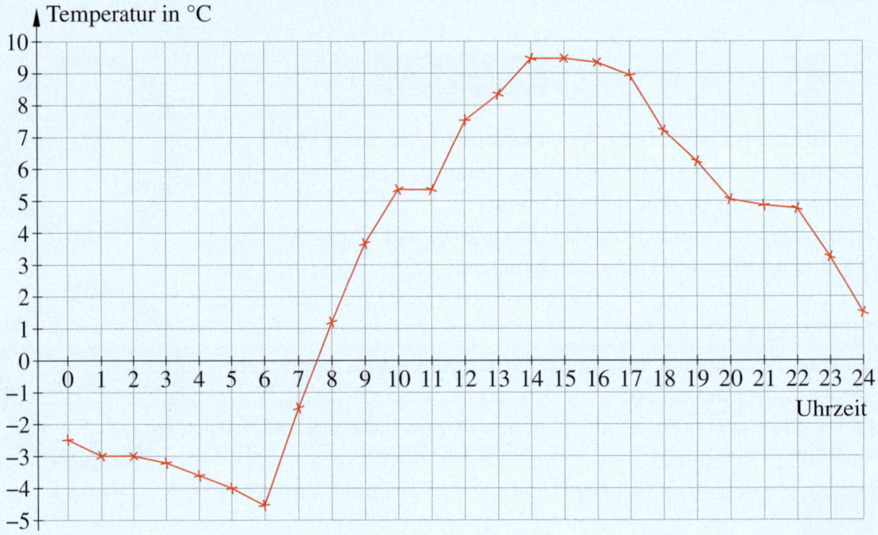

▶ siehe Erarbeitung

2 Im Aufzug hoch und runter

Lizzy macht ein Ferienpraktikum im Hotel. Heute hat sie Fahrstuhldienst, nichts für Leute mit schwachem Magen. Nach einer kurzen Einweisung in die Handhabung des Aufzugs wird sie allein gelassen. Lizzy wurde gesagt, dass es ganz oben ein so genanntes „Penthouse" gibt, wo die ganz besonderen Gäste untergebracht werden. Während sie auf ihren ersten Fahrgast wartet, sieht sie sich die Bedientafel an.

Erkläre die Bedeutung der Buchstaben und Zahlen:
E, 5, U1, P, U2, 2.
Sortiere die Etagen. Beginne mit dem tiefsten Stockwerk.

Finde andere mögliche Skalen für die Beschriftung des Fahrstuhls und schreibe sie auf.
Welche Skala kommt dir am sinnvollsten vor? Begründe deine Wahl.

Am Samstag hat Lizzy frei und macht einen Ausflug ins Erlebnisbergwerk Merkers. Ein Aufzug bringt sie innerhalb von 90 Sekunden in eine Tiefe von über 500 Metern. Dann geht es weiter auf dem offenen Deck eines allradgetriebenen Lastwagens. Die Rundfahrt ist etwa 20 km lang und führt bis in eine Tiefe von 800 Metern.

Lizzy, an den Hotelaufzug gewohnt, vermisst im Bergwerksaufzug eine Anzeigetafel. Sie möchte gerne ablesen können, wie tief sie gerade schon unter der Erde ist.

Entwirf eine Skala für die Anzeigetafel in einem Aufzug im Bergwerk. Berücksichtige dabei, dass ein Schacht im Bergwerk möglicherweise in Zukunft noch tiefer gegraben wird: Deine Skala sollte dann angepasst werden können.
Entscheide dich für eine Skala und erkläre sie.

3 An der Küste

Im Hamburger Hafen kannst du an der Kaimauer diese Skala sehen. Die Linie mit der Markierung 0 (Null) zeigt die Höhe des Meeresspiegels an, auch „Normalnull“ (NN) genannt.
Welche Informationen über den Wasserstand entnimmst du dem Foto?

Vergleiche das Foto mit der Grafik der Pegelstände in Hamburg St. Pauli, beobachtet über 24 Stunden:
Um welche Uhrzeit könnte das Foto aufgenommen worden sein?
Schreibe in einer Tabelle für jede Stunde auf, wie hoch das Wasser auf der im Foto abgebildeten Messlatte stand.

Pegelstände Hamburg St. Pauli innerhalb von 24 Std.

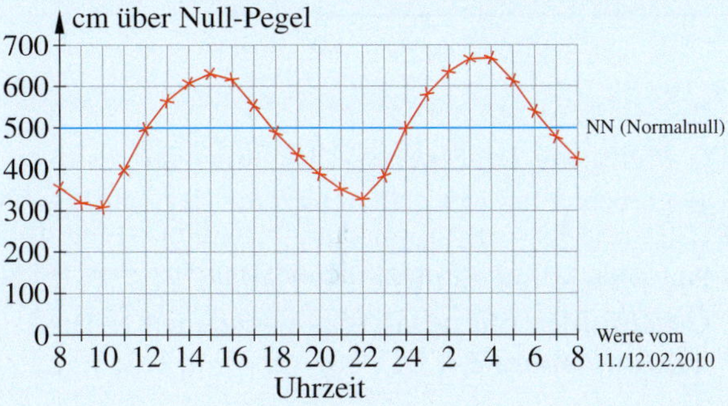

Foto und Grafik verwenden verschiedenen Skalen, um den Wasserstand anzuzeigen. Erkläre Zusammenhang und Unterschied der beiden Skalen.
Informiere dich im Internet unter 065-1 über die aktuellen Pegelstände, die im Hamburger Hafen gemessen werden. Vergleiche mit den Pegelständen zweier weiterer Hafenstädte und zeichne jeweils eine sinnvolle Messlatte. Vielleicht hat ja auch dein Heimatort einen Hafen, von dem du Informationen bekommen kannst?

4 Was ist 4 – 9?

Du meinst, das geht nicht? Es gibt aber Leute, die haben 400 € und kaufen sich etwas für 900 €. Wie geht das denn? Was wäre demnach 4 – 9?

▶ Die Zahlengerade

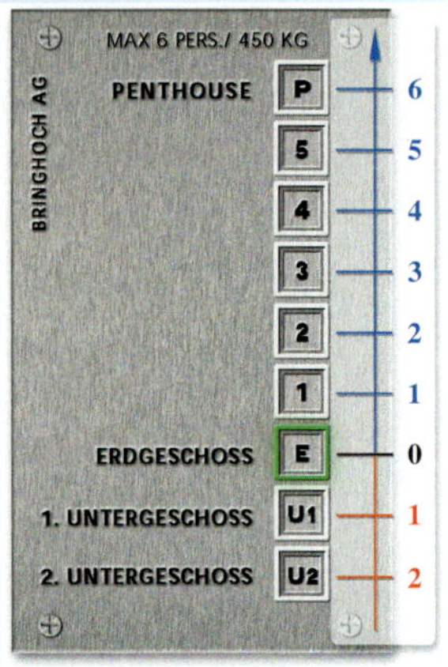

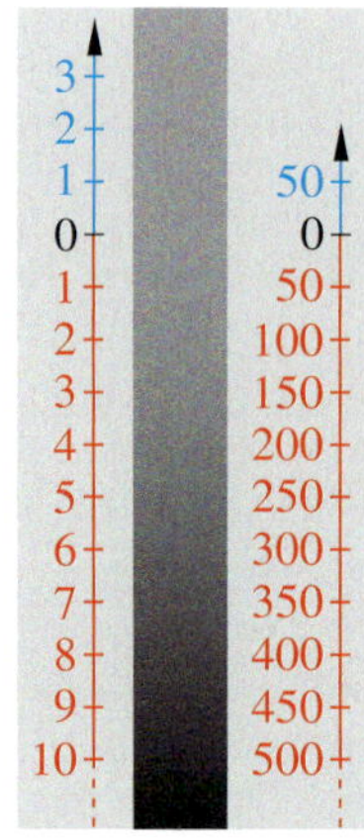

Links ist die Bedientafel des Hotel-Fahrstuhls zum Auftrag 2 abgebildet. (Auch andere Anordnungen sind natürlich durchaus möglich.) Die Zahlen auf der Bedientafel bezeichnen die Nummern der Etagen.
Wir können die Buchstaben ebenfalls durch Zahlen ersetzen. Jede Zahl gibt den Abstand der zugehörigen Etage zum Erdgeschoss an. Zur Unterscheidung des ersten Stockwerks und des ersten Untergeschosses verwenden wir verschiedene Farben.

Für den Aufzug im Bergwerk können wir eine ähnliche Skala benutzen, wobei die Zahlen jetzt nicht Stockwerke bezeichnen, sondern die Höhe bzw. Tiefe in Metern.
Zwei mögliche Skalen (mit unterschiedlich großen Schritten) sind rechts abgebildet. Wichtig ist bei diesen Skalen, dass sie nach oben und nach unten beliebig verlängert werden können.

Die Skalen erinnen an einen gedrehten Zahlenstrahl. Da auf beiden Seiten der Null beliebig viele Zahlen stehen können, genügt ein Strahl nicht mehr: Wir ordnen die Zahlen auf einer Geraden, der **Zahlengeraden**, an.

Wir erweitern den Zahlenstrahl nach links zu einer Zahlengeraden. Zur Unterscheidung der Zahlen färben wir die bekannten positiven Zahlen blau und die neuen rot.
In der Mathematik ist es üblich, vor die roten Zahlen ein Minuszeichen zu schreiben, auch negatives Vorzeichen genannt. Zur besseren Unterscheidung können wir vor die blauen Zahlen ein positives Vorzeichen + setzen.

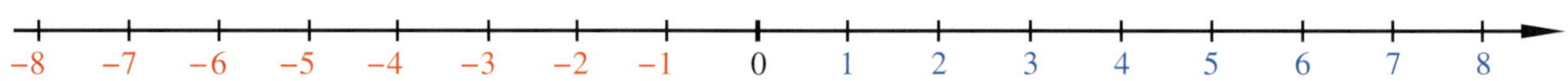

Achtung

Du kennst die Zeichen kleiner < und größer >, zum Beispiel
$1 < 4$ und $8 > 5$.
Für die negativen Zahlen erkennst du auf der Zahlengeraden:
$-1 > -4$ und $-8 < -5$.

Die Pfeilspitze zeigt immer in Richtung der positiven Zahlen.
Die größere von zwei Zahlen liegt auf der Zahlengeraden weiter rechts.

Die Menge der natürlichen Zahlen $\mathbb{N} = \{0; 1; 2; 3; \ldots\}$ und die Menge ihrer Gegenzahlen mit negativem Vorzeichen $\{-1; -2; -3; \ldots\}$ werden zur Menge der ganzen Zahlen $\mathbb{Z} = \{\ldots; -3; -2; -1; 0; 1; 2; 3; \ldots\}$ zusammengefasst.

Bei Geldrechnungen werden negative Zahlen öfter rot geschrieben. Negative Geldbeträge bezeichnen Ausgaben oder Schulden, also das Geld, das fehlt. Das ist der Grund, warum manche Leute die „roten Zahlen" nicht gerne haben.

So kannst du mit den negativen Zahlen auch rechnen: Wenn einer 4 € hat und sich etwas für 9 € kauft, macht er 5 € Schulden: $4 - 9 = -5$.

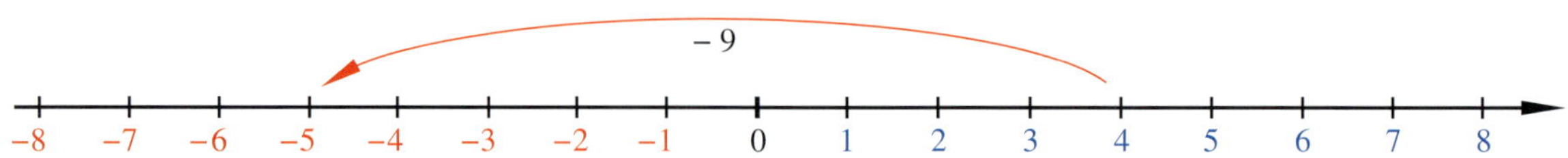

Trainieren Anwenden Vernetzen

1 Beschreibe, was du aus dem Bild entnehmen kannst. Zeichne eine Höhenskala, wobei du die Höhe des Wasserspiegels als 0 nimmst.
Gib die Positionen der verschiedenen Bildelemente auf deiner Skala an.

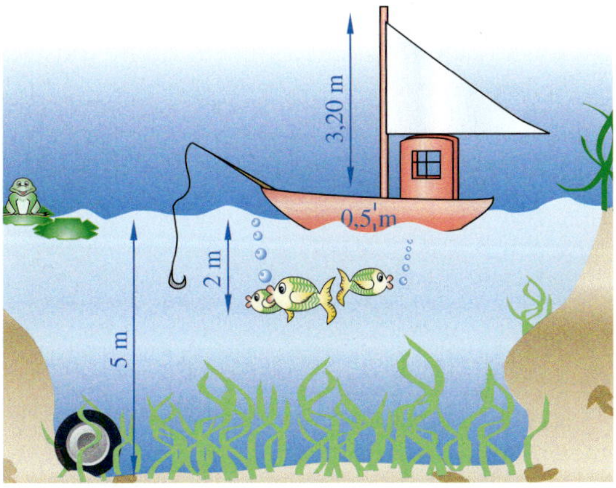

2 Veranschauliche die Zahlen jeweils auf einer gemeinsamen Zahlengeraden.
a) 6; −4; 0; 11; −7; −3; 1
b) 40; −150; 0; 50; −250; −400; 100
c) 110; −25; −5; 45; 90; −85; 10

3 Ordne die Zahlen der Größe nach. Beginne mit der kleinsten.
a) 1; −7; −3; 6; 2; 9; −6
b) 1112; −799; 798; 1000; −5002

4 Setze für ☒ das richtige Zeichen ein (<, >).
a) 2 ☒ 7
b) −2 ☒ −7
c) −2 ☒ 7
d) −7 ☒ 2
e) 0 ☒ −3
f) −3 ☒ −8

6 Gib jeweils zwei Zahlen an, die zwischen den angegebenen liegen.
a) 1 und 99
b) −50 und 50
c) −39 und −35
d) −1 und 21
e) −87 und −84
f) 100 und 10 000

7 Bestimme zu jeder Zahl den Vorgänger und den Nachfolger.
a) 0
b) −179
c) 179
d) −1199
e) −1
f) 2000

8 Notiere zu jeder Zahlenfolge die nächsten drei Zahlen:
a) 2; 4; 6; 8; …
b) −2; −4; −6; −8; …
c) −3; −1; 1; 3; …
d) 4; −1; −6; −11; …
e) 5; 3; 4; 2; …
f) −1; −3; −6; −10; …

9 Zähle! Stellt euch gegenseitig ähnliche Aufgaben.
a) Zähle in 5-er Schritten von −75 bis +50.
b) Zähle in 25-er Schritten von −200 bis +100.
c) Zähle von −1000 in acht Schritten bis +1000.
d) Zähle von −1000 in acht Schritten bis 0.
e) Zähle von −100 000 in fünf Schritten bis 0.

10 Aus dem Europawetterbericht:
„Berlin bedeckt 4 °C, Paris bedeckt 10 °C, London Regen 6 °C, Reykjavik sonnig −2 °C, Oslo Schnee −6 °C, Stockholm wolkig −4 °C, Moskau heiter −6 °C, Warschau heiter 0 °C, Wien bedeckt 5 °C, Athen sonnig 22 °C, Rom heiter 16 °C, Madrid heiter 10 °C."
Trage die Temperaturen auf einer gemeinsamen Skala ein.

11 Felix hat 350 € angespart und will sich einen Laptop für 500 € kaufen.
Wie kann er das tun?
Schreibe deine Überlegung in Worten auf und stelle sie an der Zahlengeraden grafisch dar.

5 Welche Zahlen sind gemeint?

a)
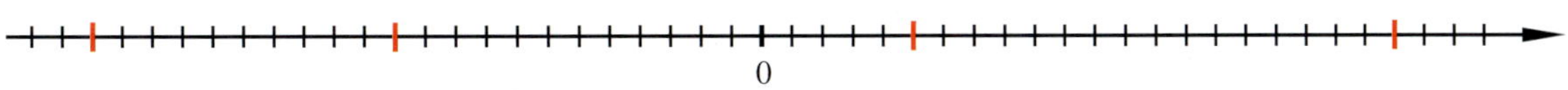

b)
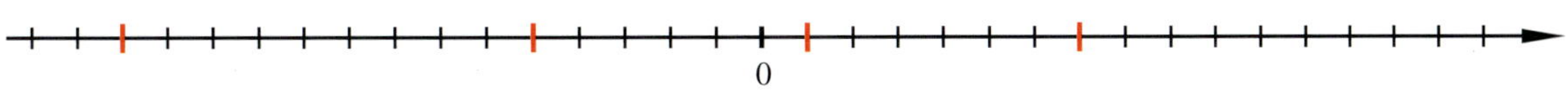

c)
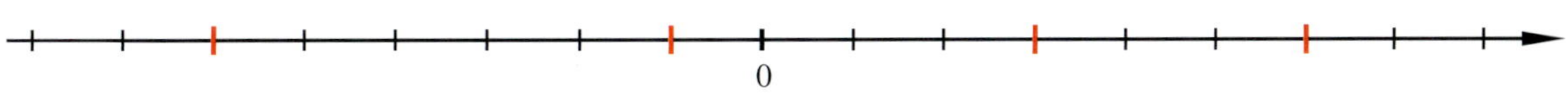

d)
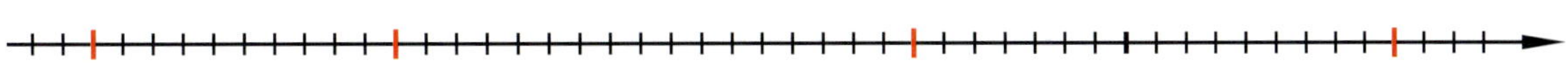

noch fit?

I Stelle die Daten der Tabelle in einem Säulendiagramm dar, von Hand oder mithilfe eines Tabellenkalkulationsprogramms.

Größte Hochwasserstände in Hamburg	
Datum	Wasserstand über Normal
17.02.1962	5,70 m
03.01.1976	6,45 m
24.11.1981	5,81 m
28.02.1990	5,75 m
23.01.1993	5,73 m
28.01.1994	6,02 m
10.01.1995	6,02 m
05.02.1999	5,66 m
03.12.1999	5,86 m
28.01.2002	5,26 m
09.11.2007	5,40 m

Trainieren **Anwenden** Vernetzen

12 Die Klasse 5 b hat ein Bankkonto, das vom Klassenlehrer verwaltet wird.
Welche Informationen kannst du dem Kontoauszug entnehmen? Berechne die Zahlungseingänge, Zahlungsausgänge und den neuen Kontostand.

Kontoauszug		
Klassenkasse 5b		
	Alter Kontostand	124,30 €
	Zahlungseingänge	
	Zahlungsausgänge	
	Neuer Kontostand	
Datum	**Vorgang**	**Umsatz in EUR**
05.10.	Lastschrift BUSUNTERNEHMEN Kassel 09.10.	-109,90 €
06.10.	Gutschrift Elternbeiträge Oktober F. MERTEN	32,00 €
10.10.	Kartenverfügung MUSEUM EINTRITT + FÜHRUNG 09.10.	-74,00 €

13 Ein Bankangestellter zum 20-jährigen Peter: „Leider können wir Ihnen nicht wie gewünscht 750 € auszahlen. Ihr Kontostand beträgt –950 € und Ihre Überziehungsgrenze liegt bei 1200 €.“

14 Beim Kartenspiel Wizard muss jeder Spieler zu Beginn einer Runde die Anzahl der Stiche, die er später gewinnen will, voraussagen.
Wenn seine Voraussage genau zutrifft, erhält er 20 Erfahrungspunkte plus 10 Punkte pro gewonnenem Stich. Wer daneben getippt hat, verliert jeweils 10 Erfahrungspunkte für jeden Stich, den er über oder unter seiner Vorhersage liegt.
Die Ergebnisse der einzelnen Runden werden in einer Tabelle aufgeschrieben. Stelle die Gewinnreihenfolge fest.

Thomas	20	30	–20	–10	30	–20	–10
Ute	–10	20	–20	30	50	20	–10
Kevin	30	20	–10	–30	40	–20	60

15 Eine Stadt heißt ab 100 000 Einwohnern Großstadt.
Bestimme die Abweichung der Einwohnerzahlen der folgenden Städte von dieser angegebenen Grenze.

Darmstadt	142 310
Frankfurt am Main	664 838
Fulda	64 129
Gießen	75 140
Hanau	88 245
Kassel	194 168
Marburg	79 836
Offenbach	118 977
Wiesbaden	276 742

16 Aus einem Erdkundebuch stammen die untenstehenden Angaben.
Sortiere die Orte nach ihrer geografischen Höhe.
Ermittle die Höhe einiger Nachbarorte deines Schulortes und bringe sie in eine sinnvolle Reihenfolge.

Ort	**Höhe**
Totes Meer (Ufer)	420 m unter Normalnull (NN)
Feldberg, Schwarzwald	1493 m über NN
Mount Everest	8848 m über NN
Marianengraben	11 034 m unter NN
Quito, Ecuador	2850 m über NN

17 Ein „Höhenprofil“ zeigt Erhebungen und Senken in der Landschaft entlang einer Linie auf der Karte. Unten siehst du ein Höhenprofil der Niederlande.

a) Besonders interessant sind Höhenprofile für Radfahrer, wenn sie wissen wollen, wo es welche Steigungen gibt. Welche Steigungen erwarten einen Radfahrer, der von Den Haag nach Amsterdam fährt?

b) Schreibe weitere Informationen auf, die du dem Höhenprofil der Niederlande entnehmen kannst. Versuche zu erklären, wie es sein kann, dass einige Landesteile der Niederlande unter dem Meeresspiegel (0 NN) liegen.

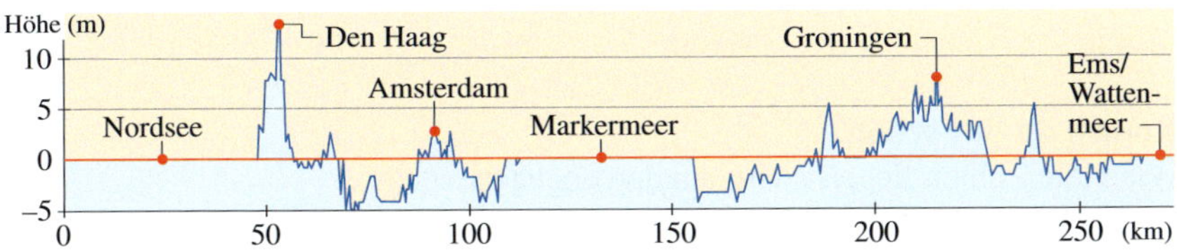

18 Hier ist ein Höhenprofil des Landes Israel mit angrenzendem Westjordanland abgebildet. Lies die Höhen der angegebenen geographischen Orte aus dem Höhenprofil ab und trage sie in eine Tabelle ein.

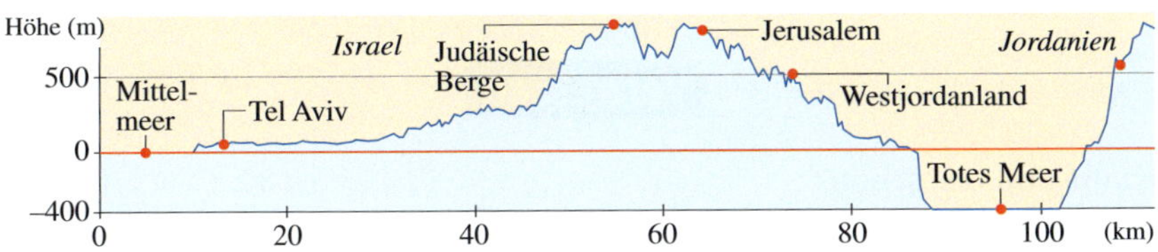

19 Tiberius Claudius Nero Germanicus wurde 10 v. Chr. geboren und starb 54 n. Chr. Wie alt wurde dieser römische Herrscher?

Info

Auf das Jahr 1 vor Christus (v. Chr.) folgte direkt das Jahr 1 nach Christus (n. Chr.). Das Jahr 0 gab es nicht.

20 Vor wie vielen Jahren wurden die abgebildeten Mathematiker geboren? Informiere dich über die Personen und fertige einen Steckbrief an.

Archimedes von Syrakus (287 v. Chr. – 212 v. Chr.)

Leonhard Euler (1707 – 1783)

Euklid von Alexandria (325 v. Chr. – 265 v. Chr.)

David Hilbert (1862 – 1943)

Andrew Wiles (*1953)

Thales von Milet (624 v. Chr. – 547 v. Chr.)

21 Frage deine Eltern, Großeltern oder Verwandte nach ihrem Geburtsjahr und den Daten wichtiger Ereignisse der Familiengeschichte.
Rechne aus, wie viele Jahre vor oder nach deiner Geburt diese Ereignisse stattgefunden haben, und trage sie auf einer Zeitskala ein.

22 Der Pegelstand des Rheins schwankt je nach Regenmenge. Sein Normalpegel liegt bei 48 dm. Berechne den Unterschied zum Normalpegel.

a) 56 dm **d)** 25 dm **g)** 480 cm
b) 32 dm **e)** 4,70 m **h)** 473 cm
c) 93 dm **f)** 640 cm **i)** 5,10 m

23 **Kannst du das schon?**
Wie viele Zahlen liegen zwischen den angegebenen?

a) 19 und 41 **d)** −300 und 500
b) −3 und 5 **e)** −20 und −8
c) −30 und 50 **f)** −199 und −101

Lösungswort: 7 (n); 9 (r); 11 (n); 21 (o); 22 (a); 27 (h); 79 (l); 80 (c); 97 (e); 799 (i)

Trainieren Anwenden Vernetzen

24 **Kannst du das schon?**
How much is

a) +4 greater than −4, **c)** 2 less than 8, **e)** 4 greater than −3,
b) −3 greater than −7, **d)** −7 less than −1, **f)** −21 less than −5?

25 Finde auf der Zahlengeraden die Mitte zwischen den beiden angegebenen Zahlen. Beschreibe, wie du dabei vorgehst.

a) 8 und 20 **c)** −4 und 4 **e)** −8 und −2
b) 7 und 31 **d)** −4 und 2 **f)** −30 und −14

Lösungswort: −22 (s); −8 (n); −5 (u); −3 (e); −1 (m); 0 (i); 3 (t); 12 (l); 14 (p); 19 (r)

26 Mathematische Regeln werden oft kurz als „Formeln“ aufgeschrieben, zum Beipiel: „Aus $x < y$ folgt $-x > -y$.“ Die Buchstaben x und y stehen dabei für beliebige Zahlen.
Bestätige die Regel für die unten angegebenen Zahlen.
Schreibe dann die Regel mit Worten in einem oder mehreren Sätzen auf.

a) $x = 2,\ y = 5$ **c)** $x = -2,\ y = 5$ **e)** $x = -25,\ y = -1$
b) $x = 2,\ y = 15$ **d)** $x = -7,\ y = -5$ **f)** $x = 17,\ y = 34$

Aufgabe der Woche

Sammle negative Zahlen: Höre Nachrichten, schau in die Zeitung, suche in Büchern oder im Internet nach negativen Zahlen. Schreibe jede Zahl auf ein Kärtchen und notiere dazu, in welchem Zusammenhang sie gebraucht wurde.
Tragt eure Sammlungen in der Klasse zusammen und sortiert sie nach Themengebieten.

Längen, Massen und Zeiten lassen sich messen, indem sie mit festgelegten Einheitsmaßen verglichen und als Vielfache dieser Einheit angegeben werden.

Länge:

1 km = 1000 m
1 m = 10 dm = 100 cm
1 dm = 10 cm = 100 mm
1 cm = 10 mm

km		m		dm		cm		mm
	1000		10		10		10	

Masse:

1 t = 1000 kg = 1 000 000 g
1 kg = 1000 g = 1 000 000 mg
= 1 g = 1000 mg

t		kg		g		mg
	1000		1000		1000	

Zeit:

1 a = 365 d = 8760 h
1 d = 24 h = 1440 min = 86 400 s
1 h = 60 min = 3600 s
1 min = 60 s
1 s = 1000 ms

Jahr:		Tag		h		min		s		ms
	365		24		60		60		1000	

Längen und Massen können auch in gemischter Schreibweise oder mit einem Komma dargestellt werden.

km		m			dm	cm	mm	
				6	0	3	1	6 m 3 cm 1 mm = 6031 mm = 6,031 m
	9	0	4	0				9 km 40 m = 9040 m = 9,04 km

Für das Messen von **Temperaturen** in Grad Celsius wird eine Skala mit Werten über Null und Werten unter Null verwendet. Auch bei Höhen (z. B. unter dem Meeresspiegel) oder Geldbeträgen (Schulden) kann das Messen und Rechnen unter Null notwendig werden.

Dafür erweitern wir den Zahlenstrahl nach links zur **Zahlengeraden**.
Zahlen links von der Null erhalten ein **negatives Vorzeichen**. Zur Verdeutlichung können wir bei den Zahlen rechts von der Null auch ein **positives Vorzeichen** schreiben.
Je weiter rechts eine Zahl steht, umso größer ist sie.

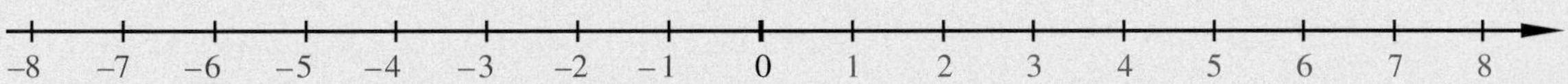

Die Menge der natürlichen Zahlen $\mathbb{N} = \{0; 1; 2; 3; \ldots\}$ und die Menge ihrer Gegenzahlen mit negativem Vorzeichen $\{-1; -2; -3; \ldots\}$ werden in der Menge der **ganzen Zahlen** $\mathbb{Z} = \{\ldots; -3; -2; -1; 0; 1; 2; \ldots\}$ zusammengefasst. Jede ganze Zahl hat einen **Nachfolger** und einen **Vorgänger** – auch die Null.

Das kann ich schon – das will ich noch üben …
Fülle den Selbsteinschätzungsbogen aus. Du findest ihn im Internetangebot unter 072-1.

Gezielt üben kannst du mit folgenden Aufgaben. Lösungen findest du im Anhang.

Größenangaben umrechnen

1 Wandle um.
a) 24 dm in cm
b) 240 000 g in kg
c) 76 kg in g
d) 400 mm in dm
e) 15 min in s
f) 720 s in min

2 Ordne der Größe nach.
a) 0,03 km; 330 m; 30 300 mm; 3300 cm; 333 dm
b) 7070 kg; 0,77 t; 77 000 g; 70 700 000 mg
c) 11 h; 1010 min; 11 d; 11 000 s; 1 h 1 min

3 Schreibe ohne Komma.
a) 4,8 dm
b) 500,05 g
c) 2,004 km
d) 7003,2 m
e) 70,07 kg
f) 2,3456 t

Größen schätzen, messen und vergleichen

4 Schätze und miss dann nach.
a) Höhe, Breite und Tiefe deines Tisches
b) Masse deiner Schuhe
c) Dauer des Schulgongs

5 Jeder Würfel wiegt genauso viel wie jeder andere Würfel, jede Kugel ist genauso schwer wie jede andere Kugel.

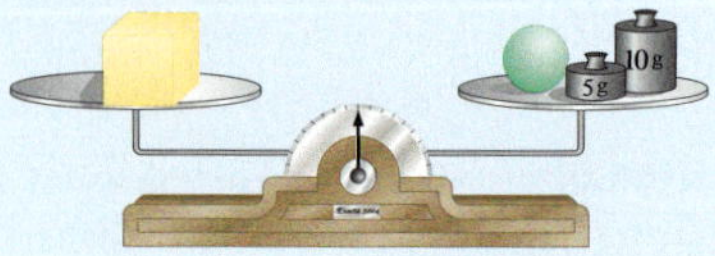

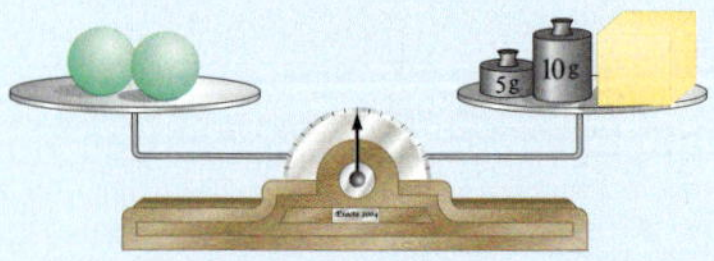

Wie viel wiegt ein Würfel, wie viel wiegt eine Kugel?
Beschreibe deinen Lösungsweg.

6 Kann das stimmen?
a) Der Klassenraum ist 6000 mm lang.
b) Die Zimmerdecke im Klassenraum ist 41 dm hoch.
c) Das Schulgebäude ist 0,09 km breit.
d) Eine Unterrichtsstunde dauert 5400 s.
e) Ein Stück Kreide ist 0,008 kg schwer.
f) Um von –100 bis +100 zu zählen, brauchst du etwa 5 Minuten.
g) Für den Wandertag ist eine 800-minütige Wanderung geplant.
h) In einer Stunde kannst du mit dem Fahrrad etwa 10 000 m zurücklegen.
i) Dein Lehrer ist mindestens 40 000 Tage alt.

Größen unter Null messen und darstellen

7 Trage die Daten der bedeutensten natürlichen Senken der Erde auf einer Höhenskala ein:
- das Jordantal mit dem See Genezareth (Spiegel bei –212 m) und dem Toten Meer (Spiegel derzeit –420 m, Boden bis –800 m) an tiefster Stelle,
- der Assalsee in Dschibuti, Nordostafrika, (Spiegel bei mind. –155 m),
- die zentralasiatische Turfan-Senke mit dem Aydingkolsee (Spiegel bei –155 m),
- das amerikanische Death Valley, Badwater (Spiegel bei –86 m),
- das ägyptische Fayyum-Becken mit dem Qarun-See (Spiegel –42 bis –45 m),
- das Kaspische Meer (Spiegel derzeit bei –28 m, Boden bis –1023 m).

Ganze Zahlen auf der Zahlengeraden darstellen

8 Der Vorgänger einer Zahl ist –87. Gib ihren Nachfolger an.

9 Ordne die aufgeführten Zahlen ihrer Größe nach.
–1768; 1505; –23; 32; 829; –160;
–1504; 577; –269; 1

3. Geometrische Formen untersuchen

Sieh dich um ... Überall findest du eine unglaubliche Anzahl unterschiedlichster Formen in der Natur. Sie nachzubilden erfordert entweder höchstes künstlerisches Geschick – oder Mut zur Lücke! Wenn wir die Natur nicht exakt nachbilden können, finden wir immer wiederkehrende Grundformen und untersuchen deren Eigenschaften. Dabei lassen wir alles Unnötige weg und konzentrieren uns auf das Wesentliche.
Versuche einmal im folgenden Kapitel darauf zu achten, welche natürlichen Formen den geometrischen Objekten als Vorbild gedient haben könnten.

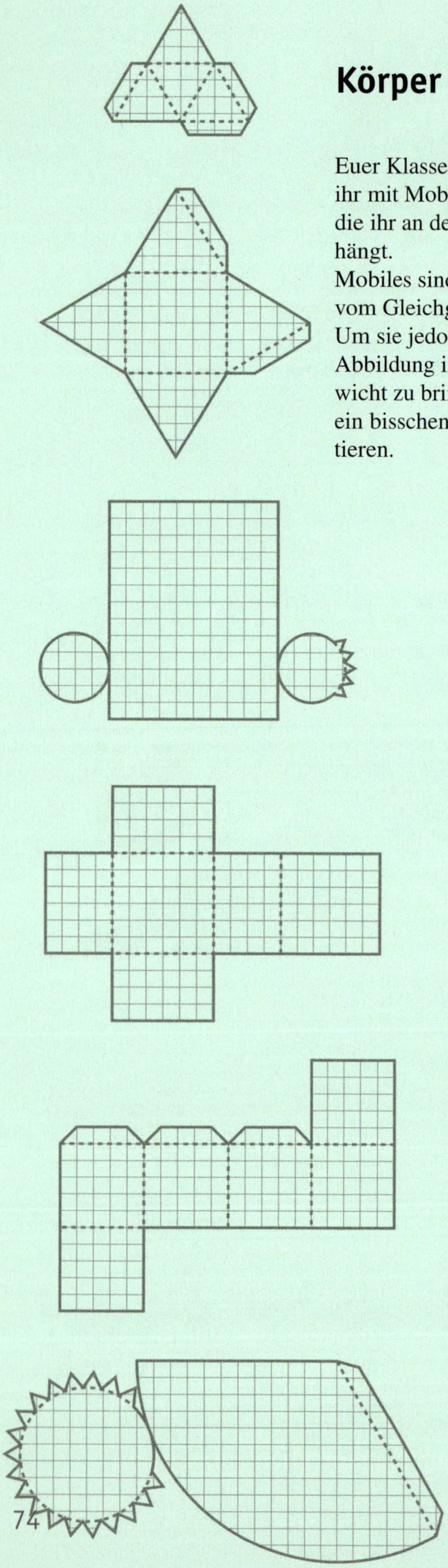

Körper bauen

Euer Klassenzimmer könnt ihr mit Mobiles schmücken, die ihr an der Decke aufhängt.
Mobiles sind Gebilde, die vom Gleichgewicht leben. Um sie jedoch wie in der Abbildung ins Gleichgewicht zu bringen, müsst ihr ein bisschen experimentieren.

Im Bild seht ihr Schablonen, die euch beim Basteln von verschiedenen Körpern für euer Mobile helfen.

Zeichnet dazu die Schablonen vergrößert auf Karopapier, schneidet sie aus und baut daraus einen Körper.

Denkt an die Klebefalze, um die Flächen aneinander zu kleben. Nicht an allen Schablonen sind bereits genügend Klebefalze eingezeichnet!
Die Länge eines Kästchens in der Zeichnung soll zwei Kästchen auf dem Karopapier entsprechen.
Baut mehrere Kopien eines Körpers, experimentiert mit dem Material.

3.1 Körper beschreiben

1 Verpackungen

► siehe Erarbeitung

Bringe von zu Hause saubere Verpackungen aus Pappe mit. Wähle dazu möglichst unterschiedliche Verpackungsformen. Schneide die Packungen so auf, dass du sie flach ausbreiten kannst und vergleiche die entstehenden Formen miteinander. Welche Flächen erkennst du? Schreibe die Maße auf, die der Hersteller der jeweiligen Verpackung kennen muss.

2 Ecke, Kante, ... Fläche!

Betrachtet die nebenstehende Seite „Körper bauen“.
Bastelt jeden dargestellten Körper mindestens einmal.
Ordnet dann die Körper nach verschiedenen Eigenschaften (z. B. Anzahl der Ecken, Art der Fläche). Beschreibt die Körper mithilfe ihrer Eigenschaften.

3 Fußball

Der Ball ist rund …
Wirklich?

Sieh dir den Fußball genau an. Er ist keine echte Kugel, sondern wird durch fünf- und sechseckige Flächen begrenzt. Wie viele Ecken, Flächen und Kanten hat ein Fußball? Was kannst du über die Anordnung der Fünf- und Sechsecke sagen?
Schneidet Sechsecke und Fünfecke mithilfe der Schablone aus und legt sie auf dem Tisch aus. Ordnet die Figuren wie beim Fußball an und baut den Fußball nach. Legt dann nur Fünfecke, dann nur Sechsecke aneinander und versucht jeweils einen Körper zu bauen. Was fällt euch auf?

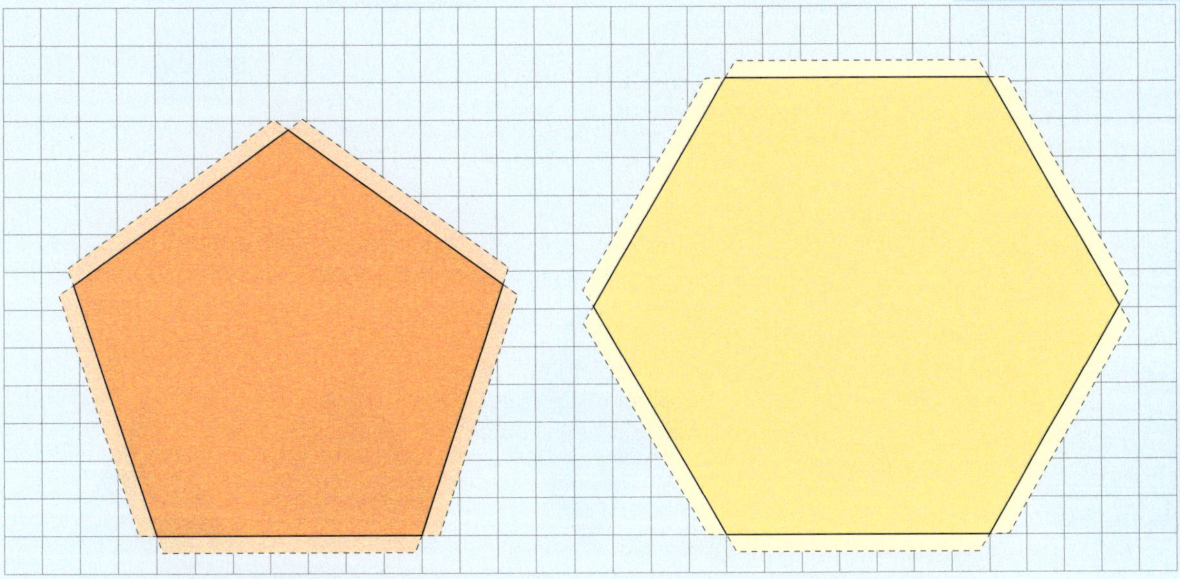

▶ Eigenschaften geometrischer Körper

In vielen Gegenständen unserer Umwelt kannst du Formen entdecken, die sich wiederholen. In der Geometrie interessiert man sich für solche „Grundformen" und nennt sie **Figuren**.

Einige Beispiele für ebene Grundfiguren:

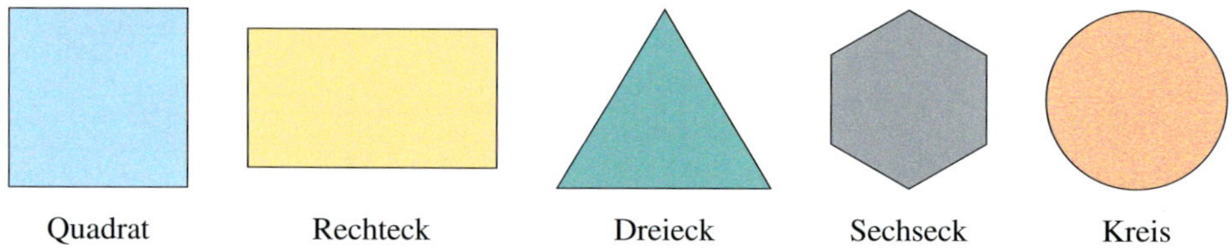

Diese Grundfiguren kommen als Begrenzungsflächen von Körpern vor.

Achtung

Auch ein **Würfel** ist ein **Quader**.

Ein **Prisma** hat zwei gleiche Vielecke als Grundflächen (hier Dreiecke bzw. Sechsecke).
Würfel und Quader sind auch Prismen, und zwar Vierecksprismen.

Hier sind geometrische Grundkörper abgebildet, zuerst in Schrägansicht und dann „aufgeschnitten", sodass ihre Brenzungsflächen zu sehen sind.

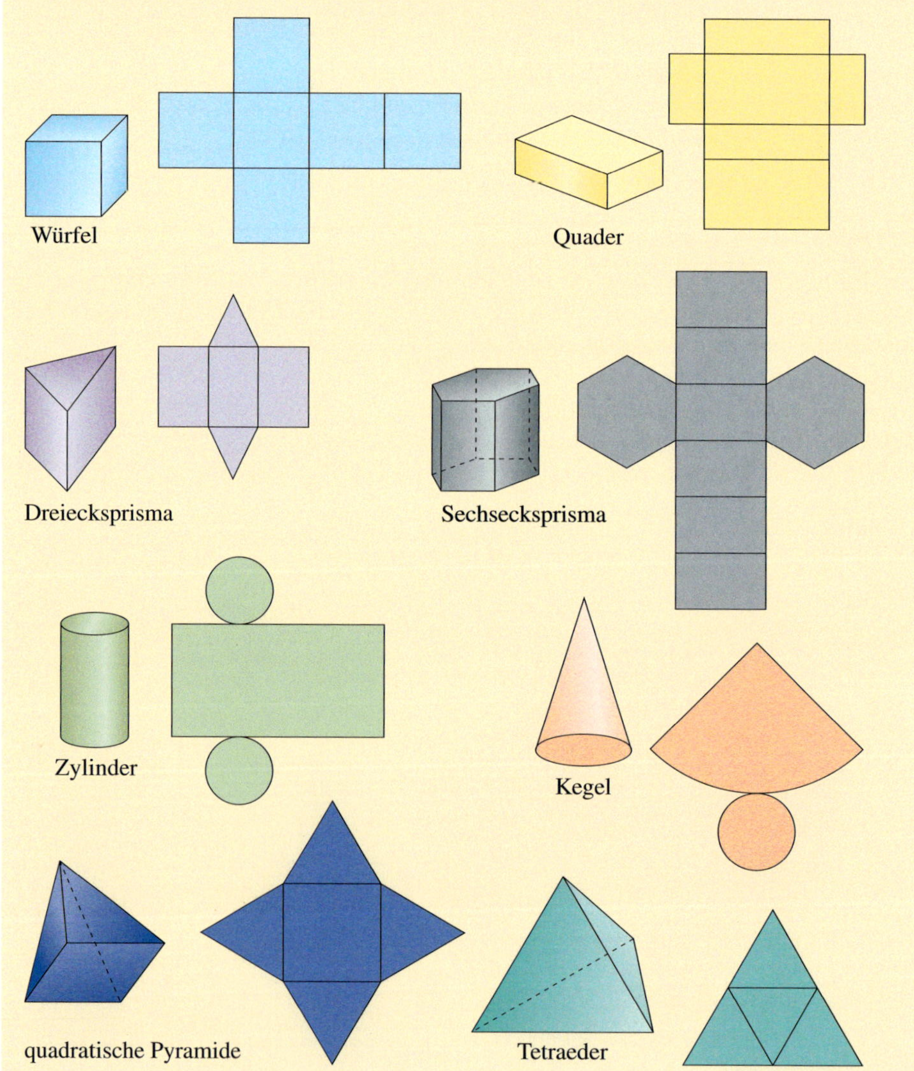

Info

Die Kugel ist etwas Besonderes in der Familie der Körper, sie kann nicht aufgeschnitten und auf einem Tisch flach ausgebreitet werden.

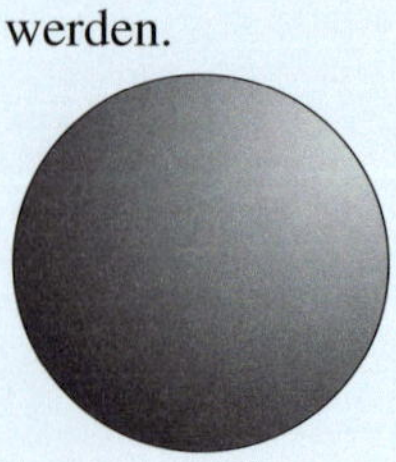

Abgesehen von der Kugel können wir die Grundkörper mithilfe ihrer **Flächen** sowie ihrer **Kanten** und **Ecken** beschreiben.

Zwei zusammenstoßende Flächen bilden eine Kante, zusammenstoßende Kanten bilden eine Ecke.

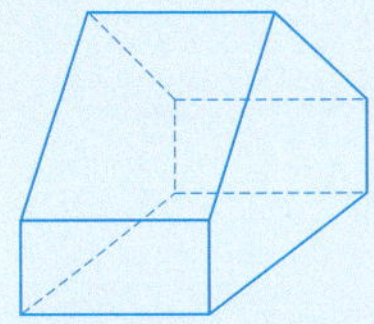

Dieser Körper hat 7 Begrenzungsflächen, 15 Kanten und 10 Ecken. Er ist ein Fünfecks-Prisma.

Körper mit Worten beschreiben

Ein **Würfel** hat sechs quadratische Flächen, zwölf gleich lange Kanten und acht Ecken.

Ein **Prisma** hat zwei deckungsgleiche Vielecke (d. h. wenn du sie aufeinanderlegst, steht nichts über) als Grundflächen und Rechtecke als Begrenzungsflächen. Die Kanten, die die Grundflächen miteinander verbinden, sind gleich lang.

Eine **quadratische Pyramide** hat als Grundfläche ein Quadrat und vier Dreiecke als Begrenzungsflächen. Die vier Kanten, mit denen die Dreiecke aneinander stoßen, sind gleich lang.

Ein gleichmäßiges **Tetraeder** besitzt vier gleichseitige Dreiecke als Begrenzungsflächen. Jede Kante ist gleich lang.

Wenn du einen Körper so aufschneidest, dass seine Begrenzungsflächen ausgebreitet zusammenhängen, nennt man dies das Netz eines Körpers.

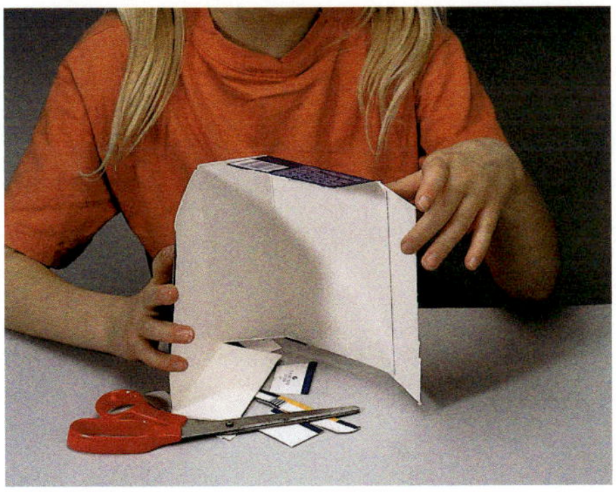

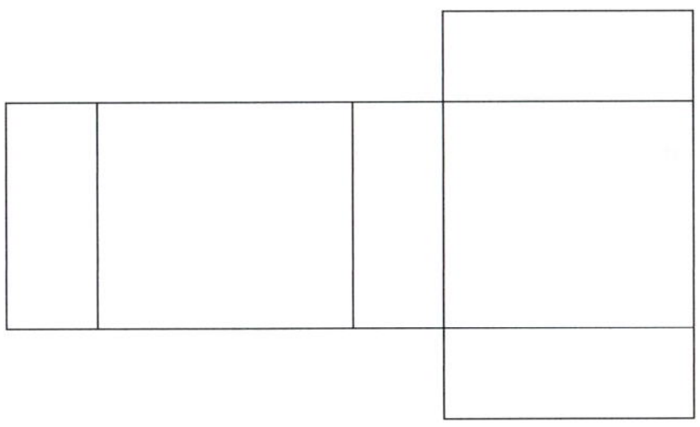

Ein Körper kann verschiedene Netze haben, je nachdem, an welchen Kanten du ihn aufschneidest. Hier sind zwei andere Netze desselben Quaders abgebildet:

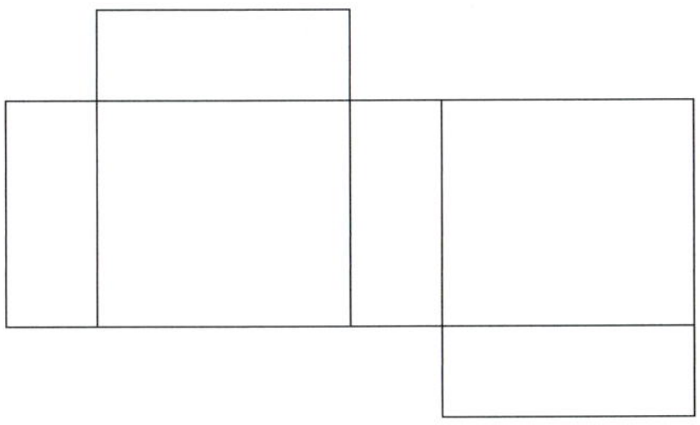

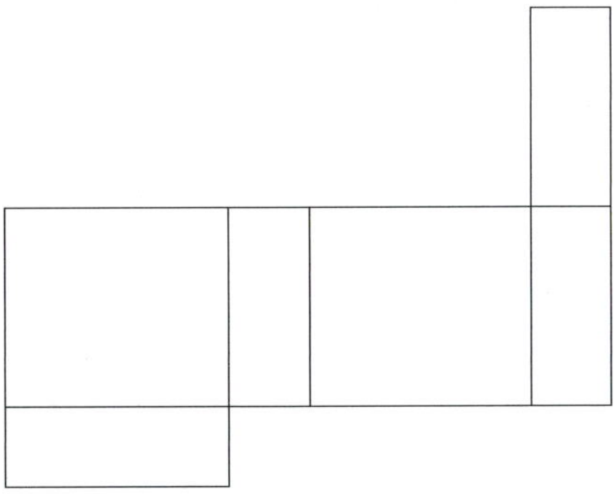

Es gibt Flächen, die aneinanderhängen und wie ein Netz aussehen, aber keinen Körper ergeben. Ein Beispiel siehst du am Rand.

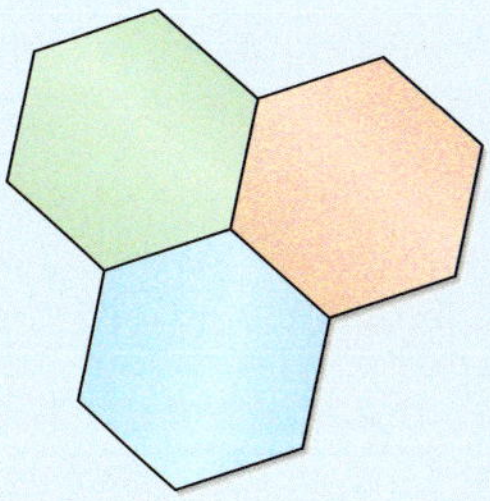

Trainieren Anwenden Vernetzen

1 Übertrage die Tabelle der Grundkörper in dein Heft und ergänze die fehlenden Angaben.

Körper	Begrenzungsflächen	Anzahl der Ecken	Anzahl der Kanten
Würfel	6 Quadrate	8	12
	6 Rechtecke	8	12
quadratische Pyramide			
	4 (welche?)	4	6
Zylinder			
Kegel			

2 Welche geometrischen Grundkörper erkennst du bei einer Cola-Dose, einer CD-Hülle, einem Heft, einem Buch, einer 1-€-Münze, einer Kabeltrommel, einer Schultüte, einem Zuckerstück, einem Lineal, einem Tennisball?

3 Nenne Beispiele aus deiner Umgebung, in denen du einen Grundkörper erkennen kannst. So kann ein Schrank beispielsweise als Quader angesehen werden.

4 Du kannst einen Zylinder und einen Kegel auf dem Tisch abrollen. Welche Fläche entsteht dabei jeweils?

5 Nenne alle Grundkörper, die einen Kreis (ein Quadrat, ein gleichseitiges Dreieck, ein Rechteck, ein Sechseck) als Begrenzungsfläche haben oder haben können.

6 Welche geometrische Grundkörper erkennst du?
Verfasse zu einem der Bilder eine möglichst genaue Beschreibung.

a) 

b) 

c) 

d) 

e) 

f) 

7 Aus welchen Netzen kannst du einen Würfel bauen, aus welchen nicht? Beschreibe wie du vorgehst, um das herauszufinden.

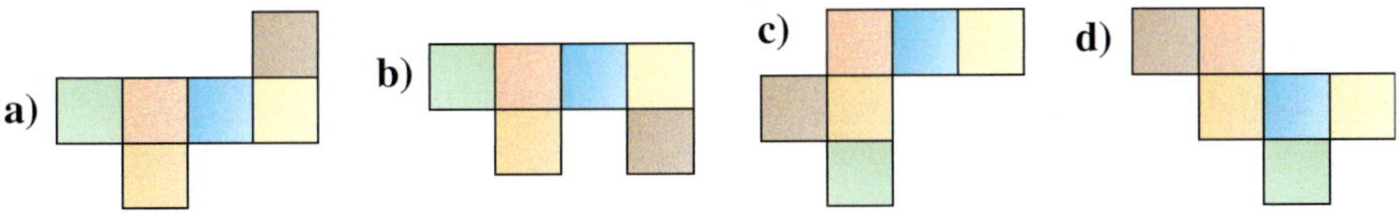

8 Übertrage die Netze der Würfel auf kariertes Papier und färbe gegenüberliegende Flächen der Würfel mit gleicher Farbe. Schneide die Netze aus und prüfe, ob du die Flächen richtig gefärbt hast.

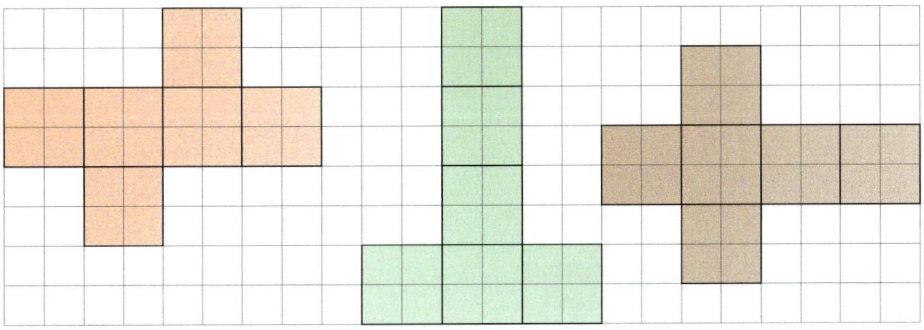

9 Zeichne zwei verschiedene Netze eines Quaders mit den Kantenlängen 3 cm, 4 cm und 5 cm. Färbe gemeinsame Körperkanten mit der gleichen Farbe.

10 Zeichne das Netz einer Pyramide mit quadratischer Grundseite auf kariertes Papier. Die Kantenlänge der Grundseite beträgt 4 cm, die Höhe der Dreiecke (s. Skizze) beträgt ebenfalls jeweils 4 cm. Schneide das Netz aus und baue die Pyramide. Vergiss die Klebeflächen nicht.

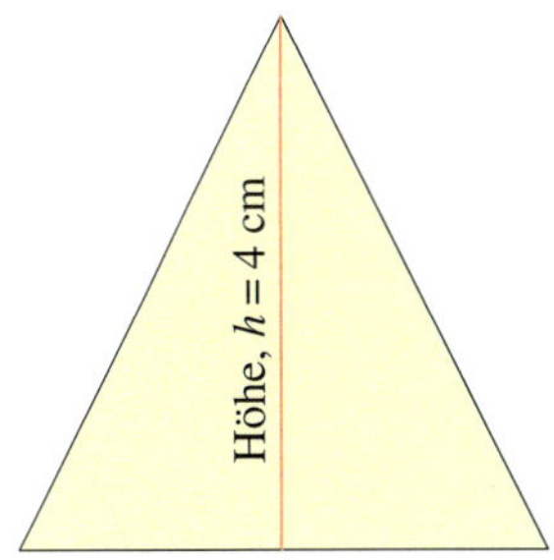

11 Martina will aus Holzstäbchen das Kantenmodell eines Tetraeders und einer quadratischen Pyramide bauen.
Wie viele Stäbchen braucht sie für jedes Kantenmodell und welche Eigenschaft müssen diese Stäbchen für jedes Kantenmodell haben?
Martina möchte auch das Kantenmodell eines Kegels bauen …

12 Aus Schaschlik-Stäbchen und Knetmasse kannst du Kantenmodelle bauen.

a) Baue einen Würfel.
b) Baue einen Quader.
c) Baue eine Pyramide aus gleich langen Stäbchen.
d) Baue einen Körper, der weder Quader noch Pyramide ist, und beschreibe ihn.
e) Wie viele Stäbchen brauchst du mindestens, um einen Körper zu bauen?

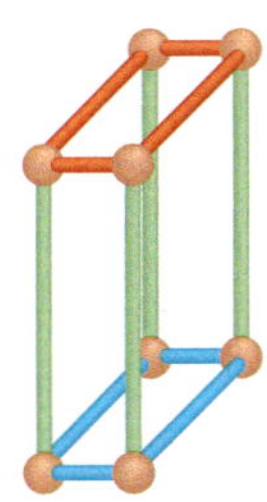

13 Peter hat ein Kantenmodell eines Quaders auf dem Tisch wie ein Netz ausgebreitet, dabei ist ihm aber das Netz etwas durcheinander geraten. Wie kann Peter die Stäbe anordnen, damit das Netz eines Quaders mit den Kantenlängen 2 cm, 3 cm und 4 cm entsteht?

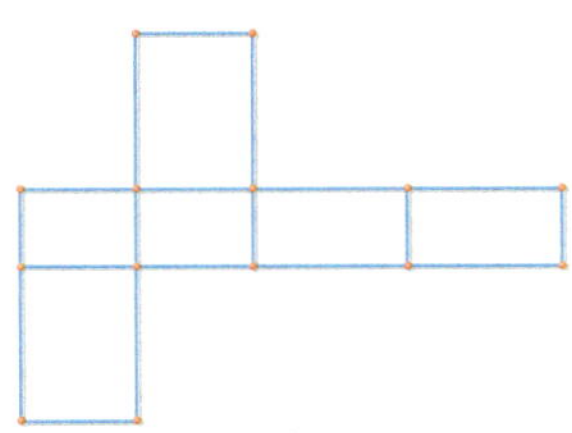

noch fit?

I Die Tabelle zeigt den Kraftfahrzeugbestand in Deutschland im Jahr 2008.
Auf welche Stelle wurde gerundet?
Runde nochmals so, dass du ein Diagramm zeichnen kannst.
Im Jahr 2008 lebten in Deutschland rund 82 000 000 Menschen.
Vergleiche.

Krafträder	3 566 100
Personenkraftwagen	41 183 600
Kraftomnibusse	75 100
Lastkraftwagen	2 323 100
Sattelzugmaschinen	1 923 200
Andere Kraftfahrzeuge	259 000
Kraftfahrzeuganhänger	5 642 300

II Runde die Zahlen auf Hunderter und auf Tausender.

a) 12 345 **c)** 55 555 **e)** 10 491
b) 834 **d)** 24 499 **f)** 999 999

Trainieren **Anwenden** Vernetzen

14 Während der Pause bei der Probe zu einem Schattenspiel vertreiben sich Jens, Martina, Volker und Stefanie die Zeit mit einem Ratespiel.
Eines der Kinder hält hinter der Leinwand einen geometrischen Körper vor eine Lampe, sodass der Schatten des Körpers auf die Leinwand geworfen wird.
Die anderen Kinder müssen nun raten, welche Körper diesen Schatten werfen können. Die Schattenbilder siehst du abgebildet.
Welche Körper könnten es gewesen sein?
Begründe deine Antwort.

a) 

b) 

c) 

15 Entscheide, welche Netze zu welchem Würfel gehören. Wenn du zu einem Netz keinen Würfel findest, dann beschreibe den dazugehörigen Würfel mit den richtigen Seitenfärbungen.

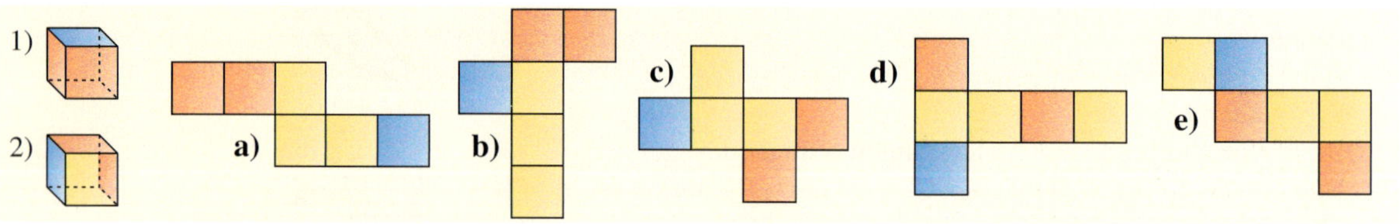

16 Finde so viele verschiedene Würfelnetze wie möglich. Passen zwei Würfelnetze genau aufeinander, sind sie gleich.
Finde eine Ordnung für die Würfelnetze und beschreibe, worin deine Ordnung besteht.

17 The surface of a pyramid consists of a square and triangles. How many triangles are there? Count the corners and edges of the pyramid.

18 Der Pyramide und dem Kegel nebenan wurde die Spitze abgeschnitten. Beschreibe die Begrenzungsflächen bei diesen Körpern. Zeichne das Netz eines solchen Pyramidenstumpfes. Welche Maßangaben benötigst du?

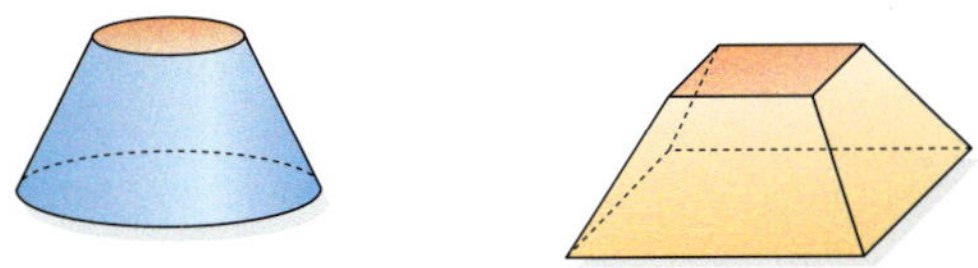

19 Wenn du eine quadratische Pyramide an der Grundfläche spiegelst, erhältst du eine doppelseitige Pyramide.
Wie viele Stäbe brauchst du für ein Kantenmodell?
Wie viele Stäbe müssen jeweils gleich sein?
Untersuche Anzahl und Art der Begrenzungsflächen.

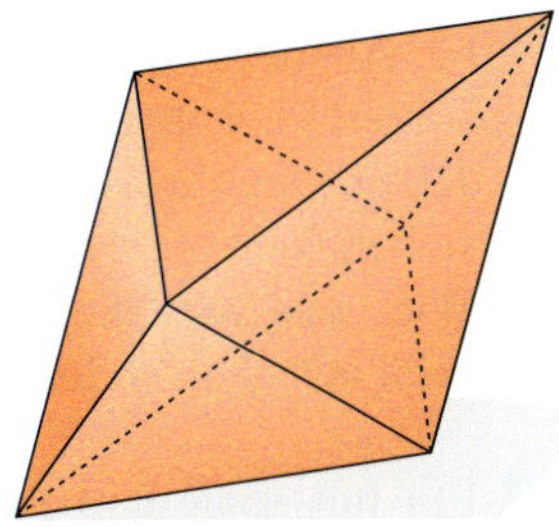

20 Überlege, welche der folgenden Netze Körper ergeben. Wenn ein Netz einen Körper ergibt, übertrage das Netz auf kariertes Papier und schneide es aus.
Vergiss die Klebeflächen nicht. Zeichne für ein Kästchen in der Zeichnung vier Kästchen auf dein Papier.

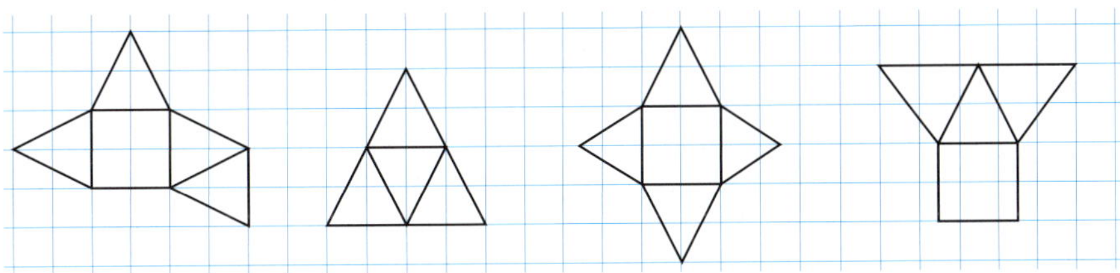

21 Baue aus Pappe oder dickem Papier ein Modell des Fachwerkhauses oder des Hexenturms oder des Steinhauses neben dem Hexenturm.
Verzichte dabei zunächst auf Details wie Verzierungen oder kleine Mauervorsprünge. Nähere das Gebäude durch geometrische Grundformen an.

Experimentiere mit den Maßen, sodass dein Modell dem Gebäude auf dem Bild möglichst ähnlich wird. Wenn du willst, kannst du das Netz deines Gebäudes später bemalen.

Tipp

Im Projekt „Burgen und Schlösser“ kannst du dein Traumschloss entwerfen. 081-1

Trainieren Anwenden **Vernetzen**

22 Die Mathematiklehrerin der Klasse 5c bringt in den Unterricht einen Wäschekorb mit vielen Holzwürfeln der Kantenlänge 4 cm mit.

a) Die Schülerinnen und Schüler sollen aus den Klötzchen neue, größere Würfel bauen. Aus wie vielen Holzklötzchen kann wieder ein neuer Würfel gebaut werden? Erkläre, wie du auf dein Ergebnis kommst.

b) Jetzt sollen die Schülerinnen und Schüler Quader bauen, die aus 12 Klötzchen bestehen. Wie viele Möglichkeiten gibt es?

c) Wie viele verschiedene Quader kann man bauen, wenn die Quader aus 13 Klötzchen bestehen sollen?

23 Ein mit roter Farbe angemalter Holzwürfel wird in 27 kleine Würfel zerschnitten.
Wie viele dieser kleinen Würfel haben drei rote Außenflächen, wie viele dieser Würfel sind überhaupt nicht gefärbt?

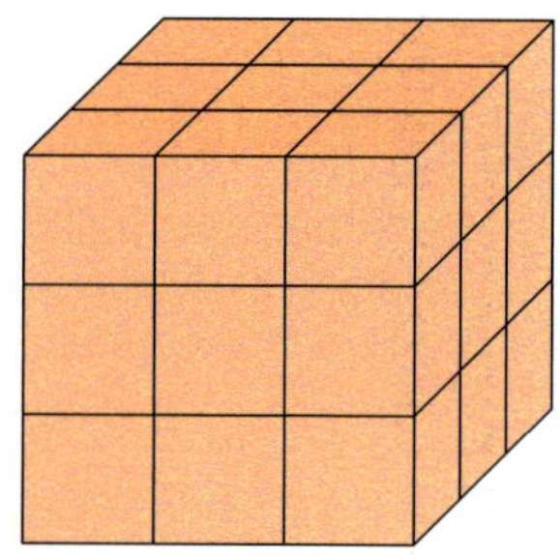

24 Vor dir liegen 64 kleine Würfel mit gleicher Kantenlänge, davon sind 32 vollständig grün gefärbt, 10 sind gar nicht gefärbt, die restlichen Würfel sind nur an einer Seite grün gefärbt.
Kannst du aus allen Würfeln einen Würfel so zusammensetzen, dass dessen Außenflächen durchgehend grün gefärbt sind? Begründe.

25 Die Breite eines Quaders beträgt 6 cm, die Länge des Quaders ist doppelt so lang wie die Breite, die Höhe ist halb so lang wie die Breite.
Wie groß ist die Summe aller Kantenlängen des Quaders?

26 Baue das Kantenmodell einer quadratischen Pyramide. Sie hat als Begrenzungsflächen Dreiecke mit gleich langen Seiten. Die Summe ihrer Kantenlängen beträgt 320 cm.

Aufgabe der Woche

Zeichne das Netz zweimal auf Karopapier. Denke an Klebefalze. Schneide die Netze aus und fertige zwei gleiche Körper an.
Beschreibe die entstandenen Körper.
Welche anderen Körper kannst du aus den beiden zusammensetzen?

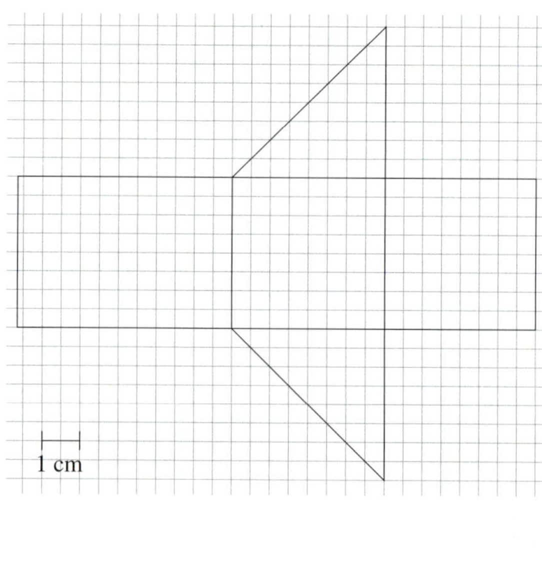

Platonische Körper

Ein **platonischer Körper** hat gleiche **regelmäßige Vielecke** als Begrenzungsflächen. Es gibt überhaupt nur fünf solcher Körper. Zwei davon sind dir schon bekannt: Würfel und Tetraeder.

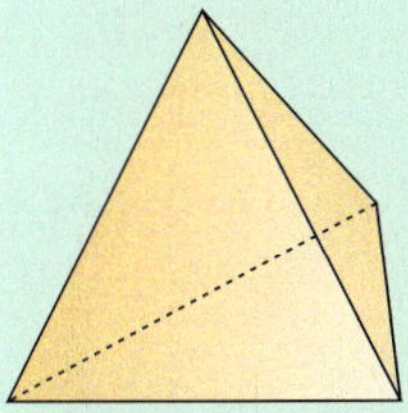
Tetraeder

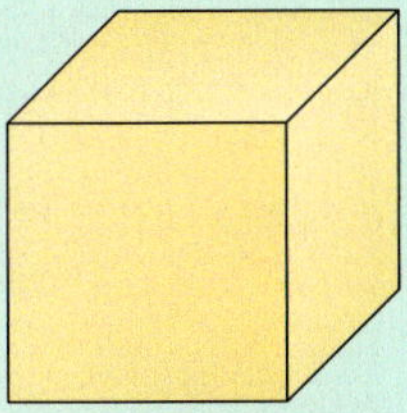
Würfel

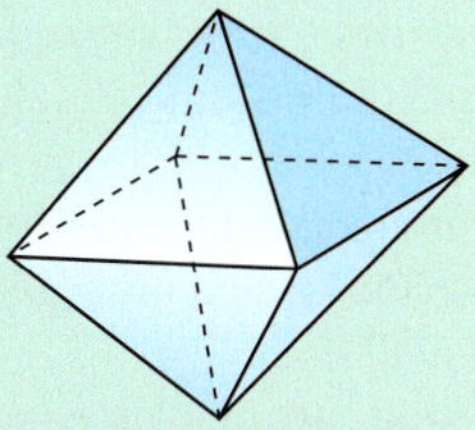
Oktaeder

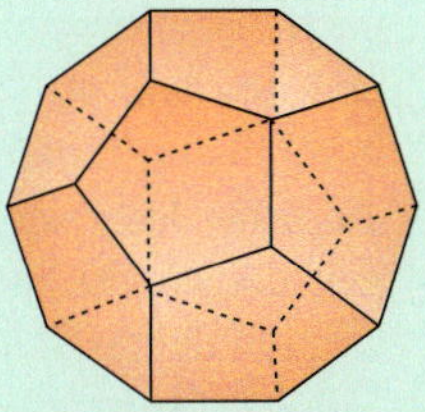
Dodekaeder

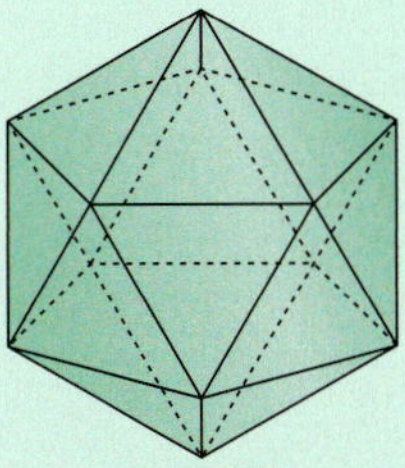
Ikosaeder

Untersuche die platonischen Körper genauer mithilfe dieser Tabelle.

Körper	**Art der Flächen**	**Anzahl der Flächen, f**	**Anzahl der Ecken, e**	**Anzahl der Kanten, k**	**Summe der Ecken und Flächen, $e + f$**
Tetraeder					
Würfel	Quadrate				
Oktaeder					
Dodekaeder					
Ikosaeder					

PLATON (ca. 427–347 v. Chr.)

Entdeckst du einen Zusammenhang zwischen den Zahlen in den letzten beiden Spalten?
Dann hast du eine berühmte Formel entdeckt: die **Eulersche Polyederformel**.
Prüfe nach, ob du diesen Zusammenhang auch bei anderen Körpern feststellen kannst. Recherchiere im Internet über platonische Körper. 083-1

Im Unterschied zu den platonischen Körpern haben die **archimedischen Körper** Begrenzungsflächen, die aus unterschiedlichen gleichseitigen Vielecken bestehen. Ein Beispiel kennst du: den Fußball.

Informiere dich über archimedische Körper und von diesen abgeleitete, z. B. das Sterndodekaeder.

Versuche archimedische Körper zu basteln.

3.2 Körper darstellen

1 Würfelgebäude

Baue dieses Gebäude mit Holzwürfeln nach. Erfinde ein eigenes Würfelgebäude und zeichne es so auf, dass deine Zeichnung als Bauanleitung taugt.
Tausche deine Zeichnung mit einem Partner, sodass du nach seiner Zeichnung und er nach deiner Zeichnung baut.
Vergleicht anschließend jedes Gebäude mit der dazugehörigen Zeichnung. Wie genau entsprechen sie einander? Welche Zeichnung lieferte eine besonders gute Bauanleitung? Was war das Besondere an dieser Zeichnung? Schreibt eine Checkliste für eine gute Zeichnung.

Es gibt Computerprogramme zum Bauen und Zeichnen von Würfelgebäuden. Sie erlauben es, ein Würfelgebäude zu drehen, von verschiedenen Seiten zu betrachten und unterschiedliche Ansichten zu zeichnen. Hinweise findest du unter 084-1.

2 Ansichten eines Würfels

Links ist ein und derselbe Würfel aus vier verschiedenen Perspektiven gezeichnet: von oben rechts, oben links, unten rechts und unten links.
Ordne die Bilder A bis D den Perspektiven zu.
Nimm einen „echten“ Würfel in die Hand und halte ihn dir so vor Augen, dass er dem jeweiligen Bild entspricht.
Stellt auch das Bild E denselben Würfel dar?
Was ist hier passiert?
Miss die Länge aller Kanten bei einer der Darstellungen A bis D. Begründe die Regel: „Beim Zeichnen von Schrägbildern werden die nach hinten laufenden Kanten verkürzt gezeichnet.“
Zeichne ein Schrägbild deiner Wahl für einen Quader mit den Kantenlängen 5 cm, 3 cm, 2 cm. Vergleiche deine Darstellung mit denen deiner Klassenkameraden.

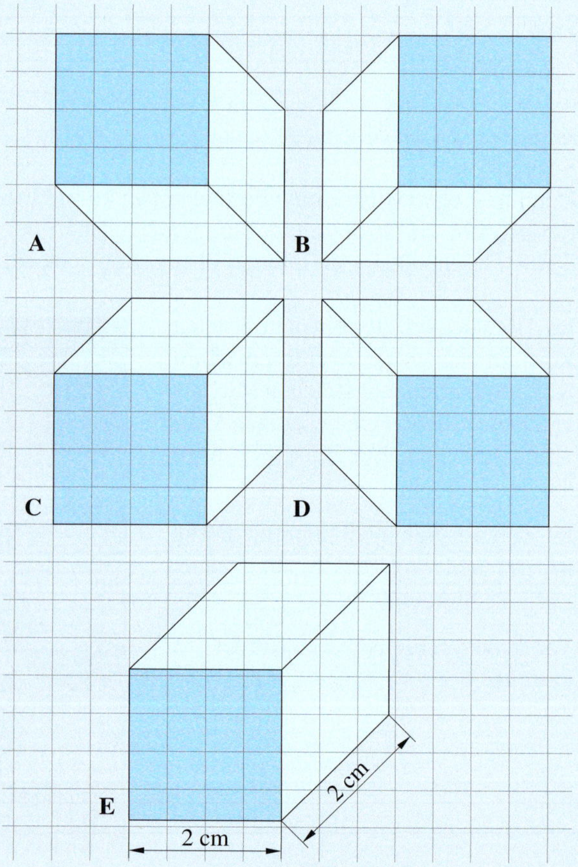

3 Körper erkennen

Zeichne die Netze eines Würfels mit den Kantenlängen 4 cm und eines Quaders mit den Kantenlängen 2 cm, 4 cm und 6 cm. Vergiss die Klebeflächen nicht.
Klebe die Netze zusammen und zeichne die Körper so, dass sie gut zu erkennen sind.

Vergleicht untereinander die gezeichneten Bilder. In welchen Bildern kannst du die Körper am besten wiedererkennen? Wie wurden die Bilder gezeichnet?

4 Schräge Körper?

▶ siehe Erarbeitung

Schülerinnen und Schüler haben versucht, Körper selbst zu zeichnen. Hier siehst du einige ihrer Ergebnisse.
Suche diejenigen Zeichnungen heraus, die den angegebenen Körper nicht gut darstellen. Erkläre, woran das liegt.

Worauf musst du bei der Zeichnung eines Schrägbildes achten, damit du eine gute Wiedergabe des Körpers erhältst?
Zeichne ein Schrägbild eines Würfels mit der Kantenlänge 4 cm. Vergleiche deine Zeichnung mit anderen aus der Klasse. Welches Schrägbild gibt den Würfel am besten wieder? Wie wurde er gezeichnet?

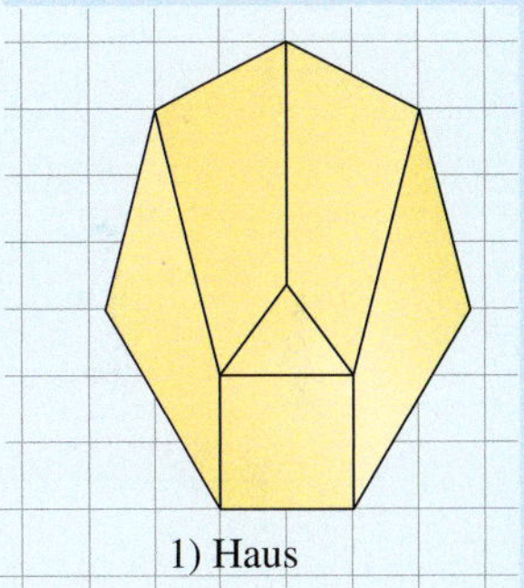

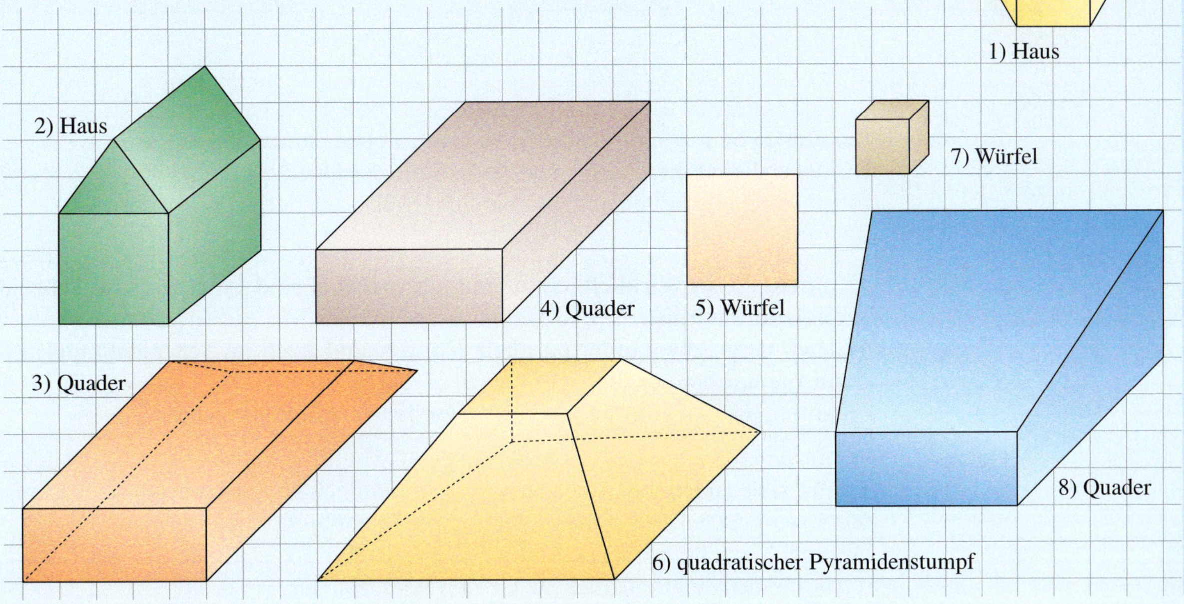

▶ Schrägbilder zeichnen

Einen Körper so zeichnen, dass du erkennst wie er wirklich aussieht und welche wesentlichen Eigenschaften er hat, ist nicht einfach. Bei mehreren der Zeichnungen im Auftrag 4 sind die Körper schief oder verzerrt geraten oder gar nicht erkennbar. Eine gute Wiedergabe des gezeichneten Körpers ergeben nur die Schrägbilder der Körper 2), 4), 6) und 7). Die Proportionen sind in diesen Bildern richtig wiedergegeben, parallele Kanten sind auch im Schrägbild wieder parallel.

Hier findest du Anweisungen, um ein **Schrägbild eines Quaders** zu zeichnen, dessen Breite 2 cm, dessen Höhe 3 cm und dessen Länge 2 cm betragen.

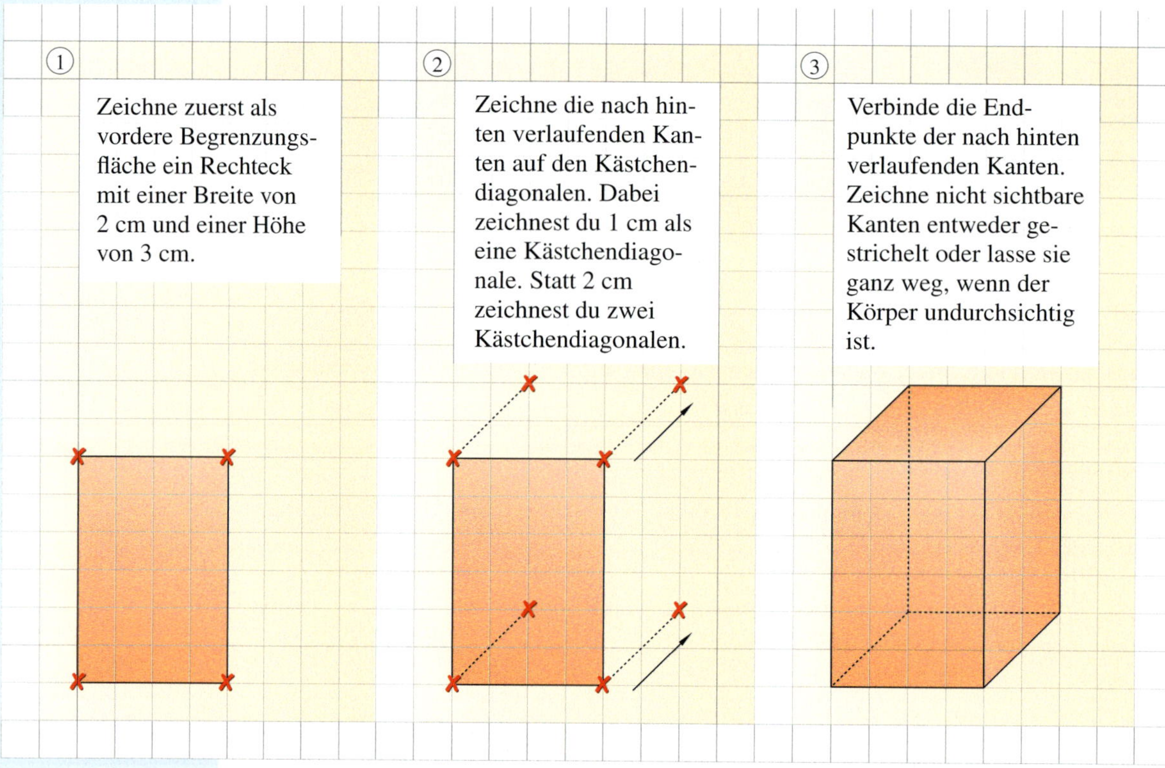

Bei diesem Schrägbild schaust du von rechts oben auf den Quader.
Du siehst die vordere, rechte und obere Seite des Quaders.
Einen Würfel kannst du auf ganz ähnliche Weise zeichnen.

Kanten, die in Wirklichkeit zueinander parallel sind, sind auch im Schrägbild zueinander parallel.
Gleich lange zueinander parallele Kanten sind auch im Schrägbild gleich lang und zueinander parallel.
Kanten, die nach hinten verlaufen, werden verkürzt gezeichnet.

Es gibt viele andere Möglichkeiten, Körper räumlich zu zeichnen. Manche davon ergeben sogar eine bessere, wirklichkeitsnähere Darstellung.
Das hier vorgestellte Schrägbild hat den Vorteil, dass es einfach zu zeichnen ist. Es reicht für das Veranschaulichen von Körpern meist aus.

Trainieren Anwenden Vernetzen

1 Zeichne die Schrägbilder eines durchsichtigen Würfels mit den Kantenlängen
a) 4 cm,
b) 3 cm,
c) 6 cm,
d) 5 cm.

2 Zeichne das Schrägbild eines Spielwürfels so, dass die Seite mit der Zahl 6 vorne liegt.
Auf wie viele Arten kannst du diesen Würfel darstellen?

3 Zeichne das Schrägbild des Quaders in dein Heft. Fülle den Lückentext aus.

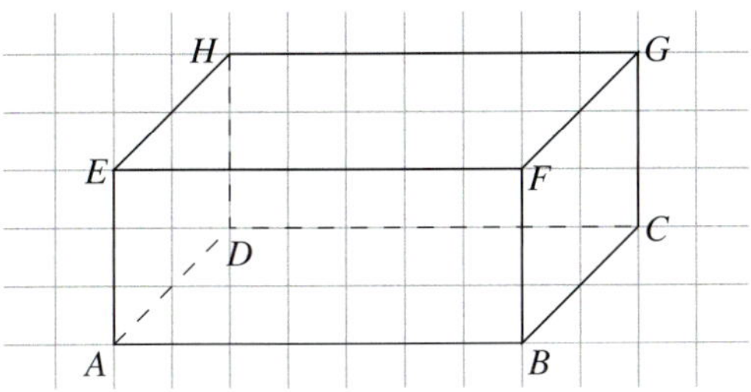

So zeichnest du das Schrägbild eines ☒:
- Die Rechtecke *ABFE* und ☒ werden in wirklicher Größe gezeichnet.
- ☒, die „nach hinten verlaufen", werden schräg und verkürzt dargestellt. Man zeichnet sie diagonal durch die Quadrate des ☒.
  Zum Beispiel zeichnet man diagonal durch zwei Kästchen, wenn die Kante in Wirklichkeit ☒ cm lang ist.

4 Übertrage die Zeichnungen in dein Heft und ergänze sie zum Schrägbild eines Würfels.

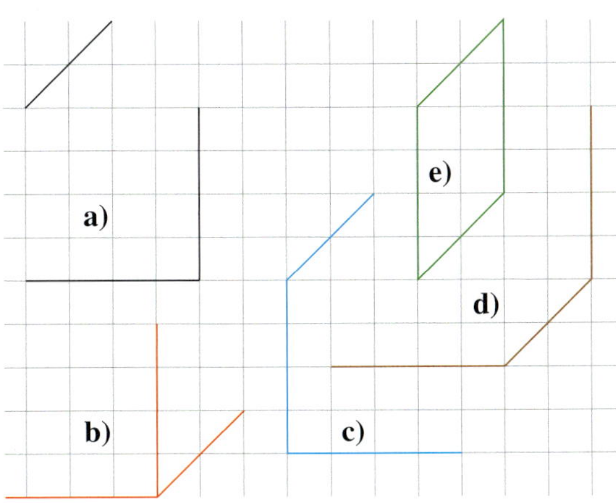

5 Zeichne drei Schrägbilder eines Quaders mit den Kantenlängen 4 cm, 5 cm und 8 cm. Jedes Mal soll eine andere Begrenzungsfläche vorne liegen.

6 Zeichne ein Netz des Quaders mit der gefärbten Ecke. Gib die Tiefe des Quaders an.

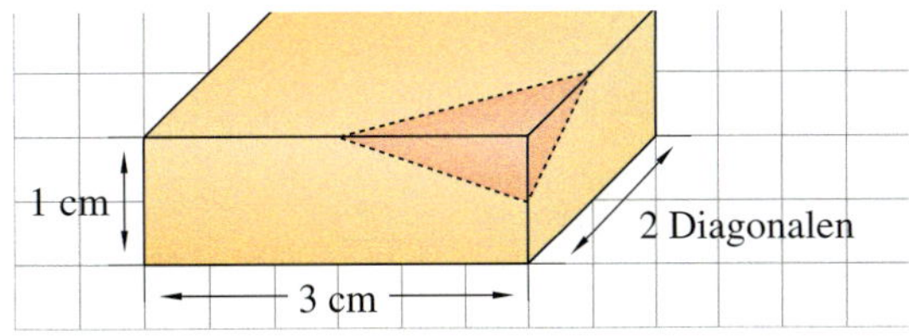

7 Das Netz eines Würfels mit der Kantenlänge 4 cm hat verschieden gefärbte Flächen. Zeichne ein Schrägbild des Würfels so, dass die rote Seite vorne liegt und die blaue an der rechten Seite des Würfels.

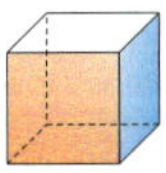

a)

b)

c)

8 Hier hat sich der Fehlerteufel eingeschlichen.
Welche Kanten der Schrägbilder passen nicht zu den vorderen Flächen, wenn jeweils ein Quader gezeichnet werden sollte?
Zeichne die Schrägbilder richtig in dein Heft.

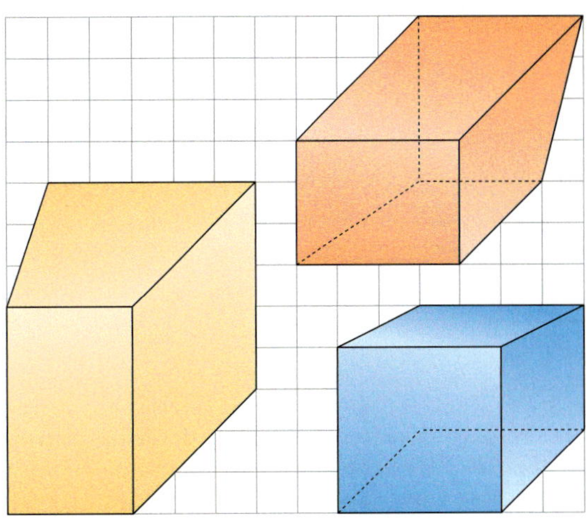

noch fit?

I Welche Augenzahl liegt nach jedem Kippen des Würfels oben?

II Aus wie vielen Würfeln bestehen die Körper?

a)

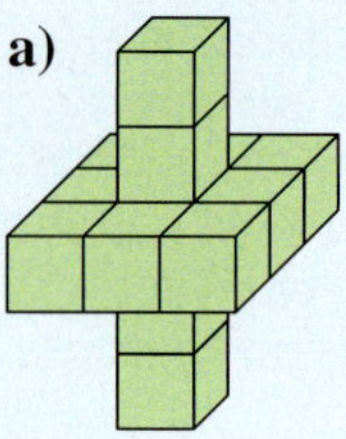

b)

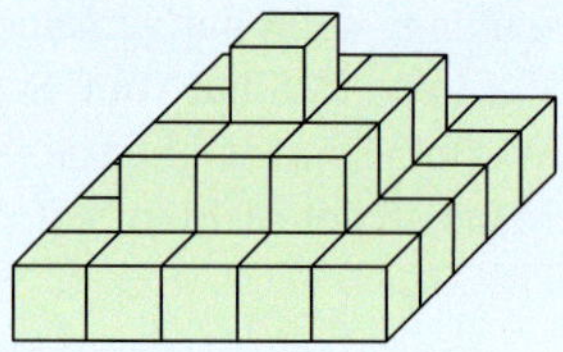

Trainieren **Anwenden** **Vernetzen**

9 Betrachte die Körperdarstellungen.
Was fällt dir auf? Untersuche die Auffälligkeiten und beschreibe genau die Besonderheiten der Darstellung.

a)

c)

b)

d)

Weitere Informationen über derartige Körperdarstellungen findest du im Internetangebot unter 088-1.

10 Ein „Würfeldrilling" entsteht durch das Zusammenkleben dreier Würfel.
Hier sind verschiedene Schrägbilder eines Würfeldrillings gezeichnet.

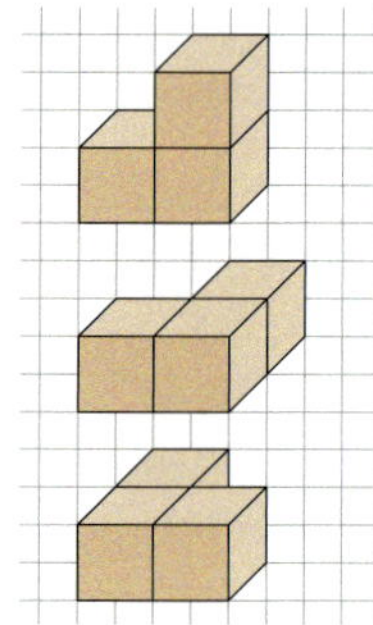

a) Baue ihn nach und lege ihn so vor dich, dass er den einzelnen Schrägbildern entspricht.

b) Baue nun einen Würfeldrilling mit dem hier abgebildeten Grundriss und zeichne unterschiedliche Schrägbilder von ihm.

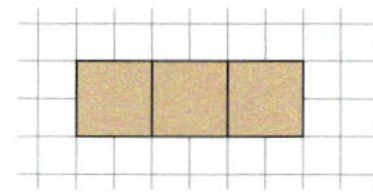

c) Baue Würfelvierlinge und zeichne für jeden ein Schrägbild. Wie viele verschiedene Würfelvierlinge findest du?

11 Durch Aneinanderlegen von Holzwürfeln soll das Wort HEFE gebildet werden. Zeichne ein Schrägbild.

12 Drei undurchsichtige Quader haben dieselbe Höhe von 2 cm. Sie haben aber verschiedene Grundflächen. Die Quader werden so aufeinander gestapelt, dass sie überall 1 cm vom Rand des nächst tieferen Quaders entfernt sind.
Der unterste Quader hat die Kantenlängen 8 cm, 6 cm und 2 cm. Zeichne ein Schrägbild der Figur. Dabei soll die längste Kante vorne abgebildet sein.

13 Von einem Geschenkkarton ist dieses Netz bekannt. Wie sieht die Schachtel aus?
Zeichne ein Schrägbild des Körpers.

14 Draw three views of the cube figure: from the front, from the left and from the right.

15 Dieser durchlöcherte Quader ist aus kleinen Würfeln zusammengesetzt. Ermittle die Anzahl der kleinen Würfel.

Trainieren Anwenden Vernetzen

16 Familie Lustig plant den Bau eines Hauses. Die Fertigbaufirma bietet dazu ein Eigenheim mit folgenden Maßen an: Länge: 11 m, Breite: 6 m, Höhe: 5 m, Firsthöhe: 2,50 m. Folgende Dachformen sind im Angebot der Firma: Walmdach, Flachdach, Satteldach, Pultdach. Familie Lustig plant gemeinsam ihr neues Zuhause:

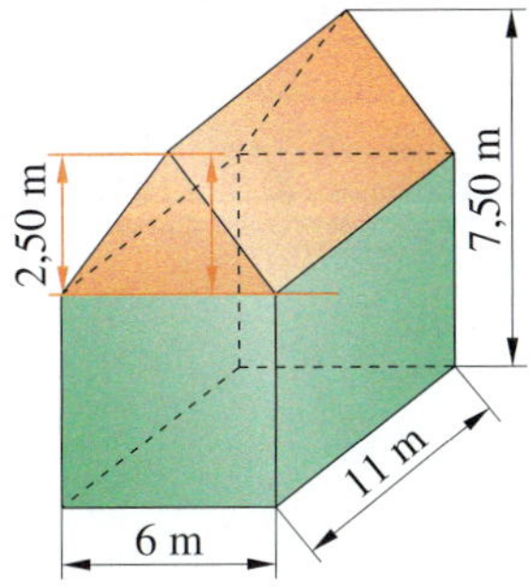

a) Erkundige dich über die unterschiedlichen Dachformen und wähle zwei Möglichkeiten aus.
b) Zeichne Schrägbilder der Häuser mit den beiden Dachformen.

17 Der Quader ist von links unten gezeichnet. Du siehst also die untere, linke und vordere Fläche des Quaders.

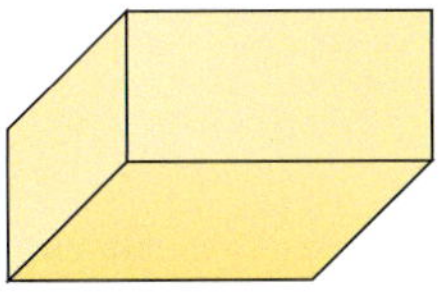

a) Zeichne ein Schrägbild, das den Körper von links oben zeigt. Du siehst die vordere, linke und obere Fläche des Quaders.
b) Zeichne ein Schrägbild, das den Körper von rechts unten zeigt. Welche Seiten siehst du jetzt?

18 Zeichne das Bild in dein Heft und ergänze die nicht sichtbaren Linien. Beschreibe das Oktaeder.

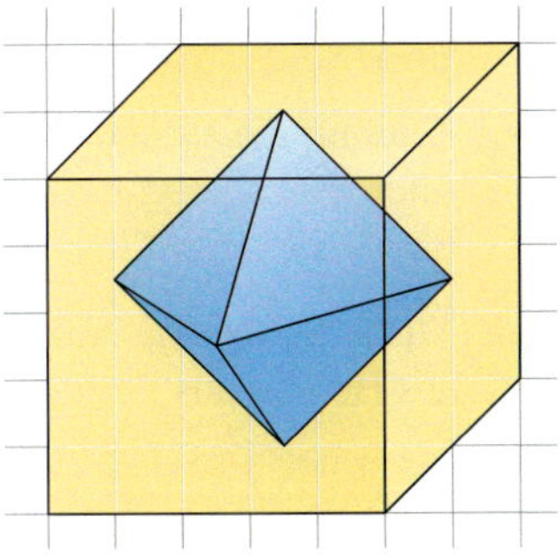

19 Zeichne das Schrägbild einer Treppe mit 4 Stufen. Miss dazu die Stufe einer Treppe und wähle einen geeigneten Maßstab.

20 Bei einem Würfel der Kantenlänge 3 cm werden die Ecken abgeschnitten. Die Schnittfläche schneidet von den Kanten je 1 cm ab.

a) Zeichne ein Schrägbild des Würfels und des entstandenen Körpers. Zeichne nicht sichtbare Linien gestrichelt und färbe die sichtbaren Flächen. Alle Kanten sollen sichtbar bleiben.

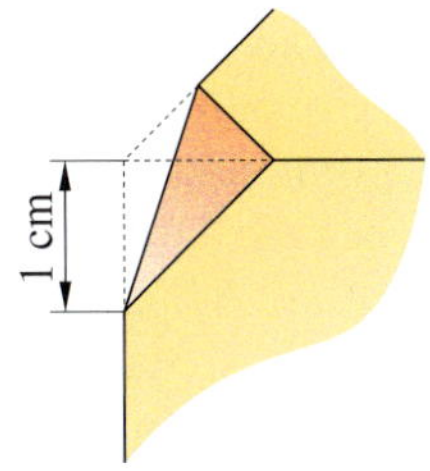

b) Wie viele Ecken, Kanten und Flächen sind in dem neuen Körper entstanden? Welche Begrenzungsflächen sind entstanden?

21 Betrachte die Figuren.
a) Aus wie vielen Würfeln bestehen die Körper? Mit wie vielen Würfeln können die Körper zu einem großen Würfel ergänzt werden?
b) Führe die Reihe sinngemäß fort. Wie viele Würfel kommen im 4. Schritt dazu?
c) Wie viele Würfel kommen im 7. Schritt dazu?

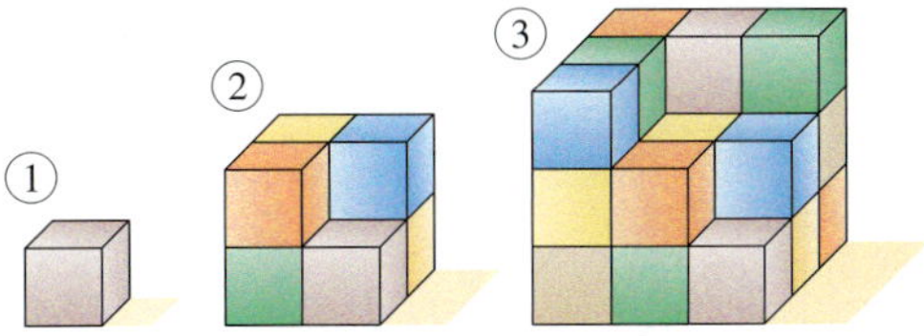

Aufgabe der Woche

Eine Spinne möchte eine Raupe fangen.
Skizziere zunächst das Problem in deinem Heft. Zeichne einige mögliche Wege der Spinne ein. Wie findest du den kürzesten? (**Tipp:** Netz des Quaders)
Zeichne ein Schrägbild, in dem der Weg der Spinne eingezeichnet ist.

3.3 Ebene Figuren – vom Raum zur Ebene

1 Maya-Tempel

Chichén Itzá ist eine der bedeutendsten Städte der Mayakultur und liegt im Norden der Halbinsel Yucatán in Mexiko.
Eine der wichtigsten Ruinen dieser alten Stadt ist der Tempel *El Castillo*, der wie ein quadratischer Pyramidenstumpf mit aufgesetztem Quader aussieht. An den vier Seiten führt je eine Treppe mit 91 Stufen auf die obere Plattform.

Info

Die Anzahl aller Stufen des Tempels und die Plattform zusammen ergeben die Anzahl der Tage eines Jahres. Rechne doch mal nach.

Wie lang ist eine der Treppen ungefähr? Zeichne dazu eine vereinfachte Querschnittsfläche der Pyramide in dein Heft (siehe Skizze nebenan).

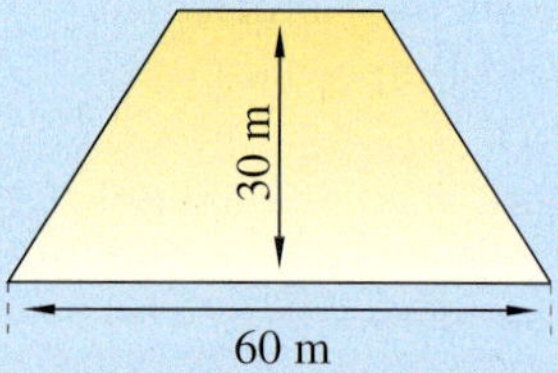

Achtung

Dieser vereinfachte Querschnitt ist nicht maßstabsgetreu!

2 Gute Lage

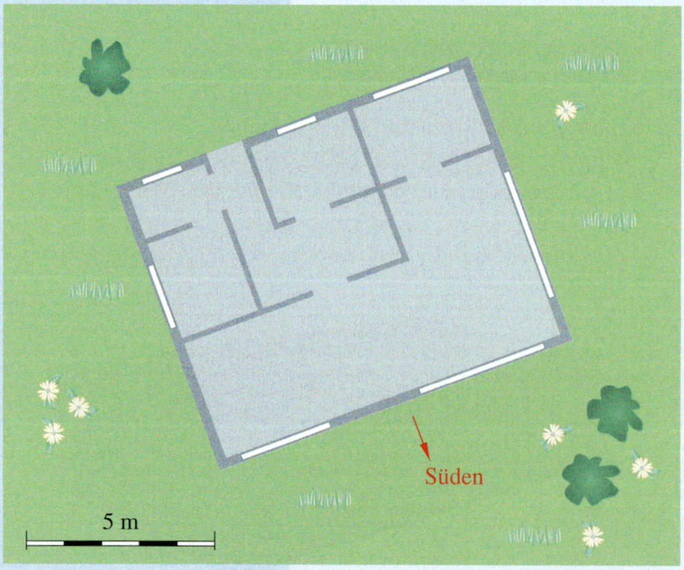

Alle in der Familie Lux lieben die Sonne. Darum soll bei ihrem neuen Fertighaus die breite Front nach Süden zeigen. Sie zeichnen auf, wie sie ihr Haus auf das Grundstück bauen wollen.
Der Bauunternehmer guckt sich den Plan an und runzelt die Stirn: „Ob das so geht? Nach der Bauordnung ist ein Mindestabstand von 3 m zu jeder Grundstücksgrenze vorgeschrieben."
Prüfe nach, ob der Plan der Bauordnung entspricht.

Zeichne die Grundstücksfläche in dein Heft und finde einen möglichst guten Platz für das Haus. Begründe deine Entscheidung.

Tipp: Schneide zum Probieren einen Grundriss des Hauses aus.

Aufträge

3 Computer-Grafik

▶ siehe Erarbeitung

Leas große Schwester Joanna hat einen Kurs über Computergrafik belegt. Joanna möchte lernen, wie Programme geschrieben werden, die die dreidimensionalen Gegenstände der Umwelt, z.B. ein Haus, auf dem Computerbildschirm darstellen.

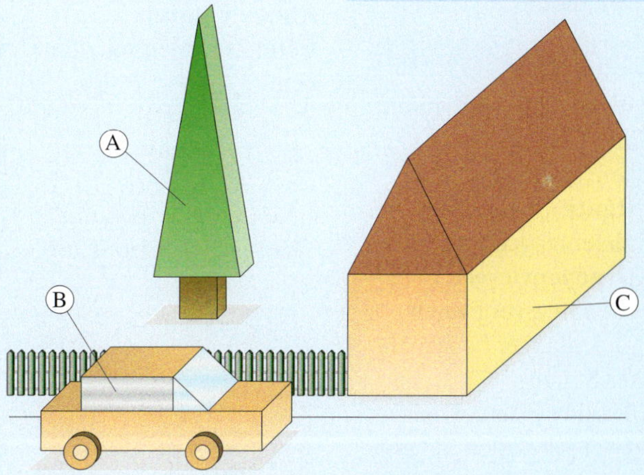

Als erste Aufgabe untersucht sie das Modell einer alltäglichen Situation „Auto vor einem Haus mit Baum und Straße“. Sie zeichnet ein Schrägbild, um die Eigenschaften der ebenen Figuren aufzuschreiben, damit das Programm diese später zeichnen kann.
„Schau mal, Lea. Das kannst du auch schon!“

Beschreibe die grüne, graue und gelbe Figur in dem Schrägbild mit ihren Eigenschaften und zeichne sie in dein Heft.

Finde weitere Figuren und beschreibe sie mithilfe ihrer Eigenschaften. Zeichne die Figuren in dein Heft.

4 Die Welt von oben

Versuche, die Straße, die zu deiner Schule führt, oder den Weg von der Bushaltestelle zum Schultor „von oben“ zu zeichnen. Nähere dabei die Gebäude durch Rechtecke oder andere geometrische Formen an.

Zeichne zuerst aus der Erinnerung. Gehe dann mit deiner Zeichnung nach draußen und miss die Gebäudebreiten, Weglängen und Abstände nach. Überlege einen geeigneten Maßstab und fertige anhand deiner Maße eine genauere Zeichnung an.
Suche die Straße und Gebäude, die du gezeichnet hast, in Google Earth oder Google Maps und vergleiche deine Zeichnung mit dem Satellitenbild.

Beschreibe, durch welche geometrische Formen du in deiner Zeichnung die wirklichen Gegenstände angenähert hast.

▶ Ebene Figuren zeichnen

Info

Weitere ebene Figuren, die dir häufig begegnen, sind:
Raute (Viereck mit vier gleichlangen Seiten),
Drachenviereck (Viereck mit zwei Paaren gleichlanger benachbarter Seiten),
Trapez (Viereck mit zwei parallelen Seiten),
rechtwinkliges Dreieck.

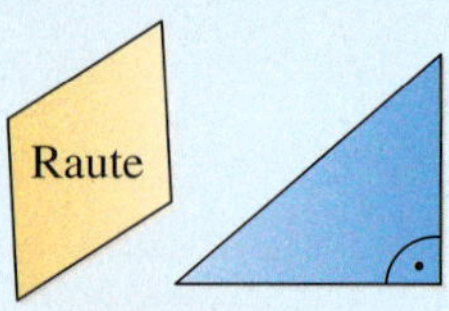

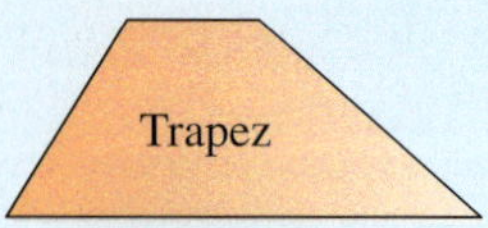

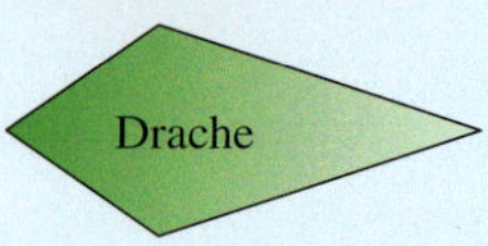

Ebene Figuren

Beim Zeichnen mit dem Computer kannst du Körper nur durch ebene Figuren beschreiben.

Rechteck: Bei diesem Viereck sind benachbarte Seiten senkrecht zueinander.
Gegenüberliegende Seiten sind zueinander parallel und gleich lang.

Quadrat: Bei diesem Viereck stehen benachbarte Seiten senkrecht aufeinander und alle Seiten sind gleich lang.

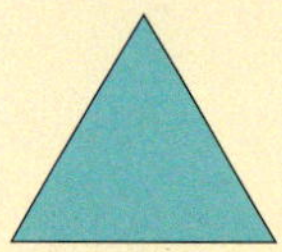

Gleichschenkliges Dreieck: Bei diesem Dreieck sind zwei Seiten gleich lang.
Wenn bei einem Dreieck alle drei Seiten gleich lang sind, heißt es **gleichseitiges** Dreieck.

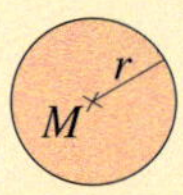

Kreis: Alle Punkte des Kreises sind gleich weit vom Kreismittelpunkt entfernt.
Die Entfernung vom Mittelpunkt heißt Radius.

Parallelogramm: Bei diesem Viereck sind die gegenüberliegenden Seiten zueinander parallel.
Gegenüberliegende Seiten sind auch gleich lang.

Bausteine der Figuren

Um ebene Figuren zeichnen zu können, benötigst du u. a. Strecken und Geraden.

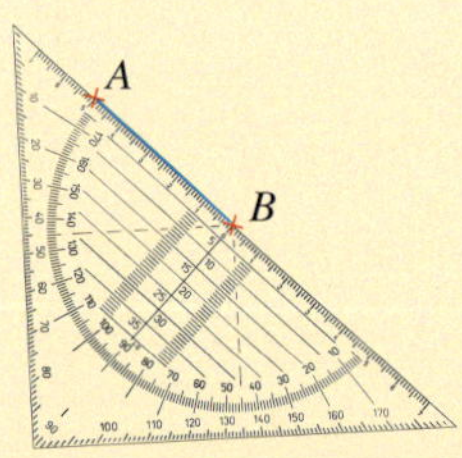

Eine **Strecke** $\overline{AB}$ ist die geradlinige Verbindung zweier Punkte A und B.
Eine gerade Linie, die keinen Anfangs- und keinen Endpunkt hat, heißt **Gerade**. Durch zwei verschiedene Punkte P und Q gibt es nur **eine** Gerade. Geraden werden anhand dieser Punkte mit PQ oder mit kleinen Buchstaben, z. B. g oder h, bezeichnet.

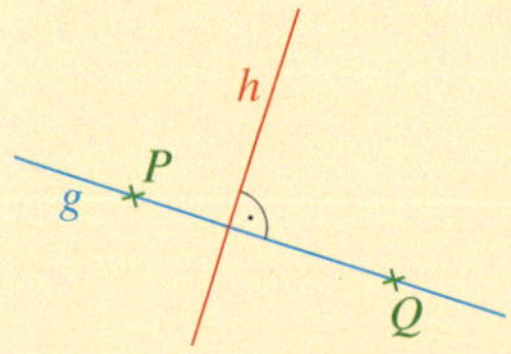

Die Punkte A und B heißen **Endpunkte** der Strecke $\overline{AB}$. Von Strecken kannst du die Länge messen. Sie wird mit $|\overline{AB}|$ bezeichnet. Eine Gerade hat – anders als die Strecke – keine Länge. Mehrere gerade Linien, die Joanna zeichnet, stehen in besonderen Beziehungen zueinander, wie links im Bild.

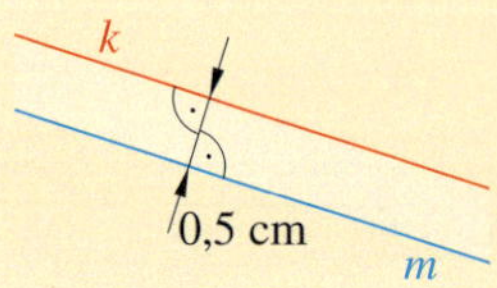

Die Gerade g ist **senkrecht** oder **orthogonal** zur Geraden h. Die beiden Geraden schneiden sich rechtwinklig. Wir schreiben $g \perp h$. Die beiden Geraden k und m sind **parallel**. Sie haben keinen Schnittpunkt. Wir schreiben dafür $k \parallel m$. Parallelen haben überall den gleichen Abstand voneinander.

Wenn du nicht mit dem Computer zeichnest, sondern auf dem Papier mit Geodreieck und Zirkel, dann gelingt das so:

Senkrechte zeichnen

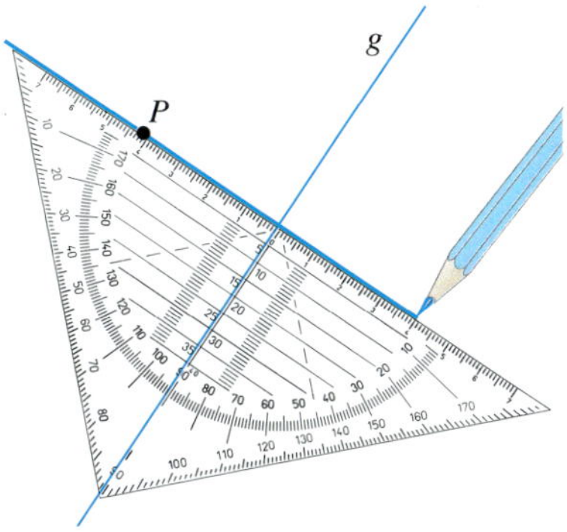

Parallele zeichnen

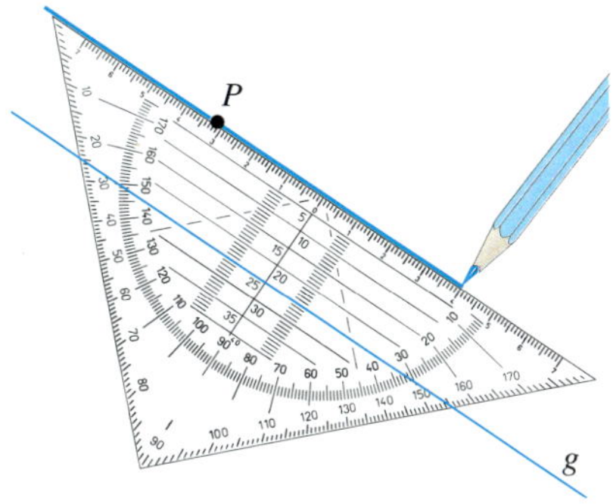

Abstände messen

Der Abstand ist die Länge der kürzesten Verbindung.
Um den Abstand eines Punktes *A* von einer Geraden *g* zu messen, zeichne eine Senkrechte zu *g* durch *A*. Auch der Abstand zweier Parallelen voneinander wird mithilfe einer Senkrechten gemessen.

Abstand zwischen Punkt und Gerade messen

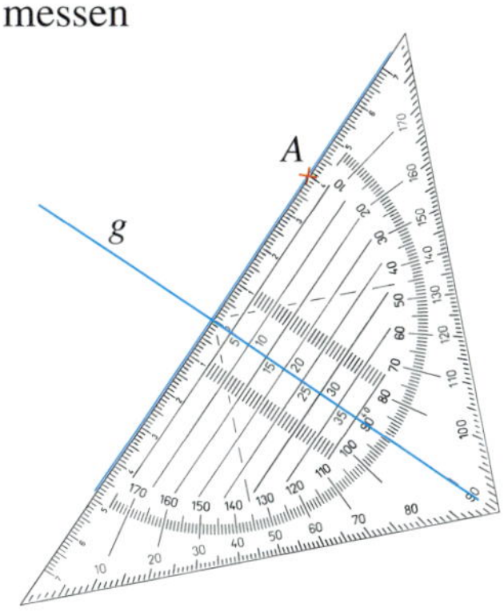

Abstand zwischen parallelen Geraden messen

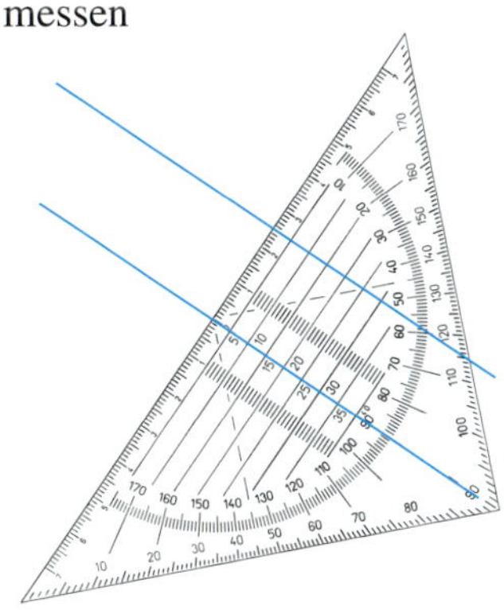

Kreise zeichnen

Wähle einen **Mittelpunkt *M*** und zeichne darum einen Kreis mit z. B. dem **Radius** $r = 5$ cm. Liegt der Punkt P auf der Kreislinie, entspricht die Länge des Radius r der Streckenlänge $|\overline{PM}|$.
In unserem Beispiel gilt also:
$r = |\overline{PM}| = 5$ cm.
Manchmal wird auch anstelle des Radius der **Durchmesser *d*** eines Kreises angegeben. Der Durchmesser ist doppelt so lang wie der Radius.

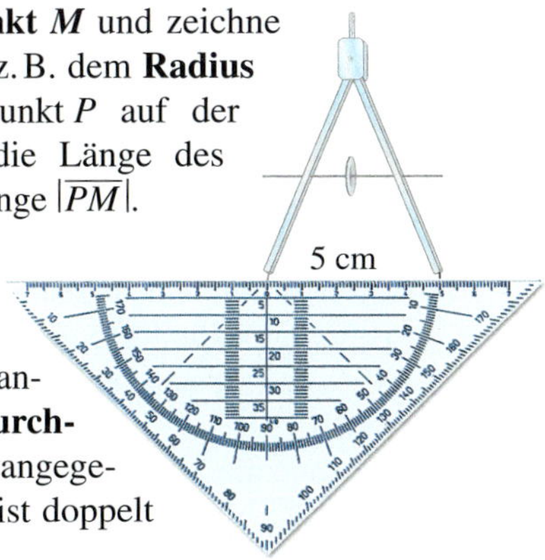

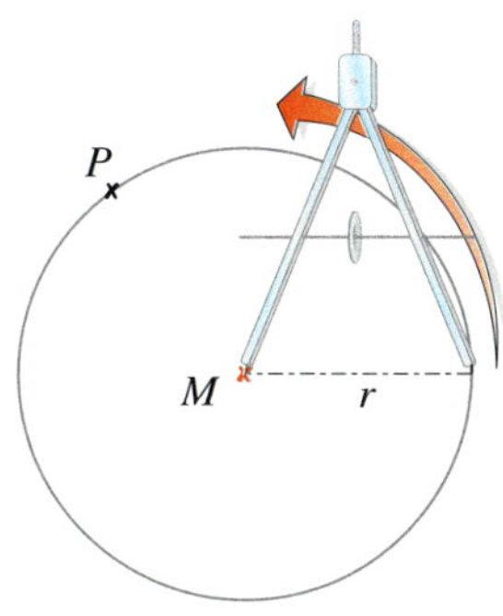

Info

Im Unterschied zu **senkrecht** bedeutet der Begriff **lotrecht**: senkrecht zur Erdoberfläche. Beim U-Bahn-Eingang Bockenheimer Warte in Frankfurt stehen Dachkante und Wand *senkrecht* zueinander. Aber die vordere Wand steht *nicht lotrecht*.

Ein anderes Wort für lotrecht ist **vertikal**. Vertikale und **horizontale** Linien kannst du in Landschaften gut beobachten.

Trainieren Anwenden Vernetzen

1 Zeichne mit Geodreieck oder Zirkel.

a) Quadrat der Seitenlänge $a = 4$ cm

b) Rechteck mit $a = 4$ cm, $b = 6$ cm

c) Kreis mit dem Radius $r = 3$ cm

d) Kreis mit dem Durchmesser $d = 7$ cm

e) Kreis, auf dem die Eckpunkte des Rechtecks aus b) liegen.

f) Rechteck mit $a = 5{,}5$ cm, $b = 3{,}7$ cm

g) Kreis mit dem Radius $r = 42$ mm

2 Übungen mit dem Geodreieck

a) Zeichne drei Punkte A, B und C auf einer Geraden mit den Streckenlängen $|\overline{AB}| = 4$ cm; $|\overline{AC}| = 6$ cm; $|\overline{BC}| = 10$ cm.

b) Zeichne zwei Parallelen mit dem Abstand 5 cm.

c) Zeichne eine Gerade e und einen Punkt R, der nicht auf e liegt.
Zeichne eine Gerade f durch R, die parallel zu e ist.
Miss den Abstand von e und f.

3 Auf einem Zettel findest du: $g \parallel h$, $g \perp k$, $l \perp h$

a) Beschreibe in Worten die Lage der Geraden und zeichne sie.

b) Beschreibe mit Worten und mit Symbolen, wie die Geraden k und l zueinander liegen.

4 Übertrage in dein Heft und verbinde die Punkte durch Strecken.
Wie viele Strecken kannst du zeichnen? Benenne diese Strecken.

a)

b)

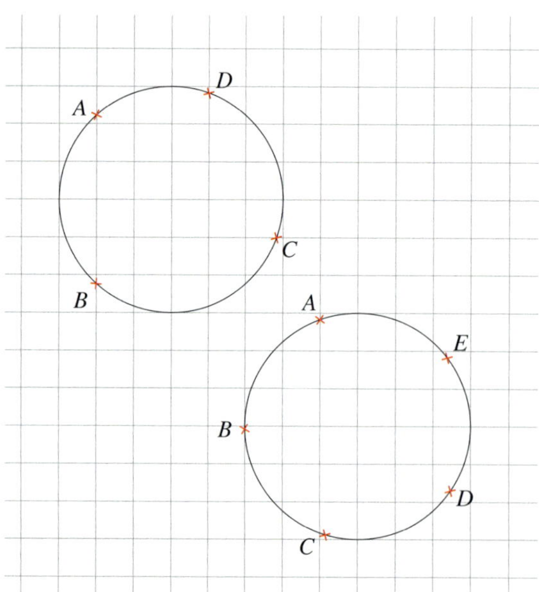

5 Arbeite mit dem Geodreieck.

a) Prüfe, welche Geraden parallel, welche senkrecht sind. Beschreibe mit Worten und Symbolen.

b) Miss die Abstände der zueinander parallelen Geraden.

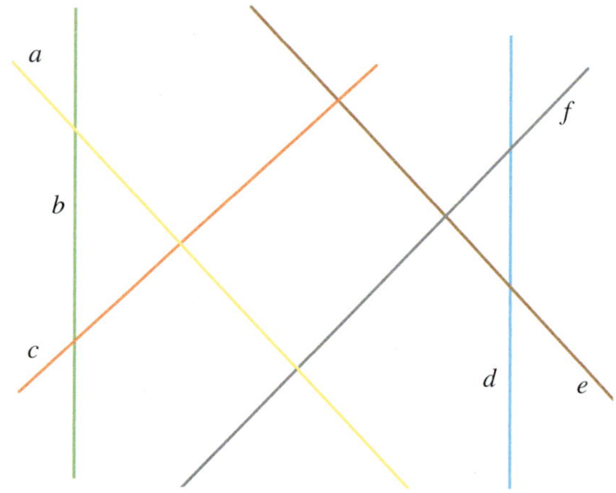

6 Übertrage das Bild in dein Heft und zähle die Kästchen genau ab, um die Punkte und die Gerade zu zeichnen.

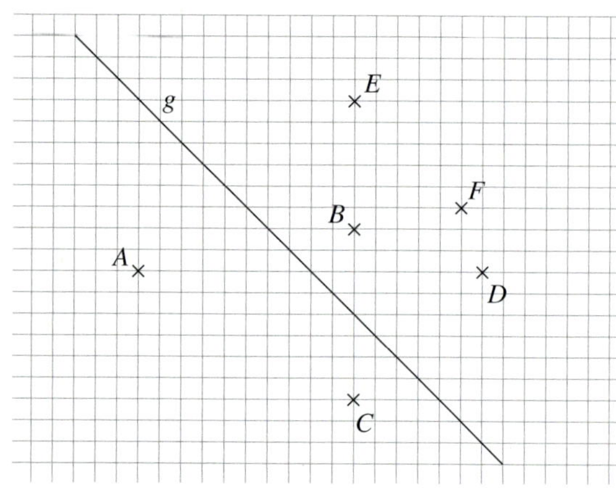

a) Zeichne durch die Punkte A und D je eine senkrechte Gerade zu der Geraden g.
Benenne die beiden Geraden.

b) Zeichne eine Gerade durch die Punkte B und C. Benenne auch diese Gerade.

c) Zeichne zum Schluss die Gerade durch die Punkte E und F.

d) Du hast nun viele Geraden gezeichnet.
Beschreibe die Lage der Geraden zueinander.

e) Miss den Abstand eines jeden Punktes von der Geraden g.

f) Zeichne die Strecke $\overline{AC}$ und miss ihre Länge.

g) Miss die Abstände der zueinander parallelen Geraden.

7 Falte ein Blatt.

a) Welche Eigenschaften haben die Faltlinien im Bild?

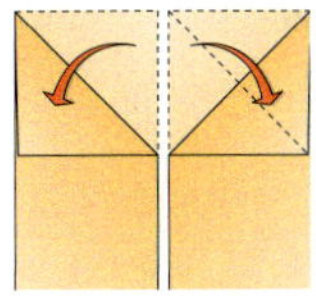

b) Falte ein rechteckiges Papier so, dass du zwei parallele Faltlinien erhältst, die nicht parallel zu den Blattkanten sind.

8 Lege in deinem Heft zwei Punkte *A* und *B* fest. Zeichne eine Gerade (Kreis), die (der)

a) weder durch *A* noch durch *B* geht,

b) durch *A*, aber nicht durch *B* geht,

c) nicht durch *A*, aber durch *B* geht,

d) durch *A* und durch *B* geht.

9 Übertrage das Dreieck *ABC* in dein Heft. Zeichne eine parallele Gerade zu $\overline{AB}$ durch *C* und eine parallele Gerade zu $\overline{AC}$ durch *B* sowie eine Parallele zu $\overline{BC}$ durch *A*. Beschreibe einige der entstandenen Figuren.

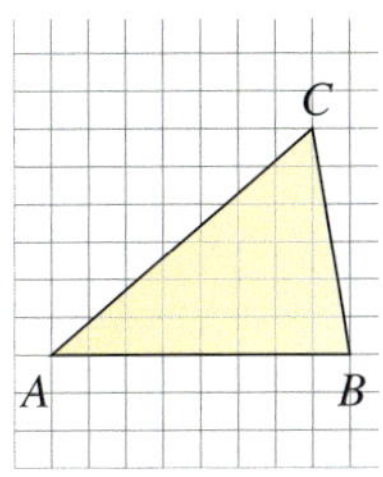

10 Zeichne das Dreieck *ABC* aus Aufgabe 9 in dein Heft.

a) Ergänze es durch einen vierten Punkt *D* zu einem Trapez. Finde mehrere Möglichkeiten.

b) Zeichne das Dreieck nochmals und ergänze es zu einem Parallelogramm. Gibt es hier mehrere Möglichkeiten?

c) Zeichne ein Dreieck, das du zu einem Quadrat (einer Raute) ergänzen kannst.

11 Übertrage die Zeichnungen in dein Heft und ergänze sie zu einem Parallelogramm, wenn es möglich ist.
Begründe deine Entscheidung.

a)

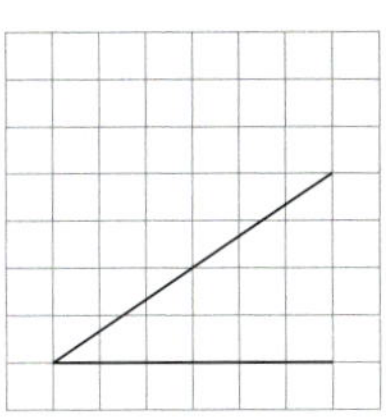

c)

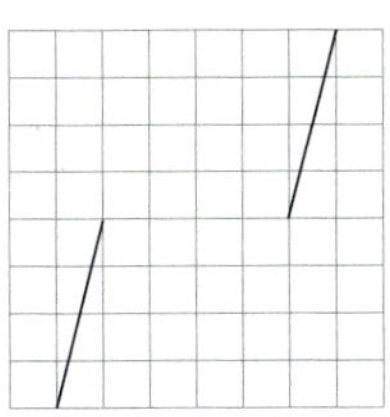

b)

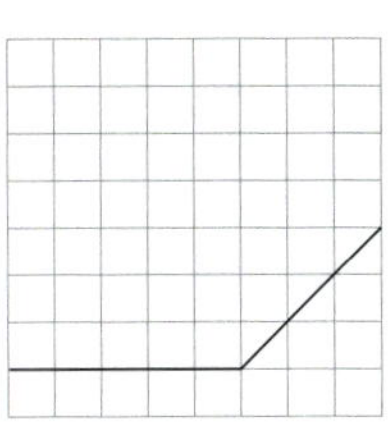

d)

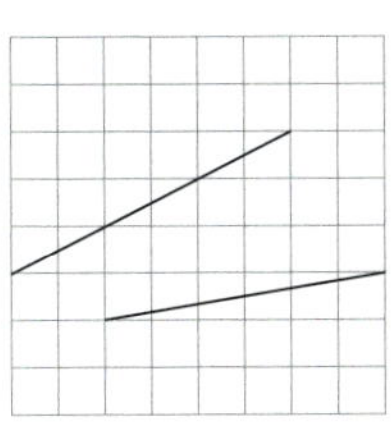

12 Lege die Grundformen von Vierecken mit Streichhölzern.

a) Welche Vierecke kannst du mit 4 Streichhölzern legen?

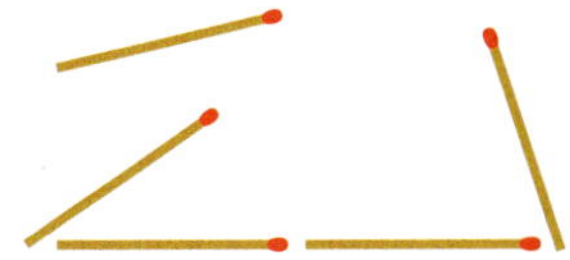

b) Welche Vierecke gelingen dir mit 5 Streichhölzern, welche nicht?

c) Probiere systematisch weiter mit 6, 7, 8, … Streichhölzern.
Überlege dann, welche Bedingung die Anzahl der Streichhölzer erfüllen muss, damit du ein Quadrat (ein Rechteck, eine Raute, ein Parallelogramm, ein Trapez) legen kannst.

d) Denke dir eine ähnliche Aufgabe für Dreiecke aus.

13 Richtig oder falsch? Schreibe die richtigen Aussagen in dein Heft. Verändere die falschen Aussagen so, dass richtige Aussagen entstehen.

a) Jedes Quadrat ist auch eine Raute.

b) Jedes Parallelogramm ist auch ein Rechteck.

c) Ein Rechteck ist auch ein Trapez.

d) Ein rechtwinkliges Dreieck kann auch gleichschenklig sein. Zeichne ein Beispiel.

e) Ein rechtwinkliges Dreieck kann auch gleichseitig sein.

f) Schreibe zwei weitere derartige Aussagen auf.

noch fit?

I In Almöhis Berghütte treffen sich zwei Wanderer.
Stolz verkündet Franzel:
„Heute habe ich in zwei Stunden 1200 Höhenmeter zurückgelegt!"
Verblüfft sagt Xaver:
„Ich habe für 600 Höhenmeter immerhin 100 Minuten benötigt! Unten im Dorf sind übrigens viele Menschen wegen des neuen Wanderzirkus unterwegs gewesen."

Erkläre die unterschiedlichen Zeiten der beiden.

Trainieren **Anwenden** Vernetzen

14 Zeichne sich schneidende parallele Geraden und betrachte die Vierecke, die dabei entstehen (vgl. Bild).

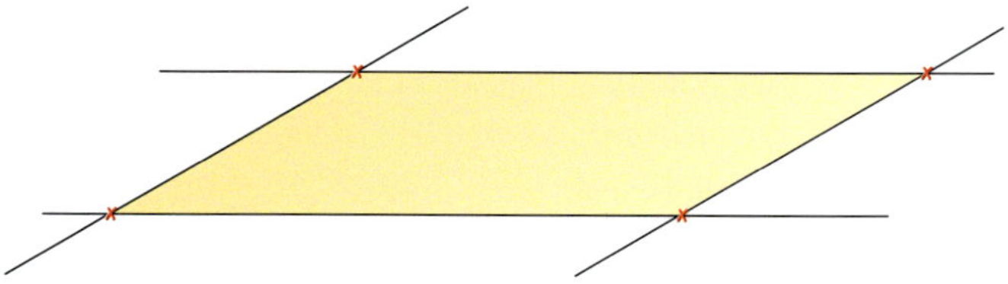

a) Wähle 3 cm und 6 cm als Abstände zwischen den Parallelen. Welche Formen kann das entstehende Viereck annehmen?

b) Wähle jeweils 4 cm als Abstand zwischen den Parallelen. Welche Formen sind nun möglich?

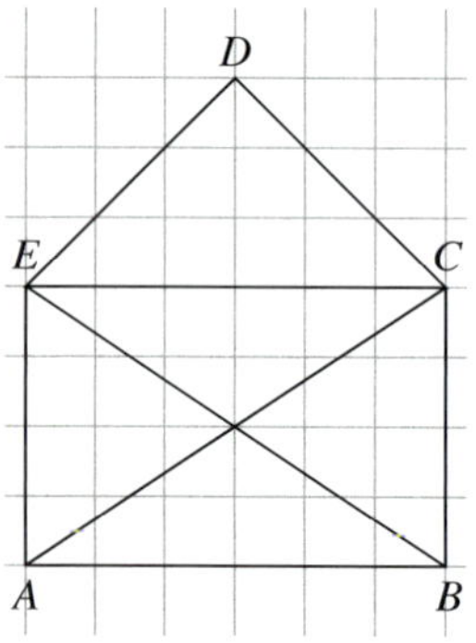

15 Zwei Strecken sind jeweils 5 cm lang und haben einen Schnittpunkt.

a) Finde möglichst viele verschiedene Möglichkeiten, die beschriebene Situation zu zeichnen. Benenne jeweils die Endpunkte der Strecken und verbinde sie farbig miteinander.

b) Beschreibe kurz die entstandenen Figuren.

16 Übertrage die links abgebildete Figur in dein Heft. Verbinde A, B, C, D und E wie in der Zeichnung. Du darfst dabei den Stift nicht absetzen und jede Strecke nur einmal durchfahren. Miss die Längen aller Strecken.
Welche Strecken sind zueinander parallel, welche sind zueinander senkrecht?

17 Zeichne drei Kreise um denselben Punkt M mit den Radien $r_1 = 2$ cm, $r_2 = 4$ cm und $r_3 = 6$ cm.

a) Finde drei Punkte A, B, C, die von M mindestens 2 cm und höchstens 4 cm entfernt sind.

b) Zeichne einen Punkt, der von M mindestens 6 cm entfernt ist. Benenne diesen Punkt.

c) Färbe den Bereich, in dem die Punkte liegen, die von dem Mittelpunkt M höchstens 2 cm entfernt sind.
Achte darauf, ob die Kreislinie ebenfalls gefärbt werden muss.

18 Zeichne die Figuren mit Zirkel und Geodreieck nach.

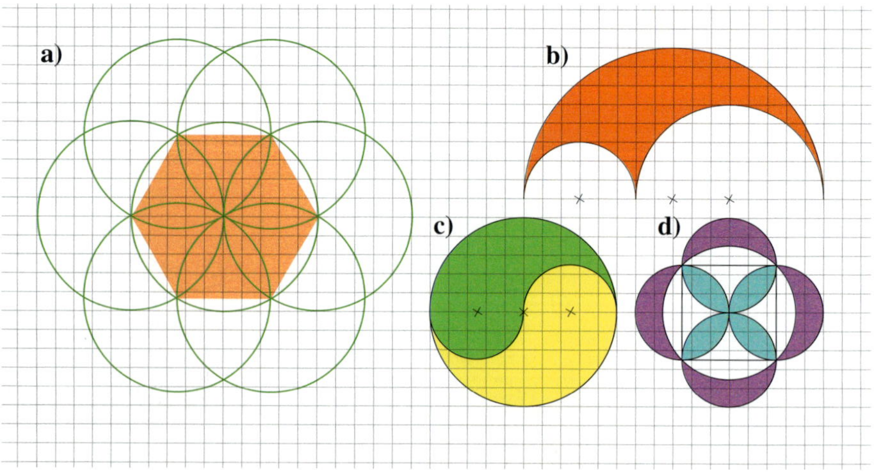

19 Zeichne mit Zirkel und Geodreieck. Achte darauf, dass dein Bleistift gespitzt ist.

a) Zeichne ein Quadrat der Seitenlänge 4 cm mit den Eckpunkten A, B, C, D und seine beiden Diagonalen. Zeichne einen Kreis um den Diagonalenschnittpunkt P, der durch den Punkt A geht.
Was fällt dir auf?

b) Zeichne ein Rechteck mit den Seitenlängen $a = 3$ cm und $b = 5$ cm mit seinen Diagonalen. Benenne die Eckpunkte mit E, F, G und H und den Diagonalenschnittpunkt mit Q. Zeichne einen Kreis um Q mit dem Radius $r = |\overline{QH}|$.
Was fällt dir auf?

c) Zeichne ein Parallelogramm und benenne seine Ecken. Zeichne einen Kreis um den Diagonalenschnittpunkt durch eine Ecke.
Was fällt dir auf?

d) Vergleiche die Eigenschaften der Vierecke.

Info

Eine Strecke, die die gegenüberliegenden Punkte eines Vierecks verbindet, heißt **Diagonale**.
$\overline{EG}$ und $\overline{HF}$ sind die Diagonalen des Parallelogramms unten.

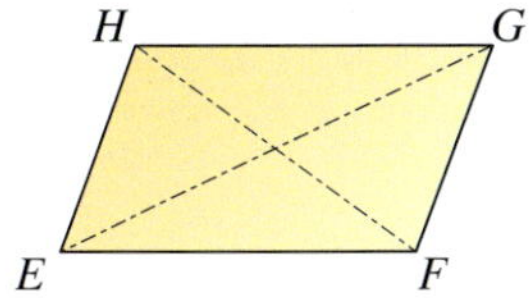

20 Zeichne ein Dreieck mit den Seiten 4 cm, 5 cm und 3 cm. Ergänze das Dreieck zu einem Parallelogramm, sodass die kürzeste Dreiecksseite zu einer Diagonalen wird.

21 Zeichne mit dem Zirkel ein Parkett aus „Fischen“:
Zeichne vier Kreise, deren Mittelpunkte die Eckpunkte eines Quadrats sind und deren Radius eine halbe Quadratseite beträgt. Aus Teilen der Kreislinien ergibt sich ein Fisch.
Beschreibe das entstandene Muster.
Für die Zeichnung kannst du auch den Computer mit einem Geometrie-Programm verwenden. 097-1

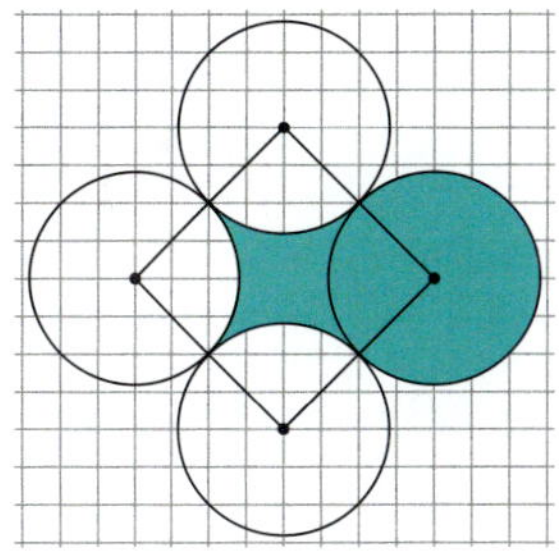

22 Falte ein quadratisches Papier nach den Anweisungen zu einer Papiertüte.
Falte das Papier wieder auf und beschreibe die entstandenen Figuren mithilfe ihrer Eigenschaften.

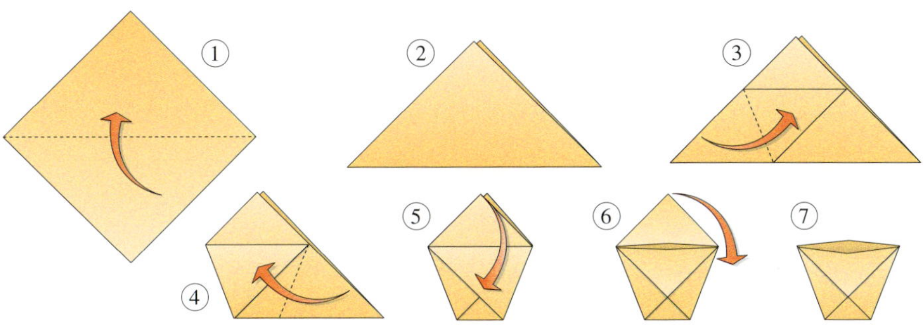

Tipp

Die Kunst des Papierfaltens nennt man Origami.
In deiner Bücherei oder im Internet findest du eine Fülle von Anregungen zum Falten von verblüffend naturgetreuen Figuren.
097-2

Trainieren Anwenden **Vernetzen**

23 Die Seiten $\overline{BC}$ und $\overline{CD}$ ergeben eine Quaderkante, wenn du in Gedanken aus dem Netz den Quader baust.
Gib alle weiteren Seitenpaare an, aus denen eine Quaderkante entsteht.
Ergeben die grünen Linien am Quader einen geschlossenen Streckenzug?

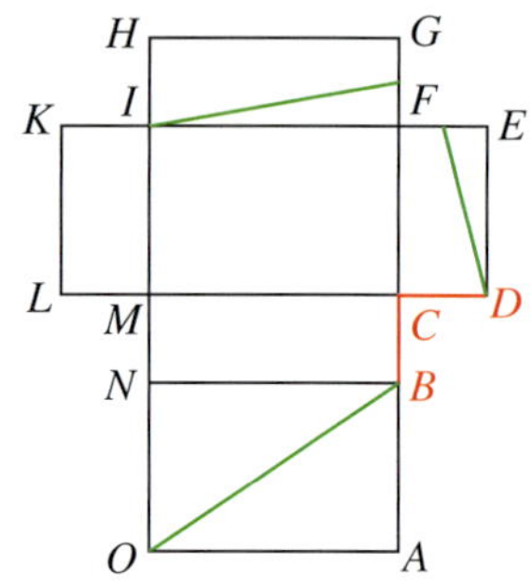

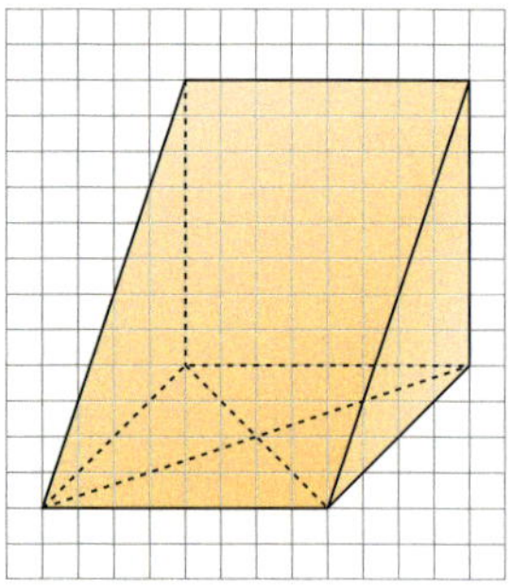

24 Hier links wurde ein Würfel zersägt. Übertrage das Schrägbild in dein Heft und benenne die Ecken.

a) Welche Kanten sind parallel zueinander, welche sind senkrecht zueinander?

b) Ergänze das Schrägbild zu einem Würfel. Zeichne parallele Kanten mit der gleichen Farbe.

25 Zeichne die rechts abgebildete Figur mit Zirkel und Geodreieck in dein Heft und beschreibe, wie du die Kreise gezeichnet hast.

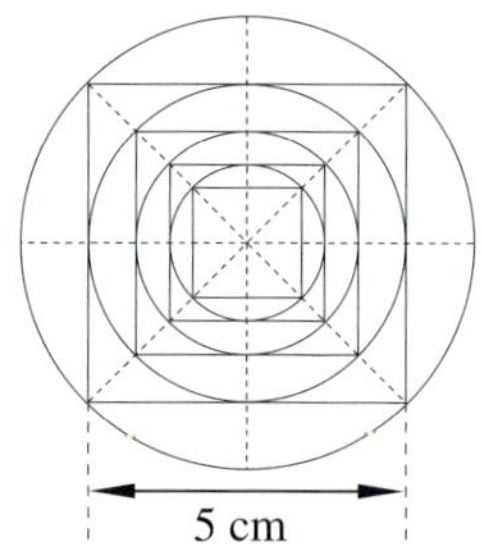

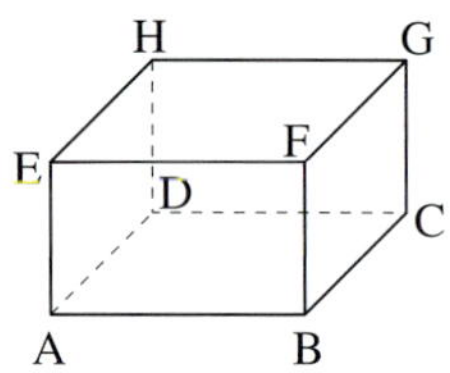

26 Find sets of parallel lines in this picture of a cuboid.

a) Which three lines are parallel to $\overline{AB}$?

b) Which three lines are parallel to $\overline{BC}$?

c) Name another set of parallel lines.

27 Aus welchen Begrenzungsflächen besteht der Körper?

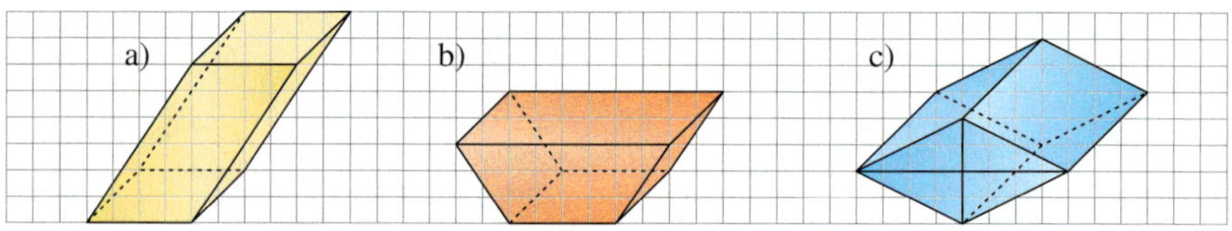

28 Bastle nach folgender Anleitung eine Dreieckspyramide.
Falte ein Quadrat entlang einer Diagonalen und falte das Papier wieder auseinander.
Falte das Quadrat dann entlang der anderen Diagonalen und lege das Papier wieder auseinander.
Lege nun zwei Diagonalenhälften aneinander. Wenn du richtig gefaltet hast, entsteht eine Dreieckspyramide.
Erkläre, warum diese Pyramide kein Tetraeder ist.

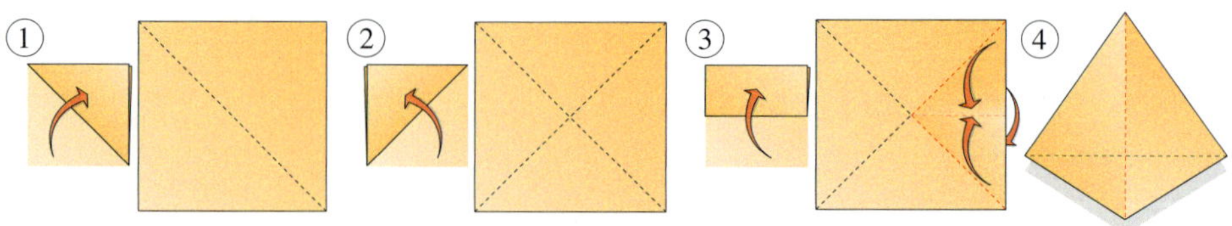

29 Durch zwei Punkte kann genau eine Gerade gezeichnet werden.
Überlege, wie viele verschiedene Geraden durch die dargestellten Punkte gehen können.
Begründe deine Antwort. Erkennst du eine Regelmäßigkeit?

a) 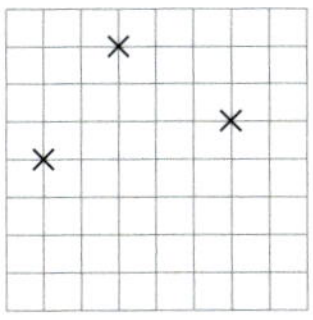
b) 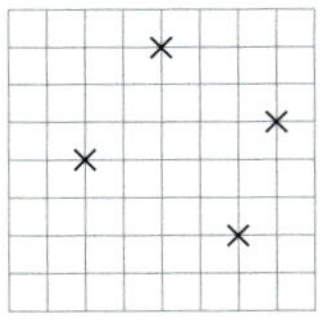
c) 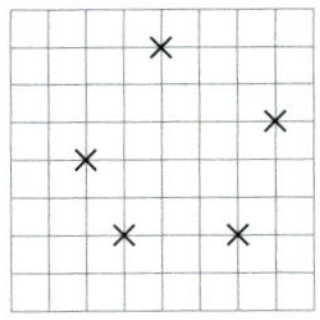
d) 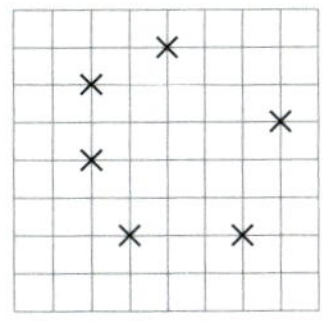

30 Schülerinnen und Schüler, die besonders an Mathematik interessiert sind, können am Bundeswettbewerb Mathematik teilnehmen. Dies ist das Logo des Wettbewerbs.

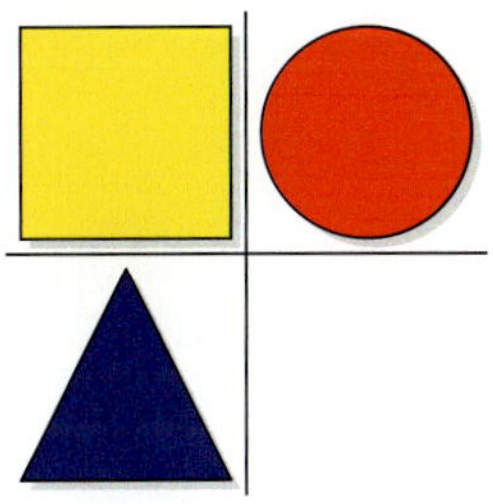

So siehst es aus, wenn du die drei Figuren aufeinander legst:

Zeichne das Logo des Bundeswettbewerbs. Wähle als Seitenlänge des Quadrats 5 cm. Die Zeichnung kannst du auch am Computer anfertigen.
Wie groß sind Radius und Durchmesser des Kreises?
Miss die Seitenlängen des Dreiecks.

31 Die etwa 4500 Jahre alte Cheopspyramide hat eine Baumasse von ungefähr 6,5 Millionen Tonnen Kalkstein. Dabei wurden 2 300 000 Steinquader verbaut. Jeder Quader ist etwa 2,5 Tonnen schwer. Die quadratische Grundfläche der ca. 147 m hohen Pyramide hat einen Umfang von 920 m.
Wie lang sind ungefähr die Kanten der Cheopspyramide?

32 Zeichne ein Dreieck mit Zirkel und Lineal. Die Seiten des Dreiecks sollen mit 3 cm gleich lang sein.
Füge weitere solche Dreiecke hinzu, sodass die Dreiecke mit einer Seite aneinander stoßen und jedes Dreieck mindestens eine freie Seite hat. Welche Formen findest du?

Aufgabe der Woche

Wie viele Dreiecke findest du in dieser Figur?
Wie viele rechtwinklige und wie viele gleichschenklige erkennst du?

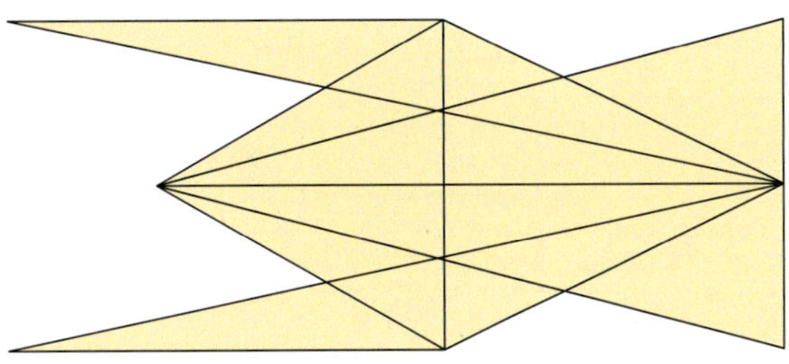

Was meinst du?

Quadratisch?

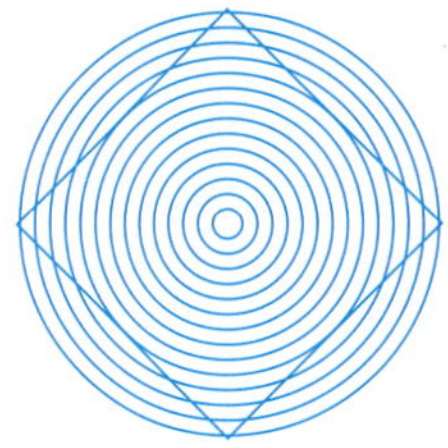

Parallel?

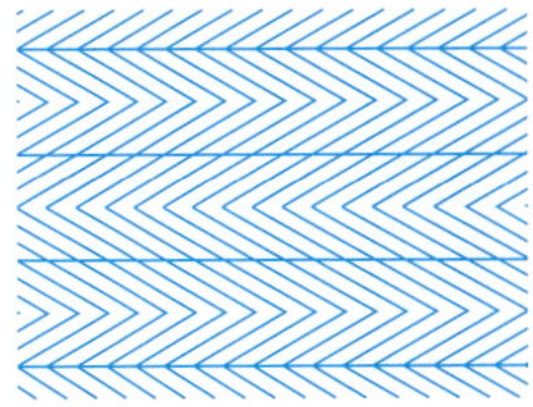

Länger?

Hinten?

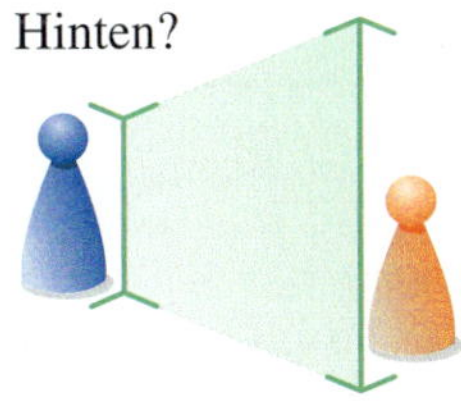

Hast du dich auch von den optischen Tricks oben täuschen lassen? Ist das eigentlich ein Zeichen menschlicher Schwäche?
Oder kann es ganz nützlich sein, z. B. vorne–hinten oder klein–groß ohne Nachdenken und damit sehr schnell zu unterscheiden?

Orientierung

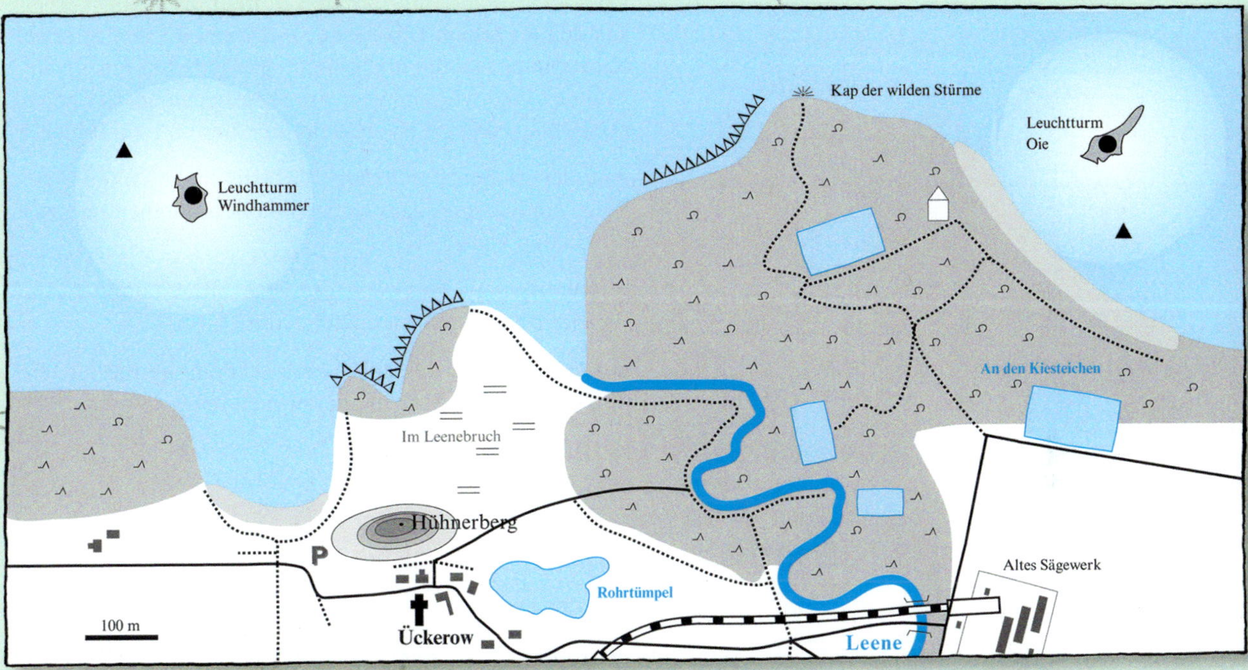

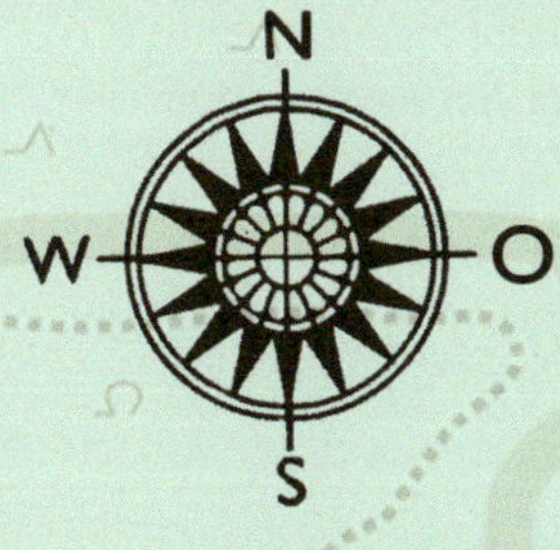

Hast du herausgefunden, wo sich Tom, Julia und Sabine gerade aufhalten?
Hilf Hans, die drei zum alten Sägewerk zu lotsen.
Wie könnte er den Weg möglichst genau beschreiben?

3.4 Punkte und Figuren im Koordinatensystem

1 Die kleine Maus Irmi

Die kleine Maus Irmi sammelt in ihrer Welt Maiskörner aus den einzelnen Boxen auf. Sie kann auf den Straßen (Gitterlinien) laufen und kommt an das Futter nur heran, wenn es links von ihr liegt. Im Weg liegen aber Hindernisse (blau) und sie ist zu klein, um diese fortzuräumen.

Auf der Außenbegrenzung darf sie nicht laufen. Die Wege sind so eng, dass sie sich nicht umdrehen und zurücklaufen kann.

Beschreibe den Weg, den die Maus Irmi laufen kann. Welche Boxen kann sie nicht leeren?

Wo steht sie bei deinem Weg, nachdem sie die letzten möglichen Maiskörner eingesammelt hat?

2 Schatzsuche

Mithilfe eines Plans der Teufelsinsel versucht Jack der Schreckliche vier vergrabene Schätze zu finden.

Er weiß, wo der erste Schatz vergraben liegt: Vom toten Baum aus muss er 50 Schritte nach Osten und dann 30 Schritte nach Norden gehen.

Hilf ihm die anderen Schätze zu finden.

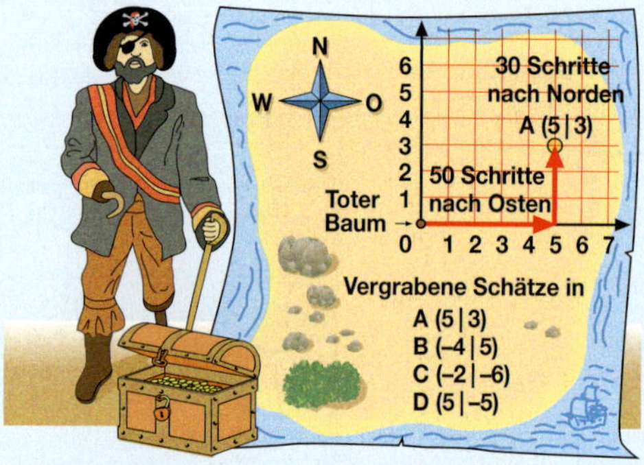

3 Rechtecke umklappen

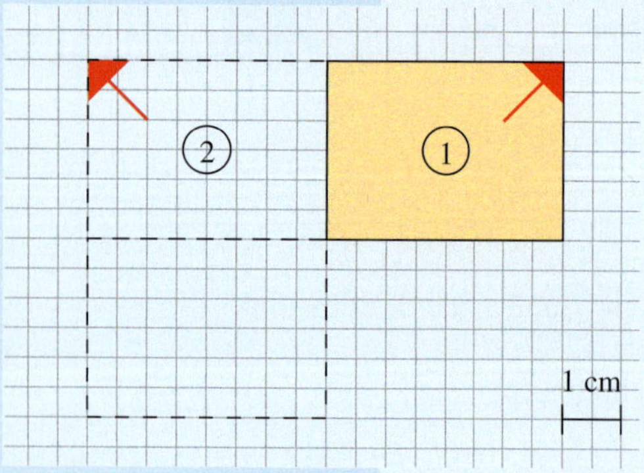

Schneide ein 4 cm langes und 3 cm breites Rechteck aus Papier oder Pappe aus. Zeichne in eine der vier Ecken von vorne und hinten einen Pfeil. Male die Vorderseite farbig an.

Lege das Rechteck auf Karopapier und umrande die Stelle, auf der es liegt. Klappe es insgesamt viermal, aber nicht zweimal hintereinander um dieselbe Seite. Am Ende soll das Rechteck wieder so liegen wie am Anfang.

Probiere verschiedene Möglichkeiten aus und beschreibe, auf welche Punkte der Pfeil jeweils zeigt. Wie müsste man das Rechteck umklappen, damit der Pfeil immer auf denselben Punkt zeigt?

4 Brettspiel

► siehe Erarbeitung

Zu diesem Spiel brauchst du zwei blaue und zwei rote Spielwürfel. Zeichne das Spielfeld mit der braunen und der grünen Achse auf ein kariertes Blatt. Das Spielfeld kann bei Bedarf in alle Richtungen erweitert werden.

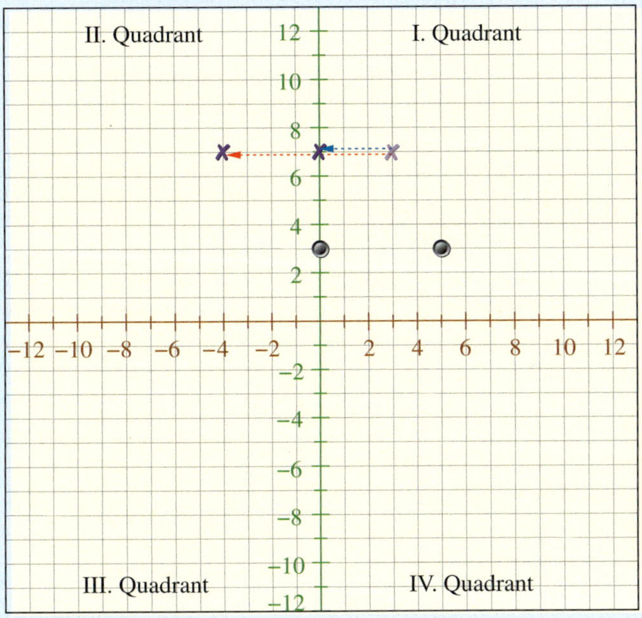

Beispiel

Spieler ✗ stand auf Punkt (0|7).

Im nächsten Zug entscheidet er sich für die horizontale Spielrichtung. Mit dem abgebildeten Würfelergebnis geht er 3 Schritte nach rechts und 7 Schritte nach links. Er landet auf Punkt (−4|7).

Dieser Punkt hat den Wert $4 \cdot 4 + 7 \cdot 7 = 65$.

Spielstand

Spieler ●	Spieler ✗
9	49
34	65

Die Spieler würfeln abwechselnd und spielen nach folgender Spielregel:

1. Vor dem Spielbeginn legen die Spieler fest, wie viele Runden sie spielen möchten. Startpunkt ist für alle Spieler der Nullpunkt (0|0).
2. Vor jedem Wurf wählt der Spieler die Spielrichtung, in der er sich bewegen möchte: horizontal, d. h. in Richtung der braunen Achse, oder vertikal, d. h. in Richtung der grünen Achse. Dann würfelt er mit den vier Würfeln.
   Er geht
   - so viele Schritte in positive Richtung, also nach oben oder nach rechts, wie die blauen Würfel zeigen und
   - so viele Schritte in negative Richtung, also nach unten oder nach links, wie die roten Würfel zeigen.
3. Der Wert des erreichten Punktes wird dem Spieler gutgeschrieben. Berechnet wird der Wert wie im Beispiel oben.
4. Gewonnen hat der Spieler mit der höchsten Gesamtpunktzahl.

▶ Koordinatensysteme

Ein System zur Angabe der Lage von Punkten wie das Spielfeld im Auftrag 4 nennen die Mathematiker **Koordinatensystem**.

Ein Koordinatensystem besteht aus Ursprung und Koordinatenachsen.
Der Ursprung ist der Nullpunkt (0|0).

Die Koordinatenachsen sind Zahlengeraden, die senkrecht zueinander stehen und sich im Ursprung schneiden. Die horizontale Achse heißt x-Achse, die vertikale heißt y-Achse.
Die Achsen unterteilen das Koordinatensystem in 4 Bereiche, die Quadranten.
Sie werden mit römischen Zahlen I, II, III, IV bezeichnet.

Tipp

Vom Ursprung zum Punkt $P(2|-3)$ gehst du im Koordinatensystem 2 nach rechts und 3 nach unten.

Auf dem Spielfeld ist die x-Achse braun, die y-Achse grün gezeichnet. Startpunkt des Spiels ist der Ursprung des Koordinatensystems. Die Bewegungsrichtungen im Spiel sind so, wie du es vom Zahlenstrahl her kennst. Die Pfeilspitze an den Achsen zeigt in Richtung der positiven Zahlen: nach rechts an der x-Achse, nach oben an der y-Achse.

Jeder Punkt im Koordinatensystem ist durch seine x- und y-Koordinate eindeutig festgelegt.
Die x-Koordinate wird immer zuerst genannt.

$P(2|-3)$
x-Wert y-Wert
Koordinaten von P

Die Punkte R und S haben also die Koordinaten: $R(-2|4)$ und $S(5|4)$.

Gehst du vom Punkt P nun 5 Einheiten nach links (also -5) und 8 Einheiten nach oben (also $+8$) verschieben, dann kommst du zum Punkt Q.

Die Wahl der Einheit auf den Zahlengeraden hängt von der jeweiligen Aufgabe ab.

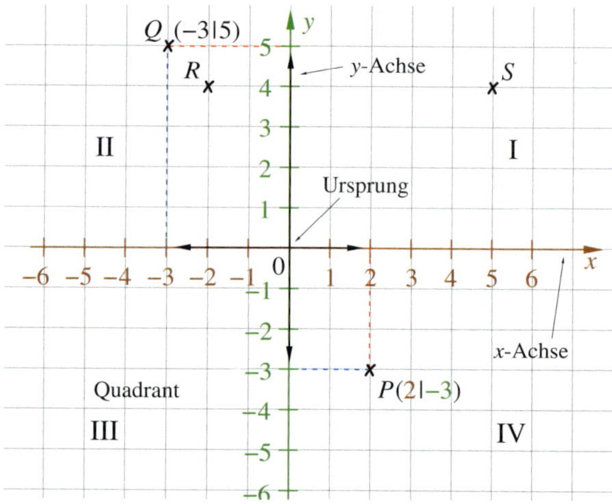

Koordinatensysteme werden immer dort gebraucht, wo die genaue Lage von Punkten und Objekten interessant ist: bei Spielen wie „Schiffe versenken“ oder Schach und ebenso bei Stadtplänen und Landkarten.

Beim geographischen Koordinatensystem der Erde geben Längen- und Breitengrade die Lage eines Ortes an. Das Gradnetz der Erde kannst du auf einem Globus besonders gut erkennen. Hier werden nicht positive und negative Werte unterschieden, sondern östliche und westliche Länge sowie nördliche und südliche Breite.
Frankfurt am Main liegt nahe dem 50. Breitengrad (genauer 50° 7' nördliche Breite) und zwischen dem 8. und 9. Längengrad (8° 41' östliche Länge).

Trainieren Anwenden Vernetzen

1 Gib die Koordinaten der Punkte an, die im Koordinatensystem markiert sind.

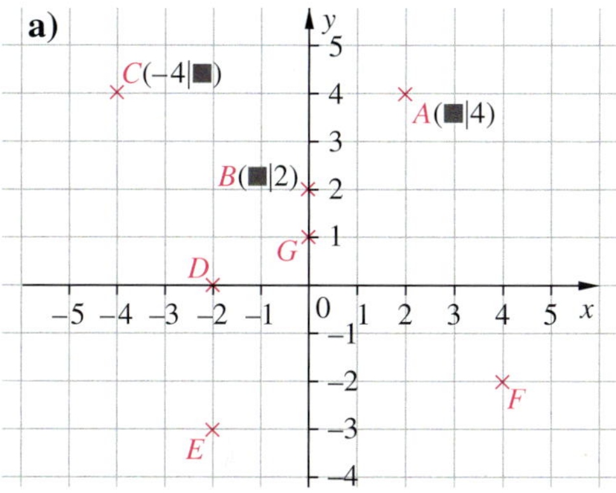

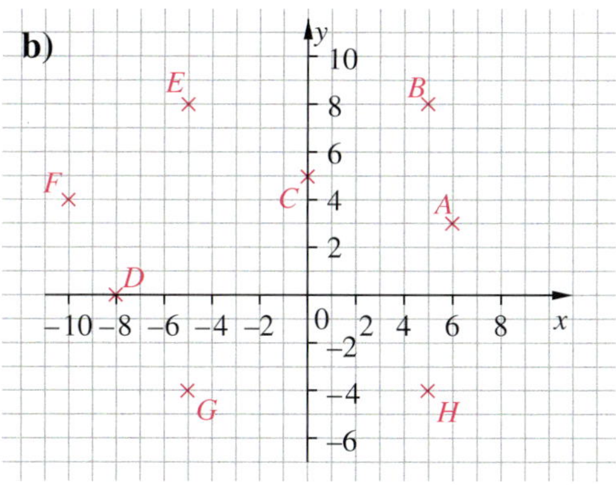

2 Trage die Punkte in ein Koordinatensystem mit der Einheit 1 cm ein. Zeichne die Achsen im Bereich von −7 bis 7.

a) $S(-5|5)$, $T(4|0)$, $U(4|-2)$, $V(-1|3)$, $W(-3|1)$, $X(-4|-4)$, $Y(0|-6)$, $Z(3|-3)$

b) $J(-2|-2)$, $K(-6|0)$, $L(6|-6)$, $M(4|-5)$, $N(0|0)$, $P(-1|1)$, $Q(5|2)$, $R(5|-2)$

3 Trage die Punkte in ein Koordinatensystem mit der Einheit 5 mm ein und verbinde sie.
Zeichne beide Achsen im Bereich von −10 bis 10.
Setze die Folge fort.
$(1|1)$, $(-1|1)$, $(-1|-1)$, $(1|-1)$, $(2|2)$, $(-2|2)$, $(-2|-2)$, $(2|-2)$, $(3|3)$, $(-3|3)$, …

4 Trage die Punkte $P(-3|-1)$, $Q(0|2)$, $R(4|-1)$ und $S(7|2)$ in ein Koordinatensystem ein. Verbinde die Punkte.
Es ergibt sich ein Viereck. Um welche Art von Viereck handelt es sich?

5 Trage die Strecken und Geraden in ein Koordinatensystem mit der Einheit 1 cm ein. Zeichne für Aufgabe a) und b) je ein Koordinatensystem.

a) Strecke $\overline{AB}$ mit den Endpunkten $A(-6|-3)$ und $B(-4|3)$. Strecke $\overline{CD}$ mit den Endpunkten $C(1|1)$ und $D(3|-5)$. Strecke $\overline{EF}$ mit den Endpunkten $E(-5|5)$ und $F(-2|2)$.

b) Gerade g durch die Punkte $G(1|4)$ und $H(3|5)$. Gerade h durch die Punkte $I(-3|-3)$ und $J(4|4)$. Gerade l durch den Punkt $K(-3|3)$ und orthogonal zu h. Gerade m parallel zur y-Achse und durch den Punkt $L(4|0)$.

6 Trage die Punkte jeweils in ein Koordinatensystem ein und verbinde sie. Welche Figur entsteht?

a) $A(-1|-2)$, $B(-1|-1)$, $C(3|-1)$, $D(3|1)$, $E(-1|1)$, $F(-1|2)$, $G(-4|0)$, $A(-1|-2)$

b) $A(0|-3)$, $B(2|-3)$, $C(2|-2)$, $D(5|-2)$, $E(3|0)$, $F(4|0)$, $G(2|2)$, $H(3|2)$, $I(1|4)$, $J(-1|2)$, $K(0|2)$, $L(-2|0)$, $M(-1|0)$, $N(-3|-2)$, $O(0|-2)$, $A(0|-3)$

c) Beschreibe andere Figuren durch Koordinaten.

7 Hier wurde jeweils versucht, das Dreieck $P(-2|3)$, $Q(1|5)$ und $R(4|2)$ zu zeichnen.
Finde die Fehler und zeichne das korrekte Dreieck in dein Heft.

a)

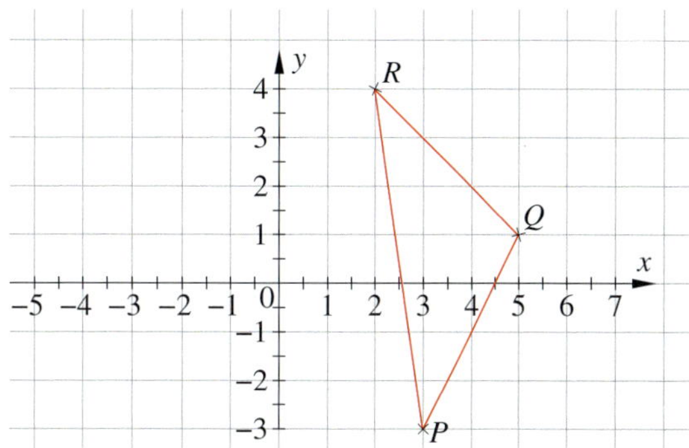

b)

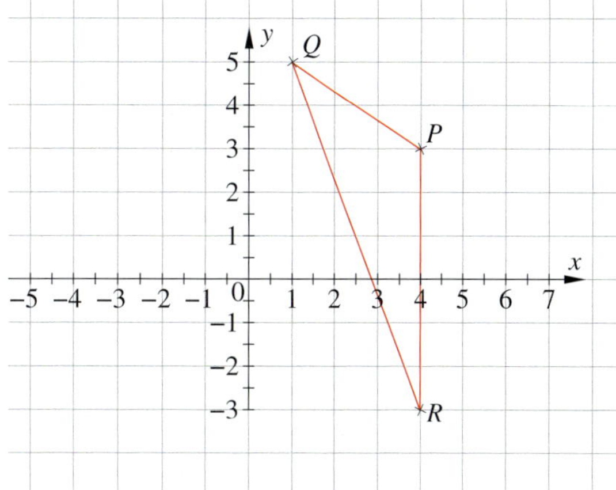

8 In welchen Quadranten befinden sich die Punkte? Begründe.
$A(-22|15)$, $B(69|-87)$, $C(-201|-220)$, $D(199|3)$, $E(-210\,345|32\,677)$, $F(-28|0)$

9 Verbinde die Punkte $A(5|-3)$, $B(9|1)$, $C(3|7)$ und ergänze sie zu einem Rechteck.
Welche Koordinaten hat der 4. Eckpunkt D?

10 Zeichne die Punkte $A(2|2)$, $B(-6|6)$ und $C(-7|2)$ in ein Koordinatensystem. Ergänze sie durch einen Punkt D zu einem Parallelogramm.
Welche Koordinaten hat dieser Punkt?

11 Zeichne durch die Punkte $A(-2|-3)$ und $B(3|2)$ eine Gerade g und durch den Punkt $C(-4|0)$ eine zu g parallele Gerade h.
Miss den Abstand der Geraden g und h voneinander.

12 Zeichne eine Gerade g durch die Punkte $A(7|0)$ und $B(0|7)$ sowie den Punkt $P(2|2)$.
a) Bestimme den Abstand des Punktes P von der Geraden g sowie von den Koordinatenachsen.
Wie oft musst du messen?
b) Bestimme die Länge der Strecken $\overline{AB}$, $\overline{AP}$ und $\overline{BP}$.

noch fit?

I Veranschauliche die Zahlen jeweils auf einer gemeinsamen Zahlengeraden.
a) 13; −7; 10; −5; −1; 4
b) 50; −250; 0; 25; −100; −300; 150

II Bestimme möglichst genau …
a) … die Dicke deiner Tischplatte.
b) … die Länge und Breite eines DIN-A4-Blattes.
c) … die Größe der Tafel.
d) … den Umfang deines Handgelenks.
e) … deinen Abstand vom Lehrerpult.

III In welcher Einheit würdest du folgende Größen angeben?
a) Masse einer Lokomotive
b) Größe eines Fußballfeldes
c) Reaktionszeit eines Menschen
d) Maße eines Stapels Kopierpapier

Trainieren **Anwenden** Vernetzen

13 Trage in ein Koordinatensystem ein: $P(-3|-1)$, $Q(-2|0)$, $R(-1|1)$, $S(0|2)$, $T(1|3)$, $U(2|4)$.
a) Was fällt dir bei der Lage der Punkte auf? Erkennst du eine Regelmäßigkeit bei den Koordinaten der Punkte? Versuche, den Zusammenhang zu erklären.
b) Haben $V(-6|-4)$ und $W(5|7)$ auch diese Eigenschaft? Begründe.

14 Lies die Koordinaten der Eckpunkte ab, bestimme die Seitenmitten und den Diagonalenschnittpunkt.

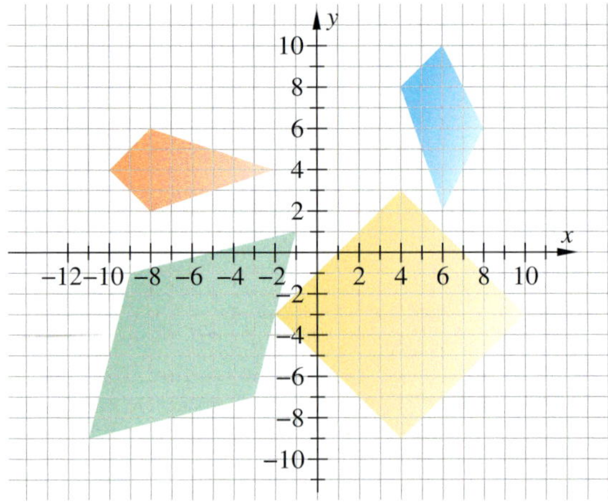

15 Gib die Eckpunkt-Koordinaten aller Teilfiguren an. Übertrage die Zeichnung in dein Heft und miss die Seitenlängen der Teilfiguren.

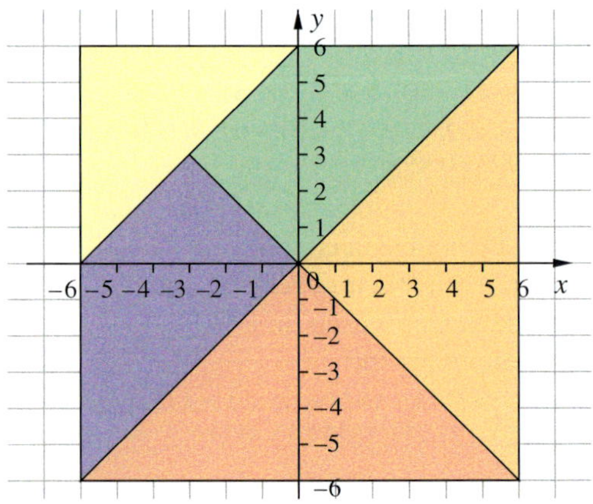

16 Zeichne einen Kreis um den Ursprung mit dem Radius 5 cm.
Welche Punkte mit ganzzahligen Koordinaten liegen auf dem Kreis, welche innerhalb des Kreises?

17 Write down the coordinates of the points in this figure.

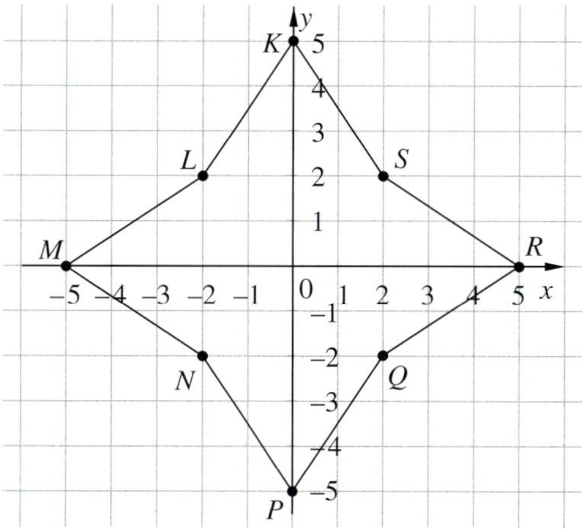

18 Schrägbild im Koordinatensystem

a) Trage die Punkte $A(-3|-3)$, $B(1|-3)$, $C(3|-1)$, $D(-1|-1)$ in ein Koordinatensystem ein. Ergänze die Punkte zum Schrägbild eines Würfels und gib die Koordinaten der weiteren Eckpunkte an.

b) Zeichne das Schrägbild eines Quaders in ein Koordinatensystem und gib seine Eckpunkte an.

19 Konstruiere ein Muster.

a) Zeichne in die Mitte eines DIN A4-Blattes ein Koordinatensystem mit der Einheit 1 cm.
Trage folgende Punkte ein und verbinde sie.
$A(6|0)$, $B(0|3)$, $C(-6|0)$, $D(0|-3)$

b) Vertausche nun bei jedem der Punkte A bis D die x- und die y-Koordinate und schreibe die neuen Punkte E bis H auf.
Zeichne sie in dasselbe Koordinatensystem ein und verbinde sie ebenfalls.

c) Zeichne um jeden Punkt einen Kreis mit dem Radius 3 cm.
Beschreibe die entstandene Figur.

20 Schreibe eine Konstruktionsanweisung für dieses Muster. Wähle zuerst ein geeignetes Koordinatensystem (es gibt verschiedene Möglichkeiten).

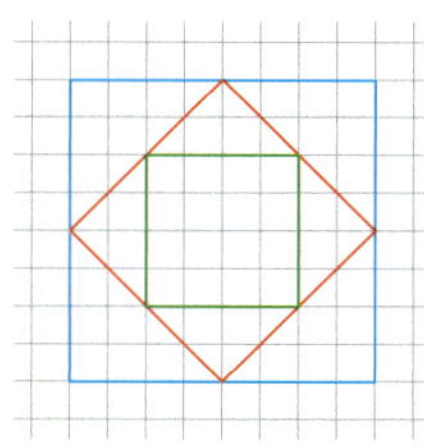

21 Erfinde selbst ein Muster, zeichne es und schreibe eine Konstruktionsanweisung dafür.
Tausche deine Anweisung mit einem Partner und zeiche sein Muster, während er deines zeichnet. Vergleicht hinterher mit den Originalzeichnungen.

22 Von einer Strecke kennst du den Endpunkt $S(2|5)$ und den Mittelpunkt $M(6|3)$.
Wie heißen die Koordinaten des anderen Endpunktes der Strecke?

23 Zeichne den Punkt $P(-5|7)$ in ein Koordinatensystem ein. Gehe von P aus drei Einheiten nach rechts und vier Einheiten nach unten.

a) Welchen Punkt Q erhältst du?

b) Führe dieses Verfahren mit dem Punkt Q und den weiteren erzeugten Punkten ebenso durch.
Welche Eigenschaft haben diese Punkte?

24 In der Innenstadt Erlangens verlaufen die Straßen rechtwinklig zueinander.

a) Wähle den Schlossplatz als Ursprung eines Koordinatensystems (Einheit 1 mm ≙ 10 m in Wirklichkeit). Zeichne den Bahnhof $B(-20|-16)$, das Elektrizitätswerk $E(-10|31)$, das Audimax $A(87|15)$ und das Hallenbad $H(37|-37)$ ein.

b) Bestimme die Entfernungen Bahnhof–Audimax und Elektrizitätswerk–Hallenbad.

25 Beschreibe das Koordinatensystem, das dem Plan der Stadt Mannheim zugrunde liegt.

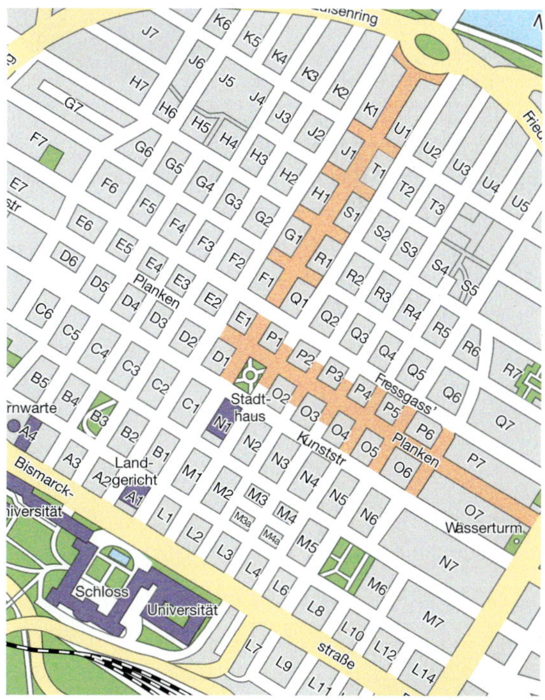

Finde im Stadtplan die Stelle, an der das rechts abgebildete Straßenschild vermutlich steht.

Trainieren Anwenden **Vernetzen**

26 Zeichne die vier Punkte $A(-2|3)$, $B(7|-9)$, $C(6|1)$ und $D(3|-8)$ in ein Koordinatensystem mit der Einheit 5 mm.
Verbinde die Punkte A und B sowie die Punkte C und D.
Die beiden Linien schneiden sich im Punkt S. Welche Koordinaten hat er?

27 Zeichne ein Koordinatensystem und trage mit verschiedenen Farben die Punkte $P(x|y)$ ein:
a) x ist eine beliebige ganze Zahl, y ist -4.
Beispiele: $P(3|-4)$, $Q(-2|-4)$
b) Die x-Koordinate ist um 2 größer als die y-Koordinate.
c) x ist eine natürliche Zahl, y ist ihre Gegenzahl.

28 Mit einem Fernrohr kannst du Sternbilder beobachten. Zeichne in ein Koordinatensystem mit der Einheit 1 cm.

a) Kassiopeia:
Zeichne die Punkte $A(0|0)$, $B(1|-2)$, $C(2|-1)$, $D(3|-3)$, $E(5|-1)$ und verbinde sie in der Reihenfolge $ABCDE$.
b) Suche im Atlas das Sternbild des großen Wagens und zeichne es in ein Koordinatensystem.

29 Für ein Werkstück aus Metall soll eine Schablone angefertigt werden.

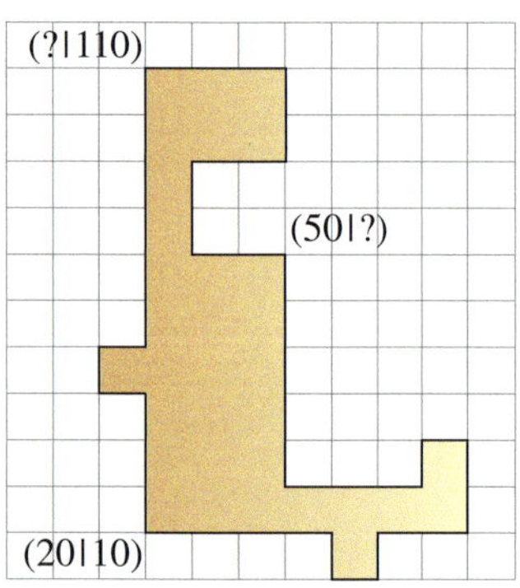

Leider sind nicht von allen Eckpunkten die Koordinaten bekannt. Übertrage die Zeichnung in dein Heft und bestimme die fehlenden Koordinaten der Eckpunkte.

30 Der Roboter ist so programmiert, dass er sich nur auf gedachten Quadraten in einer Fertigungshalle bewegen kann. Er kann die Bewegungen „links drehen", „rechts drehen" und „geradeaus ein Kästchen weiter" durchführen.
Wie kommt er auf schnellstem Weg an sein Ziel? Beschreibe den Weg des Roboters, sodass der Weg auch ohne das Bild der Werkhalle verständlich ist.

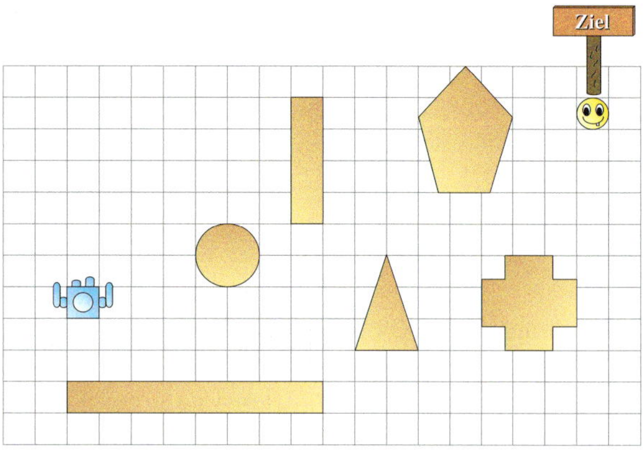

31 Zeichne das Koordinatensystem von Aufgabe 1 a) in dein Heft.
a) Stell dir vor, du stellst entlang der y-Achse einen Spiegel auf. Wohin werden die Punkte C, D und E gespiegelt? Gib die Koordinaten der gespiegelten Punkte C', D' und E' an.
Wohin wird B gespiegelt? Wie lauten die Koordinaten des gespiegelten Punktes B'?
b) Stell dir vor, du stellst entlang der x-Achse einen Spiegel auf. Wohin werden die Punkte A, B, C und D gespiegelt?
Gib die Koordinaten der gespiegelten Punkte A', B', C' und D' an.

Aufgabe der Woche

Zeichne folgende Punkte in ein Koordinatensystem und verbinde sie.
Woher kennst du die Symbole und was bedeuten sie?
a) $A(2|0)$, $B(4|0)$, $C(6|2)$, $D(6|4)$, $E(4|6)$, $F(2|6)$, $G(0|4)$, $H(0|2)$
b) $A(-1|-1)$, $B(1|-1)$, $C(1|0)$, $D(2|0)$, $E(2|1)$, $F(1|1)$, $G(1|2)$, $H(0|3)$, $I(-1|2)$, $J(-1|1)$, $K(-2|1)$, $L(-2|0)$, $M(-1|0)$
c) $A(5|-3)$, $B(7|-3)$, $C(7|4)$, $D(8|4)$, $E(6|6)$, $F(4|4)$, $G(5|4)$, $H(5|2)$, $I(3|2)$, $J(3|3)$, $K(1|1)$, $L(3|-1)$, $M(3|0)$, $N(5|0)$

Körper und ihre Netze

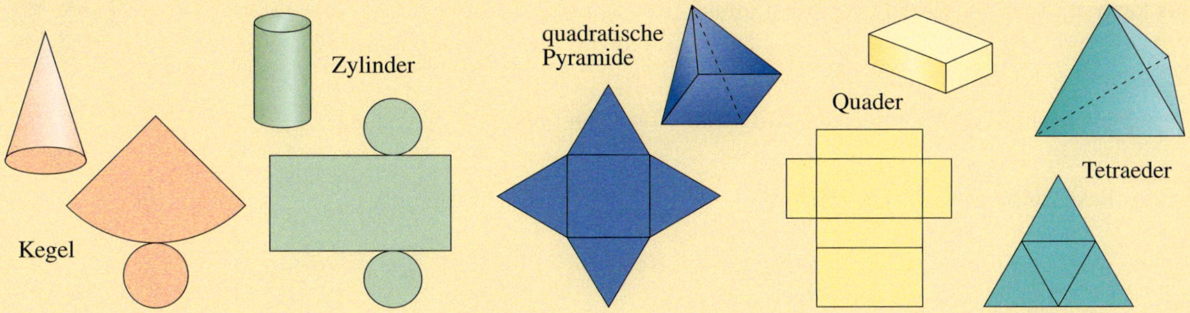

Schrägbilder

Kanten, die in Wirklichkeit zueinander parallel sind, sind auch im Schrägbild zueinander parallel.
Gleichlange zueinander parallele Kanten sind auch im Schrägbild gleichlang und zueinander parallel.
Nach hinten verlaufenden Kanten zeichne auf den Kästchendiagonalen (1 Diagonale ≙ 2 Kästchen).

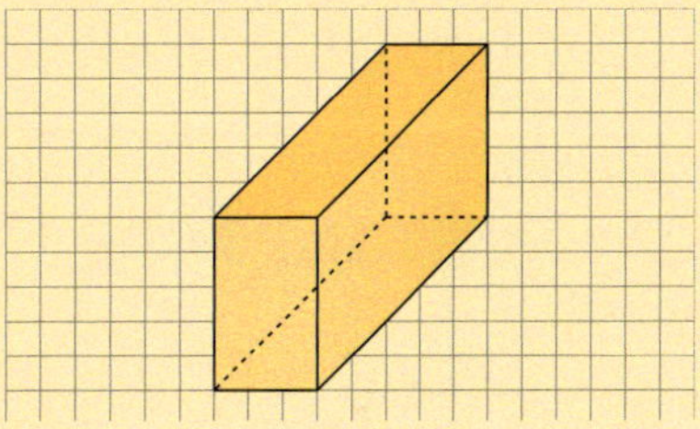

Ebene Figuren

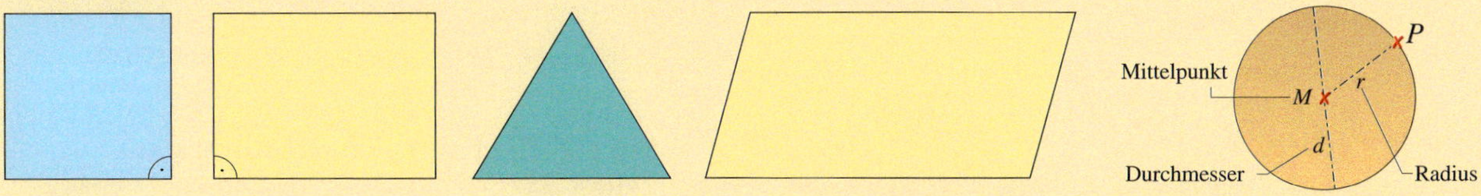

Quadrat **Rechteck** **Dreieck**

Ein **Parallelogramm** ist ein Viereck mit jeweils parallelen gegenüberliegenden Seiten.

Jeder Punkt auf der **Kreislinie** ist vom Mittelpunkt gleichweit entfernt.

Strecke $\overline{EF}$ und Gerade EF

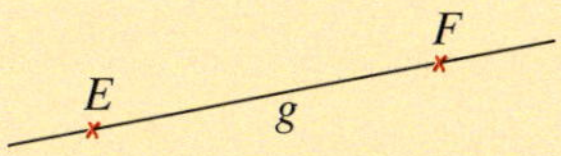

Eine Strecke ist die geradlinige Verbindung zweier Punkte. Die Streckenlänge $|\overline{EF}|$ können wir messen. Die Gerade hat keinen Anfang und kein Ende. Sie hat deshalb keine Länge.

Parallele und senkrechte Geraden $g \parallel h$ und $g \perp l$, $h \perp l$

Die Gerade g ist **parallel** zur Geraden h. Die Geraden g und h haben keinen **Schnittpunkt**. Die Gerade l ist **senkrecht** oder **orthogonal** zu den Geraden g und h. Die Geraden schneiden sich jeweils im **rechten Winkel**.
Der **Abstand** ist die Länge der kürzesten Verbindung. Der Abstand von einer Geraden wird entlang ihrer Senkrechten gemessen.

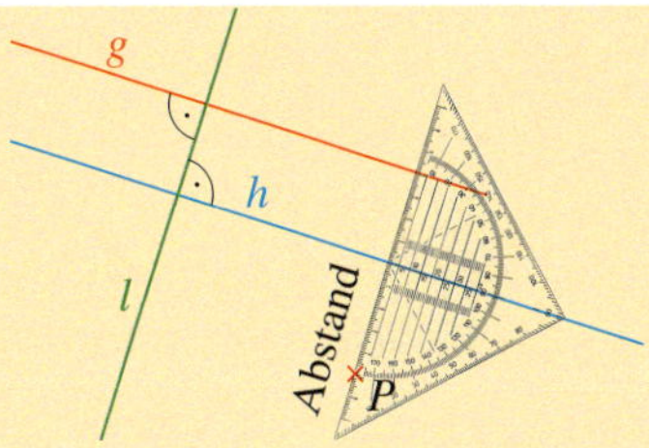

Koordinatensystem

In einem Koordinatensystem geben wir Punkte mit ihren Koordinaten an.

$P(3|-2)$
x-Wert y-Wert
Koordinaten von P

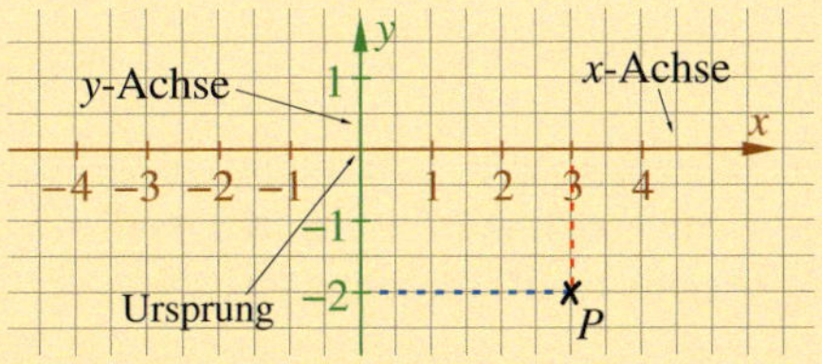

Das kann ich schon – das will ich noch üben ...
Fülle den Selbsteinschätzungsbogen aus. Du findest ihn im Internetangebot unter 110-1.

Gezielt üben kannst du mit folgenden Aufgaben. Lösungen findest du im Anhang.

Körper beschreiben und Netze zeichnen

1 Zu welchen Körpern gehören die Netze? Ein Netz ist fehlerhaft, beschreibe den Fehler.

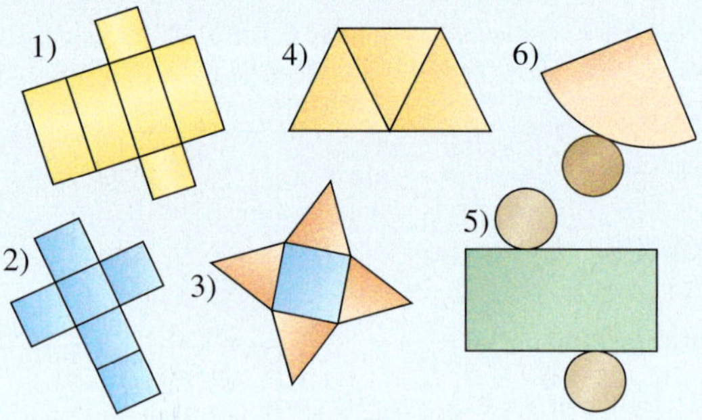

2 Der Würfel (Kantenlänge 3 cm) hat eine rote Ecke. Zeichne sein Netz mit den richtigen Maßen.

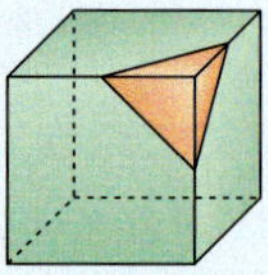

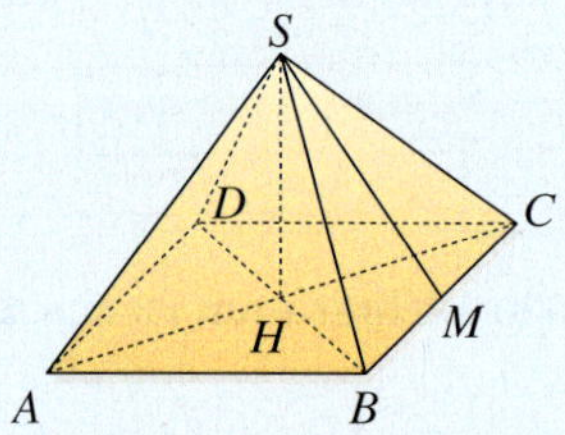

3 Alle Kanten der quadratischen Pyramide sind 4 cm lang.

a) Zeichne ein Netz in richtiger Größe.

b) Der Punkt M halbiert die Strecke $\overline{BC}$. Miss die Länge der Strecke $\overline{SM}$.

c) Zeichne das Dreieck DBS mit den richtigen Maßen.

d) Wie lang ist ungefähr die Strecke $\overline{SH}$, die Höhe der Pyramide?

Körper im Schrägbild darstellen

4 Zeichne das Schrägbild eines Quaders mit den Kantenlängen $a = 5$ cm, $b = 4$ cm, $c = 3$ cm. Beschreibe, wie du vorgehst.

5 Zeichne ein Schrägbild des Würfeldrillings, wie er von rechts oben betrachtet aussieht.

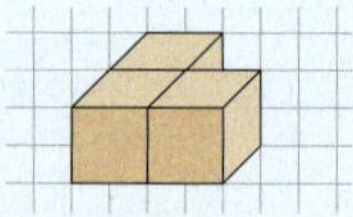

6 Zeichne die Figur in dein Heft. Zeichne zwei senkrechte Geraden zur Geraden h durch die Punkte A und B. Zeichne eine Parallele zur Geraden h durch den Punkt B. Welche Figur ist entstanden? Zeichne die Strecke $\overline{AB}$. Wie wird diese Strecke in der Figur bezeichnet?

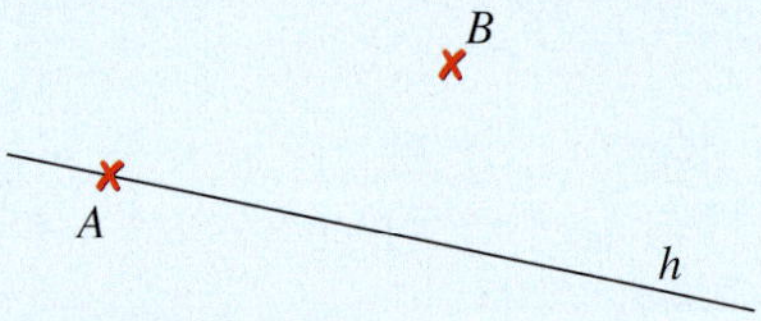

7 Welche Vierecke mit zueinander senkrechten Diagonalen kennst du? Zeichne sie.

8 Eine ebene Figur habe eine Seite mit der Länge 5 cm und zwei Seiten mit der Länge 3 cm. Zeichne ein Parallelogramm, ein Trapez und ein gleichschenkliges Dreieck mit dieser Eigenschaft.

Punkte und Figuren im Koordinatensystem darstellen

9 Trage in ein Koordinatensystem die Punkte $R(-5|-2)$ und $S(3|2)$ ein.

a) Zeichne die Gerade RS und die zu RS parallele Gerade g durch $T(-2|4)$.

b) Zeichne die Gerade h, die zu g senkrecht ist und durch T geht.

c) In welchem Punkt schneidet h die x-Achse? Zeichne um diesen Punkt einen Kreis mit dem Radius 3 cm.

10 Lies die Koordinaten der Eckpunkte ab, bestimme die Seitenmitten und den Diagonalenschnittpunkt.

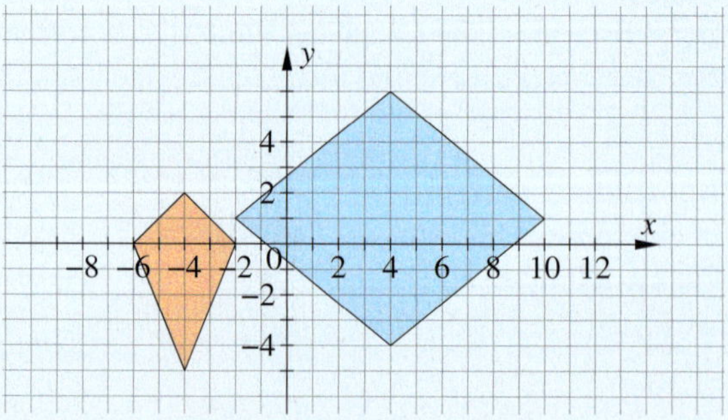

4. Addieren und Subtrahieren

Du hast viele Zahlen kennen gelernt: große und kleine, natürliche und ganze. Ordnen kannst du die Zahlen auch, mit einer Stellenwerttafel oder auf der Zahlengeraden. Jetzt geht es darum, mit diesen Zahlen zu rechnen. Wie kannst du Additions- und Subtraktionsaufgaben geschickt rechnen? Wie hilfst du dir, wenn eine Aufgabe so lang ist wie diese?

+1546
+540
−755
−3
+43087
+4403
+15735
−58543
+89
−6
+60
−2030
+672817
+34265
+46577
+454
−245
+97
+70
+11
−87
+58543
+1023
−577
+183
+99999
−17534
+297
−23
+1
+1000006

4.1 Vorteilhaftes Addieren und Subtrahieren

1 SV-Sammlung

Eines Tages kommen Oberstufenschüler und -schülerinnen in die Klasse 5 a. Sie stellen sich als Schülervertretung (SV) vor. Die SV sammelt Geld für eine Tischtennisplatte in der Pausenhalle. „Uns fehlen nur noch 200 €! Für diesen Betrag müsste jedes Kind aus der Unterstufe 1 € beim Klassensprecher abgeben. Wenn etwas davon übrig bleibt, wäre es für euren Spielenachmittag! Seid ihr einverstanden?“

Alle Kinder finden das prima. Leider können die SV-Schüler ihnen nicht sagen, wie viel Geld für den Spielenachmittag übrig bleibt, aber Peter und Iris entdecken am schwarzen Brett in der Pausenhalle eine Liste mit den Klassen der Unterstufe …

Klasse	Klassenlehrer	Raum	Schüleranzahl
5 a	Meier	R 221	31
5 b	Geiger	R 113	32
5 c	Alberts	R 112	30
6 a	Weber	R 222	29
6 b	Nägele	R 114	28
6 c	Fiedler	R 223	30

▶ siehe Erarbeitung

2 Die Bausteinspirale

Aus Bausteinen hat jemand diese Spirale gelegt. Daneben siehst du eine Schachtel. Zeichne den Boden der Schachtel in dein Heft. Die Kästchen geben dir die Maße an.
Finde verschiedene Arten, die Steine in die Schachtel einzuräumen.

Wie lang wird die Reihe, wenn man alle Steine hintereinander legt?
Vielleicht kannst du das an einer deiner eingeräumten Schachteln besonders einfach erkennen.

Mit den in der Schachtel vorhandenen Steinen soll ein Quadrat der Seitenlänge 15 wie in der Skizze eingezäunt werden.
Schließe die Lücke.

3 Rechnen mit Gauß

Vom Mathematiker Carl Friedrich Gauss (1777–1855) wird erzählt, dass sein Rechenlehrer einmal diese Aufgabe gestellt hat:
Addiere die Zahlen von 1 bis 100.

Er hatte wohl angenommen, dass seine Schüler nun längere Zeit beschäftigt sein würden. Zur großen Überraschung des Lehrers löste der neunjährige Carl Friedrich die Aufgabe in kürzester Zeit.

Beschreibe seinen Lösungsweg, den das Bild andeutet.
Erfinde selbst ähnliche Aufgaben wie z. B.
$1 + 3 + 5 + \ldots + 99$.

4 Klassenfest

Es ist ein Klassenfest geplant. Du sollst die Knabbereien kaufen. Dafür hast du zehn Euro aus der Klassenkasse bekommen.
Nutze die zehn Euro möglichst gut aus, aber kaufe nichts doppelt.
Berechne, wie viel Geld du übrig hast.

Dummerweise hast du im Geschäft nichts zu schreiben und auch keinen Taschenrechner dabei. Zudem ist das Personal sehr unfreundlich.
Kannst du dir selbst helfen?

Erdnusslocken	1,18 €
Kartoffelchips	1,43 €
Knabbergebäck	1,74 €
Cracker	0,51 €
Partygebäck	1,27 €
Mais-Chips	1,32 €
Salzstangen	1,23 €
Erdnüsse	1,57 €
Salzbrezeln	1,26 €

▶ Vorteilhaft und mit Regeln rechnen

Es gibt verschiedene Arten, die Bausteine aus Auftrag 2 in die Schachtel zu räumen. Zwei mögliche Arten sind hier abgebildet, vielleicht hast du noch andere gefunden.

Für die Berechnung der Gesamtlänge aller Steine ist die linke eingeräumte Schachtel interessant. Sie zeigt, wie du die Längen besonders leicht addieren kannst:
Jeweils zwei Steine ergeben zusammen 15.

Info

Rechenausdrücke wie z. B. (34 – 2) + 3 nennt man **Term**.
Alle sinnvollen Zusammensetzungen aus Zahlen, Rechenzeichen und Klammern sind Terme.

$1 + 2 + 3 + 4 + 5 + 6 + 7 + 8 + 9 + 10 + 11 + 12 + 13 + 14$

$= (1 + 14) + (2 + 13) + (3 + 12) + (4 + 11) + (5 + 10) + (6 + 9) + (7 + 8)$

$= 15 + 15 + 15 + 15 + 15 + 15 + 15$

$= 7 \cdot 15$

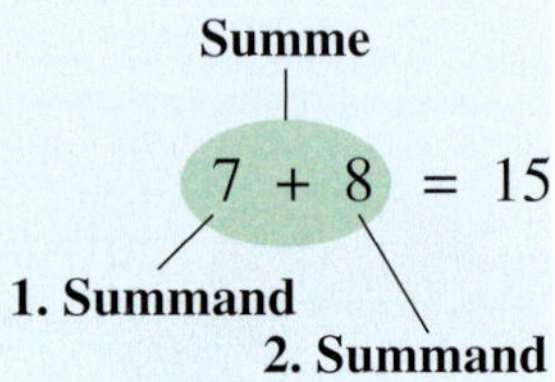

Gleichgültig, in welcher Reihenfolge du die Steine aneinanderlegst, es kommt immer dieselbe Gesamtlänge heraus. Auch Klammern ändern die Gesamtlänge nicht. **Klammern** setzt du dann, wenn du nicht in der Reihenfolge von links nach rechts rechnen willst, sondern zuerst das, was in Klammern steht. Diese Beobachtungen werden als mathematische Gesetze für die Addition formuliert:

Das Kommutativgesetz der Addition: Der Wert einer Summe ändert sich nicht, wenn du die Summanden miteinander vertauschst. 4 + 11 = 11 + 4

Das Assoziativgesetz der Addition: Du kannst bei einer Summe beliebig Klammern setzen oder weglassen. (5 + 3) + 7 = 5 + 3 + 7 = 5 + (3 + 7)

Info

commutare (lat.): vertauschen
associare (lat.): verbinden

Indem du die Reihenfolge von Summanden änderst und sie durch Klammern passend zueinander zu gruppierst, kannst du vorteilhaft rechnen. Für das Kopfrechnen bedeutet dies, dass du bei einer Summe nicht von links nach rechts rechnen musst.
Du kannst dir die Summanden in geeigneter Reihenfolge auswählen. Sinnvoll ist es, die bereits berücksichtigten Summanden zu kennzeichnen, zum Beispiel durch Unterstreichen (wie oben) damit jeder genau einmal verwendet wird.

Zum Schließen der Lücke rechnest du:

7 + 1 + ☒ = 15 oder 15 – 7 – 1 =

In beiden Fällen erhältst du als Ergebnis 7.

Du benötigst also Steine, die zusammen die Länge 7 ergeben. Alle derartigen Steine sind aber bereits verbaut. Um dennoch ein geschlossenes Quadrat der Seitenlänge 15 zu bauen, musst du andere Steine auswählen (siehe Bild rechts).

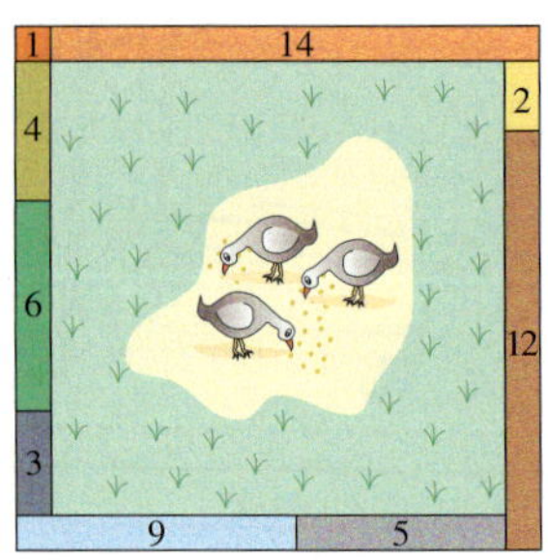

Bei der Addition von 7 gehst du an der Zahlengerade sieben Schritte nach rechts, bei der Subtraktion von 7 gehst du sieben Schritte nach links.

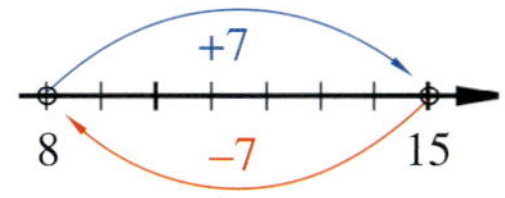

Diese beiden Rechenarten sind einander entgegengesetzt.

Bei der Subtraktion gelten Kommutativ- und Assoziativgesetz nicht.

Bei einer Differenz darfst du Minuend und Subtrahend nicht vertauschen, du kannst auch nicht beliebig Klammern setzen:
$5 - 2 \neq 2 - 5$, denn $3 \neq -3$
$(10 - 4) - 3 \neq 10 - (4 - 3)$, denn $3 \neq 9$

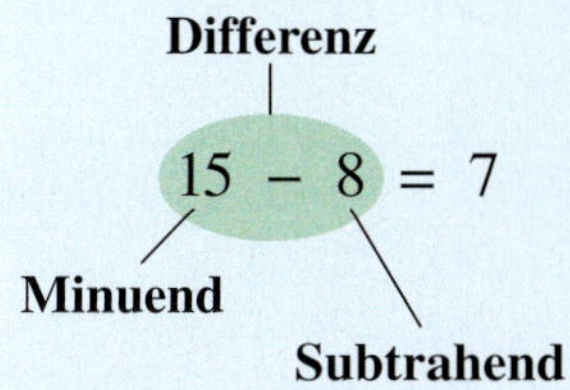

Wenn in einer Aufgabe eine Subtraktion vorkommt, musst du die Regel „von-links-nach-rechts“ einhalten. Mit etwas Köpfchen kannst du auch hier Rechenvorteile wahrnehmen (Beispiel 1).

Du musst darauf achten, dass auch nach dem Vertauschen die 17 subtrahiert und die 14 addiert wird. Subtrahend muss Subtrahend bleiben.

Beispiel 1 a

$37 + 14 - 17$
$= 51 - 17$
$= 34$

von links nach rechts

Beispiel 1 b

$37 + 14 - 17$
$= 37 - 17 + 14$
$= 20 + 14$
$= 34$

Subtrahend bleibt Subtrahend

Beispiel 2

$27 - 12 + 39 - 11$
$= 15 + 39 - 11$
$= 54 - 11$
$= 43$

von links nach rechts

Beispiel 3

$300 - (120 - 40) + (130 + 50)$
$= 300 - 80 + 180$
$= 220 + 180$
$= 400$

Klammervorfahrt

Einen Schritt weitergedacht

Wenn der Subtrahend größer ist als der Minuend, wie z.B. bei der Aufgabe $17 - 25$, kannst du schrittweise vorgehen. Anhand der Zahlengeraden erkennst du, wie beim Überschreiten der Null zu rechnen ist.

Bis zur 0 sind es 17 Schritte.

Danach bleiben noch $25 - 17$, also 8 Schritte übrig: $17 - 25 = -8$

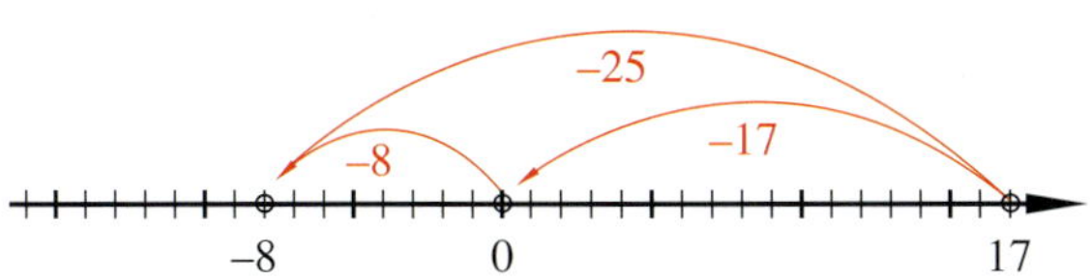

Trainieren Anwenden Vernetzen

1 Zeichne eine Zahlengerade zu jeder Aufgabe und stelle die Rechnung mithilfe von Pfeilen dar.

a) 3 + 9 **d)** 10 − 8
b) 8 − 5 **e)** 9 − 7 + 8
c) 12 + 3 − 6 **f)** 17 − 13 ↻ 116-1

2 Skizziere zu jeder Aufgabe eine Zahlengerade und berechne im Kopf.

a) 14 − 6 **d)** 65 − 27
b) 20 − 12 **e)** 134 − 29
c) 19 − 7 **f)** 26 + 89

3 Berechne schrittweise.

a) (317 + 13) − (420 − 120) **d)** 418 − (426 − 8)
b) 526 + (11 + 33) **e)** 17 + (12 − 7) − 12
c) (78 − 13) + (79 − 14) + (80 − 15)

4 Nutze Rechenvorteile.

a) 7 + 15 + 13 **d)** 376 + 247 + 24
b) 270 + 467 + 30 **e)** 18 + 5 + 32 + 6
c) 57 + 22 + 43 **f)** 181 + 137 + 463

5 Rechne geschickt.

a) 167 + 28 − 67
b) 185 − 109 + 14
c) 156 − 89 + 189
d) 368 + 285 − 85 − 48
e) 729 − 370 + 41 + 12
f) 417 + 39 − 417 − 22
g) 60 + 13 + 26 + 38 − 12 − 26 − 37

Englisches Lösungswort: 110 (e); 256 (a); 520 (c); 62 (r); 128 (t); 412 (h); 17 (e)

6 Rechne vorteilhaft.

a) 28 + 17 + 12 + 23
b) 67 + 45 + 33 + 25
c) 24 + 32 + 40 + 48 + 56
d) 438 + 17 + 120 + 512 + 80
e) 503 + 509 + 507 + 501
f) 299 + 373 + 27 + 13 + 1
g) 37 + (288 + 163) + 112
h) 692 − (55 + 145) + (119 + 108)

Lösungswort: 713 (a); 600 (d); 719 (e); 170 (i); 80 (l); 200 (m); 2020 (n); 1167 (0)

7 Berechne.

a) (402 − 3) − (387 − 11) **c)** 312 − 277 − 23 + 98
b) (91 + 36) + (44 + 109) **d)** 881 − (245 + 255) − 371

8 Setze für ☒ „+“ oder „−“ ein, damit es einfach wird.

a) 87 ☒ 47 + 60 **d)** 517 ☒ 343 − 160
b) 25 + 56 ☒ 19 − 38 **e)** 212 − 111 ☒ 101
c) 351 + 238 ☒ 49 **f)** 619 ☒ 319 + 22

9 Wende geschickt das Assoziativ- und Kommutativgesetz an und berechne.

a) 1 + 2 + 3 + 4 + 5 + 6 + 7 + 8 + 9
b) 3 + 6 + 9 + 12 + 15 + 18 + 21 + 24 + 27

10 Addiere geschickt alle Zahlen von 1 bis 39.

11 Addiere möglichst geschickt die Zahlen der 4er-Reihe von 4 bis 36.

12 Welche Zahl musst du für ☒ einsetzen?

a) 49 + ☒ = 87 **c)** 127 − ☒ = 80
b) 85 − ☒ = 26 **d)** 168 + ☒ = 242

13 Übertrage die Tabelle in dein Heft und fülle sie aus.

	a)	b)	c)	d)	e)
Minuend	36		291		29
Subtrahend		34	72	54	
Differenz	12	25		69	29

14 Berechne die fehlenden Zahlen. Ist es Subtrahend, Minuend oder Differenz, die fehlt?

a) 83 − 46 = ☒ **c)** 90 − ☒ = 72
b) ☒ − 27 = 10 **d)** 168 − 87 = ☒

noch fit?

I Schreibe in der angegebenen Einheit.

a) 12 dm (cm) **c)** 8,2 t (kg)
b) 5600 g (kg) **d)** 4 min (s)

II Berechne.

a) 3,4 km + 700 m **d)** 35 cm + 480 mm
b) 202 g − 1200 mg **e)** 40,5 kg − 0,03 t
c) 2 h 35 min − 55 min

III Das Licht legt ca. 300 000 Kilometer in jeder Sekunde zurück. Vom nächsten Fixstern benötigt es ca. 1560 Tage, um die Erde zu erreichen. Wie weit ist der Fixstern von der Erde entfernt?

Trainieren **Anwenden** **Vernetzen**

15 Hier ist dieselbe Aufgabe viermal gerechnet. Beschreibe die Rechnungen und beurteile den Rechenweg sowie die Schreibweise.

a)	54 + 17 − 14 − 17	**c)**	54 + 17 − 14 − 17
	= 71 − 14 − 17		54 + 17 = 71
	= 57 − 17		71 − 14 = 57
	= 40		57 − 17 = 40
b)	54 + 17 − 14 − 17	**d)**	54 + 17 − 14 − 17
	= 54 + 17 = 71 − 14		= 54 − 14 + 17 − 17
	= 57 − 17 = 40		= 40 + 0
			= 40

16 Der Hindelanger Klettersteig ist die schwierigste Route des Allgäu.
Von 840 m über dem Meeresspiegel steigt man um 1130 m auf zur „Heubatspitze", von da 120 m hinab zur „Daumenscharte" und dann wieder 400 m hinauf zum „Großen Daumen".
Wie hoch ist dieser Gipfel?

17 Der Messeturm in Frankfurt (257 m) hat 70 Etagen. Von der 56. Etage fährt jemand 48 Etagen runter, dann 15 hoch, dann 23 hoch, dann 33 runter. Wo befindet er sich nun?

18 Maria, Peter und Dominik schütten das Geld zusammen, das sie für Unicef gesammelt haben.
Maria sagt, sie habe mindestens 70 € gesammelt, Peter meint, er hat sicher 45 €, und Dominik behauptet, dass er sogar 120 € beigesteuert hat. Können sie alle Recht haben, wenn sich ein Gesamtbetrag von 241,29 € herausstellt?

19 Marina kauft mit ihrem Vater für ihr Pflegepferd ein: 50 kg Waldhafer zu 13,40 €, 1 kg Kräuterleckerlis zu 2,90 €, 25 kg Zusatzfutter-Pellets zu 6,60 € und 1 kg Huffett zu 7,10 €.
Kommen sie an der Kasse mit 35 € aus?
Rechne geschickt im Kopf.

20 Im Einkaufswagen hat Frau Müller Haargel für 3,27 €, einen Lippenstift für 2,50 €, Deo-Spray für 2,73 € und Shampoo für 2,50 €.
Der Kassiererin sagt sie: Ich hab das Geld passend auf der Hand.

21 Du darfst 10 € ausgeben. Welche Päckchen wählst du aus?

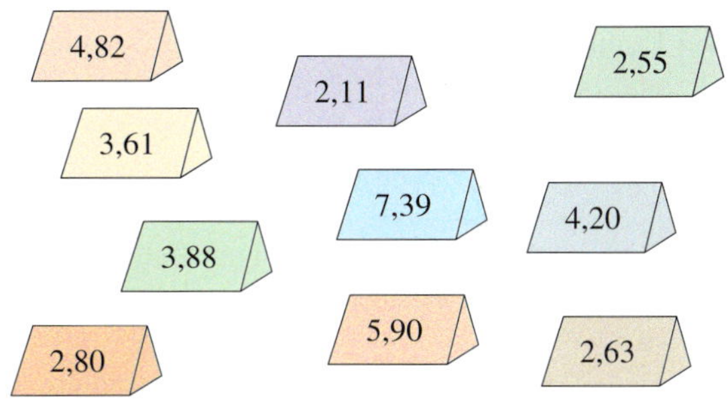

22 Übertrage die Aufgaben in dein Heft und setze das passende Rechenzeichen ein, sodass das Ergebnis 100 ist.

a) 64 ☒ 25 ☒ 11
b) 52 ☒ 56 ☒ 28 ☒ 20
c) 323 ☒ 232 ☒ 9
d) 100 ☒ 71 ☒ 71

23 Erkläre, weshalb die Summen/Differenzen jeweils gleiche Ergebnisse haben.

a) 54 + 34; 44 + 44; 64 + 24; 50 + 38
b) 68 − 27; 70 − 29; 72 − 31; 74 − 33
c) Denke dir zwei ähnliche Aufgabenreihen aus.

24 Berechne. Formuliere eine Regel, wann das Ergebnis eine gerade (eine ungerade) Zahl ist.
Beispiel: 4 + 6 = 10; 8 + 10 = 18
Der Wert einer Summe ist eine gerade Zahl, wenn beide Summanden gerade Zahlen sind.

a) 11 + 4; 27 + 6; 12 + 7; 8 + 3
b) 29 − 13; 33 − 15; 7 − 3; 67 − 17
c) 87 + 13 + 17; 19 + 11 + 7; 1 + 5 + 9

25 Translate and calculate.

a) Add 20 to the difference of 47 and 18.
b) Subtract the difference of 19 and 18 from the sum of 12 and 23.

26 Übersetze in einen Term mit Klammern und berechne das Ergebnis.

a) Addiere zur Differenz von 56 und 19 die Differenz von 65 und 20.

b) Der erste Summand ist die Differenz von 300 und 120. Der zweite Summand ist die Summe von 280 und 220.

27 Denke dir zu jeder Frage ein Beispiel aus und beantworte sie in einem Satz.

a) Wie ändert sich der Wert einer Summe, wenn du den ersten Summanden um 30 erhöhst und den zweiten Summanden um 30 verringerst?

b) Wie ändert sich der Wert einer Differenz, wenn du den Subtrahenden um 7 erhöhst?

28 Probiere die Probleme an mehreren Beispielen aus und beantworte die Frage in einem Satz.

a) Der erste Summand ist so groß wie der Wert der Summe. Was weißt du über den zweiten Summanden?

b) Die Summe zweier einstelliger Zahlen ist zweistellig. Was für eine Zehnerziffer hat das Ergebnis?

29 Denke dir eine Zahl, addiere 19, subtrahiere 7, addiere 13. Subtrahiere schließlich die gedachte Zahl. Was erhältst du?

a) Vergleicht eure Ergebnisse in der Klasse. Was stellt ihr fest? Warum ist das so?

b) Erfinde selbst ähnliche Zahlenrätsel.

30 „Ich denke mir eine Zahl, addiere 41, addiere dann 59 und erhalte 113. An welche Zahl habe ich gedacht?"

a) Löse das Rätsel und schreibe auf, wie du es löst.

b) Denke dir ein ähnliches Rätsel aus und stelle es deinem Nachbarn.

31 Die Sitze eines Zirkus sind in Kreisen um die Manege angeordnet. Der innerste Kreis hat 52 Sitze, der nächste 59. Tobias denkt nun so:

„Weil die Kreise nach außen größer werden, hat jeder Kreis wieder 7 Plätze mehr als der vorige. Insgesamt sind es 19 Kreise."
Wie viele Besucher passen nach Tobias' Angaben in das Zelt?

32 Das Kartenhaus soll oben in einer Spitze enden.

a) Reichen die 32 Karten eines Skatspiels dafür aus? Erläutere dein Ergebnis!

b) Wie viele Karten brauchst du, um ein vollständiges Kartenhaus zu bauen, bei dem unten acht Paare von Karten stehen?

33 Setze die Zahlenfolgen fort.

(3) (15) (7) (19) (11) (23) (15) ( ) ( )

[1] [2] [4] [7] [11] [16] [22] [ ] [ ]

Denke dir ähnliche Folgen aus und lasse einen Nachbarn die Fortsetzung erraten.

34 Keine Angst vor großen Zahlen: Löse die Aufgaben im Kopf.
Kannst du sie auch vorlesen?

a) 2 000 000 + 4 000 000

b) 37 000 000 000 − 28 000 000 000

c) 5 000 000 + 500 000 + 50 000

d) 14 000 500 − 13 000 400

e) 700 000 − 70 000

35 Auf jedem Stein soll die Summe der Zahlen der beiden darunter liegenden Steine stehen:

118-1

a)

☐				
☐	☐			
14	☐	☐		
4	10	15	17	
1	☐	7	☐	9

b)

☐				
92	☐			
☐	51	☐		
☐	☐	30	27	
☐	4	☐	13	☐

Trainieren Anwenden Vernetzen

36 Übertrage das Kreuzworträtsel in dein Heft und löse es.

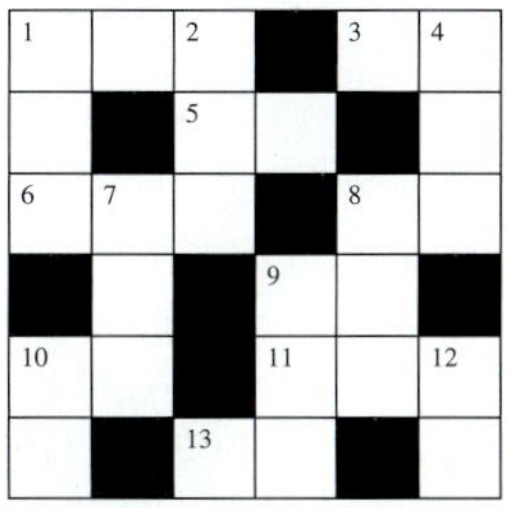

Waagerecht
1 So viele Tage hat das Jahr.
3 Größer kann die Summe zweier einstelliger Zahlen nicht sein.
5 Subtrahiere 46 von der größten zweistelligen Zahl.
6 Subtrahiere von 666 die Differenz von 8 und 7.
8 Summe von 38 und 31
9 So groß muss der Minuend sein, wenn der Subtrahend 12 und das Ergebnis 15 ist.
10 Quersumme* von 59
11 Wenn man hierzu 66 addiert, erhält man 300.
13 Kommt in der 12er-Reihe und in der 10er-Reihe vor.

Senkrecht
1 Differenz von 326 und 0
2 Besteht aus drei gleichen Ziffern.
4 Summe von 438 und 391
7 Die Einer- und die Zehnerziffer ergeben zusammen die Hunderterziffer.
8 Wenn du dies von 674 subtrahierst, erhältst du weniger als 2.
9 Die Quersumme* ist 4 und eine der drei Ziffern ist eine 0.
10 Mit dieser Zahl als Subtrahend und 33 als Minuend erhältst du 14.
12 Subtrahiere von 70 die Summe von 17 und 8.

* Die **Quersumme** einer Zahl ist die Summe ihrer Ziffern.

37 Die mit Streichhölzern gelegten Rechnungen in römischen Zahlen sind falsch.
Korrigiere sie durch Umlegen eines Streichholzes.

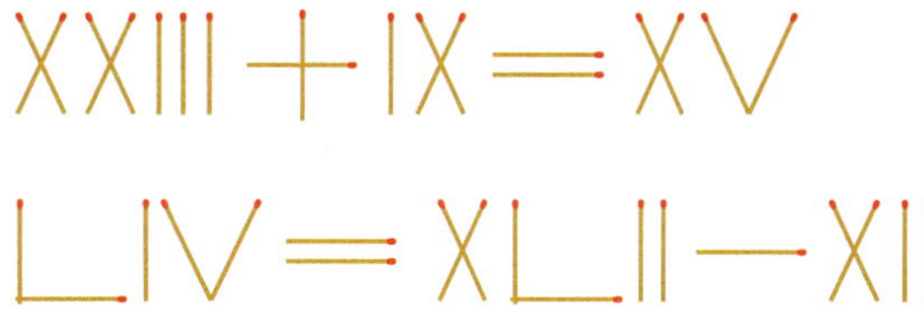

38 In einem lateinischen Text steht, dass der römische Kaiser Trajan von IIC bis CXVII regierte.
Wie lange hat er regiert?

39 Rechengesetze und Deutsch.

a) Teile von Worten kann man nicht wie Summanden vertauschen, MILCHKUH hat eine andere Bedeutung als KUHMILCH. Fallen dir weitere Beispiele ein?

b) Die Lücken zwischen den Worten eines gedruckten Satzes geben an, welche Buchstaben zusammengehören. Anders als beim Klammern von Summanden (Assoziativgesetz) kommt es sehr wohl darauf an, wo diese Lücken stehen, sonst entstehen Unsinngebilde wie: INI TALI ENGE HENSI EIM MEERBA DEN.
Setze hier die „Klammern“ (also die Lücken) wieder richtig. Erfinde selbst ein Beispiel.

Aufgabe der Woche

Der Baukasten von Auftrag 2 enthält je einen Stein der Längen 1 bis 14.

a) Reichen diese Steine, um zwei Quadrate mit der Seitenlänge 14 zu legen? Skizziere im Heft.

b) Zeige durch Rechnungen, dass die Steine für jede der beiden Treppenfiguren (A und B) ausreichen. Kannst du die Figuren legen?

c) Prüfe durch Rechnungen, ob die Steine ausreichen, um das linke oder das rechte der beiden Quadrate (C und D) zu legen.
Bleiben Steine übrig?

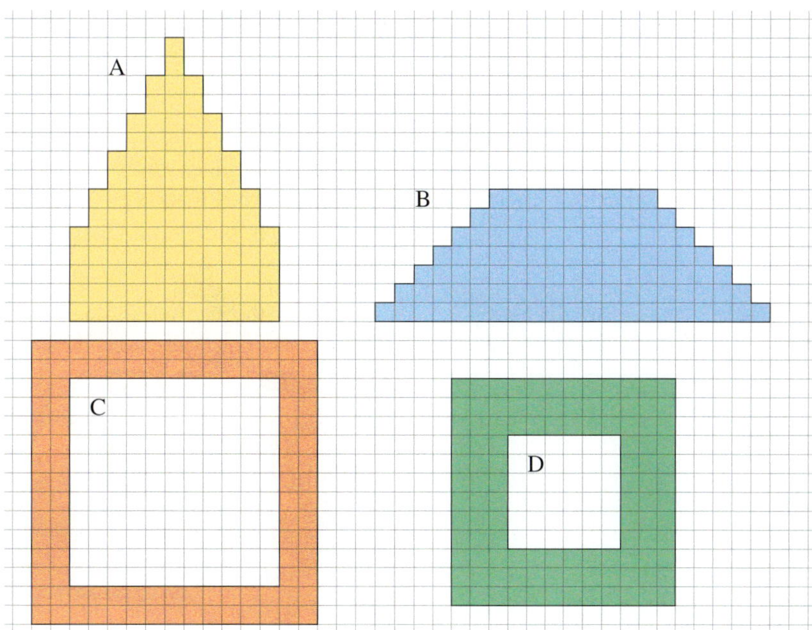

4.2 Überschlag und schriftliches Rechnen

1 Plätzchen backen

Heidesand-Herzen

Zutaten: 0,25 kg Butter, 350 g Mehl, 225 g Zucker, 50 g Kuvertüre, 80 g Schoko-Dekor-Herzen, Backpulver, 1 Prise Salz, 1 Päckchen Vanillin-Zucker (10 g)

Zubereitung: Butter erhitzen, dabei leicht bräunen. In einer Schüssel erkalten lassen, dann schaumig rühren. Zucker, Vanillinzucker und Salz einrieseln lassen. Mehl und Backpulver mischen, unterrühren. Teig ca. 1 h kühl stellen. Auf bemehlter Fläche 3–4 mm dick ausrollen. Herzen (5 cm groß) ausstechen. Im vorgeheizten Backofen (200 °C) ca. 12 Minuten backen. Kuvertüre schmelzen, auf Herzen tupfen, Schoko-Herzen draufsetzen.

Die Heidesandherzen sind gebacken und stehen zum Abkühlen auf einem Teller in der Küche. „So wenige sind das geworden“, meint Uwe. „Ich glaube, hier hat jemand genascht!“ Er stellt den Plätzchenteller auf die Küchenwaage, sie zeigt 1,441 kg an, ein leerer Teller gleicher Sorte wiegt 528 g. Das Rezept liegt noch aufgeschlagen neben dem Herd.

► siehe Erarbeitung

2 Weidezaun

Die große Pferdekoppel beim Reitstall soll mit Breitbandlitze eingezäunt werden. Die Litze gibt es im Fachhandel auf Rollen zu 200 m. Es gibt einen Plan mit den Maßen der Koppel: Das Tor soll 5,60 m breit sein. Überschlage, wie viele Rollen man braucht.

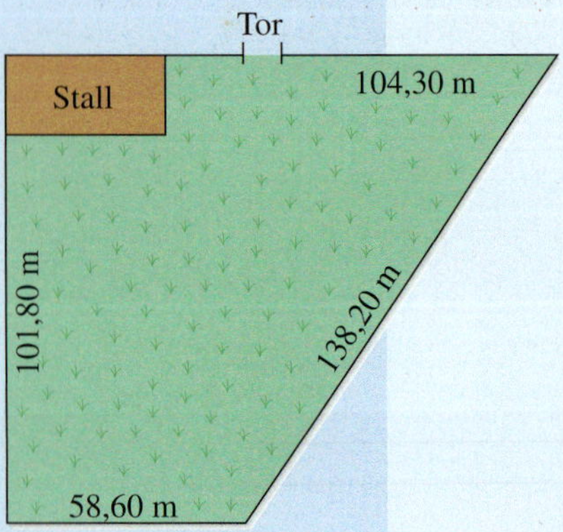

3 Im Ausflugslokal

Jan und Tim halten auf einer Radtour an einem Ausflugslokal, um auf der Terrasse eine Cola zu trinken.
Bevor der Kellner kommt, meint Tim: „Das können wir uns hier gar nicht leisten, wir haben zusammen doch nur 3,28 € dabei!“
Da bemerken sie auf ihrem Tisch eine alte Rechnung.

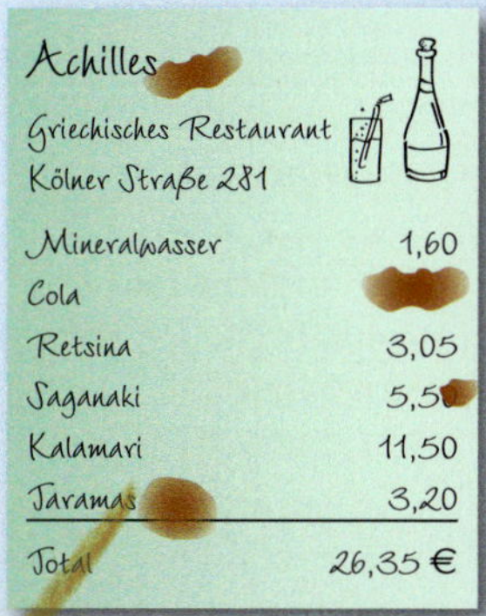

4 Rundreise

Du planst mit deinen Eltern eine Reise in die Türkei. Dabei wollt ihr etwas vom Land sehen. Deshalb entscheidet sich der „Familienrat“ für eine Rundreise.

Von Deutschland aus gibt es Verbindungen zu vier türkischen Flughäfen. Am Flughafen kann man ein Auto mieten, bei dem im Preis für 10 Tage 2500 km enthalten sind. Es sollen keine zusätzlichen Kilometer anfallen. Das Auto muss am selben Ort wieder zurückgegeben werden. Besonders sehenswerte Städte sind rot markiert.

Tipp

Die Planung einer Reise will gut überlegt sein.
Die „Europareise“ gibt dir hierfür wichtige Hinweise. 121-1

▶ Überschlagen und schriftlich rechnen

Zur Erinnerung

Bei 1, 2, 3, 4 wird abgerundet.
Bei 5, 6, 7, 8, 9 wird aufgerundet.
Beispiel:
5631,9 ≈ 5632
5631,9 ≈ 5630
5631,9 ≈ 5600
5631,9 ≈ 6000
je nach gewünschter Genauigkeit.

Für eine **Überschlagsrechnung** kannst du **runden**, im Auftrag 2 beispielsweise auf ganze Meter oder auch auf 10 m. Achte darauf, dass ein **Abrunden** durch ein folgendes **Aufrunden** in etwa ausgeglichen wird.

101,80 m	+	58,60 m	+	138,20 m	+	104,30 m	≈	400 m
↓ um rund 2 abrunden		↑ um rund 1 aufrunden		↑ um rund 2 aufrunden		↓ um rund 4 abrunden		
100 m	+	60 m	+	140 m	+	100 m	=	400 m

Es ist mehr ab- als aufgerundet worden. Die Länge des Zauns dürfte etwas oberhalb von 400 m liegen. Aber vielleicht kommst du doch mit zwei Rollen zu 200 m aus, wenn du noch die Breite des Tores abziehst? Das kannst du besser durch eine schriftliche Rechnung feststellen.

```
  101,8 m
+  58,6 m
+ 138,2 m
+ 104,3 m
   1 2 1
---------
  402,9 m
```

Beim schriftlichen Addieren und Subtrahieren schreibe die Zahlen untereinander, Einer unter Einer, Zehner unter Zehner und Komma unter Komma. Beginne rechts, an der kleinsten Stelle, mit dem Rechnen. Die Überträge kannst du unter die entsprechenden Spalten schreiben.
Achte darauf, dass alle Größen in der gleichen Einheit vorliegen.

```
  402,9 m
-   5,6 m
   1 1
---------
  397,3 m
```

Wie die Rechnungen am Rand zeigen, bleiben bei zwei Rollen noch 2,70 m übrig. Wenn es gelingt, den Zaun ohne Verschnitt anzufertigen, reichen zwei Rollen.

Die Überschlagsrechnung lag erstaunlich nahe am genauen Ergebnis.
Überschlagsrechnungen sind nützlich für eine schnelle, ungefähre Kontrolle einer schriftlichen Rechnung oder einer Rechnung mit Taschenrechner. Weil man sich leicht vertippt, solltest du beim Rechnen mit Taschenrechner immer eine ungefähre Vorstellung vom erwarteten Ergebnis haben.

Beim Überschlag einer Subtraktion wird meist **gleichsinnig** gerundet. Eine Vergrößerung des Minuenden wird durch eine ähnliche Vergrößerung des Subtrahenden in etwa ausgeglichen.

Dabei darfst du auch von den üblichen Rundungsregeln abweichen.

6789	–	2453	=	4336
↑		↑		
7000	–	3000	=	4000

gleichsinnig gerundet

6789	–	2453	=	4336
↑		↓		
7000	–	2000	=	5000

gegensinnig gerundet

```
  397,3 m
+   5,6 m
   1 1
---------
  402,9 m
```

Zur genauen Überprüfung einer Subtraktion bietet sich die Umkehraddition an, wie am Rand die Probe für unser Beispiel.

Um den Fehler einer Überschlagsrechnung gering zu halten, runde beim Überschlag einer Addition gegensinnig, beim Überschlag einer Subtraktion gleichsinnig.

Trainieren Anwenden Vernetzen

1 Schreibe eine Überschlagsrechnung auf und rechne sie im Kopf.

a) 5211 + 6849 + 2704 + 3567
b) 5819 + 4612 + 3920 + 4827
c) 73 345 – 56 589
d) 321 745 – 98 457

Lösungswort: 17 000 (t); 18 000 (a); 220 000 (o); 19 200 (u); 19 000 (u); 18 300 (a)

2 Überschlage im Kopf, gib nur das Ergebnis an.

a) 324 + 578 + 93 + 1324
b) 173 + 846 + 2345 + 23
c) 6783 + 2985 + 12 385
d) 6597 – 3269
e) 8438 + 4671 + 7718
f) 19 411 + 7538 + 2648
g) 15 618 – 7268 + 4677
h) 28 521 + 7617 – 8971
i) 11438 – 2489 + 13 478
j) 23 637 + 5435 – 9415

3 Die Ergebnisse dieser vier Aufgaben ergeben zusammen 4 444 444.

a)	b)	c)	d)
345 677	4 444	8 762 341	865 467
+ 654 323	+ 5 555	–5 429 008	–764 568
	+ 213		

4 Schreibe zuerst eine Überschlagsrechnung für glatte Tausender auf und rechne dann genau.

a)	b)	c)	d)
5 879	39 982	233 534	213 759
+ 4 389	–28 441	+ 31 164	–24 198
+ 3 171		+ 14 208	
+ 2 769		+ 41 329	

5 Berechne und mache die Probe.

a)	b)	c)	d)
78 901	11 785	678 345	534 281
–2 998	–9 667	–34 563	–413 987

6 Mache im Kopf eine Überschlagsrechnung (ganze Hunderter) und berechne dann genau.

a) 281 + 319 + 443 + 1278
b) 3546 + 4589 + 477 + 21
c) 2713 € + 1259 € + 487 €
d) 22 kg + 367 kg + 258 kg + 841 kg
e) 23 min + 112 min + 7 min + 61 min

7 Berechne schriftlich und achte dabei auf die Einheiten.

a) 546 € + 234 Cent + 98 € + 7871 Cent
b) 27 389 Cent – 196,22 €
c) 245,34 € + 34 419,23 € + 77 665 Cent
d) 5,230 kg + 233 kg + 233 g + 222,98 kg

Lösungswort: 35 441,22 (a); 461,443 (m); 8749 (ü); 83,67 (z); 725,05 (t); 7767 (r)

8 Rechne in deinem Heft.

a)

4527	▭	▭
+ 1491	+ 2491	+ 3491
▭	▭	12 000

b)

5928	▭	▭
+ 4174	– 8203	– 1899
▭	▭	0

9 Finde durch Überschlag die beiden Rechnungen heraus, die fehlerhaft sein müssen und rechne diese beiden Aufgaben in deinem Heft.

a) 906 030 + 477 551 + 286 633 = 1 970 114
b) 43 807 + 22 571 + 4009 = 70 387

c)	d)
9 665 432	41 052
– 233 658	– 29 901
9 431 774	21 151

noch fit?

I Schreibe die Zahl mit Ziffern.

a) 1 Mio. 2 ZT 3 Z
b) 5 HMio. 6 HT 7 H
c) 8 Mrd. 4 ZT 2 E
d) 1 Bio. 9 ZMrd. 3 Mio.
e) 2 HMrd. 4 ZMio. 6 H
f) 7 Bio. 3 ZMrd. 2 T

II Trage in eine Stellenwerttafel ein und lies die Zahl.

a) 200 406 080
b) 400 302 000 100
c) 2 005 000 800 000
d) 99 888 777 666 555

III Wandle in die angegebene Einheit um.

a) Der Erdumfang am Äquator beträgt 40 009 592 m = ☒ km.
b) Das amerikanische Maß „1 pound" entspricht 453 592 mg = ☒ kg.
c) Das antike Längenmaß „1 Stadion" ist ungefähr 18 497 cm = ☒ m lang.

Trainieren **Anwenden** Vernetzen

10 Der Einkaufswagen ist voll: 1 Glas Honig (648 g), 1 Glas Marmelade (703 g), 1 Glas Nougatcreme (616 g), 1 Netz Kartoffeln (2000 g), 4 Äpfel (700 g), 1 Netz Apfelsinen (1562 g), 1 Dose Pfirsiche (958 g), 1 Flasche Mineralwasser (1342 g), 1 l Saft in der Flasche (1540 g).
Lisa sagt zu Omid: „Ich trage alles Obst und Gemüse, auch die Pfirsichdose, und du den Rest.“ War das eine gute Aufteilung? Finde eine gerechtere Aufteilung!

11 Andrea kauft ein: Brot für 1,70 €, Butter für 1,09 € und Käse für 5,29 €. Sie bezahlt mit einem 10-€-Schein und bekommt fünf Münzen zurück. Welche?

12 Am spannenden letzten Bundesligaspieltag der Saison 2001/2002 hatten noch drei Mannschaften eine Chance auf den Meistertitel. Die Tabellen zeigen die Besucherzahlen dieses 34. Spieltages und zum Vergleich die des 16. Spieltages in den gleichen Stadien.

2001/2002 16. Spieltag	
Bayern München – VfL Wolfsburg	37 000
VfB Stuttgart – 1860 München	22 000
Energie Cottbus – 1. FC Kaiserslautern	13 020
Borussia Dortmund – Hamburger SV	67 500
FC St. Pauli – Werder Bremen	19 619
Bayer Leverkusen – 1. FC Nürnberg	22 500
B. Mönchengladbach – Hansa Rostock	24 600
SC Freiburg – 1. FC Köln	25 000
Schalke 04 – Hertha BSC Berlin	60 204

2001/2002 34. Spieltag	
Bayern München – Hansa Rostock	63 000
VfB Stuttgart – 1. FC Kaiserlautern	34 000
Energie Cottbus – 1. FC Köln	19 435
Borussia Dortmund – Werder Bremen	68 600
FC St. Pauli – 1. FC Nürnberg	20 499
Bayer Leverkusen – Hertha BSC Berlin	22 500
B. Mönchengladbach – 1860 München	34 500
SC Freiburg – Hamburger SV	25 000
Schalke 04 – VfL Wolfsburg	60 683

Tipp

Gib die Tabellen in ein **Tabellenkalkulationsprogramm** ein oder lade die entsprechenden Dateien aus dem Internet herunter: 124-1. Dann kannst du die Summen sehr einfach mit einem Klick auf einen Button berechnen. Finde diesen Button!

a) Bei welchen Besucherzahlen handelt es sich vermutlich um gerundete Angaben?
b) Berechne die Gesamtbesucherzahl der beiden Spieltage. Was stellst du fest?
c) 2008/09 gab es insgesamt 13 010 857 Zuschauer. Berechnet in der Klasse die Gesamtbesucherzahl für 2001/02: Jeder ist für einen Spieltag zuständig, notiert aus dem Internet die Besucherzahlen und addiert sie. Zum Schluss zählt ihr alle diese Resultate zusammen. So könnt ihr einen Vergleich zwischen 2008/09 und 2001/02 anstellen.
d) Ermittelt ebenso die Gesamtbesucherzahl der letzten Saison!

13 Vervollständige die Sätze in deinem Heft.
a) Wenn ich bei einer Probe den Subtrahenden zum Wert der Differenz addiere, erhalte ich den ☒.
b) Wenn ich beim Überschlag den Minuenden verkleinere, dann sollte ich den Subtrahenden ☒.
c) Wenn ich beim Überschlag den ersten und zweiten Summanden aufgerundet habe, dann sollte ich den dritten (letzten) Summanden ☒.
d) Alle vier Summanden einer Summe sind kleiner als 5000. Dann ist die Summe kleiner als ☒.

14 Addiere 3729 zur Differenz von 5918 und 4522.

15 I'm thinking of a number. When added to the sum of 88 157 and 21456, the result will be 111111. What's my number?

16 Der Mississippi ist mit 3766 km der längste Fluss der USA. Bei St. Louis mündet der Missouri in den Mississippi. Der Missouri hat eine Länge von 3725 km. Unter den längsten Flussläufen der Welt wird oft die Kombination Mississippi/Missouri mit 6021 km angegeben.
Das ist doch logisch – oder?

17 Du kennst das sicher: Du bist mit deinem Einkaufswagen auf dem Weg zur Kasse und hast 20 € bei dir. Wird das reichen?
Überschlage im Kopf. Durch genaue Rechnung kannst du feststellen, wie gut du getroffen hast.

a)

b)

18 Ein Geschäftsmann aus Ulm (UL) muss in den Städten Stuttgart (S), Würzburg (WÜ), Frankfurt (F), Karlsruhe (KA), Mannheim (MA) und Straßburg (STR) Kunden besuchen und am Ende nach Ulm zurückkehren. Nach Tabelle sind es beispielsweise von Würzburg bis Mannheim 177 km. Plane eine möglichst kurze Rundreise.

	S	WÜ	F	KA	MA	STR	UL
S		147	206	79	130	154	92
WÜ	147		115	189	177	269	192
F	206	115		139	79	218	287
KA	79	189	139		66	93	157
MA	130	177	79	66		139	216
STR	154	269	218	93	139		231
UL	92	192	287	157	216	231	

19 An einer Schule beginnt die erste Stunde um 8:00 Uhr, die sechste endet um 13:15 Uhr. Zwischen den Stunden gibt es drei Fünf-Minuten-Pausen und zwei große Pausen. Jede Unterrichtsstunde dauert 45 Minuten.

Trainieren Anwenden **Vernetzen**

20 In einer Zeitung stand vor dem Endspiel der Fußballweltmeisterschaft 2002:
„Brasilien wurde das letzte Mal 1994 Weltmeister, davor 1970. Addieren Sie 1994 und 1970. Die Summe ist ☒. Argentinien wurde das letzte Mal 1986 Weltmeister. Davor 1978.
1986 + 1978 = ☒. Deutschland wurde 1990 Weltmeister, davor 1974. 1990 + 1974 = ☒.
Folgt man dieser Rechnung, dann müsste der WM-Sieger 2002 derselbe sein wie 1962, denn ☒ – 2002 = 1962. Und das war Brasilien."

a) Prüfe die Rechnungen nach.

b) Wie kommt es dazu? Verdeutliche dir die Situation an einer Zahlengeraden.
Wer sollte demnach 2006 und 2010 Weltmeister werden?

21 Erstelle eine Mindmap zum Thema „Fehlerquellen beim Addieren und Subtrahieren".
Diskutiert eure Ergebnisse.

22 Deutschland und seine Einwohner
Die Karte gibt die Einwohnerzahlen der Bundesländer in Tausenden an.

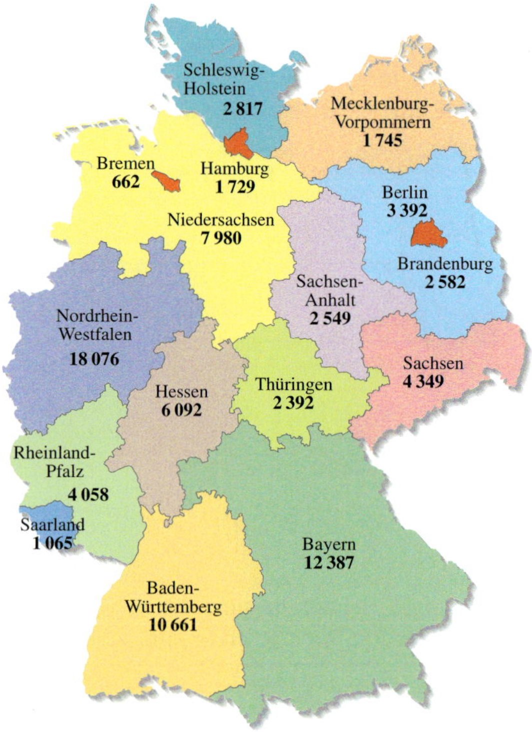

a) Berechne die Gesamteinwohnerzahl der Bundesrepublik.

b) Wie groß ist der Unterschied zwischen der Einwohnerzahl des bevölkerungsreichsten und des bevölkerungsärmsten Bundeslandes?

c) Stelle die Einwohnerzahlen in einem Säulendiagramm dar.
(1 Kästchen entspricht 500 000 Einwohnern.)

d) Finde benachbarte Binnenländer, welche zusammen etwa so viele Einwohner haben wie die Küstenländer (dazu gehören auch Bremen und Hamburg). Der Unterschied der beiden Ländergruppen soll kleiner als 500 000 sein.

e) Die Zahlen in der Karte sind auf glatte 1000 gerundet. Um wie viel könnte im extremsten Fall die errechnete Einwohnerzahl der Bundesrepublik von der Wirklichkeit abweichen?

23 Von der Urzeit bis heute
Die Erde entstand vor etwa 4 500 000 000 Jahren. Die ersten Saurier gab es vor ca. 225 Millionen Jahren. Vor ungefähr 65 000 000 Jahren starben die Saurier aus.
Ca. 31 Millionen Jahre später gab es die ersten Menschenaffen.
Vor etwa 100 000 Jahren trat der Homo Sapiens (Neandertaler) auf und ungefähr vor 5000 Jahren erfanden die Sumerer die Schrift.
Diese Zeitspanne nennt man Vorgeschichte. Vor ca. 1600 Jahren ging das römische Reich unter, und seit etwa 100 Jahren gibt es Autos.

a) Wie lange dauerte es von der Entstehung der Erde bis zu den ersten Sauriern?

b) Vergleiche die Dauer des Zeitalters der Dinosaurier mit der Zeit, die seit den Neandertalern vergangen ist.

c) Was fällt dir auf, wenn du die Zeitspannen der Vorgeschichte und von der Erfindung der Schrift bis heute miteinander vergleichst?

d) Versuche, die angegebenen Zahlen auf einem Zahlenstrahl festzuhalten. Was für ein Problem ergibt sich?

24 Jedes Symbol steht für eine der Ziffern 0 bis 9. Aufgabe a) hat eine andere Geheimschrift als b). Die 1 und die 0 erkennst du schnell.

a)

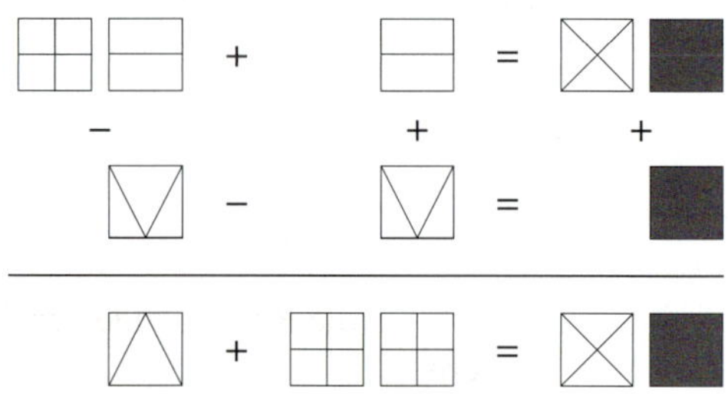

b)

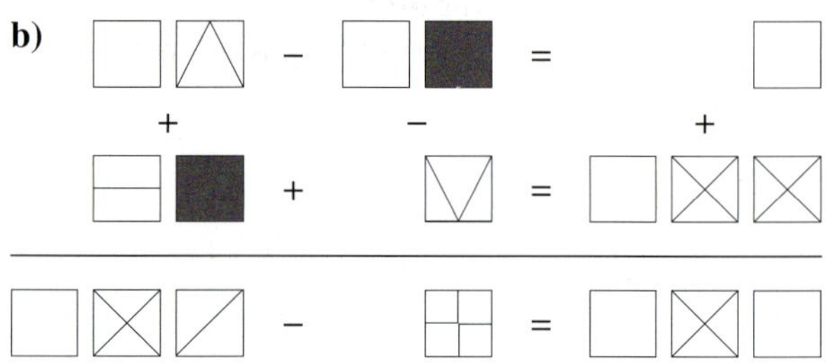

Aufgabe der Woche

Nach dem Abitur startet Daniel zu einer Weltreise. In Australien geht ihm das Geld aus.

Er schickt seinen Eltern folgende SMS: SEND + MORE = MONEY.

```
   S E N D
 + M O R E
 ---------
 M O N E Y
```

Wie viel Geld er braucht, steckt verschlüsselt in der Additionsaufgabe.
Jeder Buchstabe steht für eine andere Ziffer, das Ergebnis ist der erhoffte Betrag.

Fachbegriffe
Bei der Addition gehst du an der Zahlengerade nach rechts, bei der Subtraktion nach links. Die beiden Rechenarten sind einander entgegengesetzt.

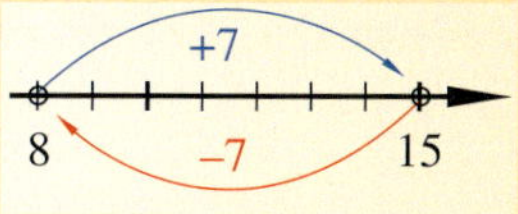

Addition

Summe

7 + 8 = 15

1. Summand, 2. Summand

Subtraktion

Differenz

15 − 8 = 7

Minuend, Subtrahend

Grundregel
Berechne Terme von links nach rechts.

$29 + 3 + 6 + 7 = 32 + 6 + 7 = 38 + 7 = 45$

Klammervorfahrt
Berechne Klammern zuerst.

$20 - (8 + 9) + 19 = 20 - 17 + 19 = 3 + 19 = 22$

Beim Überschlag einer **Addition** versuche durch **gegensinniges Runden** den Rundungsfehler auszugleichen.

$123{,}67 + 1{,}75 + 323{,}80 \approx 124 + 1 + 324 \approx 449$
$123{,}67 + 1{,}75 + 323{,}80 = 449{,}22$

Bei der **Subtraktion** runde **gleichsinnig**.
Dabei darfst von den üblichen Rundungsregeln abweichen.

$875{,}4 - 6{,}9 - 65{,}6 - 73{,}8 \approx 876 - 7 - 66 - 74 \approx 729$
$875{,}4 - 6{,}9 - 65{,}6 - 73{,}8 = 729{,}1$

Kommutativgesetz der Addition
Bei einer Summe kannst du die Reihenfolge der Summanden beliebig ändern.

$31 + 29 = 29 + 31$
$5 + 3 + 7 = 3 + 5 + 7 = 3 + 7 + 5$

Assoziativgesetz der Addition
Bei einer Summe kannst du beliebig Klammern setzen oder weglassen.

$(5 + 3) + 7 = 5 + 3 + 7 = 5 + (3 + 7)$

Bei der **Subtraktion** darfst du Minuend und Subtrahend nicht vertauschen, du kannst auch nicht beliebig Klammern setzen.
Rechne bei der Subtraktion von links nach rechts.
Du kannst Rechenvorteile nutzen, wenn du beachtest:
Subtrahend muss Subtrahend bleiben.

Beispiel 1 a

37 + 14 − 17
= 51 − 17
= 34

von links nach rechts

Beispiel 1 b

37 + 14 − 17
= 37 − 17 + 14
= 20 + 14
= 34

Subtrahend bleibt Subtrahend

Das kann ich schon – das will ich noch üben ...
Fülle den Selbsteinschätzungsbogen aus. Du findest ihn im Internetangebot unter ↻ 128-1.

Gezielt üben kannst du mit folgenden Aufgaben. Lösungen findest du im Anhang.

Nach Regeln rechnen und Rechenvorteile nutzen

1 Nutze Rechenvorteile. Rechne im Kopf.
a) $44 + 18 + 72$
b) $169 - 53 - 69$
c) $12 + 37 + 8 + 54 + 3 + 6$
d) $57 + 58 + 59 + 60 + \ldots + 63$

2 Übertrage ins Heft und vervollständige.

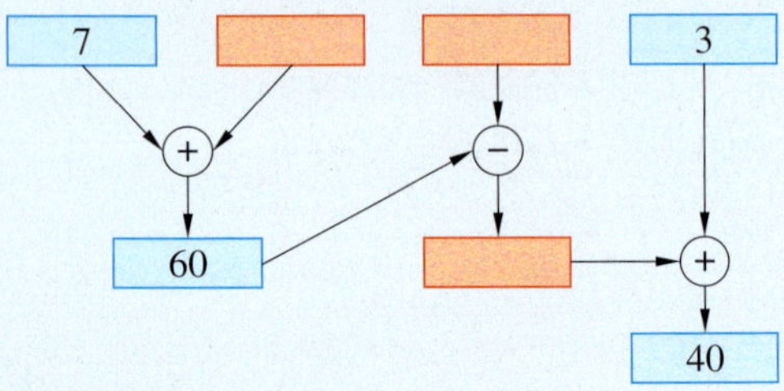

3 Berechne.
a) $383 - (145 + 155) - 73$
b) $(301 - 3) - (87 - 12)$
c) $(12 + 86) + (14 + 108)$
d) $511 - 334 - 66 + 89$

4 Bestimme die fehlende Zahl.
a) ☒ + 9 = 17
b) 47 − ☒ = 23
c) 29 − (4 + ☒) = 22
d) ☒ − (5 + 99) = 30

Überschlagen und schriftlich rechnen

5 Schreibe das Ergebnis einer Überschlagsrechnung auf und rechne dann schriftlich.

a)
```
  5731,01 €
+ 1763,25 €
+ 2412,18 €
```

b)
```
  23514,37 €
− 18222,85 €
```

6 Berechne schriftlich.

a)
```
  2754
+  317
+ 2458
```

b)
```
  246378
−  12444
```

c)
```
  235498
+  34563
+ 100978
```

d)
```
  763709
− 540137
```

7 Wie viel wiegt der Pfannkuchenteig nach folgendem Rezept: Das mit Soßenpulver und Backpulver gemischte Mehl in eine Schüssel geben. In eine Vertiefung in der Mitte des Mehls das mit Salz, Zucker und etwas Milch verquirlte Ei hineingeben ...

> 225 g Weizenmehl, 1 Päckchen Soßenpulver (15 g), 6 g Backpulver, 3 Eier (zusammen 171 g), 1 Teelöffel Salz und etwas Zucker (4 g), $\frac{1}{2}$ l Milch (500 g)

8 Bei deinem Kindergeburtstag soll es Süßigkeiten als Preise geben. Du hast 10 €.

Fruchtkaubonbons	70 g	0,51 €
Schokoriegel	300 g	1,53 €
Erdnussriegel	80 g	0,51 €
Mini-Schokoriegel	150 g	1,48 €
Gummibärchen	200 g	0,81 €
Cola-Bärchen	200 g	0,81 €
Schokolade	100 g	0,46 €
Markenschokolade	100 g	0,59 €

9 Übertrage die Aufgaben in dein Heft und fülle die Lücken aus.

a)
```
   2 3 ☒ 6
+  ☒ 0 9 ☒
-----------
+  5 ☒ 7 5
```

b)
```
   1 0 ☒ 2 ☒
−    ☒ 7 0 1
     1 8 ☒ 4
```

Mit Fachwörtern umgehen

10 Schreibe als Term und berechne.
a) Addiere die Differenz von 74 und 33 zur Summe aus 25 und 18.
b) Subtrahiere die Summe aus 34 und 28 von der Summe aus 34 und 42.

11 Was geschieht mit einer Differenz, wenn man den Minuenden um 10 und den Subtrahenden um 9 vergrößert?

5. Flächen berechnen

Besichtigung in Frankfurt, Leonardo-da-Vinci-Allee 23, 15–17 Uhr, Einfamilienreihenhaus, 130 m^2, Stellplatz, ruhige Lage, bezugsfertig, BI-Immobilien, Tel. 26362

Einfamilienhaus in guter Lage, Kinderzimmer 20 m^2 und 18 m^2, überdachte Terrasse, großer Garten, www.phantasie-immobilien.de

Wenn du mit deinen Eltern schon einmal umgezogen bist, hast du vielleicht auch Wohnungsanzeigen in der Zeitung gelesen. Hier sind oft Flächengrößen angegeben. Was bedeutet das, wenn das Kinderzimmer 20 Quadratmeter hat?
Wie groß ist dein Kinderzimmer?
In diesem Kapitel wirst du Flächengrößen vergleichen und berechnen.

Escher-Figuren

Passen die beiden Echsen übereinander? Was passiert, wenn du sie aneinander schiebst?

Fertige von beiden Echsen Schablonen an und probiere damit ein lückenloses Muster zu zeichnen.

Färbe in deinem Muster die Echsen so, dass du sie von weitem auseinander halten kannst.

Wie viele Farben benötigst du mindestens?

Der niederländische Künstler M. C. ESCHER (*1898 †1972) war von der Idee fasziniert, Figuren zu finden, mit denen er lückenlos ganze Flächen bedecken könnte. Derartige Muster heißen Parkette.
Mit Rechtecken oder Quadraten geht das sehr einfach, aber mit Echsen?
Neben den Parketten strebte Escher auch eine Verbindung zwischen Raum und Form in seinen Bildern an.

Beschreibe das unten stehende Gemälde möglichst genau.
Übrigens – erkennst du einen Körper wieder?

5.1 Flächen vergleichen

1 Größenvergleich

▶ siehe Erarbeitung

Ordne die folgenden Flächen nach ihrer Größe. Beginne mit der größten.

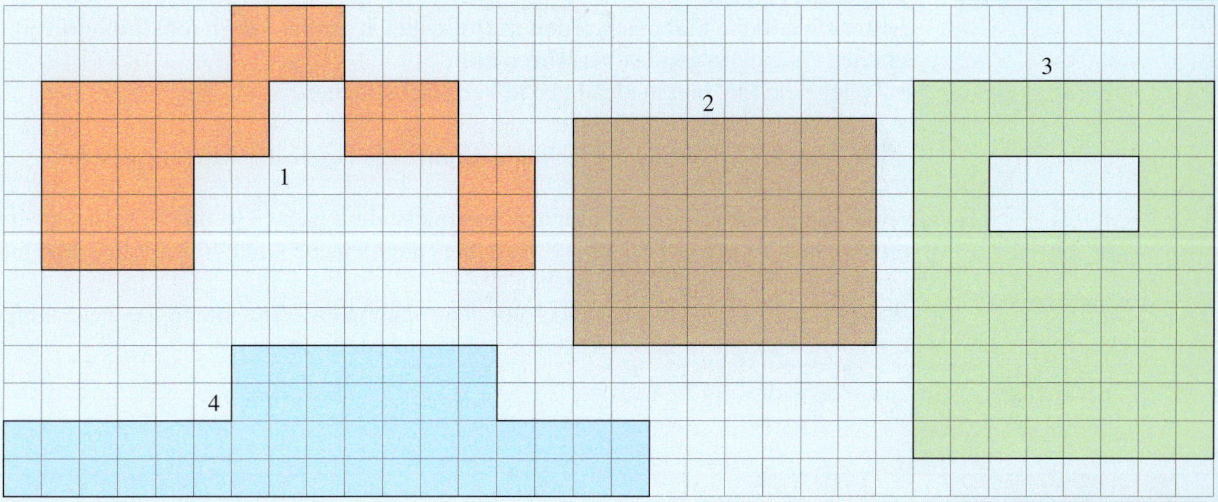

2 Autogrammkarten

Nicole sammelt Autogrammkarten ihrer Lieblingssportler. Sie möchte sie in einem Bilderrahmen hinter einer Glasscheibe aufbewahren.

In einem Geschäft findet sie Rahmen folgender Größen, die sowohl hoch als auch quer aufgehängt werden können: 41 cm × 50 cm, 51 cm × 60 cm, 54 cm × 58 cm, 45 cm × 70 cm

Die Autogrammkarten sind 10 cm breit und 15 cm hoch.

3 Wohnflächen

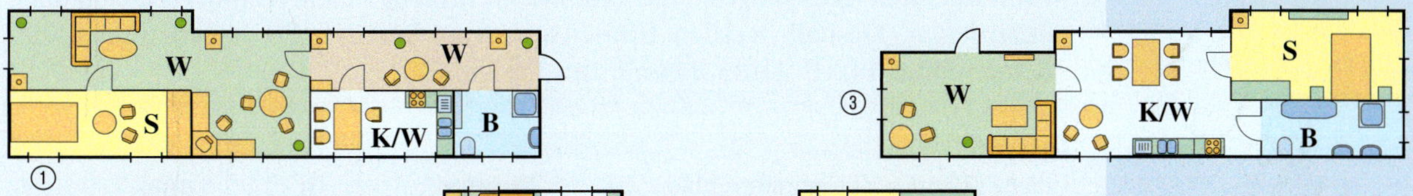

Die Zimmerdecken der hier im Grundriss dargestellten Wohnungen sollen mit Holz vertäfelt werden. Vergleiche die benötigten Holzmengen. Beschreibe, wie du vorgegangen bist.

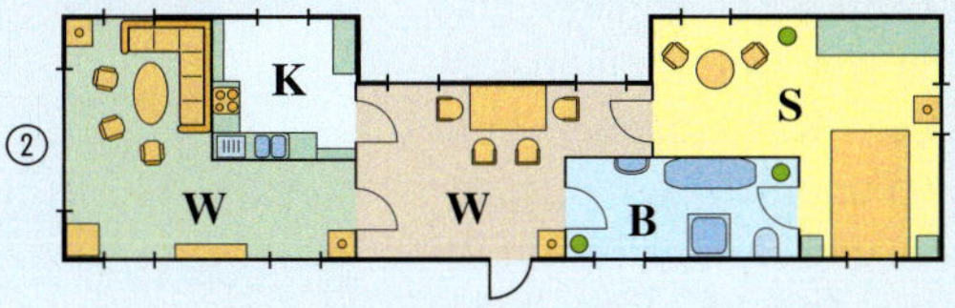

▶ Flächen vergleichen

Tipp

In deinem Matheheft kannst du die Karos als Vergleichsflächen nutzen.

Im Auftrag 1 geht es darum, unterschiedliche Flächen miteinander zu vergleichen. Dazu zerlegst du die größeren Flächen in kleinere gleich große Flächen und vergleichst deren Anzahl.

Flächenvergleich
Unterschiedliche Flächen werden mithilfe gleich großer Vergleichsflächen verglichen. Wende folgendes Verfahren an:
- **Zerlege die Flächen in gleichgroße Vergleichsflächen.**
- **Zähle die Vergleichsflächen.**
- **Die Anzahl der Vergleichsflächen bestimmt die Größe der Ausgangsfläche.**

Wählst du ein Karo als Grundkästchen, so erhältst du: Fläche 3 ist mit 72 Kästchen am größten, dann folgt Fläche 2 mit 48 Kästchen, dann Fläche 4 mit 46 Kästchen, und am kleinsten ist Fläche 1 mit 42 Kästchen.
Dass das Verfahren nicht nur mit Quadraten funktioniert, verdeutlicht die Zeichnung. Da sind die Flächen in gleichgroße Rechtecke eingeteilt worden.

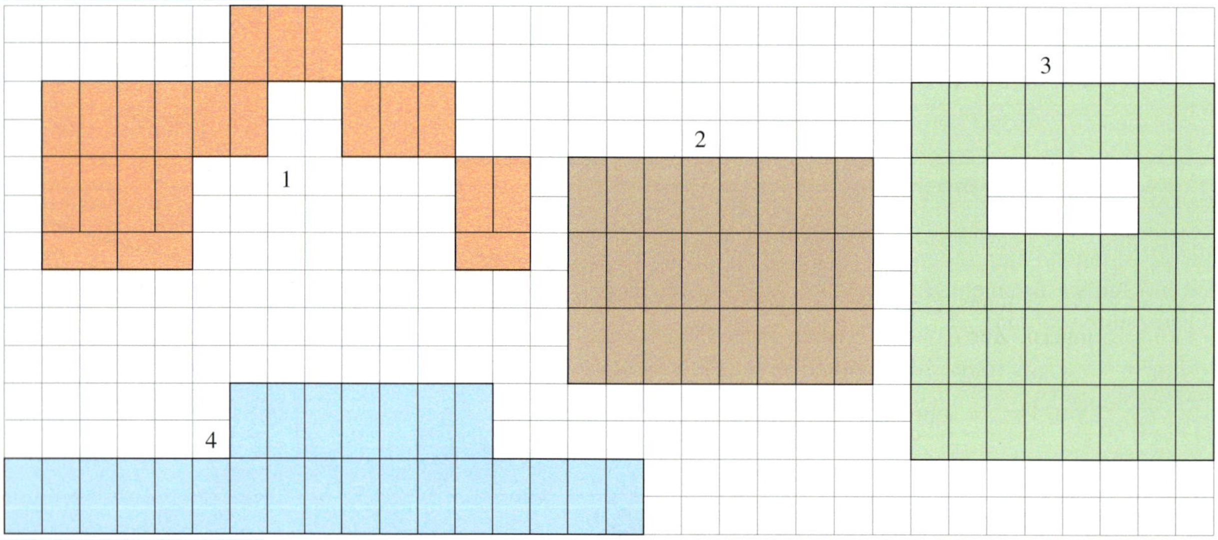

Einheitsquadrate
Zum Rechnen ist es sinnvoll, nur besonders einfache Flächen zum Vergleich heranzuziehen. Deshalb werden Einheitsquadrate benutzt. Sie haben immer die Kantenlänge 1 (z. B. 1 mm, 1 cm, 1 dm, 1 m, …).

Was meinst du?

Musst du alle Millimeterquadrate zählen oder geht es auch einfacher?

Beispiel
Fläche A in der Zeichnung rechts kannst du gut mit Einheitsquadraten der Kantenlänge 1 cm auslegen. Für einen Vergleich der Flächen A und B brauchst du jedoch eine feinere Einteilung, z. B. Einheitsquadrate der Kantenlänge 1 mm. Fläche B hat einen etwas kleineren Inhalt als Fläche A.

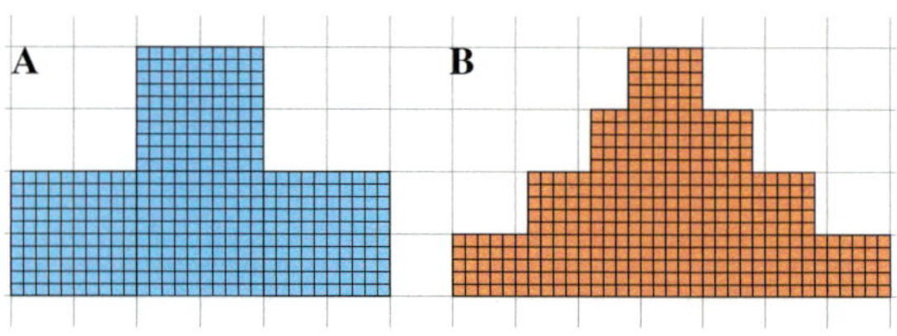

Trainieren Anwenden Vernetzen

1 Lisa und Tim backen Plätzchen. Jeder rollt einen Teil des Teigs aus und sticht raus mit einer Form Plätzchen aus. Wer hat die größere Fläche ausgerollt?

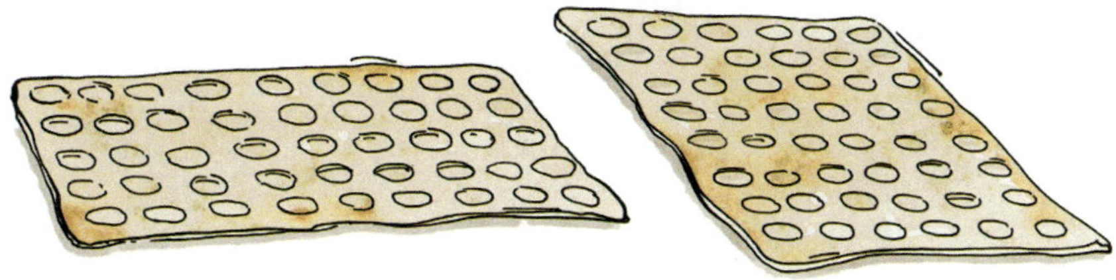

2 Zeichne fünf Rechtecke und drei nicht rechteckige Figuren mit einem Flächeninhalt von 24 Karos.

3 Vergleiche die Flächengrößen.

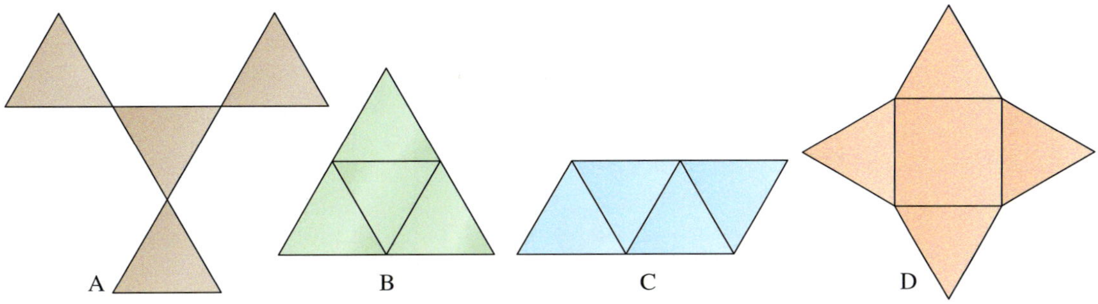

4 Ein Architekt plant für einen Schulhof eine Spielfläche. Dieser Spielhof soll mit weichen Fliesen ausgelegt werden, um die Verletzungsgefahr z. B. bei Hüpfspielen zu verringern. Zur Auswahl stehen zwei Flächen des Schulhofes, die unten mit schwarz-weißen Kästchen für die Fliesen dargestellt sind.

Welche würdest du nehmen?

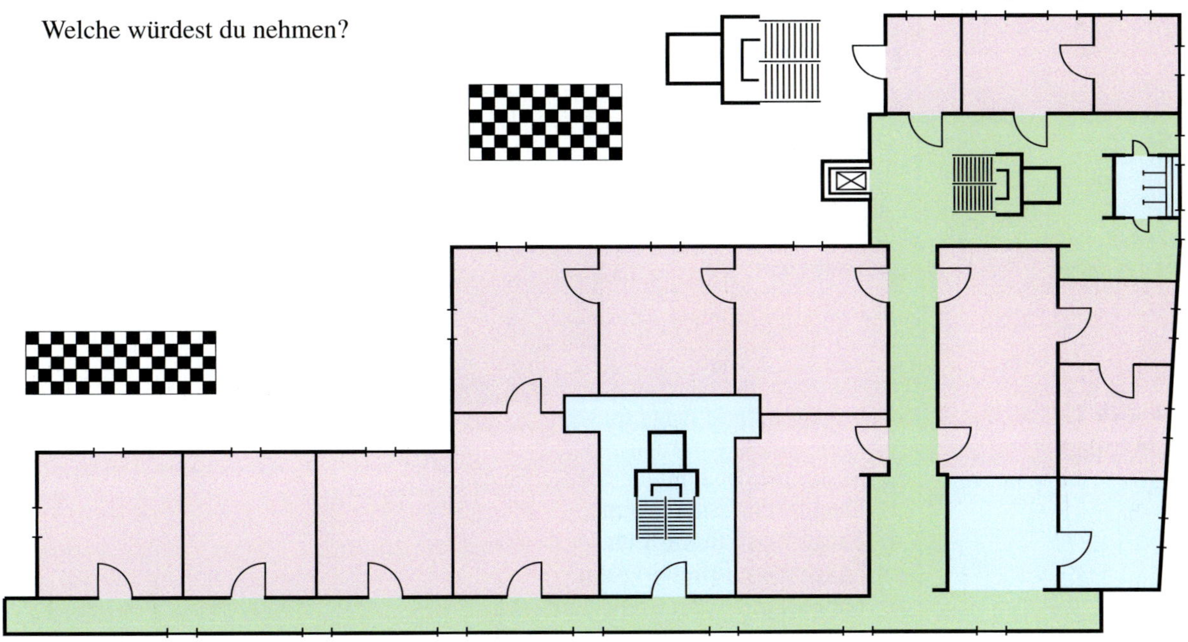

5 Lege verschiedene Rechtecke aus 20 Streichhölzern und vergleiche ihre Flächeninhalte.

6 Damit beim Anstreichen keine Farbe auf den Fußboden tropft, werden Flure mit Zeitungspapier ausgelegt. Welcher Flur hat die größere Fläche?

a) **b)** **c)** **d)**

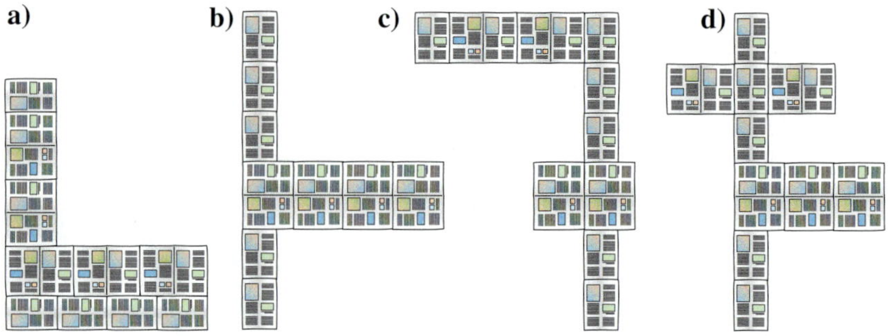

7 Katharina zeichnet auf den Platten vor ihrem Haus mit Kreide ein Muster.
Von welcher Farbe benötigt sie am meisten, von welcher am wenigsten?

noch fit?

I Der Umfang U ist die Länge des Randes, d. h. die Summe aller Seitenlängen. Bestimme den Umfang. Miss, wenn nötig, die Seitenlängen.

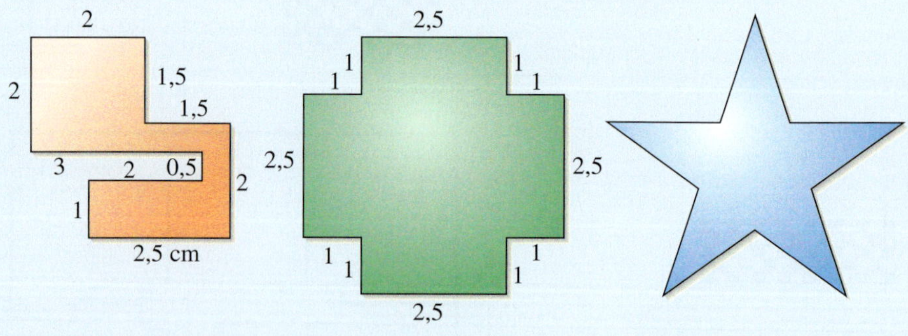

II Bestimme den Umfang der Rechtecke.

a) Länge 7 cm; Breite 4 cm
b) Länge 7 cm; Breite 2 cm
c) Länge 8,4 m; Breite 12 dm
d) Länge 2 m 26 cm; Breite 1 m 7 dm

Trainieren **Anwenden** Vernetzen

8 Zeichne ein Rechteck mit den Seitenlängen 2 cm und 5 cm. Wie oft passt es in folgende Rechtecke? Erstelle zu deinen Überlegungen Zeichnungen.

a) 8 cm und 5 cm
b) 10 cm und 4 cm
c) 8 cm und 10 cm
d) 4 cm und 5 cm
e) 10 cm und 10 cm
f) 10 cm und 7 cm

9 Zeichne die Punkte in ein Koordinatensystem.
Markiere die entstehenden Flächen farbig und vergleiche ihre Größe.

a) $A(2|1)$, $B(5|1)$, $C(5|3)$, $D(2|3)$
b) $E(0|1)$, $F(6|1)$, $G(6|2)$, $H(0|2)$
c) $I(-4|3)$, $J(1|3)$, $K(1|5)$, $L(-4|5)$
d) $M(6|4)$, $N(10|4)$, $O(6|9)$

10 Rechts ist der Boden in Frau Arnolds Bad abgebildet.
Die Fliesen haben die Seitenlänge 30 cm.
Nun will Frau Arnold renovieren und hat sich Fliesen der Seitenlänge 15 cm ausgesucht.
Wie viel Stück muss sie kaufen?

Trainieren Anwenden **Vernetzen**

11 Suche in deinem Atlas eine Karte heraus, in der die deutschen Bundesländer eingezeichnet sind.

a) Beschreibe verschiedene Möglichkeiten, um die Flächen der Bundesländer vergleichen zu können.
b) Ute nimmt eine Briefwaage zu Hilfe. Wie kann sie damit die Größen vergleichen?

12 Überprüfe, ob alle Figuren denselben Flächeninhalt haben.

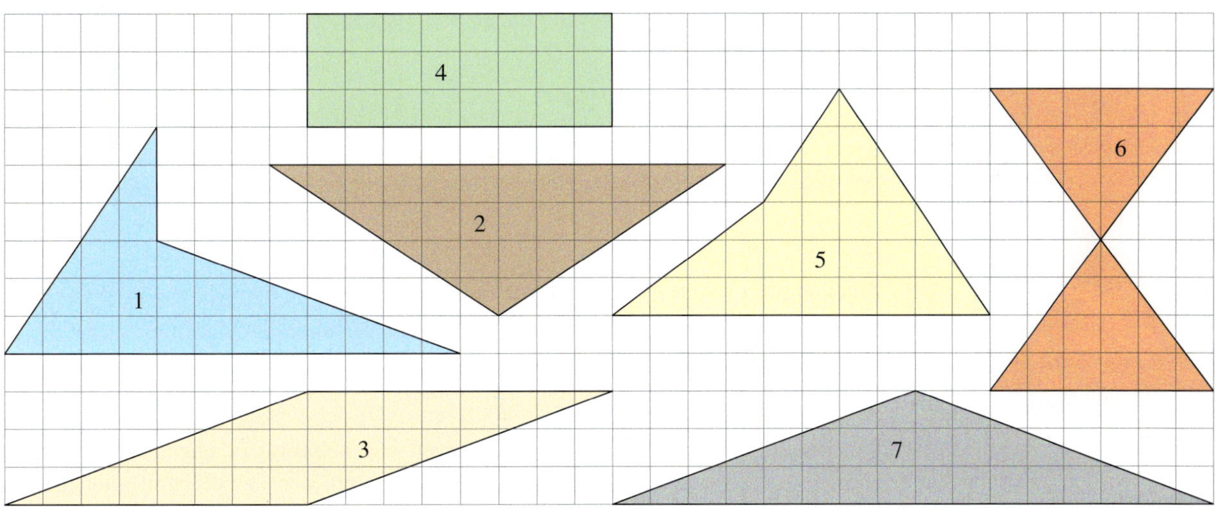

13 Die erste Figur wird in Teile zerlegt. Welche der anderen Flächen kannst du mithilfe dieser Teile legen?

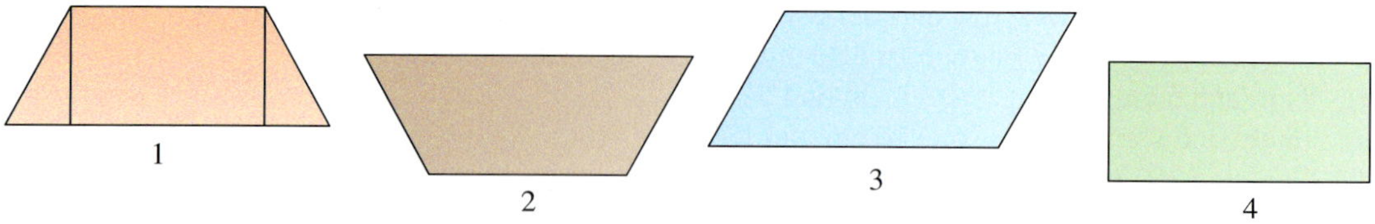

14 Wie verändert sich der Flächeninhalt eines Rechtecks, wenn man

a) die Breite verdoppelt und die Länge beibehält,
b) die Breite verdreifacht und die Länge verdoppelt,
c) die Breite verdoppelt und die Länge verdoppelt,
d) die Breite verdreifacht und die Länge vervierfacht?
e) Denke dir eine weitere Aufgabe aus und beschreibe mithilfe dieser Aufgabe das allgemeine Prinzip.

Aufgabe der Woche

Die folgenden Flächen haben die Besonderheit, dass bei ihnen alle Seiten gleich lang sind.

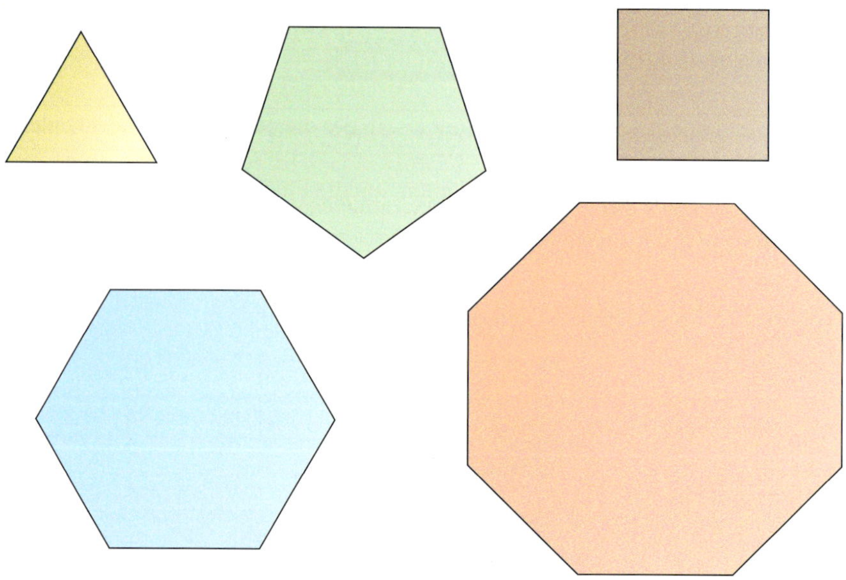

a) Zeichne die Flächen jeweils viermal auf ein Blatt und schneide sie aus. Wie viele verschiedene Figuren kannst du bilden, wenn du vier identische Flächen auf alle möglichen Arten zusammenfügst?

b) Unter Parkettierung versteht man das Auslegen einer ebenen Fläche mittels gleicher oder unterschiedlicher Figuren.
Untersuche, mit welchen der obigen Figuren man beliebige Flächen auslegen kann, sodass sie lückenlos bedeckt sind. An den Rändern der ausgelegten Flächen darf nach Bedarf abgeschnitten werden.

Info

Der erste, der versucht hat, mit derartigen Objekten Parkette zu bilden, war ARCHIMEDES VON SYRAKUS. Er lebte vermutlich von 287 bis 212 v. Chr. auf Sizilien und war schon zu Lebzeiten ein bekannter Mathematiker und Ingenieur.

ARCHIMEDES VON SYRAKUS. (Werbeplakat der Stadt Syrakus von 1961)

5.2 Flächenmaße

1 Fliesenzähler

▶ siehe Erarbeitung

Tim und Maike vergleichen die Flächengrößen ihrer Bäder. Tim sagt:
„In unserem Badezimmer sind 16 Fliesen längs nebeneinander und 8 quer nebeneinander verlegt worden. Die Fliesen sind quadratisch mit der Kantenlänge 35 cm."

Maike beschreibt:
„Bei uns sind 15 Fliesen in der einen und 26 Fliesen in der anderen Richtung nebeneinander verlegt worden."

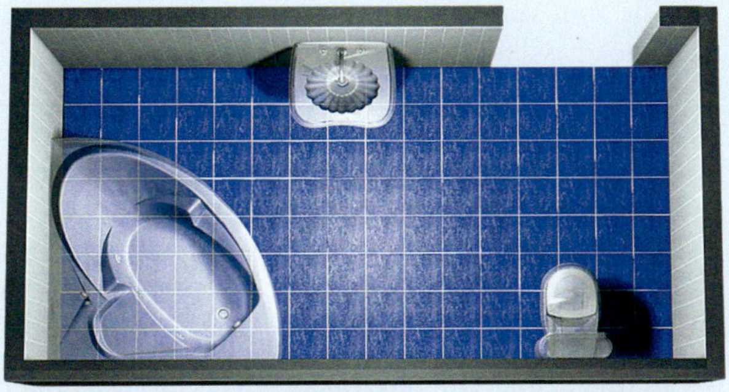

Beispiel: Tims Badezimmer

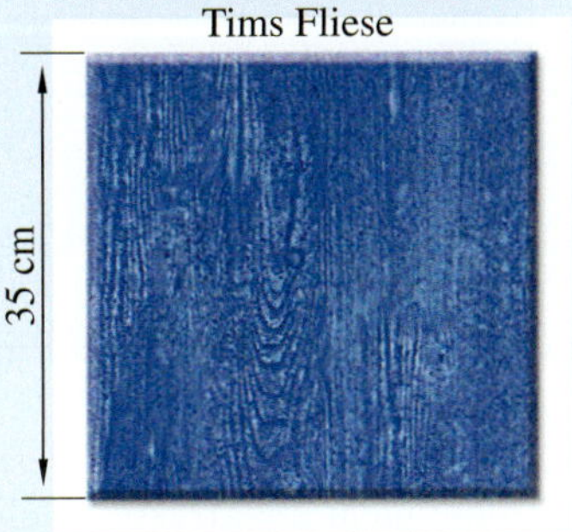

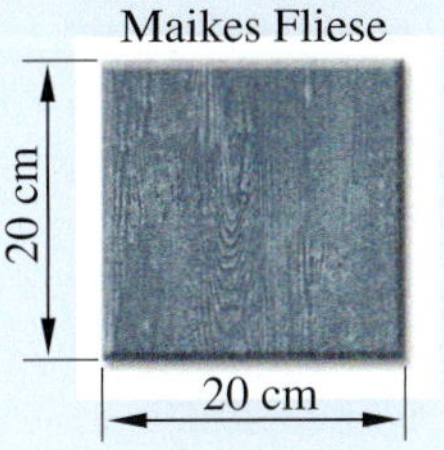

2 Grundstücke – gut und günstig?

Ehepaar Kroll kauft für 130 € pro Quadratmeter ein Grundstück mit den Maßen 31 m × 47 m. Der Immobilienmakler bietet ihnen für 81 770 € zusätzlich ein Grundstück an, das direkt angrenzt. Es ist 13 m lang und 17 m breit.
Ist das ein günstiges Angebot?

3 Klasse(n)-Parkette

Stelle aus Papier oder Pappe Quadrate mit den Kantenlängen 1 m, 1 dm und 1 cm her und beschreibe mithilfe dieser Quadrate dein Klassenzimmer.

▶ Flächenangaben

Die Fliesen von Maike und Tim im Auftrag 1 haben **unterschiedliche** Größen. Daher sind sie zum Vergleich der Flächeninhalte nicht geeignet. Maike und Tim suchen zum Vergleich passende **Einheitsquadrate**.

Zum Messen des Flächeninhalts werden Einheitsquadrate verwendet.
Der Flächeninhalt eines Quadrates mit 1 m Kantenlänge beträgt 1 m².
(Aussprache: ein Quadratmeter.)
Ebenso kannst du die Maßeinheiten 1 dm² (ein Quadratdezimeter), 1 cm² (ein Quadratzentimeter) usw. erklären.

Wenn Maike und Tim ihre Badezimmer mit Quadraten der Kantenlänge 1 m auslegen, sieht das so aus:

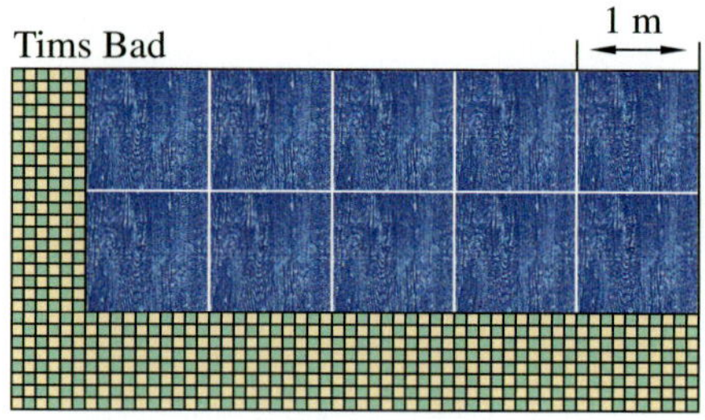

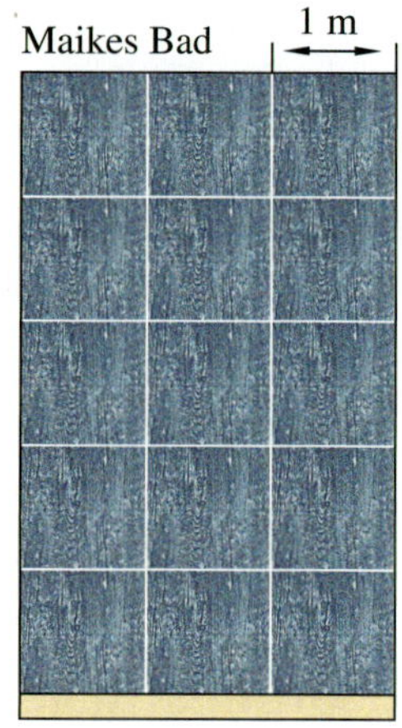

Damit ist der Flächeninhalt von Tims Badezimmer mindestens 10 m², bei Maike sind es mindestens 15 m². Um entscheiden zu können, welches Bad das größere ist, reichen diese Angaben jedoch nicht aus, denn die nicht überdeckte Fläche ist zu unterschiedlich. Deshalb **verfeinern** die beiden ihr Raster und wählen als neue Einheit Quadrate der Kantenlänge 1 dm.

Die Restfläche in Tims Badezimmer setzt sich aus zwei Stücken zusammen und beträgt:

$8 \cdot 50\ \text{dm}^2 = 400\ \text{dm}^2$
$6 \cdot 28\ \text{dm}^2 = 168\ \text{dm}^2$
$568\ \text{dm}^2$

Maike erhält eine Restfläche von: $2 \cdot 30\ \text{dm}^2 = 60\ \text{dm}^2$

Nun müssen die Einheiten noch ineinander umgerechnet werden.
Bei Flächeninhalten gilt die **Umrechnungszahl 100**.

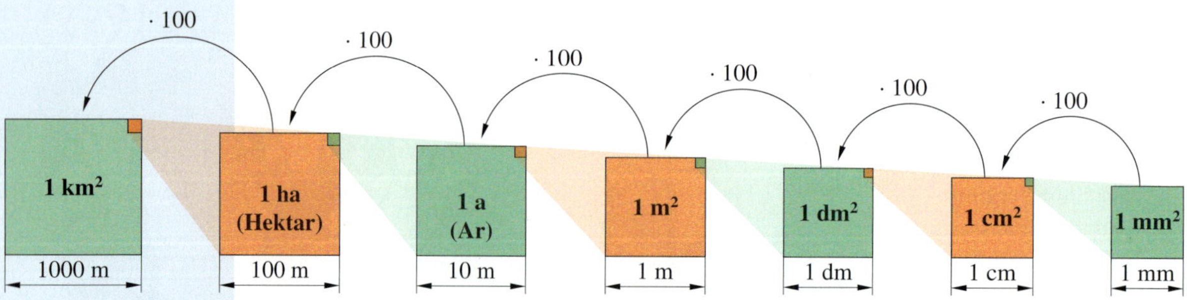

$1\ \text{cm}^2 = 1\ \text{cm} \cdot 1\ \text{cm} = 10\ \text{mm} \cdot 10\ \text{mm} = 100\ \text{mm}^2$
$1\ \text{dm}^2 = 1\ \text{dm} \cdot 1\ \text{dm} = 10\ \text{cm} \cdot 10\ \text{cm} = 100\ \text{cm}^2.$
$1\ \text{m}^2 = 1\ \text{m} \cdot 1\ \text{m} = 10\ \text{dm} \cdot 10\ \text{dm} = 100\ \text{dm}^2.$

Tims Bad hat also $10 \cdot 100\ \text{dm}^2 + 568\ \text{dm}^2 = 1568\ \text{dm}^2$.
Maikes Bad hat $15 \cdot 100\ \text{dm}^2 + 60\ \text{dm}^2 = 1560\ \text{dm}^2$ und ist somit kleiner.

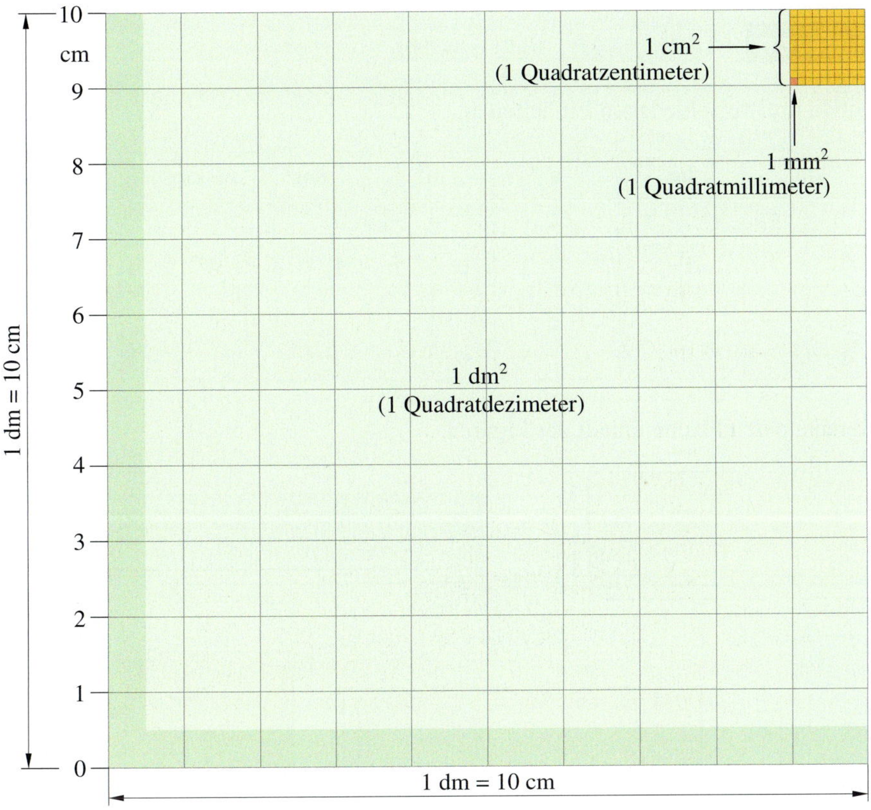

Du kannst für die Umrechnung auch eine Einheitentafel verwenden. Sie ist vor allem dann praktisch, wenn Kommas nötig werden. Für die Kommas merke: Wird die Einheit kleiner, muss der Zahlenwert größer werden, das Komma rückt nach rechts. Wird die Einheit größer, muss der Zahlenwert kleiner werden, das Komma rückt nach links.

	km^2		ha		a		m^2		dm^2		cm^2		mm^2	
a)		5	1	0	0	0								
b)							1	6	2	8				
c)										3	0	0	0	0
d)								0	0	0	9	3		

a) 5,1 km^2 = 510 ha = 51 000 a

b) 16,28 m^2 = 1628 dm^2 = 16 m^2 28 dm^2

c) 3 dm^2 = 300 cm^2 = 30 000 mm^2

d) 0,0093 m^2 = 0,93 dm^2 = 93 cm^2

Bei **Rechtecken** und **Quadraten** lässt sich das Auszählen der Einheitsquadrate vereinfachen, indem man deren Anzahl in der Länge mit deren Anzahl in der Breite multipliziert, also die Länge mal der Breite rechnet.

Flächeninhalt (Rechteck) = **Länge** · **Breite**

$A_R = a \cdot b$

Flächeninhalt (Quadrat) = **Seitenlänge** · **Seitenlänge**

$A_Q = a \cdot a = a^2$

Beispiel: Ein Rechteck ist 4 cm breit und 0,7 dm lang. Hier sind Quadratzentimeter als Einheit geeignet. Wandle zuerst um: 0,7 dm = 7 cm. Für die Fläche gilt:
$A = 4\text{ cm} \cdot 7\text{ cm} = 28\text{ cm}^2$.

Achtung

Vergewissere dich vor dem Anwenden der Flächenformel immer, dass Länge und Breite in **derselben Einheit** gegeben sind.

Trainieren Anwenden Vernetzen

1 Gib in drei verschiedenen Einheiten an.

	km^2		ha		a		m^2		dm^2		cm^2		mm^2	
a)		5	6	7										
b)						3	0	2	1	5	0			
c)										1	3			
d)					4	5	6	7						

2 Berechne den Flächeninhalt der Figuren.

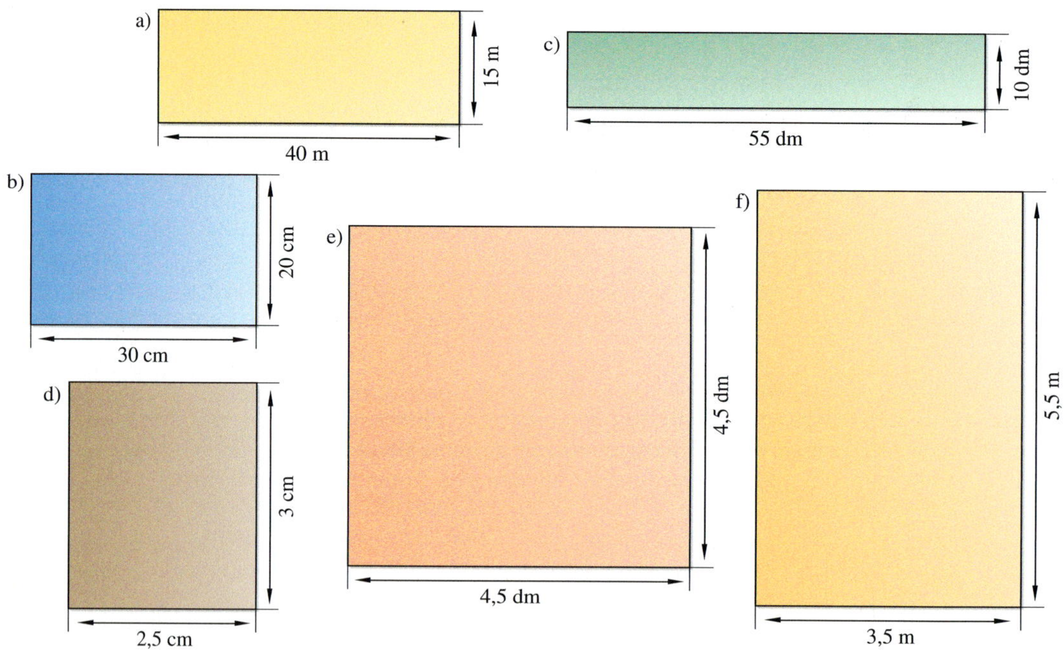

3 In welchen Einheiten wird man sinnvollerweise den Inhalt der folgenden Flächen angeben? Finde jeweils eine „Musterfläche" für 1 mm^2, 1 cm^2, 1 dm^2, 1 m^2, 1 a, 1 ha, 1 km^2.

a) CD-Hülle
b) Fläche deiner Heimatstadt
c) Bildschirm des Fernsehers
d) Display eines Handys
e) Sitzfläche eines Stuhls
f) Schulhof
g) Klassenraum
h) Oberfläche eines Stecknadelkopfes
i) Heftseite
j) Karo im Rechenheft der 1. Klasse
k) Schreibtischoberfläche
l) Fläche eines Bundeslands

4 Berechne den Flächeninhalt des Rechtecks.

a) $a = 7$ mm; $b = 11$ mm
b) $a = 2$ dm; $b = 9$ dm
c) $a = 12$ cm; $b = 5$ cm
d) $a = 12$ km; $b = 5$ km
e) $a = 1$ km; $b = 20$ m
f) $a = 11$ mm; $b = 7$ cm
g) $a = 25$ dm; $b = 120$ cm
h) $a = 9$ cm; $b = 70$ mm

5 Berechne den Flächeninhalt des Quadrats.

a) $a = 3$ mm **b)** $a = 5$ dm **c)** $a = 23$ cm **d)** $a = 7$ m **e)** $a = 12$ dm **f)** $a = 1545$ km

6 Wie lang ist die andere Rechteckseite?

a) $A = 20\ cm^2$; $a = 5$ cm **b)** $A = 84\ m^2$; $a = 7$ m **c)** $A = 36\ dm^2$; $a = 12$ dm **d)** $A = 39\ mm^2$; $a = 13$ mm

7 Wie lang ist die Seitenlänge eines Quadrates mit dem Flächeninhalt

a) $A = 36\ m^2$, **b)** $A = 49\ mm^2$, **c)** $A = 25\ km^2$, **d)** $A = 81\ m^2$, **e)** $A = 9$ ha, **f)** $A = 4$ a.

8 Berechne den Flächeninhalt des Rechtecks. Wandle zunächst die Einheiten geschickt um.

a) $a = 1{,}5$ dm; $b = 6$ dm **b)** $a = 2{,}5$ cm; $b = 4$ cm **c)** $a = 5{,}2$ cm; $b = 1{,}5$ cm **d)** $a = 2$ m; $b = 15$ cm **e)** $a = 1{,}2$ dm; $b = 5$ cm **f)** $a = 14$ mm; $b = 6$ cm

9 Zeichne je ein passendes Koordinatensystem und verbinde die Punkte.
Berechne den Flächeninhalt der entstehenden Figuren, wenn die Einheit im Koordinatensystem 1 m ist.

a) $A(0|0)$, $B(3|0)$, $C(3|3)$, $D(0|3)$
b) $E(2|6)$, $F(2|2)$, $G(7|2)$, $H(7|6)$
c) $I(1|3)$, $K(8|3)$, $L(8|7)$, $M(1|7)$
d) $N(3|5)$, $O(5|5)$, $P(5|9)$, $Q(3|9)$

10 Schreibe in dm^2.

a) $600\ cm^2$ **b)** $43\,200\ cm^2$ **c)** $3\,710\,000\ mm^2$ **d)** $4\,500\,000\ mm^2$ **e)** $250\,000\ mm^2$ **f)** 3 a

11 Schreibe in m^2.

a) $600\ dm^2$ **b)** $5040\ dm^2$ **c)** $97\,000\ dm^2$ **d)** $800\ dm^2$ **e)** $1\,840\,000\ mm^2$ **f)** $11\,200\ cm^2$ **g)** $1260\ cm^2$ **h)** $610\ dm^2$

12 Schreibe in der nächstkleineren Einheit.

a) $40\ dm^2$; $83\ km^2$; $11\ dm^2$; 129 a
b) $80\ km^2$; 50 a; 87 ha; $47\ m^2$
c) $43\ km^2$; 910 a; $812\ km^2$; $190\ dm^2$

13 Schreibe in gemischten Einheiten.
Beispiel: $360\ cm^2 = 3\ dm^2\ 60\ cm^2$

a) $303\ cm^2$; $6070\ cm^2$; $2003\ cm^2$; $1579\ cm^2$
b) $5977\ dm^2$; $678\ dm^2$; $1320\ dm^2$; $17\,553\ dm^2$
c) $130\ mm^2$; $2118\ mm^2$; $206\ mm^2$; $589\,451\ mm^2$

14 Ordne den Gegenständen die Flächeninhalte zu.

Flächeninhalte:
$6\ dm^2$, $2\ m^2$, $15\ cm^2$, $420\ mm^2$, $5\ dm^2$, $21\ m^2$.

15 Rechne in die angegebene Einheit um.

a) in dm^2: $300\ cm^2$; $2{,}4\ m^2$; $80\,801\ mm^2$
b) in cm^2: $5\ dm^2$; $4000\ mm^2$; $6\ m^2$
c) in m^2: $700\ dm^2$; $30\,000\ cm^2$; $2900\ dm^2$
d) in mm^2: $3\ cm^2$; $28\ cm^2$; $6\ dm^2$; $33\ cm^2$

↻ 141-1

16 Schreibe in einer Einheit.

a) $4\ dm^2\ 9\ cm^2$ **b)** $80\ dm^2\ 5\ cm^2$ **c)** $1\ m^2\ 71\ dm^2$ **d)** $5\ cm^2\ 7\ mm^2$ **e)** $4\ m^2\ 9\ dm^2$ **f)** $8\ dm^2\ 71\ cm^2$ **g)** $15\ m^2\ 23\ dm^2$ **h)** $15\ m^2\ 85\ dm^2$ **i)** $6\ cm^2\ 70\ mm^2$ **j)** $2\ km^2$ 7 ha 15 a

17 Wandle in die angegebene Einheit um.

a) $3{,}50\ m^2 = \boxtimes\ dm^2$
b) $31{,}89\ m^2 = \boxtimes\ dm^2$
c) $15{,}49\ dm^2 = \boxtimes\ cm^2$
d) $35{,}60\ cm^2 = \boxtimes\ mm^2$
e) $81{,}4579\ m^2 = \boxtimes\ cm^2$
f) $4{,}2205\ a = \boxtimes\ mm^2$
g) $2{,}66924\ ha = \boxtimes\ cm^2$
h) $771{,}29\ km^2 = \boxtimes\ m^2$

18 Wandle in die angegebene Einheit um.

a) $2\ m^2\ 69\ dm^2 = \boxtimes\ m^2$
b) $92\ cm^2\ 63\ mm^2 = \boxtimes\ cm^2$
c) $40\ dm^2\ 26\ cm^2 = \boxtimes\ dm^2$
d) $13\ m^2\ 7\ dm^2 = \boxtimes\ m^2$
e) $32\,087\ mm^2 = \boxtimes\ dm^2$
f) $366\,767\ mm^2 = \boxtimes\ dm^2$
g) $13\,823\ cm^2 = \boxtimes\ m^2$
h) $13\,823\ cm = \boxtimes\ m$
i) $369\,140\ m^2 = \boxtimes\ km^2$
j) $369\,140\ m = \boxtimes\ km$
k) $54\,026\ cm^2 = \boxtimes\ km^2$

19 Berechne den Umfang und den Flächeninhalt. Erkläre mit eigenen Worten den Unterschied zwischen Umfang und Fläche einer Figur.

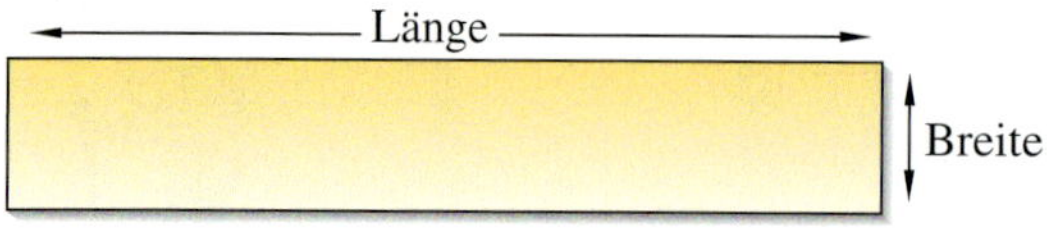

Länge	3 cm	1 dm	5 m	4400 mm
Breite	2 cm	4 cm	13 dm	2 m

noch fit?

I Vom statistischen Bundesamt wurden die Ursachen für Unfälle für das Jahr 2009 zusammengestellt. Insgesamt wurden 377 733 Unfälle registriert, bei denen der Fahrzeugführer den Unfall verursacht hatte. Stelle die Daten in einem Diagramm sinnvoll dar.

Grund für den Unfall	**Anzahl**
Alkoholeinfluss	16 513
Falsche Straßenbenutzung	26 002
Nicht angepasste Geschwindigkeit	56 874
Ungenügender Abstand	44 437
Fehler beim Überholen, Wenden, Rückwärtsfahren, Ein- und Anfahren	14 292
Nichtbeachten der Vorfahrt	55 287
Fehler beim Abbiegen	59 316
Falsches Verhalten gegenüber Fußgängern	16 301
	377 733

II Wann würdest du gerne den Urlaub in Kempten verbringen? Begründe deine Antwort.

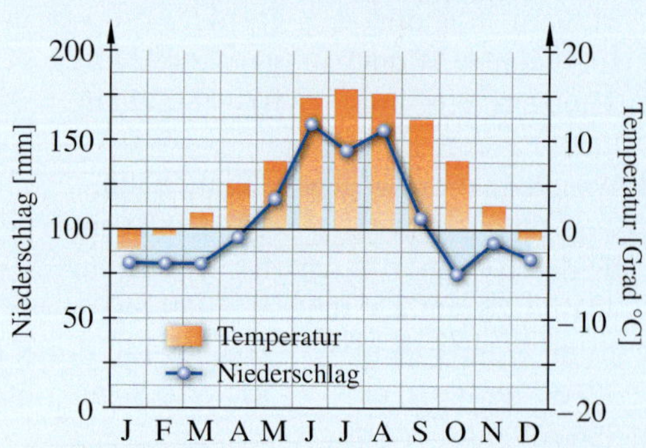

Trainieren **Anwenden** Vernetzen

20 Familie Thanavalla bezieht ihre neue Wohnung.

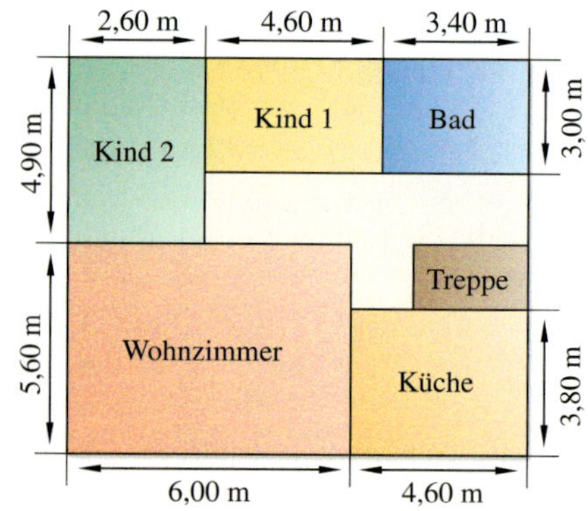

a) Welches Kinderzimmer würdest du dir aussuchen?

b) Vergleiche die Wohnfläche der Kinderzimmer mit den Flächen von Wohnzimmer, Küche und Bad. Wie groß ist die Gesamtwohnfläche?

c) Im Projekt „Traumwohnung“ planst du deine eigene Wohnung und richtest sie ein. 142-1

21 Berechne den Umfang und den Flächeninhalt.

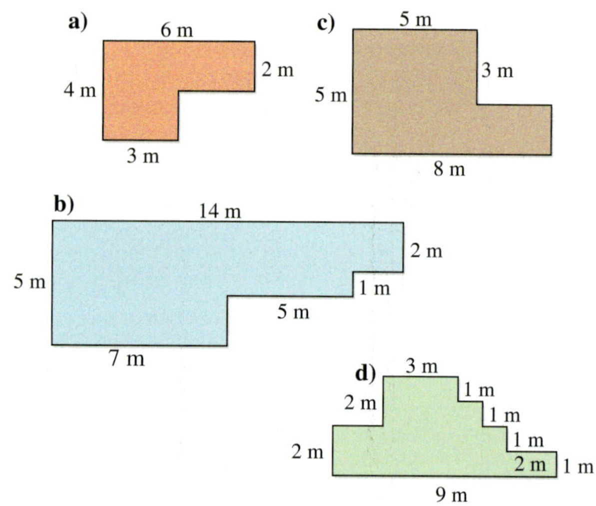

22 Die Lunge eines erwachsenen Menschen hat etwa 300 Millionen Lungenbläschen. Je größer deren Oberfläche ist, desto mehr Sauerstoff kann die Lunge aufnehmen. Du kannst davon ausgehen, dass drei Lungenbläschen zusammen eine Oberfläche von 1 mm^2 haben.
Berechne die Oberfläche aller Lungenbläschen und gib das Ergebnis in einer sinnvollen Einheit an.
Welche Seitenlänge müsste ein Quadrat mit gleichem Flächeninhalt haben?

23 Könntest du die Wände deines Klassenraumes mit den Blättern dieses Mathematikbuchs vollständig tapezieren?

24 Ein Schuhkarton zum Aufbewahren von Bildern soll verschönert werden. Dazu beklebst du den Karton von außen mit Geschenkpapier. Er ist 11 cm hoch, 30 cm lang und 16 cm breit.
Kommst du mit einem Restbogen Geschenkpapier aus, der 50 cm breit und 60 cm lang ist?

25 Ishani möchte in ihrem Zimmer die Raufasertapete an Wänden und Decke neu streichen.
Das Zimmer hat eine vier Meter breite quadratische Grundfläche und ist 2,60 m hoch. Es gibt zwei Fenster, die jeweils 1,20 m hoch und 1,80 m breit sind. Die Tür hat eine Breite von 80 cm und eine Höhe von 2,10 m.
Mit 10 l Farbe kann man 70 m^2 streichen.
Im Baumarkt findet sie folgendes Angebot:

5-l-Eimer: 19,80 €
10-l-Eimer: 29,60 €
3er Pack 5-l-Eimer: 39,99 €

26 Ein Maler soll auf die Hauswand der Firma HELP, einer Firma, die bei Computerproblemen Hilfe anbietet, eine Grafik mit einem Symbol und einer Schrift anbringen.
Wie groß ist der Inhalt der gefärbten Fläche? Ein Kästchen an der Hauswand ist 1 dm^2 groß.
Gib das Ergebnis in verschiedenen Einheiten an.

27 Gib deiner Sitznachbarin/deinem Sitznachbarn eine Flächengröße wie z. B. 35 cm^2 vor und lasse sie/ihn Länge und Breite eines Rechtecks bestimmen, das diesen Flächeninhalt hat.

28 Herr Müller will drei Rolllädenkästen neu streichen. Sie sind 2,10 m breit, 41 cm hoch, vom Fenster bis zur Kastenvorderseite sind es 20 cm. Mit einer Dose kann er 4 m^2 streichen.
Da das Holz noch unbehandelt ist, muss er alle Flächen zweimal streichen. Wie viele Dosen benötigt er?

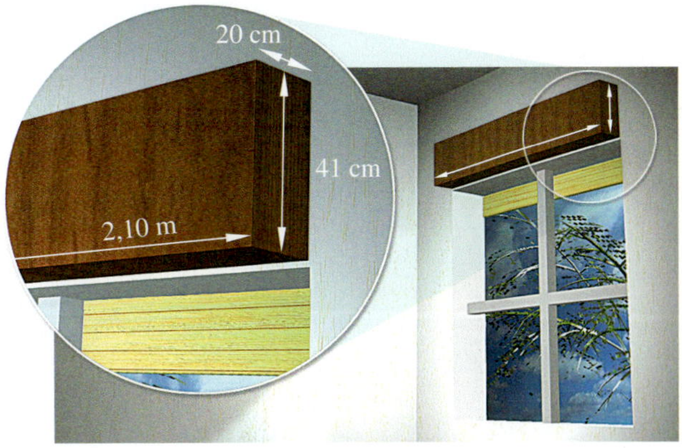

29 Ein Stück Papier ist 20 cm lang und 45 cm breit. Welche Maße hätte ein quadratisches Stück mit demselben Flächeninhalt?

Trainieren Anwenden **Vernetzen**

30 Spannt auf dem Schulhof mit einem 20 m langen Seil verschiedene rechteckige Flächen.

a) Welche eurer Flächen hat den größten Inhalt, welche den kleinsten?

b) Spannt mit dem Seil auch einen Kreis auf. Vergleicht mit dem größten Rechteck.

31 Herr Antonius will auf der schraffierten Fläche Rasen einsäen. Ein Beutel Grassamen mit 2,5 kg reicht für eine Fläche von 75 m^2. Ein Beutel kostet 3,84 €!

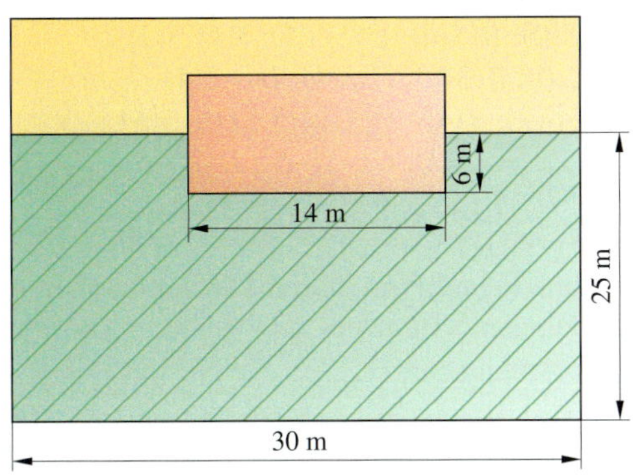

32 Rechnungen können mit Flächen veranschaulicht werden, zum Beispiel:

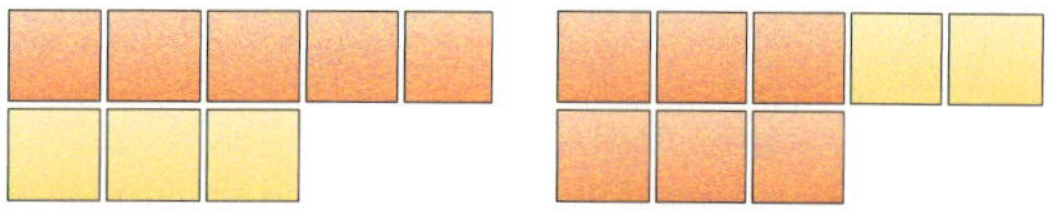

$5\ cm^2 + 3\ cm^2 = 8\ cm^2$
$8\ cm^2 - 5\ cm^2 = 3\ cm^2$
$8\ cm^2 - 3\ cm^2 = 5\ cm^2$

$6\ cm^2 + 2\ cm^2 = 8\ cm^2$
$2 \cdot 3\ cm^2 + 2\ cm^2 = 8\ cm^2$
$5\ cm^2 - 2\ cm^2 = 3\ cm^2$

Schreibe mehrere Rechnungen zu den abgebildeten Flächen.
Übertrage die Flächen in dein Heft und färbe sie jeweils passend zu deinen Rechnungen.

a)

b)

c)
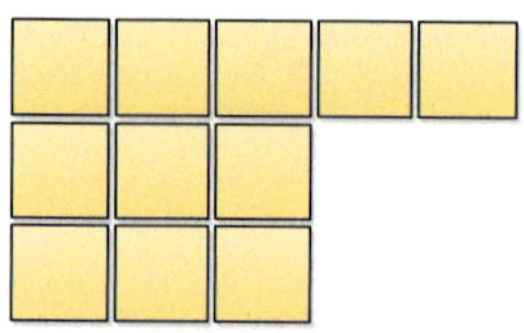

33 Zeichne zu jeder Rechnung mindestens zwei Flächen wie in Aufgabe 32.

a) $7\ cm^2 + 4\ cm^2$ **d)** $7 \cdot 9\ cm^2$
b) $5\ cm^2 + 3\ cm^2$ **e)** $2 \cdot 3\ cm^2$
c) $2\ cm^2 + 2\ cm^2$ **f)** $3 \cdot 5\ cm^2$

34 Zum Verkleiden einer Zimmerdecke werden Bretter verwendet. Sie sind 1,20 m lang und 22 cm breit und werden zu einem Preis von 8,50 € pro m^2 angeboten. Das Zimmer ist 4,80 m breit und 6,20 m lang. Berechne den Bedarf und die Kosten.

35 Die Figuren sind durch ihre Eckpunkte gegeben. Zeichne sie mit verschiedenen Farben in ein Koordinatensystem. Berechne ihre Flächeninhalte, wenn die Einheit im Koordinatensystem 1 cm ist.

a) $A(1|1)$; $B(3{,}5|1)$; $C(3{,}5|4)$; $D(1|4)$
b) $A(2{,}5|0)$; $B(5|0)$; $C(5|3{,}5)$; $D(2{,}5|3{,}5)$
c) $A(-2|0)$; $B(3|0)$; $C(3|4)$; $D(-2|4)$
d) $A(-3|-2)$; $B(4|-2)$; $C(4|5)$; $D(-3|5)$
e) $A(2|3)$; $B(-1|3)$; $C(-1|-5)$; $D(2|-5)$
f) $A(0{,}5|2)$; $B(4|2)$; $C(4|6{,}5)$; $D(0{,}5|6{,}5)$

36 Zeichne Figuren mit diesen Flächeninhalten in ein Koordinatensystem ein und gib die Koordinaten der Eckpunkte an.

a) $7\ cm^2$ **b)** $6\ cm^2$ **c)** $23\ cm^2$

37 Berechne die Größen der folgenden nicht maßstäblich dargestellten Flächen, wenn die Einheit 1 cm ist:

a)
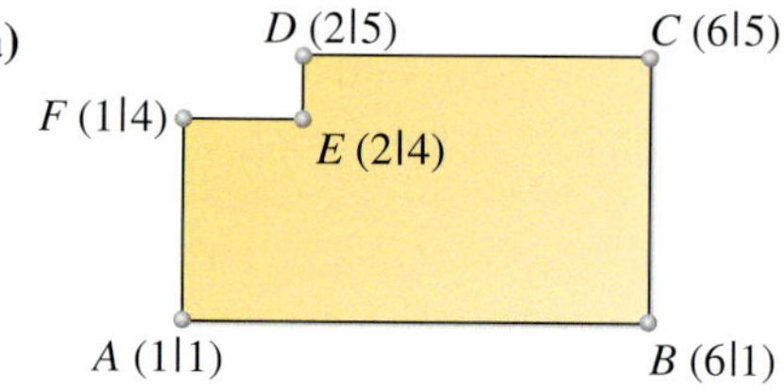

b)
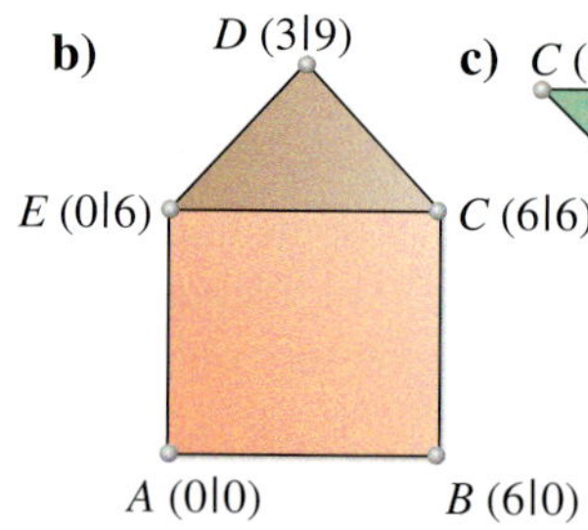

c)
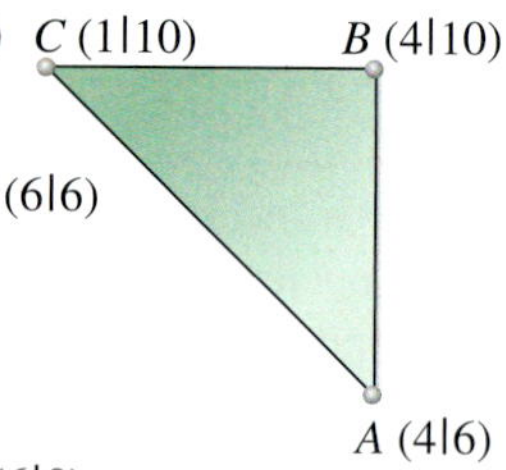

38 Der Sierpinski-Teppich

a) Zeichne ein blaues Quadrat, das eine Kantenlänge von 27 Kästchen hat, in dein Heft und bestimme seinen Flächeninhalt.

b) Zeichne das Quadrat erneut und unterteile es in neun gleich große Quadrate. Färbe nun alle Teilquadrate bis auf das mittlere blau.
Wie groß ist nun der gefärbte Flächeninhalt?

c) Im nächsten Schritt zeichnest du das Quadrat noch einmal. Unterteile nun jedes der acht blauen Quadrate aus b) wieder in neun Teilquadrate. Diese kleineren Quadrate färbst du wieder blau und lässt erneut das mittlere weiß (siehe Zeichnung).
Welchen Inhalt hat die gefärbte Fläche?

d) Führe diesen Vorgang noch einmal durch.
Ein derartiges Muster nennt man Sierpinski-Teppich.

144-1

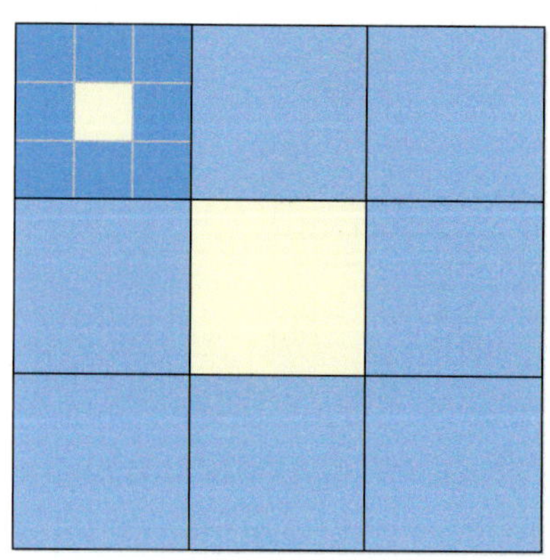

39 Berechne den Inhalt der farbigen Fläche.

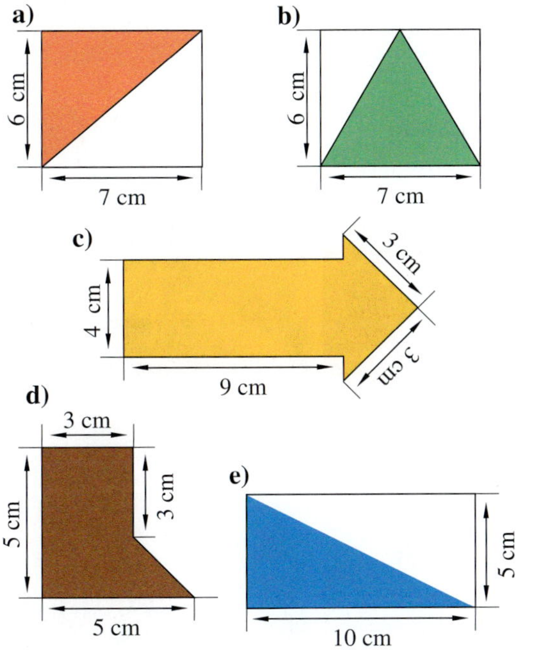

40 Immer noch stammt ein großer Teil der weltweit produzierten Eier aus der Käfighaltung. In sogenannten „Legebatterien" steht jedem Huhn eine Fläche von 550 cm^2 zu Verfügung.
Die EU hat diese Form der Käfighaltung verboten und fordert ein Minimum von 750 cm^2 Platz pro Henne. Die in Deutschland entwickelte „Kleingruppenhaltung" in Käfigen bietet jeder Henne mindestens 800 cm^2 Fläche. Bei der Bodenhaltung sind maximal 9 Hühner auf 1 m^2 erlaubt. In der Freilandhaltung müssen Legehennen einen Mindestfreilauf von 4 m^2 haben. Schneide aus Zeitungspapier Flächen der jeweiligen Größe aus.

41 Suche in deinem Atlas eine Karte heraus, auf der der Bodensee eingezeichnet ist. In welcher Einheit sollte der Flächeninhalt sinnvollerweise angegeben werden? Wie groß ist der Bodensee?

42 Schätze möglichst genau den Inhalt der Flächen. Dabei ist ein Kästchen 1 cm^2 groß.

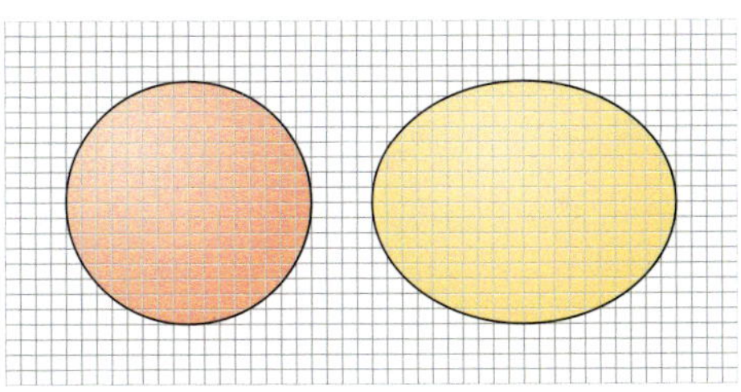

43 Die Abbildung zeigt ein altes chinesisches Puzzle-Spiel, das man „Tangram" nennt. Es handelt sich dabei um ein großes Quadrat, das aus 7 geometrischen Einzelteilen zusammengesetzt ist. Man kann mit diesen 7 Puzzle-Teilen viele Figuren legen.
Bestimme den Flächeninhalt aller Teilflächen, wenn die Gesamtfläche 144 cm^2 groß ist.

145-1

Aufgabe der Woche

Auf einem Holzbrett sind neun Nägel wie auf der Abbildung im Abstand von 1 cm eingeschlagen. Mit Gummibändern kann man nun Flächen darstellen.

a) Wie viele verschiedene Flächen kannst du auf diese Art finden?

b) Wie groß ist der Inhalt deiner Flächen?

c) Mit 36 Nägeln kannst du ein 6 × 6 Nagelbrett bauen. Verwende eine quadratische Sperrholzplatte mit der Kantenlänge 24 cm und wähle als Abstand zwischen den Nägeln 3 cm. Miss genau und zeichne gründlich.
Welche Flächenformen kannst du darstellen?
Vergleicht eure Ergebnisse untereinander.

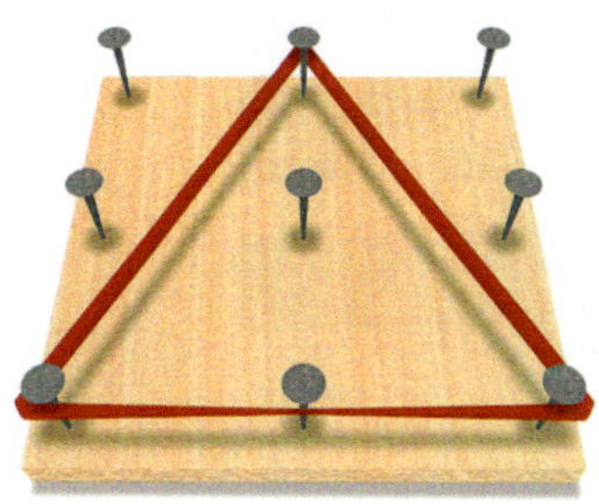

Ein neuer Abenteuerspielplatz

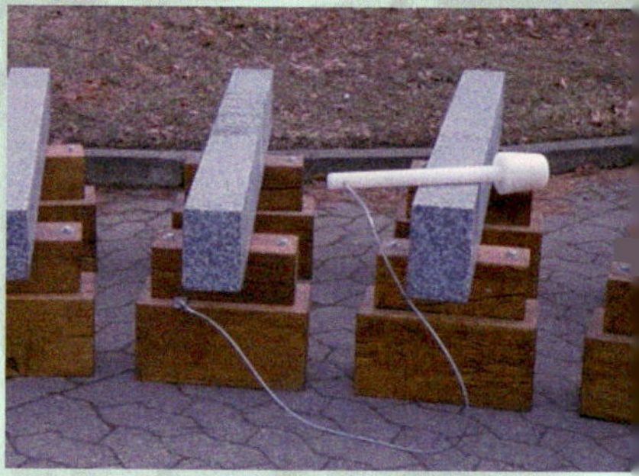

Der Bürgermeister von Raumlingen möchte in die Planung des neuen Abenteuerspielplatzes einige Schulklassen einbeziehen. Sie sollen ihre Ideen bei einem offiziellen Empfang präsentieren.

Ihr seid eine der ausgewählten Klassen.

- Zeichnet die jeweils benötigte Fläche für ein Spielgerät im Maßstab 1 : 100. Das heißt, je 1 cm in der Zeichnung entspricht 100 cm (≙ 1 m) in Wirklichkeit. Schneidet die Flächen aus.
- Zeichnet die Fläche des Spielplatzes in demselben Maßstab und probiert aus, welche der Geräte wie darauf passen. Beachtet dabei den Sicherheitsabstand.
- Die Tochter des Bürgermeisters, Philomena, möchte unbedingt eine Halfpipe auf dem Spielplatz haben. Der Sohn des Bürgermeisters, Agamemnon, ist allerdings erst 4 Jahre alt. Findet eine Lösung, die möglichst viele ihrer Bedürfnisse erfüllt.
- Plant den Spielplatz nach euren eigenen Vorstellungen. Vergleicht eure Planungen in der Klasse.

Rechts die Ausschreibung:

Planung eines neuen ansprechenden Spielparadieses

Zur Verfügung steht eine ebene, rechteckige Fläche, die 19 m breit und 33 m lang ist.

Wackelscheibe (Durchmesser 0,6 m)
Waage (Durchmesser 3,50 m)
Trampolin 2000 (3 m × 2,25 m)
Mini-Trampolin (1,75 m Kantenlänge)
Kletterwirbel (Durchmesser 3,3 m)
Balancierscheibe (Durchmesser 0,6 m)
Rollstuhlwippe (4,5 m × 1 m)
Klingende Steine (2 m × 1 m)
Impulskugelreihe (1 m × 0,6 m)
Spielburg (Fläche ca. 20 m × 15 m)
Free-Climbing-Wand (Fläche 4 m × 2 m, besonderer Sicherheitsabstand 6 m)
Inlinebahn mit Halfpipe (8 m × 5 m)

Aus Sicherheitsgründen muss um jedes Spielelement ein Abstand von mindestens 2 m eingehalten werden (Ausnahme Free-Climbing-Wand!).

Pentominos

Es gibt zwölf Pentominos, die aus jeweils fünf gleich großen Quadraten bestehen. Fertigst du sie dir aus Pappe an, kannst du Bilder entwerfen, Spiele erfinden und geometrische Probleme lösen.

148-1

Betrachte die beiden Türme. Welche Unterschiede und Gemeinsamkeiten findest du? Der rechte Turm soll aus den zwölf Pentominos aufgebaut werden. Finde andere Figuren, die du aus allen oder einigen Pentominos legen kannst.

Lege Rechtecke, die jeweils aus den zwölf Pentominos bestehen. Wie lang und wie breit sind diese Rechtecke? Kannst du aus allen zwölf Pentominos ein Quadrat legen?

Tetrominos bestehen nur aus vier gleich großen Quadraten. Wie viele von ihnen gibt es?
Zeichne sie und beschreibe ihre Form.

Die Größe von Flächen kannst du vergleichen, indem du die Flächen mit gleichen Teilflächen auslegst oder in gleich große Teile zerlegst.
Benötigst du mehr Teilflächen, so ist die Fläche größer.

Umrechnung von Flächeneinheiten
Flächeninhalte werden in verschiedenen **Flächeneinheiten** angegeben.
1 m² (Quadratmeter) ist der Flächeninhalt eines Quadrats mit der Seitenlänge 1 m.

$1\ km^2 = 100\ ha = 10\,000\ a = 1\,000\,000\ m^2$
$1\ ha = 100\ a = 10\,000\ m^2$
$1\ a = 100\ m^2$
$1\ m^2 = 100\ dm^2 \quad 10\,000\ m^2 \quad 1\,000\,000\ mm^2$
$1\ dm^2 = 100\ m^2 = 10\,000\ mm^2$
$1\ cm^2 = 100\ mm^2$

Die **Umrechnungszahl** zwischen aufeinander folgenden Flächeneinheiten ist **100**.

km^2 — 100 — ha — 100 — a — 100 — m^2 — 100 — dm^2 — 100 — cm^2 — 100 — mm^2

Zur Umwandlung kannst du auch die **Einheitentafel** verwenden.

km²		**ha**		**a**		**m²**		**dm²**		**cm²**		**mm²**	
	1	2	3	0	0								
										9	7	5	0

Beispiele: $12\,300\ a = 1{,}23\ ha = 1{,}23\ km^2$
$0{,}975\ dm^2 = 97{,}5\ cm^2 = 9750\ mm^2$

Flächenformeln
So berechnet man den **Flächeninhalt A_R eines Rechtecks** mit der Länge a und der Breite b:

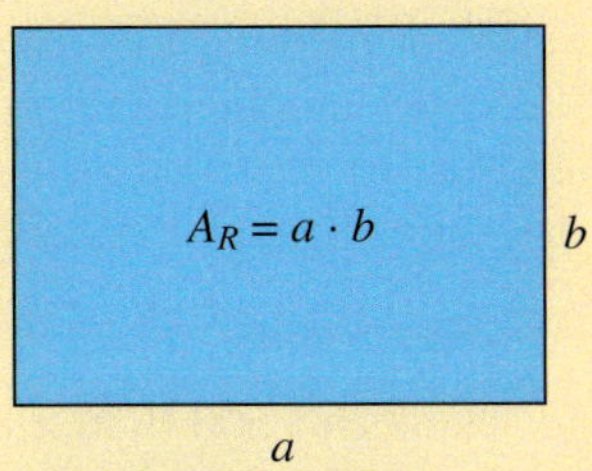

A_R **= Länge · Breite**
$\boldsymbol{A_R = a \cdot b}$
Beispiel: $a = 12\ cm;\ b = 8\ cm$
$A_R = a \cdot b = 12\ cm \cdot 8\ cm = 96\ cm^2$

Für den **Flächeninhalt A_Q eines Quadrats** mit der Seitenlänge a gilt:

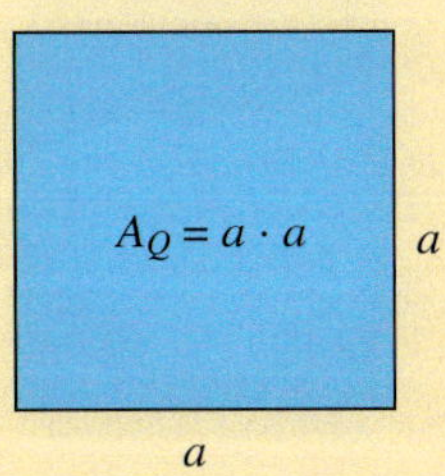

A_Q **= Seitenlänge · Seitenlänge**
$\boldsymbol{A_Q = a \cdot a = a^2}$
Beispiel: $a = 15\ cm$
$A_Q = a \cdot a = 15\ cm \cdot 15\ cm = 225\ cm^2$

Das kann ich schon – das will ich noch üben …
Fülle den Selbsteinschätzungsbogen aus. Du findest ihn im Internetangebot unter 150-1.

Gezielt üben kannst du mit folgenden Aufgaben. Lösungen findest du im Anhang.

Flächen schätzen, messen und vergleichen

1 Vergleiche den Flächeninhalt der Buchstaben im Wort „Pause“.

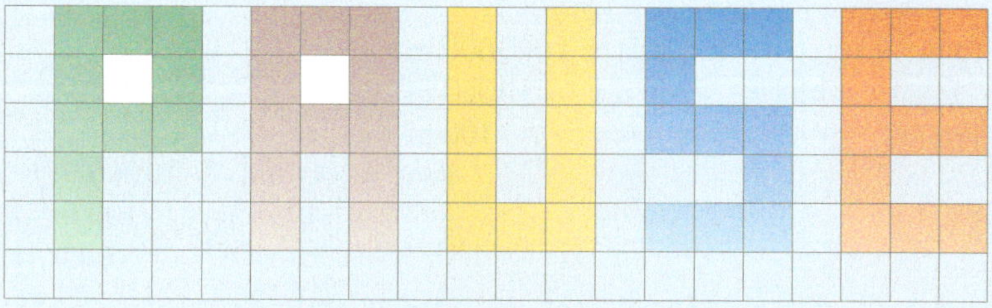

2 Berechne den Flächeninhalt.

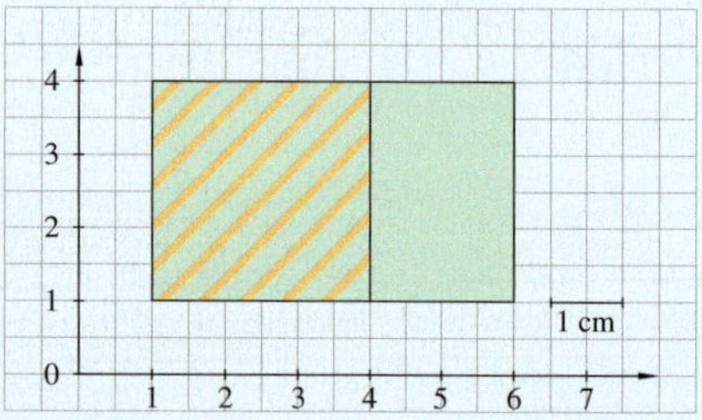

3 Zeichne ein Quadrat mit demselben Flächeninhalt wie das Rechteck.

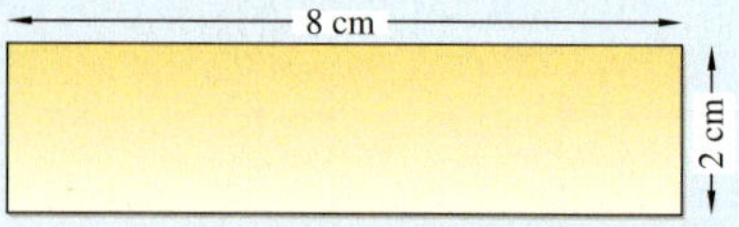

4 Aus einem quadratischen Bogen Geschenkpapier der Seitenlänge 50 cm ist eine quadratische Fläche mit der Kantenlänge 20 cm herausgeschnitten worden. Fertige eine Skizze des möglichen Ergebnisses an und berechne auf zwei verschiedene Arten die Flächengröße des verbleibenden Papierbogens.

5 Kopierpapier gibt es in Packungen à 500 Blatt. Ein Blatt DINA4 hat die Maße 21 cm × 29,7 cm. Schätze die Fläche ab, die du mit einer Packung Kopierpapier auslegen könntest.

Flächeneinheiten umrechnen

6 Wandle in die angegebene Einheit um:
a) $14\ m^2\ (cm^2)$
b) $36\,000\ mm^2\ (cm^2)$
c) $450\ dm^2\ (m^2, cm^2)$
d) $86\,000\ cm^2\ (m^2)$

7 Wandle in eine geeignete Einheit um:
a) $12\,060\ dm^2$
b) $7\,500\ cm^2$
c) $340\,000\ mm^2$

Flächen mit Flächenformeln berechnen

8 Berechne den Flächeninhalt der Figuren.
a) Rechteck mit $a = 5$ cm, $b = 12$ cm
b) Rechteck mit $a = 3{,}2$ cm, $b = 5$ cm
c) Quadrat mit der Kantenlänge 13 mm

9 Das Bild zeigt ein Quadernetz.
a) Wie groß sind die Länge, Breite und Höhe des Quaders?
b) Berechne die Flächeninhalte der Rechteckflächen. Welche Flächen sind gleich groß?
c) Berechne die Summe aller Flächeninhalte. Welche Bedeutung hat diese Summe für den Quader?

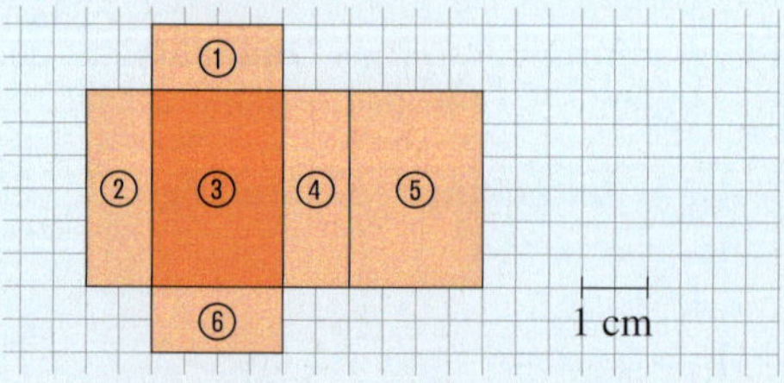

6. Multiplizieren und Dividieren

In diesem Kapitel erfährst du mehr über die Multiplikation und Division natürlicher Zahlen und ihre Verknüpfung mit den anderen Grundrechenarten. Du lernst sicher und vorteilhaft zu rechnen und diese Fertigkeiten in Sachzusammenhängen zu nutzen. Das wird dir z. B. ermöglichen abzuschätzen, aus wie vielen Fischen der fotografierte Schwarm besteht.

Abschätzen

Es ist mühsam und schwer, große Ansammlungen von Menschen, Tieren oder Gegenständen abzuzählen.

Oft reicht es aus, ihre Anzahl abzuschätzen. Dabei kann eine gleichmäßige Unterteilung, z. B. in Quadrate, helfen:

- Du zählst möglichst genau die Pinguine in einem Gitterfeld. Im mittleren Feld sind es 18.
- Du multiplizierst die Anzahl der Pinguine in einem Feld mit der Anzahl der Felder: $18 \cdot 9 = 162$.
- Du rundest sinnvoll. Auf dem Foto sind etwa 160 Pinguine zu sehen.

Schätze ebenso die Anzahl der weißen und roten Blutkörperchen ab.

- Worauf achtest du bei der Auswahl des Feldes, damit du möglichst genau auszählst?
- Begründe: Das Abschätzen der Anzahl geht schneller, je mehr Felder eingezeichnet werden. Dafür wird die Abschätzung ungenauer.

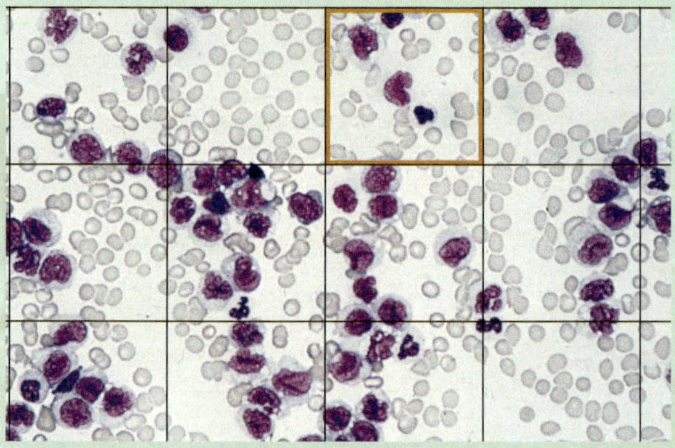

6.1 Vorteilhaftes Multiplizieren und Dividieren

1 Kartenteppich

▶ siehe Erarbeitung

Auf welche Arten kannst du diese Spielkarten noch anordnen, sodass wieder ein rechteckiger „Kartenteppich“ entsteht?
Welche Möglichkeiten ergeben sich, wenn du eine Karte hinzufügst oder entfernst?

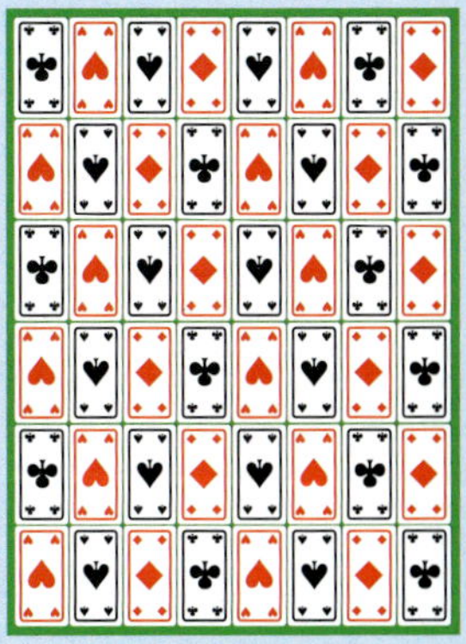

2 Beim Sportunterricht

In einer Schulklasse sind 30 Kinder. Im Sportunterricht soll die Klasse vollständig in gleich große Gruppen eingeteilt werden. Welche Gruppengrößen sind möglich?
Was passiert, wenn jemand fehlt?

3 Schoko-Kalkulation

Die meisten Schokoladentafeln sind wie auf dem Foto eingeteilt.

Zeichne andere Möglichkeiten, eine Tafel (bei gleicher Anzahl der Stückchen) einzuteilen.
Kennst du Schokoladentafeln mit einer anderen Anzahl der Stückchen?
Wie sind diese Tafeln eingeteilt?

Welche Anzahlen von Stückchen sind nicht geeignet?

▶ Vorteilhaft und mit Regeln rechnen

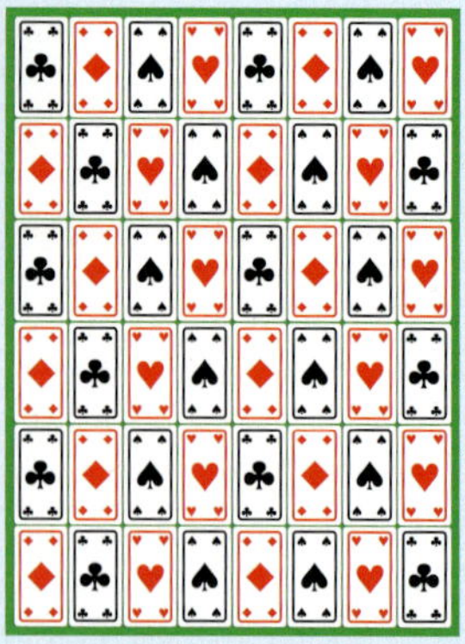

Der Kartenteppich aus Auftrag 1 besteht aus sechs Kartenreihen. In jeder Reihe befinden sich acht Karten.
Anstatt umständlich 8 + 8 + 8 + 8 + 8 + 8 kannst du kurz 6 **mal** 8 rechnen.
Der Teppich besteht aus 6 · 8 = 48 Karten.
Wenn gleiche Zahlen addiert werden, kann diese Addition durch eine **Multiplikation** ersetzt werden.

Summe — **Produkt**

8 + 8 + 8 + 8 + 8 + 8 = 6 · 8 = 48
6 gleiche Summanden — **1. Faktor** · **2. Faktor**

Du könntest den Spielkartenteppich auch anders betrachten und sagen: Er besteht aus acht Spalten mit je sechs Karten, also 6 + 6 + 6 + 6 + 6 + 6 + 6 + 6 = 8 · 6 Karten. Weil sich die Anzahl der Karten nicht geändert hat, ist 6 · 8 = 8 · 6.

Wie für die Addition gelten auch für die Multiplikation Rechengesetze.

Das Kommutativgesetz der Multiplikation: Der Wert eines Produkts ändert sich nicht, wenn du die Faktoren miteinander vertauschst. 4 · 12 = 12 · 4

Das Assoziativgesetz der Multiplikation: Du kannst bei einem Produkt beliebig Klammern setzen oder weglassen. 4 · 2 · 6 = (4 · 2) · 6 = 4 · (2 · 6).

Quotient
48 : 12 = 4
Dividend — **Divisor**

Andere mögliche rechteckige Kartenteppiche aus den 48 Karten findest du mit dem Verfahren der **Division**.

Die Division ist die Umkehrung der Multiplikation.

48 : 12 = 4 ist richtig, weil 4 · 12 = 48 ist.

4 ⇄ 48 (· 12 / : 12)

Um zu prüfen, ob es einen rechteckigen Teppich mit fünf Kartenreihen gibt, dividierst (teilst) du 48 durch 5. Es bleibt ein Rest von 3 Karten.
Du kannst schreiben **48 : 5 = 9 + 3 : 5** der auch **48 : 5 = 9 Rest 3**.

Achtung

Was ist 5 : 0?

? ⇄ 5 (· 0 / : 0)

Die Umkehrung heißt: Welche Zahl muss ich mit 0 multiplizieren, damit ich 5 erhalte? Eine solche Zahl gibt es nicht! Deshalb ist die Division durch 0 **nicht möglich**.

Die Zahl 48 kann ohne Rest durch die Zahlen 1, 2, 3, 4, 6, 8, 12, 16, 24 und 48 dividiert werden. Es ist 48 = 1 · 48 = 2 · 24 = 3 · 16 = 4 · 12 = 6 · 8.

Die möglichen Teppiche sind also:

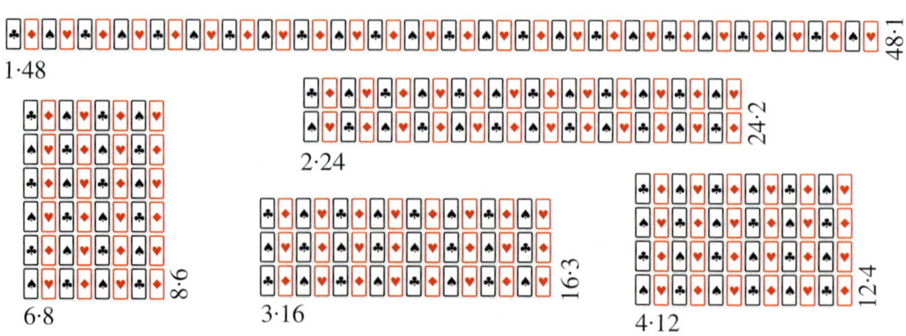

Vorteilhaftes Rechnen

Grundsätzlich wird bei der Multiplikation und bei der Division von links nach rechts gerechnet.
Bei der Multiplikation kannst du dir durch geschicktes Anwenden des Kommutativ- und des Assoziativgesetzes Rechenvorteile verschaffen.
Für die Division gelten Kommunikativ- und Assoziativgesetz nicht in der gewohnten Form. Du kannst jedoch auch hier Rechenvorteile wahrnehmen, wenn du beachtest: Der Divisor muss Divisor bleiben (Beispiel 3).

Beispiel 1

$200 : 20 : 10 = 10 : 10 = 1$

$60 : 3 \cdot 2 = 20 \cdot 2 = 40$

von links nach rechts

$200 : (20 : 10) = 200 : 2 = 100$

$60 : (3 \cdot 2) = 60 : 6 = 10$

Klammervorfahrt

Beispiel 2

$(79 \cdot 25) \cdot 4 = 79 \cdot (25 \cdot 4) = 79 \cdot 100 = 7900$

Assoziativgesetz

Durch geschicktes Vertauschen und Verbinden von Faktoren ergeben sich manchmal einfachere Rechnungen.

Beispiel 3

$48 \cdot 10 : 8 = 480 : 8 = 60$

$48 \cdot 10 : 8 = 48 : 8 \cdot 10 = 6 \cdot 10 = 60$

Divisor bleibt Divisor

$8 \cdot (11 \cdot 125)$
$= 8 \cdot (125 \cdot 11)$ Kommutativgesetz
$= (8 \cdot 125) \cdot 11$ Assoziativgesetz
$= 1000 \cdot 11$ Klammervorfahrt
$= 11\,000$

Primzahlen

Wenn eine Karte fehlt – also nur 47 Karten vorhanden sind – gibt es nur eine Möglichkeit, einen rechteckigen Kartenteppich zu legen. Denn die Zahl 47 kann ohne Rest nur durch 1 und sich selbst dividiert werden. Die Zahl 47 ist folglich eine Primzahl.

Eine Primzahl ist eine Zahl, die die genau zwei verschiedeneTeiler hat: 1 und sich selbst. Die 1 ist keine Primzahl.

Quadratzahlen

Würdest du das Deckblatt des Kartenspiels dazu nehmen, hättest du 49 Karten.
Weil $49 = 7 \cdot 7 = 7^2$ ist, kannst du einen Teppich mit sieben Reihen legen, wobei in jeder Reihe wiederum sieben Karten liegen. 49 wird das **Quadrat** von 7 genannt. Die Quadratzahlen von 1 bis 100 lauten:

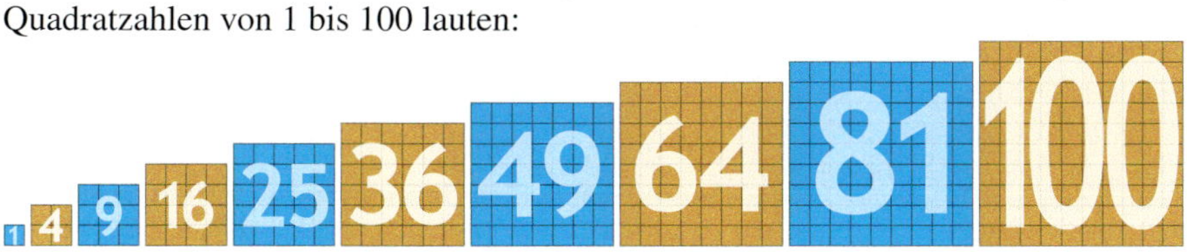

Trainieren Anwenden Vernetzen

1 Schreibe als Produkt.
a) 5 + 5 + 5 + 5 + 5 + 5 + 5
b) 7 + 7 + 7 + 7 + 7 + 7 + 7 + 7 + 7 + 7 + 7
c) 400 + 400 + 400 + 400 + 400 + 400
d) 0 + 0 + 0 + 0 + 0
e) $a + a + a + a + a + a + a + a$

2 Schreibe als Summe, falls möglich.

a) 3 · 6	**c)** 2 · 8	**e)** 5 · 1
b) 6 · 3	**d)** 4 · 4	**f)** 1 · 5

3 Rechne im Kopf.

a)	9 · 9	6 · 7	8 · 0	5 · 8
b)	12 · 5	11 · 7	4 · 25	3 · 13
c)	63 : 7	56 : 8	54 : 9	64 : 8
d)	42 : 3	72 : 6	65 : 5	84 : 4

4 Berechne und formuliere eine Regel.

a)	1 · 0	2 · 1	1 · 80	1234 · 1
b)	0 · 1	0 · 5	0 · 42	4711 · 0
c)	32 : 1	5 : 1	900 : 1	1 : 1
d)	0 : 1	0 : 5	0 : 10	0 : 2005
e)	87 : 87	1 : 1	23 : 23	100 : 100

5 Fill in the correct number.

a) 5 · ⊠ = 80	**e)** 18 : ⊠ : ▲ = 1
b) ⊠ : 7 · 7 = 77	**f)** 18 : (⊠ : ▲) = 1
c) 10 · ⊠ : 4 = 40	**g)** 18 : ⊠ · ▲ = 1
d) 72 : (⊠ · 3) = 24	**h)** 18 : (⊠ · ▲) = 1

6 Ergänze.

a) ⊠ · ▲ = 23	**g)** ⊠ · ▲ = 0
b) ⊠ · 0 = 0	**h)** ⊠ · ▲ = 1
c) ⊠ · ▲ = 16	**i)** 1 · ⊠ · 100 = 100
d) ⊠ · ▲ = 27	**j)** 1 · ⊠ · 100 = 0
e) 8 · ⊠ · ▲ = 72	**k)** 2 · ⊠ · ▲ = 100
f) 80 · ⊠ = 720	**l)** 25 · ⊠ = 1 000

7 Berechne geschickt.
a) 13 + 13 + 13 + 13 + 5 + 13 + 5 + 13 + 13 + 5
+ 13 + 13 + 13 + 5
b) 30 + 7 + 30 + 7 + 30 + 7 + 7 + 7 + 30
+ 30 + 7 + 7
c) 99 + 99 + 1 + 99 + 1 + 1 + 1 + 99 + 99 + 1
+ 99 + 1 + 1

8 Wie viele Symbole sind abgebildet?
Schreibe auf, wie du gerechnet hast.

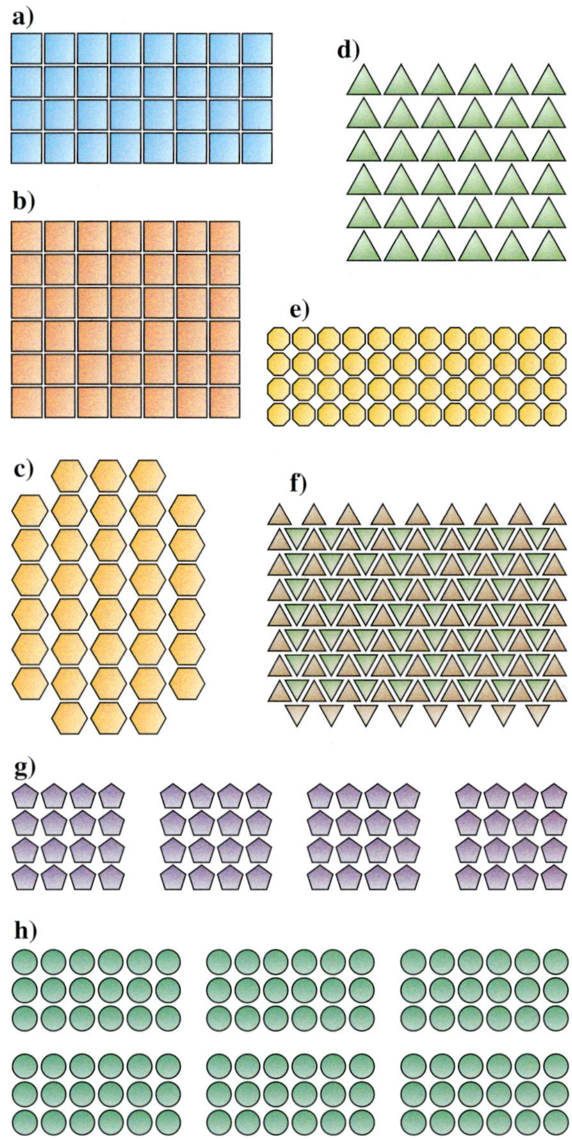

9 Stelle das Produkt wie oben geometrisch dar.

a) 4 · 5	**c)** 3 · (2 · 4)
b) 2 · 3 · 4	**d)** (3 · 2) · 4

10 Schreibe als Term und berechne.
a) Dividiere 12 durch das Produkt aus 6 und 2.
b) Dividiere 1000 durch den Quotienten aus 100 und 10.
c) Multipliziere den Quotienten aus 50 und 5 mit dem Quotienten aus 200 und 100.
d) Dividiere den Quotienten aus 64 und 8 durch den Quotienten aus 4 und 2.

11 Kontrolliere mithilfe der Umkehraufgabe.

a) 84 : 7 = 12
b) 144 : 36 = 4
c) 121 : 11 = 11
d) 115 : 15 = 7
e) 4120 : 40 = 103
f) 966 : 7 = 38

12 Nutze Rechenvorteile. Gib an, welche Gesetze und Regeln du dabei benutzt hast.

a) 150 · 9 · 2
b) (7 · 6) · 5
c) 3 · 5 · 5 · 2 · 3 · 2
d) 8 · (29 · 125)
e) 25 · 17 · 4 · 3
f) (11 · 2) · (50 · 3)

Lösungswort: 210 (c); 270 (g); 330 (m); 510 (i); 900 (h); 2700 (s); 2900 (u); 3300 (n); 5100 (a); 29 000 (w)

13 Berechne.

a) (24 : 4) : (24 : 8)
b) 24 : (2 : 2)
c) 24 : 2 : 2
d) 24 : (2 · 2)
e) 24 : 2 · 2
f) 24 : (12 : (6 : 3))

Lösungswort: 2 (h); 4 (n); 6 (s); 8 (w); 12 (a); 24 (e)

14 Prüfe, ob Fehler gemacht wurden. Nenne gegebenenfalls den Fehler.
Korrigiere in deinem Heft.

a) 120 : 10 : 2 = 120 : 5 = 26
b) 0 · 2010 = 0
c) 3003 · 0 = 3003
d) 0 : 5 = 5
e) 8 : 8 = 0
f) 13 : 0 = 0
g) 4 · (15 : 3) = (4 · 15) : 3 = 60 : 3 = 20
h) 1 · 1 · 1 · 1 · 1 · 1 · 1 · 1 · 1 · 1 · 1 = 11
i) 15 : 0 = 1
j) 8 : (2 · 2) · 2 : (18 : 6 : 3) = 1

15 Finde alle Primzahlen zwischen 1 und 50.
Beschreibe, wie du vorgehst.

16 Berechne die Quadrate der Zahlen von 1 bis 25 und präge sie dir ein.
Fertigt Poster zum Thema „Quadratzahlen" für den Klassenraum an.

17 Erinnere dich an den ersten Auftrag zu diesem Kapitel. Du hast bei der Bearbeitung gesehen, dass sich mit 49 Spielkarten ein Teppich mit sieben Reihen legen lässt. Dabei liegen in jeder Reihe wiederum sieben Karten, denn 49 ist eine Quadratzahl.
Bilden die 49 Spielkarten einen quadratischen Teppich?
Begründe deine Antwort. Fertige dazu auch eine Skizze des Kartenteppichs an.

18 Rechne vorteilhaft.

a) 5 · 33 · 2
b) 50 · 33 · 20
c) 150 · 5 · 2 · 4
d) 25 · 5 · 3 · 8
e) 30 · 9 : 6
f) 300 · 7 : 60
g) 56 · 11 : 7
h) 56 : 2 · 14 : 7
i) 24 · 12 : 8 · 3 : 9
j) 48 : 8 · 9 : 6
k) 480 : 8 · 7 : 60

Lösungswort: 7 (n); 9 (e); 12 (h); 35 (u); 45 (a); 56 (c); 88 (s); 330 (v); 3000 (t); 6000 (r); 33 000 (e)

19 Schätze die Anzahl der Bienen auf dem Foto.

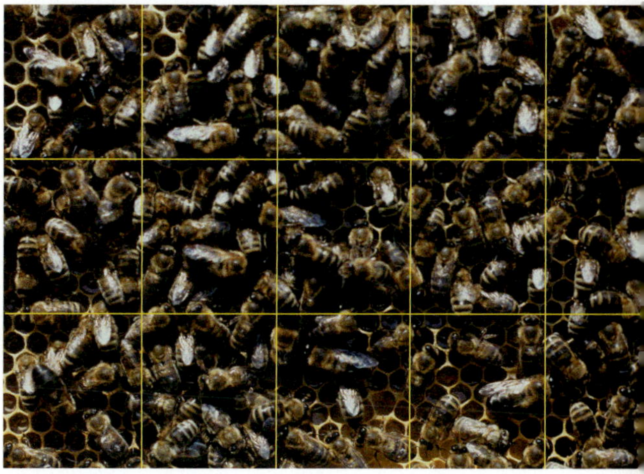

noch fit?

I Addiere.

a) 4000 + 7000
b) 1230 + 1250
c) 12 000 + 18 000
d) 5500 + 3500
e) 46 800 + 4200
f) 1400 + 1700

II Subtrahiere.

a) 10 000 – 4700
b) 7770 – 3760
c) 9500 – 9450
d) 20 000 – 12 900
e) 1700 – 840
f) 22 220 – 20 230

III Vier der Ergebnisse liegen in der Nähe von 200.
Schätze zunächst und berechne dann genau.

a) 13 + 94 + 87 + 16
b) 22 + 34 + 26 – 12
c) 111 – 82 – 18 + 89 + 90
d) 555 – 380 – 120 + 145
e) 1022 – 964 + 154 – 22 + 12
f) 144 – 75 + 44 + 12 – 125
g) 15 643 + 42 115 – 623 + 885

Trainieren **Anwenden** Vernetzen

20 Du wirst mit 4 € zum Bäcker geschickt und sollst zwei Mohnbrötchen und für das restliche Geld Mehrkornbrötchen kaufen.
Wie viele Mehrkornbrötchen bekommst du?

Brötchen	25 ct	Mehrkornbrötchen	40 ct
Sesambrötchen	35 ct	Roggenbrötchen	35 ct
Mohnbrötchen	35 ct	Schrotbrötchen	35 ct

21 Die Schulmediothek besitzt zurzeit 54 Folgen einer spannenden Kriminal-Hörspielserie für Jugendliche.
Weil 500 € durch eine Spende zur Verfügung stehen, soll die Serie vervollständigt werden.
Insgesamt gibt es 148 Folgen, die pro Stück 5 € kosten.
Wie viel Geld bleibt von der Spende übrig?

22 Am 01. 01. 2002 haben fünfzehn europäische Staaten die neuen Euro-Münzen eingeführt, darunter auch der Vatikanstaat, San Marino und Monaco.

a) Finde die Namen aller Staaten heraus, die an der Euro-Einführung teilgenommen haben.
b) Wie viele Münzen würde die vollständige Sammlung enthalten?
c) Berechne den Wert der Sammlung anhand der geprägten Münzwerte. Sammler würden natürlich deutlich mehr als diesen zahlen.

23 In einem Bücherregal steht ordentlich sortiert ein vierbändiges Lexikon. Jeder Band hat genau 1000 Seiten. Ein Bücherwurm frisst sich von der ersten Seite des ersten Bandes bis zur letzten Seite des vierten Bandes.
Wie viele Blätter hat er auf seinem Weg angefressen?

24 Cem schlägt ein Buch auf. Er betrachtet die aufgeschlagene Doppelseite.
Danach behauptet er, dass das Produkt der beiden Seitenzahlen 132 sei.
Ist das möglich?

25 Welches Ergebnis stimmt? Begründe.
24 : 6 : 2 = 24 : 3 = 8
24 : 6 : 2 = 4 : 2 = 2

26 Jorina sitzt nachmittags im fast ausverkauften Kino „Gloria" und möchte abschätzen, wie hoch die Einnahmen des Kinos bei dieser Vorstellung sind. Sie zählt 17 Sesselreihen.
Die Reihen sind alle gleich lang und in jeder Reihe befinden sich gleich viele Sessel. Jorina zählt in ihrer Reihe 30 Sessel. Sie schätzt, dass etwa doppelt so viele Kinder wie Erwachsene die heutige Vorstellung besuchen.

27 Christians Eltern möchten sich ein sparsames 3-Liter-Auto kaufen, das bei vernünftiger Fahrweise etwa drei Liter Kraftstoff auf 100 Kilometer Fahrstrecke verbraucht.
Ihr altes Auto benötigt für 100 Kilometer etwa acht Liter. Allein auf den Fahrten zum Arbeitsplatz legt Christians Vater pro Jahr 20 000 Kilometer zurück.
a) Wie viel müssen die Eltern für die Fahrten mit einem 3-Liter-Auto zum Arbeitsplatz des Vaters pro Jahr bezahlen? Rechne mit einem aktuellen Spritpreis.
b) Wie viel „Spritgeld" sparen sie pro Jahr durch den Neukauf des Autos bei den Fahrten zum Arbeitsplatz?

28 Bilde aus den Ziffern 1, 2, 3 und 4 zwei zweistellige Zahlen und multipliziere sie miteinander. Verwende dabei jede Ziffer nur einmal.
Finde das größte Produkt, das auf diese Weise entstehen kann.

29 Finde einige passende Zahlen und begründe deine Auswahl.
a) Finde 4 verschiedene dreistellige Zahlen, die ohne Rest durch 80 dividiert werden können.
b) Finde 4 verschiedene fünfstellige Zahlen, die ohne Rest durch 17 dividiert werden können.
c) Finde 4 verschiedene dreistellige Zahlen, die nur mit Rest durch 50 dividiert werden können.
d) Finde 4 verschiedene fünfstellige Zahlen, die nur mit Rest durch 7 dividiert werden können.

30 Übertrage die Tabellen und fülle sie aus.

a)

1. Faktor / 2. Faktor

·		**5**		**11**			
		250			5000		
10	70						
16						16	
			0	99			270

b)

Dividend / Divisor

:	**6**	**7**			**14**		
84			42			28	
210				210			10
	700						
		0					

c) Überlege dir selbst entsprechende Tabellen mit vier Spalten und lasse sie von deiner Sitznachbarin oder deinem Sitznachbarn ergänzen.

31 Im ostafrikanischen Land Tansania befindet sich das wildreichste Reservat der Erde: die Serengeti. Das Gebiet wurde 1951 zum Nationalpark erklärt und besitzt ungefähr die Größe Schleswig-Holsteins. Die Bezeichnung „Serengeti“ leitet sich vom Massai-Wort „Siringet“ ab, das „unendliche Ebene“ bedeutet.

Es ist einer der letzten Orte, wo Großwild in natürlicher Umgebung beobachtet werden kann.
Etwa drei Millionen Tiere leben hier. Riesige Tierherden unternehmen auf der Suche nach Wasser oft lange Wanderungen.

Prof. Bernhard Grzimek und sein Sohn Michael haben als erste das Ökosystem der Serengeti systematisch erforscht. 1957 starteten sie mit ihrem Flugzeug „Fliegendes Zebra“ und zählten aus der Luft die Tiere der Savannen. Ermittle die Anzahl der Tiere auf dem Foto. Erläutere, worin hier die Schwierigkeit beim Bestimmen der Anzahl besteht.

Trainieren Anwenden **Vernetzen**

32 Du möchtest im Kiosk an der Ecke deine letzten 40 Cent vollständig für Weingummi ausgeben. Wie viele verschiedene Zusammenstellungen der Weingummis sind möglich?

Weingummipreise	
Schnuller	5 ct
Doppelkirschen	10 ct
Riesenflaschen	15 ct

33 Schreibe alle dreistelligen Zahlen auf, deren Ziffern miteinander multipliziert das Produkt 16 ergeben.

34 In einem Jugendhotel kann man sich sein Menü aus verschiedenen Komponenten mischen.

a) Benjamin möchte eine Vorsuppe, ein Hauptgericht und eine Nachspeise essen. Er hat zur Auswahl: 2 Vorsuppen, 3 Hauptgerichte und 3 Nachspeisen. Wie viele verschiedene Menüs kann er sich daraus zusammenstellen?

b) Frau Dr. Hunger entscheidet sich für ein umfangreiches Menü aus Vorsuppe, Hauptgericht, Salat, Nachspeise und Getränk. Wie viele verschiedene Menüs sind möglich, wenn sie 2 Vorsuppen, 3 Hauptgerichte, 4 Salate, 3 Nachspeisen und 5 Getränke zur Auswahl hat?

35 Carolin denkt sich eine natürliche Zahl.

a) Sie verdoppelt diese Zahl, dann verdoppelt sie das Ergebnis und verdoppelt dann das neue Ergebnis noch einmal.
Welche der folgenden vier Zahlen ist mit Sicherheit *nicht* das Produkt? 112; 88; 76; 64

b) Sie verdreifacht die gedachte Zahl, dann verdreifacht sie das Ergebnis und verdreifacht das neue Ergebnis noch einmal.
Welche der folgenden vier Zahlen ist mit Sicherheit *nicht* das Produkt? 54; 0; 2700; 63

36 Wie ändert sich der Wert eines Produktes, wenn

a) sowohl der erste als auch der zweite Faktor verdoppelt wird?

b) der erste Faktor verdoppelt und der zweite Faktor halbiert wird?

c) der erste Faktor halbiert und der zweite Faktor verdoppelt wird?

d) der erste Faktor vervierfacht und der zweite Faktor verfünffacht wird?

e) der erste und der zweite Faktor halbiert werden?

37 Wie ändert sich der Wert eines Quotienten, wenn

a) der Dividend und der Divisor verdoppelt werden?

b) der Dividend verdoppelt und der Divisor halbiert wird?

c) der Divisor verdoppelt und der Dividend halbiert wird?

38 Das Produkt zweier natürlicher Zahlen ist 23. Welchen Wert hat das Produkt, wenn eine der beiden Zahlen um 1 vergrößert und die andere der beiden Zahlen um 1 verkleinert wird?

39 Wie heißt die kleinste positive Zahl, die nur aus den Ziffern 0 und 1 besteht und ohne Rest durch 30 teilbar ist?

40 Dividiert man 250 durch eine natürliche Zahl, so verbleibt der Rest 19.
Gib alle Möglichkeiten für diese Zahl an.

41 Untersuche die Fragen anhand von Beispielen. Schreibe eine Stellungnahme.

a) Gibt es ein Kommutativgesetz der Division?

b) Gibt es ein Assoziativgesetz der Division?

Aufgabe der Woche

An einem Mathematikwettbewerb nehmen Schülerinnen und Schüler aus allen sechzehn Bundesländern teil. Jeder erhält als Begrüßungsgeschenk ein T-Shirt, das links und rechts farbige Ärmel hat. Am T-Shirt kannst du erkennen, aus welchem Bundesland die Teilnehmerin oder der Teilnehmer kommt.
Eine Firma bietet für die Ärmel vier Farben an: blau, grün, rot und gelb.

a) Reicht die Farbenauswahl aus, um alle Bundesländer an den T-Shirts zu unterscheiden?

b) Leider stellte sich bei der Durchführung heraus, dass einige Teilnehmer ihre T-Shirts falsch herum angezogen hatten. Sie hatten vorn und hinten vertauscht. Wieso schuf dies ein Problem?

c) Wie viele T-Shirts kann man bei vier Ärmelfarben auch dann noch unterscheiden?

d) Um dieses Problem zu lösen, schlug die T-Shirt-Firma vor, im nächsten Jahr fünf Farben zu verwenden. Hilft das?

6.2 Verbindung der Grundrechenarten

1 Kopfrechnen am Samstagmorgen

Bäcker Hastigs Brötchen sind die besten im Ort. Allerdings rechnet er alle Preise auch hastig im Kopf zusammen und verrechnet sich dabei fast immer.

Sonja hat sich deshalb zur Sicherheit angewöhnt, den Betrag ebenfalls im Kopf auszurechnen – auch bei den Kunden, die vor ihr bedient werden. Sie benutzt allerdings „Rechentricks“ und macht dann meistens keine Rechenfehler.

- Frau Dienemann verlangt ein Mohnbrötchen und fünf Schrotbrötchen.
- Niklas möchte sechs Mohnbrötchen und sechs Brezeln.
- Pastor Fröhlich legt 2,73 € auf den Tresen und möchte für das gesamte Geld Partybrötchen.
- Opa Karl kauft zwölf Mehrkornbrötchen.
- Sonja soll sieben Sesambrötchen holen.

Bäcker Hastig der Beste im Ort

Partybrötchen	21 Cent
Mohnbrötchen	36 Cent
Sesambrötchen	39 Cent
Schrotbrötchen	40 Cent
Mehrkornbrötchen	42 Cent
Brezeln	44 Cent

2 Wer ist am schnellsten?

▶ siehe Erarbeitung

Ordne die Ergebnisse von klein nach groß. Rechne möglichst schnell im Kopf.

A: $200 + 20 \cdot 2$

C: $31 \cdot 12$

B: $3 \cdot 43 + 7 \cdot 43$

D: $4920 : 12$

3 Klammern

Setze Klammern und finde auf diese Weise möglichst viele verschiedene Terme. Berechne und vergleiche die verschiedenen Ergebnisse.

$45 - 5 \cdot 7 - 3$

Setze Klammern, sodass sich das Ergebnis nicht ändert. Finde mehrere Möglichkeiten.

$10000 + 1000 : 100 - 10 = 10000$

Setze Klammern, sodass das Ergebnis richtig ist.

$10 \cdot 10 - 10 + 10 \cdot 10 = 100$

Finde passende Rechenzeichen, sodass das Ergebnis richtig ist.

$5 \boxtimes 3 \boxtimes (12 \boxtimes 2) = 35$

Fülle die Lücken und erkläre den Rechenweg.

$12 \cdot 38 = 12 \cdot (\boxtimes - \blacktriangle) = 12 \cdot \boxtimes - 12 \cdot \blacktriangle = 480 - 24 = 456$

$22 \cdot 26 = (\boxtimes + \blacktriangle) \cdot 26 = \boxtimes \cdot 26 + \blacktriangle \cdot 26 = 520 + 52 = 572$

$2120 : 40 = (\boxtimes + \blacktriangle) : 40 = \boxtimes : 40 + \blacktriangle : 40 = 50 + 3 = 53$

$2744 : 28 = (\boxtimes - \blacktriangle) : 28 = \boxtimes : 28 - \blacktriangle : 28 = 100 - 2 = 98$

▶ Regeln für Punkt- und Strichrechnung

A: $200 + 20 \cdot 2$

In gemischten Termen, wie z. B. $200 + 20 \cdot 2$, binden „Punktzeichen" (· und :) stärker als „Strichzeichen" (+ und:–).
$200 + 20 \cdot 2$ bedeutet also $200 + (20 \cdot 2)$.
Somit ist $200 + 20 \cdot 2 = 200 + 40 = 240$.
Falls zuerst die Strichrechnung ausgeführt werden soll, **müssen** Klammern gesetzt werden: $(200 + 20) \cdot 2 = 220 \cdot 2 = 440$.
Zusätzlich zur Regel „von links nach rechts" gilt:

Multiplikation und Division haben Vorrang vor Addition und Subtraktion.
Kurz: Punktrechnung vor Strichrechnung.
Klammern haben immer Vorfahrt.

B: $3 \cdot 43 + 7 \cdot 43$

Bei der Aufgabe $3 \cdot 43 + 7 \cdot 43$ kannst du geschickt zusammenfassen:
$3 \cdot 43 + 7 \cdot 43 = (3 + 7) \cdot 43 = 10 \cdot 43 = 430$.
Dieser Schritt wird klarer, wenn du ausführlicher schreibst:

$$3 \cdot 43 + 7 \cdot 43$$
$$= \underbrace{43 + 43 + 43}_{\text{3-mal}} + \underbrace{43 + 43 + 43 + 43 + 43 + 43 + 43}_{\text{7-mal}}$$
$$= 10 \cdot 43 = 430$$

C: $31 \cdot 12$

Umgekehrt kann zur Vereinfachung im Produkt $31 \cdot 12$ der Faktor 12 in die Summe $10 + 2$ zerlegt werden:

$$31 \cdot 12 = 31 \cdot (10 + 2) = 31 \cdot 10 + 31 \cdot 2 = 310 + 62 = 372$$

Info

distribuere (lat.),
to distribute (engl.):
verteilen
Der Faktor wird auf die beiden Summanden verteilt.

Bei der Multiplikation eines Faktors mit einer Summe kann das Distributivgesetz angewendet werden:
$15 \cdot 12 =$

$$15 \cdot (10 + 2) = 15 \cdot 10 + 15 \cdot 2$$

$$(10 + 5) \cdot 12 = 10 \cdot 12 + 5 \cdot 12$$

Der Faktor wird mit jedem Summanden der Summe multipliziert. Die entstehenden Produkte werden anschließend addiert.

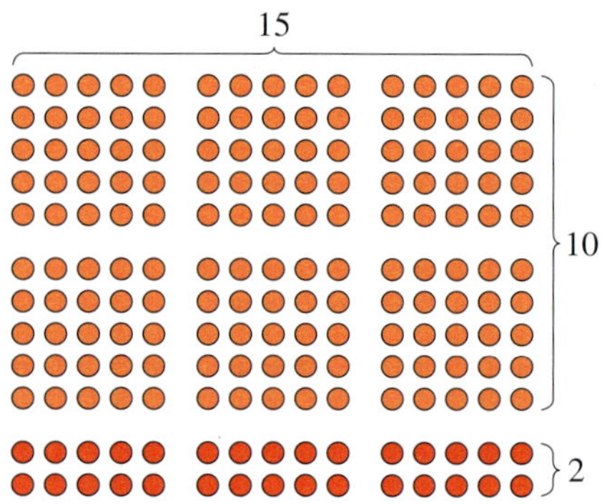

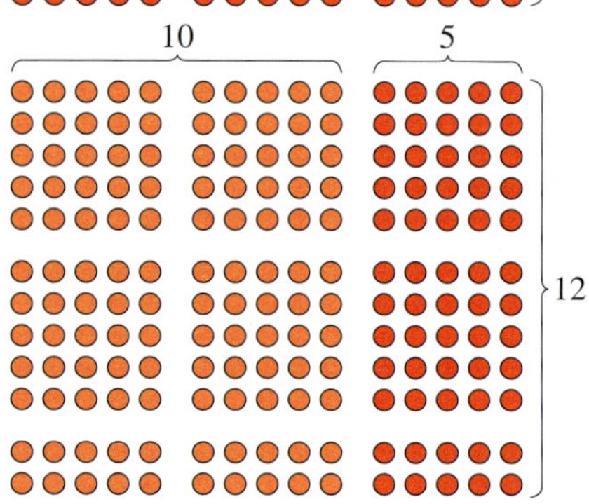

Zur Vereinfachung kann im Produkt $31 \cdot 12$ auch der Faktor 31 in die Summe $30 + 1$ zerlegt werden:
$$31 \cdot 12 = (30 + 1) \cdot 12 = 30 \cdot 12 + 1 \cdot 12$$
$$= 360 + 12 = 372$$

Das Distributivgesetz gilt auch für Differenzen. Zum Beispiel kannst du rechnen:

$6 \cdot 39 = 6 \cdot (40 - 1) = 6 \cdot 40 - 6 \cdot 1 = 240 - 6 = 234.$

Das Distributivgesetz ist das einzige Gesetz, in dem sowohl Punktrechnung als auch Strichrechnung auftreten. Du kannst es in beide „Richtungen" anwenden.

Ausmultiplizieren →	**Aus dem Produkt aus 15 und (10 + 2) wird eine Summe.**
$15 \cdot (10 + 2) = 15 \cdot 10 + 15 \cdot 2$	
← **Ausklammern**	**Aus der Summe aus $15 \cdot 10$ und $15 \cdot 2$ wird ein Produkt.**

Auch bei dem Quotienten 4920 : 12 kann das Distributivgesetz angewendet werden. Der Dividend 4920 kann in zwei Summanden zerlegt werden, die leicht durch 12 zu dividieren sind:

$4920 : 12 = (4800 + 120) : 12 = 4800 : 12 + 120 : 12 = 400 + 10 = 410$

Das Distributivgesetz der Division gibt es nur in der Form:

$(18 + 12) : 3 = 18 : 3 + 12 : 3$ bzw. $(30 - 18) : 3 = 30 : 3 - 18 : 3$

Der Divisor darf nicht entsprechend in eine Summe oder Differenz zerlegt werden.

Die Reihenfolge von groß nach klein in unserem Auftrag ist also: $B(430)$, $D(410)$, $C(372)$, $A(240)$.

Tipp

Ob ein Term als Summe, Differenz, Produkt oder Quotient bezeichnet wird, richtet sich nach der Rechenart, die **zuletzt** auszuführen ist.

$80 \cdot (5 + 4)$	Produkt
$80 \cdot 5 + 4$	Summe
$80 : 5 - 4$	Differenz
$80 : (5 - 4)$	Quotient

D: 4920 : 12

Tipp

Zur Begründung, warum die Umkehrung des Gesetzes über den Divisor **nicht** gilt, bearbeite Aufgabe 24.

Trainieren Anwenden Vernetzen

1 Berechne.
a) $222 + 88 + 78$
b) $222 + 88 - 78$
c) $222 + (88 - 78)$
d) $222 - (88 - 78)$
e) $(222 - 88) + 78$
f) $222 - 88 - 78$

Lösungswort: 56 (l); 66 (g); 212 (a); 222 (f); 232 (e); 378 (t); 388 (s)

2 Berechne.
a) $150 - 25 \cdot 5$
b) $5 : 5 + 5$
c) $10 \cdot 100 + 1000$
d) $6 + 6 : 6$
e) $1 + 0 - 1 \cdot 0 + 1 - 1 \cdot 1$
f) $1 : 1 - 1$
g) $1 - 1 \cdot 1 + 1$
h) $38 + 12 \cdot 5$
i) $3 \cdot 33 - 32$
j) $7 - 7 : 7$
k) $(7 - 7) : 7$
l) $99 : 9 + 9 \cdot 9 - 9$
m) $(44 : 4 - 4) \cdot 4 + 4$
n) $4 \cdot 22 - 11 \cdot 8$

3 Calculate.
a) $50 : 10 : 5$
b) $50 : (10 : 5)$
c) $50 \cdot 10 : 5$
d) $50 \cdot (10 : 5)$
e) $50 : 10 \cdot 5$
f) $50 : (10 \cdot 5)$

Solution: 0 (n); 1 (r); 25 (e); 50 (k); 100 (t); 2500 (a)

4 Summe, Differenz, Produkt oder Quotient? Du musst den Wert nicht ausrechnen.
a) $5739 + 242$
b) $19\,237 : 3$
c) $40 - 12 \cdot 2$
d) $(3333 - 3) : 111$
e) $(3 + 97) \cdot 100$
f) $11 \cdot 12 + 13 \cdot 14$
g) $10 + 60 : 5 + 12 \cdot 21$
h) $(88 - 77) \cdot (66 - 55)$

5 Bestimme ☒.
a) $4 \cdot (5 +$ ☒$) = 60$
b) $12 \cdot (14 -$ ☒$) = 120$
c) $24 : (5 -$ ☒$) = 8$
d) $(450 - 250) : 5 =$ ☒
e) $(240 :$ ☒$) - 10 = 20$
f) $10 +$ ☒ $\cdot 5 = 60$
g) $(30 \cdot 20) \cdot$ ☒ $= 2400$
h) $(10 +$ ☒$) \cdot 5 = 60$
i) ☒ $: (2 \cdot 6) = 6$
j) $(9 \cdot 5) +$ ☒ $= 90$

Lösungswort: 1 (s); 2 (t); 4 (a); 7 (n); 8 (e); 10 (m), 40 (h); 45 (k); 48 (u); 72 (i)

6 Bei welchen Teilaufgaben von Aufgabe 5 sind die Klammern überflüssig? Begründe.

7 Berechne geschickt.
a) $34 \cdot 46 + 34 \cdot 54$
b) $125 \cdot 11 - 125 \cdot 3$
c) $120 \cdot 13 + 7 \cdot 120$
d) $92 \cdot 72 + 24 \cdot 72 - 16 \cdot 72$
e) $5 \cdot 94 + 5 \cdot 5 + 5 \cdot 1$
f) $27 : 12 + 33 : 12$

Lösungswort: 5 (e); 240 (r); 340 (t); 500 (h); 720 (a); 1000 (i); 2400 (s); 3400 (f); 7200 (c)

8 Formuliere in Worten.
a) $2548 : 26$
b) $771 \cdot 56$
c) $1200 - 1111$
d) $(123 + 456) \cdot 789$
e) $42 \cdot 43 \cdot 44$
f) $2002 + 2020$
g) $121 : (19 - 8)$
h) $100 - (300 - 200)$

9 Verbindung von Sprache und Mathematik

a) Welcher Text gehört zu welchem Term?

Term A: $12 + 6 \cdot (3 - 2)$	Term D: $12 + (6 \cdot 3) - 2$
Term B: $(12 + 6 \cdot 3) - 2$	Term E: $12 + (6 \cdot 3 - 2)$
Term C: $(12 + 6) \cdot (3 - 2)$	Term F: $(12 + 6) \cdot 3 - 2$

I Multipliziere die Summe aus 12 und 6 mit 3 und subtrahiere dann 2.
II Multipliziere die Summe aus 12 und 6 mit der Differenz aus 3 und 2.
III Addiere zu 12 das Produkt aus 6 und 3 und subtrahiere dann 2.
IV Addiere zu 12 das Produkt aus 6 und der Differenz aus 3 und 2.

b) Formuliere zu den übrig gebliebenen Termen einen Text.

noch fit?

I Ergänze die fehlenden Zahlen und Rechenoperatoren.

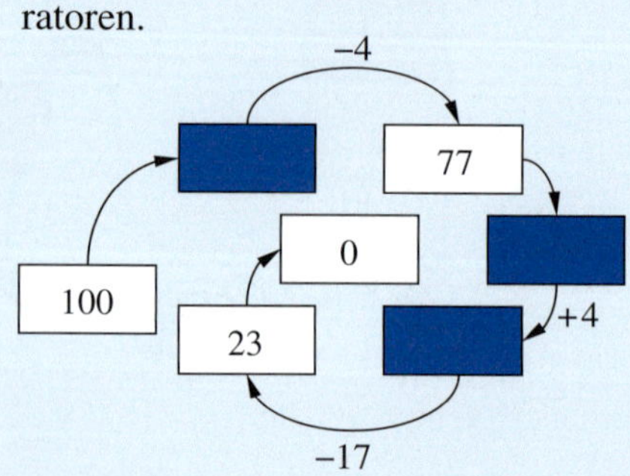

Trainieren **Anwenden** **Vernetzen**

10 Berechne geschickt.

a) $12 \cdot 41$
b) $98 \cdot 35$
c) $777 \cdot 23 + 23 \cdot 223$
d) $123 + 85 + 15$
e) $11 \cdot 81 - 11 \cdot 11$
f) $25 \cdot 27 \cdot 40$

Lösungswort: 223 (d); 230 (s); 280 (a); 482 (m); 492 (w); 770 (e); 2300 (l); 2700 (t); 3430 (u); 23 000 (n); 27 000 (r)

11 Wie viele Symbole sind abgebildet? Schreibe auf, wie du gerechnet hast.

a)

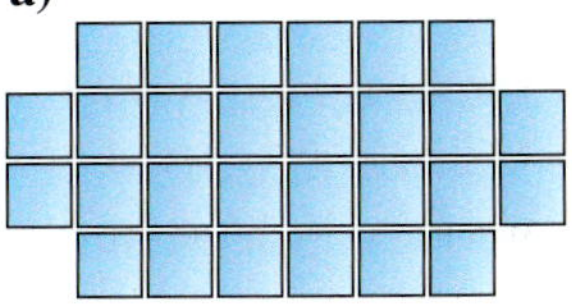

c)

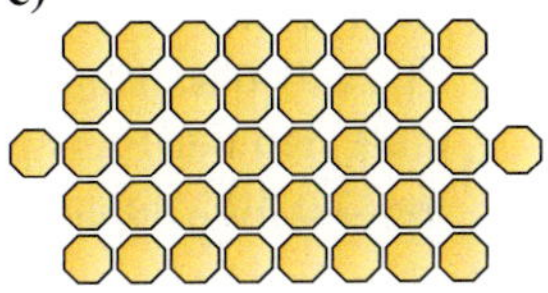

b)

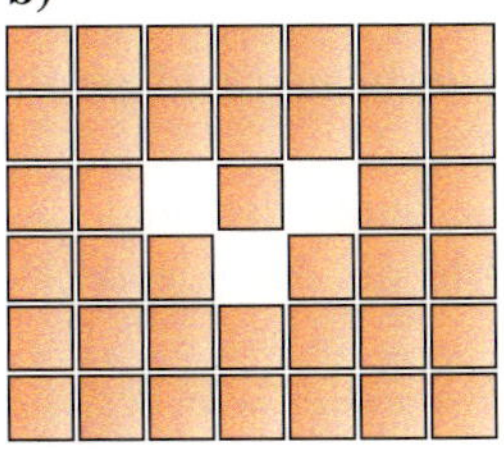

d)

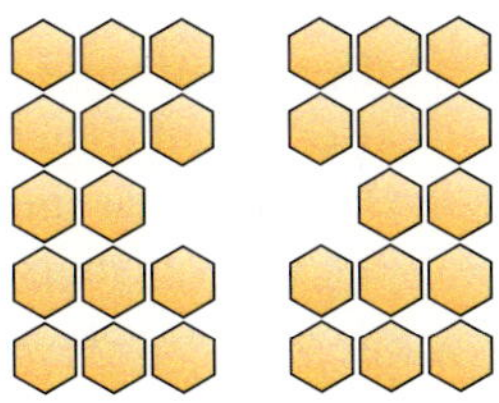

e)

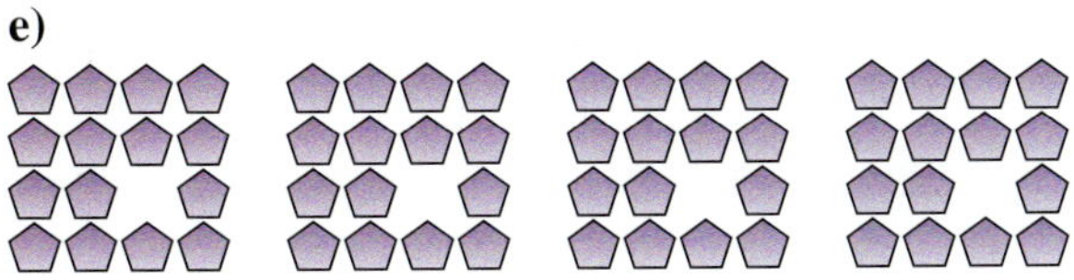

f)

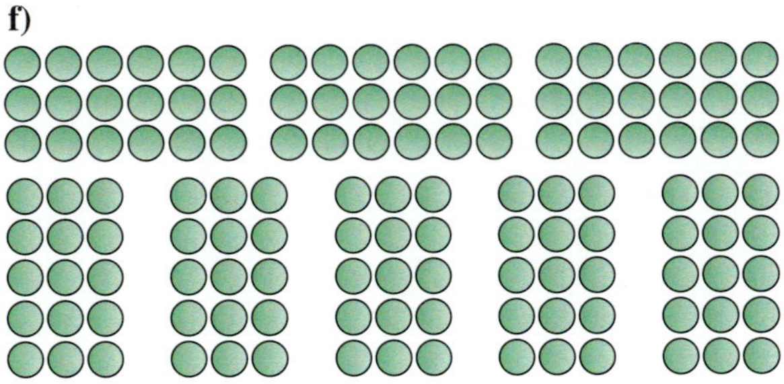

12 Veranschauliche geometrisch.

a) $3 \cdot 4 + 2$
b) $3 \cdot (4 + 2)$
c) $3 \cdot 4 - 2$
d) $2 \cdot (3 + 4) = 2 \cdot 3 + 2 \cdot 4$
e) $3 \cdot (2 + 3) - 1 = 3 \cdot 2 + 3 \cdot 3 - 1$
f) $3 \cdot (3 \cdot 3 - 1)$

13 Welches Rechengesetz wurde angewendet?

a) $167 + 39 + 161 = 167 + 200$
b) $23 + 49 \cdot 34 = 23 + 34 \cdot 49$
c) $30 \cdot 73 - 30 \cdot 13 = 30 \cdot 60$
d) $60 \cdot 34 = 60 \cdot 30 + 60 \cdot 4$
e) $14 \cdot 78 + 22 \cdot 14 = 22 \cdot 14 + 14 \cdot 78$
f) $35 + 66 \cdot 10 = 35 + 660$
g) $17 \cdot 20 \cdot 5 = 17 \cdot (20 \cdot 5)$
h) $23 \cdot 84 + 16 \cdot 23 = 23 \cdot 84 + 23 \cdot 16$
i) $78 \cdot 14 + 22 \cdot 14 = 100 \cdot 14$
j) $36 : 14 - 8 : 14 = 28 : 14$

Lösungswort: Assoziativgesetz der Addition (w); Assoziativgesetz der Multiplikation (f); Kommutativgesetz der Addition (e); Kommutativgesetz der Multiplikation (a); Distributivgesetz (s); Punktrechnung vor Strichrechnung (r).

14 Prüfe, ob bei den Berechnungen Fehler gemacht wurden. Falls ja, dann beschreibe den Fehler knapp und löse die Aufgabe richtig.

a) $35 - 5 \cdot 6 = 30 \cdot 6 = 180$
b) $80 : 4 - 2 = 20 - 2 = 18$
c) $26 \cdot 0 + 27 = 26 + 27 = 43$
d) $50 + 50 \cdot 50 = 50 + 250 = 300$
e) $2 + 0 \cdot 2 - 2 = 2 + 0 - 2 = 0$
f) $100 - 50 : 50 = 100 - 0 = 100$
g) $36 - 32 : 2 + 1 \cdot 1 = 4 : 2 + 2 = 4 : 4 = 1$
h) $504 : (42 - 14) = 504 : 18 = 29$
i) $714 : 7 - 26 \cdot 2 : 2 = 700 : 7 + 14 : 7 - 56 : 2$
$= 102 - 56 : 2 = 23$

15 Erfinde Aufgaben, die sich mithilfe der unten angegebenen Rechengesetze leicht lösen lassen. Stelle diese Aufgaben deiner Sitznachbarin oder deinem Sitznachbarn.

a) Distributivgesetz
b) Kommutativgesetz
c) Assoziativgesetz

16 Kombiniere die Zahlen und Zeichen, sodass eine möglichst große (kleine) natürliche Zahl als Ergebnis herauskommt.
Verwende jede Zahl und jedes Zeichen nur einmal.

a) 1; 3; 5; +; ·
b) 10; 30; 50; +; ·
c) 2; 6; 12; −; ·
d) 3; 6; 9; +; :; (;)
e) 10; 30; 50; −; ·; (;)
f) 3; 4; 5; 6; +; −; ·
g) 0; 10; 100; 1000; −; ·; :
h) 5; 25; 125; −; ·
i) 9; 11; 99; −; :

165-1

Trainieren Anwenden **Vernetzen**

17 Bilde aus den Zahlen 1, 2, 3 und 4 (in genau dieser Reihenfolge) so viele Terme wie möglich. Dabei darfst du die Zeichen +, –, ·, : und Klammern (auch mehrfach) verwenden.
Zwischen zwei Zahlen muss jeweils eines der erlaubten Zeichen stehen. Das Ergebnis soll immer eine natürliche Zahl sein.
(Nicht erlaubt ist z. B. $12 \cdot (3 + 4) = 84$, weil zwischen der 1 und der 2 kein Zeichen steht.)
Findest du mehr als 20 Zahlen, bist du richtig fit!

18 Die Geschwister Rik, Elisa und Marisa bekommen wöchentlich Taschengeld: Rik 2 €, Elisa 3 € und Marisa 10 €.
Welchen Betrag müssen die Eltern pro Jahr für das Taschengeld ihrer drei Kinder zahlen?
Schreibe mindestens zwei unterschiedliche Lösungswege auf.
Gilt das Distributivgesetz auch dann, wenn in der Klammer mehr als zwei Summanden vorkommen?

19 Die mittlere Tagestemperatur kann mit verschiedenen Verfahren berechnet werden.

Verfahren 1: Miss stündlich die Temperatur, addiere sie und dividiere die Summe durch 24.

Verfahren 2: Addiere die höchste und die niedrigste Temperatur des Tages und dividiere die Summe durch zwei.

Verfahren 3: Miss die Temperatur um 7 Uhr, 14 Uhr und 21 Uhr und addiere zur Temperatur von 7 Uhr die Temperatur von 14 Uhr und das Doppelte der Temperatur von 21 Uhr. Dividiere diese Summe durch vier.

Uhrzeit	00	01	02	03	04	05	06	07
Temperatur, °C	5	5	4	3	4	4	4	5

Uhrzeit	08	09	10	11	12	13	14	15
Temperatur, °C	6	6	7	9	11	11	11	11

Uhrzeit	16	17	18	19	20	21	22	23
Temperatur, °C	10	9	7	5	3	2	1	1

Berechne mit den drei Verfahren die mittlere Tagestemperatur und vergleiche.

20 Write down as a mathematical term and calculate.
a) Multiply 80 by 70.
b) Add 70 to 80.
c) The first factor is 5, the second and third factors are both 60.
d) The first summand is 95 400, the second 3300 and the third 1200.
e) The divisor is 60 and the dividend is 1260.
f) Subtract 100 from 100 000.
g) Multiply 11 by the sum of 200 and 700.
h) Divide 196 by 14.

21 Marie-Sophie muss nach ihrem Handyvertrag monatlich 7 € Grundgebühr und pro Gesprächsminute 6 Cent bezahlen. Im Mai hat sie genau 40 Minuten telefoniert.
Cem hat einen anderen Tarif:
Er zahlt überhaupt keine Grundgebühr. Dafür beläuft sich der Preis pro Minute auf 19 Cent. Er hat im Mai 50 Minuten telefoniert.

22 Anja fordert Dirk zu einem mathematischen Spiel heraus, das sie erfunden hat:
„Denke dir eine natürliche Zahl und addiere die zwei darauf folgenden Zahlen.
Dividiere nun diese Summe durch drei und sage mir das Ergebnis. Ich werde dir deine gedachte Zahl sofort nennen."
Dirk denkt sich eine Zahl, rechnet wie verlangt und sagt:
„Das Ergebnis ist 31."
„Dann hast du dir die Zahl 30 gedacht!", antwortet Anja umgehend.
a) Stimmt das?
b) Stimmt das immer?
c) Denke dir auch ein solches Spiel aus.

23 Setze hier für gleiche Zeichen dieselbe natürliche Zahl ein, sodass das Gleichheitszeichen stimmt. Bei nur einer Teilaufgabe ist das nicht möglich.
a) □ : □ + □ = 8
b) ♠ – ♠ : ♠ = 8
c) ♣ : ♣ · ♣ = 8
d) (♥ – ♥) : ♥ + ♥ = 8
e) ○ : (○ – ○) = 8
f) (♦ + ♦) · ♦ = 8

24 Begründe anhand der Beispiele, dass das Distributivgesetz **nicht** in dieser Form für den Divisor gilt.
a) $36 : (3 + 9) \neq 36 : 3 + 36 : 9$
b) $120 : 10 + 120 : 2 \neq 120 : (10 + 2)$

25 Eine Garageneinfahrt soll gepflastert werden:

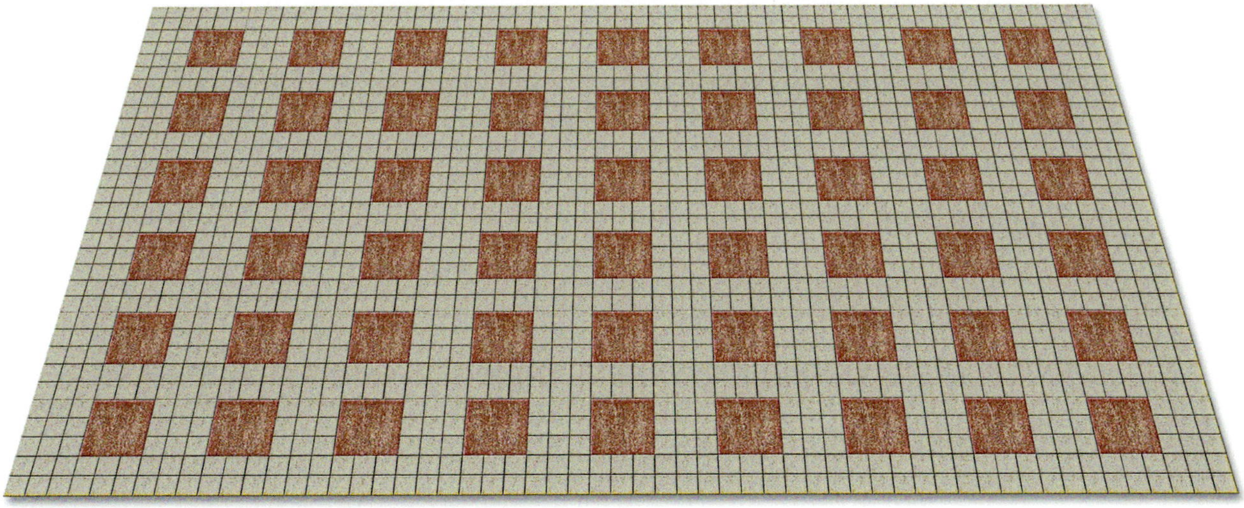

a) Wie viele Platten werden insgesamt verbaut?
b) Wie lang und wie breit ist die Auffahrt, wenn die großen Platten eine Seitenlänge von 30 cm haben?
c) Die kleinen Platten werden nur in 100er-Packs geliefert, die großen Platten nur in 10er-Packs.
Ein 100er-Pack kostet 25 €, ein 10er-Pack kostet 32 €.

Wichtig: Schreibe deinen Lösungsweg so auf, dass man ihn gut nachvollziehen kann.

26 Skizziere grob eine Mindmap (siehe S. 57) zum Thema „Multiplizieren und Dividieren“. Ein Ast sollte sich unbedingt mit typischen Fehlern befassen.
Vergleiche deine Mindmap mit der deiner Sitznachbarin bzw. deines Sitznachbarn.
Gibt es gravierende Unterschiede?
Diskutiert eure Ergebnisse in der Klasse.
Vervollständige im Anschluss daran deine Mindmap.
Achte dabei darauf, Raum für spätere Ergänzungen zu lassen.

Tipp

Willst du lernen, mit den Fingern zu multiplizieren? Das Internetangebot zeigt, wie man sogar größere Zahlen mit den Fingern multiplizieren kann.

167-1

Aufgabe der Woche

Wenn man die natürlichen Zahlen von 1 bis 1000 ohne Lücken hintereinander schreibt, dann entsteht die sehr lange Zahl
123456789101112131415161718192021222324252627282930313233343536…

a) Wie viele Ziffern hat diese Zahl?
b) Welche Ziffer steht an der 1000. Stelle von vorne, welche an der 1000. Stelle von hinten?
c) Wie viele gleiche Ziffern hintereinander kommen höchstens in dieser Zahl vor?
d) Berechne die Quersumme der Zahl.

Info

Die **Quersumme** einer Zahl ist die Summe ihrer Ziffern.
Beispiel: Die Quersumme von 1508 ist $1 + 5 + 0 + 8 = 14$.

Zahlenrätsel

Es war einmal ein Zauberer, E. P. POMPE. Schon als er fünf Jahre alt war, konnte seine Mutter die Zeichnungen von verkrüppelten Eichen und Totenköpfen auf der Tapete seines Kinderzimmers kaum noch übersehen und schickte ihn zu einem schwarzen Zauberer in die Lehre. Zum Zeitpunkt dieser Geschichte war E. schon lange auf der Erde umhergereist, um sich in der schwarzen Kunst zu vervollkommnen. So hatte er viele Monate mit Vampiren in Rumänien und Ghulen in Persien verbracht, seine Tante in Liverpool besucht und dabei eine Menge Unheil angerichtet. Erinnert ihr euch an den Vulkanausbruch auf Island? Da war ihm gerade einmal langweilig geworden.

Nun hatte er jedoch das Gefühl, dass ihn nichts mehr wirklich interessierte, also besuchte er seinen alten Meister. Sein Meister sandte ihn nach Iskandariya zu seinem guten Freund CHATIU. Der war ein Ägypter durch und durch, kletterte gerne auf Pyramiden und war nur all zu bereit, E. zu helfen. Er stellte ihn seiner Tochter vor, die überall für ihre Weisheit bekannt war.

E. traf also die Tochter des CHATIU an einem durchaus sonnigen Tag im Nildelta. „Höre mich an, O Sphinx", sagte er, doch sie unterbrach ihn. „Weißt du, junger Magier", fing sie an, „du bist nicht dumm. Du weißt, warum du hier bist, und ich weiß es auch. Mir ist wie dir ein wenig langweilig, lass mich dich etwas beeindrucken:

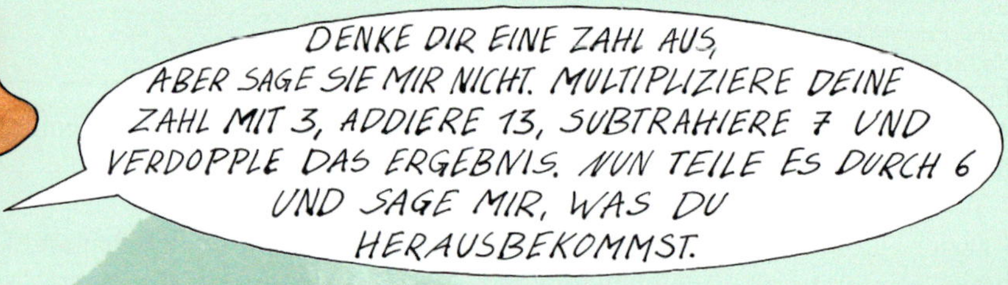

E. tat, was die Sphinx ihm befohlen hatte, und nannte ihr sein Ergebnis: 668.
Die Sphinx brauchte keine Sekunde um festzustellen: 666.
E. zuckte zusammen. Die Sphinx grinste ihn triumphierend an. „Ha", sagte sie, „das verstehst du jetzt nicht. Wenn du herausfindest, wie ich deine Zahl erraten konnte, dann werde ich dir verraten, wie du deine Langeweile besiegen kannst."

E. war im ersten Moment irritiert. Die Sphinx war, das wusste er genau, keine Hexe, sie konnte seine Zahl nicht durch Gedankenlesen herausgefunden haben. Aber wie dann? Mit seinem Zauberstab zeichnete er schließlich ein Muster in den Sand.
Seine eigene Zahl zeichnete er als Pyramide, die Zahlen, die die Sphinx sich dazu gedacht hatte, als Kreise. So fand er schnell heraus, was die Sphinx getan hatte:

Seine Langeweile war verflogen. Begeistert guckte die Sphinx ihn an und meinte: „Du bist ein großer Mathemagikus! Soeben hast du deine Bestimmung gefunden."
E. zögerte nicht lange. Mit überlegenem Blick sprach er zur Sphinx: „Aber jetzt stelle ich dir ein Rätsel – und *ich* sage dir, was du herausbekommst."

Die Sphinx hatte Mühe zu verbergen, wie beeindruckt sie war.
Heimlich fing sie an, Pyramiden und Kreise in den Sand zu kritzeln.
„Aber das ist noch nicht alles," fuhr E. fort. „Ich kann dir das ganze Rätsel in einer einzigen Zeile aufschreiben!" Er schrieb in den Sand:

$$(\triangle \cdot 4 + 14) : 2 - 2 \cdot \triangle = 7$$

Als die Sphinx mit ihren Kritzeleien fertig war, sagte sie scharf: „Ja, stimmt. Aber das ist doch keine Kunst. Du hast mir ja gar nicht gesagt, welche Zahl ich mir ausgedacht hatte!" „Weil das vollkommen egal ist," meinte E. „Vielleicht 1, vielleicht 1 483 756. Es kommt immer 7 heraus."
Dem konnte die Sphinx nicht widersprechen.
Sie rächte sich mit einem neuen Rätsel, das sie so in den Sand schrieb:

$$\triangle \cdot 2 \cdot 3 \cdot 5 \cdot 7 = 2100$$

„Welche Zahl steckt in meiner Pyramide?" – „Ha," rief der Mathemagikus, „dieselbe Zahl wie in meiner Pyramide!"

$$(\triangle + 12) \cdot 3 \cdot 10 + 6 = 666$$

Stimmt das?

Aufgaben

1 Was hatte die Sphinx wohl in den Sand gekritzelt, um das erste Rätsel des Mathemagikus zu lösen?

2 Versuche die beiden letzten Rätsel der Geschichte zu lösen.
Schreibe auf, wie du vorgehst. Vergleicht eure Lösungswege in der Klasse.

3 Erfindet selbst Zahlenrätsel und stellt sie euch gegenseitig.

6.3 Schriftliches Multiplizieren und Dividieren

1 Was tun, wenn das Taschengeld nicht reicht?

Leander trägt immer mittwochs in seinem Wohngebiet 468 Exemplare einer kostenlosen Werbezeitung aus. Pro Exemplar bekommt er 2 Cent. Um sein Einkommen zu erhöhen, verteilt er gleichzeitig mit jeder Zeitung den Werbeprospekt eines Supermarktes. Auch für jeden Prospekt bekommt er 2 Cent.
Leanders Freundin Sabina verdient sich ihr zusätzliches Taschengeld auf andere Weise. Sie führt die Hunde einer älteren Dame an fast jedem Tag für eine Stunde aus, was manchmal ganz schön anstrengend sein kann.
Sabina erhält dafür pauschal 55 € im Monat. Außerdem passt sie an jedem zweiten und jedem vierten Samstag im Monat für je 3 Stunden auf das Baby einer Nachbarin auf. Pro Stunde bekommt sie dafür 4 €.
Es gibt Monate, in denen Leander mehr und welche, in denen er weniger verdient als Sabina. Woran liegt das?
Wer verdient im Laufe eines ganzen Jahres mehr Geld und wie viel verdient Leander durchschnittlich pro Monat? Rechne erst überschlägig und dann genau.

2 Lückenbüßer

Schließe die Lücken in beiden Aufgaben und überprüfe das Ergebnis durch Überschlagsrechnung.

	2	■	■	·	2	■	1
			■	■	0		
+			■	■	3	5	
+					■	■	5
			■	■	5	5	■

	1	3	■	■	■	:	3	■	=	4	■	■
−	■	■	8									
			5	■								
		−	■	2								
			2	5	■							
		−	■	■	■							
					0							

3 Europas größtes Kaffeelager

▶ siehe Erarbeitung

Die Krönung für Berlin: Europas größtes Kaffeelager

Rainer Hildebrands ist zufrieden und er zeigt es auch: „Nichts steht hier verloren rum. Jedes Ding hat seinen Platz.“ Das ist mehr als erstaunlich bei bis zu 24 800 gestapelten Paletten, wovon jede 60 Kartons à zwölf Päckchen zu je einem Pfund trägt. In Europas größtem Kaffeedepot, das vor wenigen Tagen in Tempelhof offiziell eingeweiht wurde, kommt nichts abhanden – noch jedes Pfund erhält elektronisch sein Plätzchen zugewiesen.

16 Stunden täglich wird auf den teilweise fünf Ebenen umgeschichtet, dauernd kommt Ware von der nur acht Kilometer entfernten Rösterei herein, geht für ganz Deutschland und Europa bestimmte Ware hinaus.

Maximal 330 Paletten können pro Stunde bewegt werden, „dann wird's langsam brenzlig“, erklärt Hildebrands.

Überlege dir sinnvolle Aufgaben zu dem Zeitungsausschnitt und löse sie.

4 Mensch gegen Maschine

Viele Taschenrechner sind hier überfordert, du dagegen nicht!
Rechne erst überschlägig und dann genau.

1222344432221 · 101	1320132013201320 : 12

▶ Überschlagen und schriftlich rechnen

Eine sehr nahe liegende Frage zum Auftrag 1 ist:
- Wie viele Päckchen Kaffee können in Europas größtem Kaffeelager maximal gelagert werden?

Auf jeder Palette haben 60 Kartons Platz. In jedem Karton befinden sich 12 Päckchen.
Also passen auf jede Palette $60 \cdot 12 = 720$ Päckchen Kaffee.
24 800 Paletten passen in die Lagerhalle.
Zu berechnen ist also das Produkt $24\,800 \cdot 720$.
Du kannst umformen:
$24\,800 \cdot 720 = 248 \cdot 100 \cdot 72 \cdot 10 = 248 \cdot 72 \cdot 100 \cdot 10$.

Tipp

Hier wurde das **Kommutativgesetz** angewandt.

Es bietet sich an, zunächst 248 und 72 schriftlich zu multiplizieren.
Überschlägig kannst du ein Ergebnis erwarten, das größer ist als $200 \cdot 70 = 14\,000$.

```
2 4 8 · 7 2
  1 7 3 6
      4 9 6
  1 7 8 5 6
```

Durch „Anhängen" der insgesamt drei Nullen von 100 und 10 ergibt sich:
In der Lagerhalle können 17 856 000 Päckchen Kaffee gelagert werden – also fast 18 Millionen.

Tipp

Du könntest auch $72 \cdot 248$ berechnen, aber dann müsstest du zum Schluss drei Zahlen addieren und nicht nur zwei.
Es ist oft ratsam, die längere Zahl als ersten Faktor und die kürzere als zweiten Faktor zu wählen.

Das führt zur Frage:
- Wie viele Stunden würde es mindestens dauern, das leere Lager vollständig zu füllen?

Weil 24 800 Paletten in die Lagerhalle passen und pro Stunde maximal 330 Paletten bewegt werden können, ist $24\,800 : 330$ zu berechnen.
Überschlägig rechnest du $24\,000 : 300 = 240 : 3 = 80$.
Für die genaue, schriftliche Rechnung kannst du zur Erleichterung bei Divisor und Dividend jeweils eine 0 wegstreichen, denn $24\,800 : 330 = 2480 : 33$ (siehe Randspalte).

```
 2 4 8 0 : 3 3 = 7 5 + 5 : 3 3
-2 3 1              (75 Rest 5)
   1 7 0
  -1 6 5
       5
```

Es hat also mehr als 75 Stunden gedauert, bis das Lager vollständig gefüllt war.

Es bleibt der Rest 5, der noch durch 33 zu dividieren ist.

Tipp

Die Umkehraufgabe lautet hier:
$75 \cdot 33 + 5 = 2480$.

Vor dem schriftlichen Multiplizieren und Dividieren empfiehlt sich immer eine Überschlagsrechnung mit gerundeten Werten. Denn leicht passieren Fehler, weil zum Beispiel beim Dividieren oder Multiplizieren eine Null vergessen wird. Überschlagsrechnungen helfen, solche Fehler zu vermeiden.

Zur Erinnerung

Alle diese Quotienten sind gleich:
$21 : 3 = 7$
$210 : 30 = 7$
(21 Zehner : 3 Zehner)
$2100 : 300 = 7$
(21 Hunderter : 3 Hunderter)
$21\,000 : 3000 = 7$
(21 Tausender : 3 Tausender) …

Um den Fehler einer Überschlagsrechnung gering zu halten, darfst du auch von den üblichen Rundungsregeln abweichen und bei der **Multiplikation gegensinnig**, bei der **Division gleichsinnig** runden.

Beispiele

Multiplikation
$23\,445 \cdot 312 \approx 24\,000 \cdot 300 = 7\,200\,000$.
Das exakte Ergebnis ist 7 314 840. Falls du also nur 731 484 herausbekommen hättest, wäre dir durch den Vergleich mit dem Überschlag der Fehler aufgefallen.

Division
$155\,848 : 506 \approx 150\,000 : 500 = 300$
Das exakte Ergebnis ist 308. Falls du nur 38 heraus bekommen hättest, wäre dir beim Überschlag der Fehler aufgefallen.

Trainieren Anwenden Vernetzen

1 Überschlage erst und berechne dann. Das Produkt ist stets eine „auffällige“ Zahl. Kontrolliere mithilfe der Umkehraufgabe.

a)	9009 · 37	**h)**	231 · 481
b)	1669 · 333	**i)**	176 · 1269
c)	64 300 · 1920	**j)**	10 201 · 121
d)	82 · 271	**k)**	3125 · 256
e)	12 012 · 37	**l)**	12 345 679 · 8
f)	24 024 · 37	**m)**	1443 · 77
g)	27 027 · 37	**n)**	4329 · 154

2 Überschlage erst und berechne dann. Bei einigen Teilaufgaben bleibt ein Rest. Kontrolliere mithilfe der Umkehraufgabe.

a)	1089 : 33	**e)**	339 : 13
b)	136 530 : 1110	**f)**	17 782 : 32
c)	44 844 : 202	**g)**	3727 : 61
d)	15 400 : 25	**h)**	21 220 : 204

3 Übersetze und berechne.
a) Bilde den Quotienten aus 12 648 und 62.
b) Berechne das Produkt aus 333 und 1122.
c) Dividiere die Differenz der Zahlen 30 000 und 7450 durch 41.
d) Multipliziere 737 mit der Summe der Zahlen 150 und 156.

4 Welche Rechnungen sind mit Sicherheit falsch? Prüfe nur durch einen Überschlag.
a) 109 · 2012 = 21 938
b) 9897 · 34 = 336 498
c) 142 038 : 234 = 6007
d) 28 782 : 123 = 234
e) 95 432 : 79 = 1218
f) 406 · 8132 = 331 592

5 In Deutschland gibt es rund 12 Millionen Schülerinnen und Schüler. Auf je 17 von ihnen kommt eine Lehrerin oder ein Lehrer. Wie viele Lehrkräfte gibt es in Deutschland ungefähr?

6 Lottogewinne
a) Eine 32-köpfige Tippgemeinschaft teilt einen Lottogewinn in Höhe von 4 877 952 € zu gleichen Teilen unter sich auf.
Wie groß ist der Gewinn jedes einzelnen der 32 Mitspieler genau?
b) Lässt sich ein Gewinn in Höhe von 880 € in gleichen Teilen auf 32 Mitspieler aufteilen?

7 Wie viele Flaschen Mineralwasser werden hier gelagert, vorausgesetzt, dass alle Kästen vollständig sind?

8 In Deutschland gibt es ungefähr 11 400 km Autobahnen und 220 000 km Landstraßen. Im Abstand von höchstens 50 Metern stehen an den Fahrbahnrändern die reflektierenden weiß-schwarzen Leitpfosten.
Wie viele Leitpfosten gibt es mindestens auf deutschen Straßen? Runde sinnvoll.

9 Die Verkäuferin gibt zu Protokoll:
„Und dann rannte der Dieb mit dem Sack voller Wechselgeld schnell davon. In dem Sack befanden sich 400 € in 2-Cent-Münzen und 300 € in 5-Cent-Münzen.“
Können wir der Verkäuferin glauben?

Das zeigt die Haushaltswaage:	
1-Cent-Münze: 2 g	10-Cent-Münze: 4 g
2-Cent-Münze: 3 g	20-Cent-Münze: 6 g
5-Cent-Münze: 4 g	50-Cent-Münze: 8 g

noch fit?

I Zeichne in ein Koordinatensystem die Punkte $A(-3|-2)$; $B(7|3)$; $C(-1|4)$; $D(4|4)$ und $E(5|0)$ ein.

a) Zeichne eine Gerade p, die parallel zu AB durch D verläuft. Zeichne eine weitere zu AB senkrechte Gerade l durch C. Bestimme die Koordinaten des Schnittpunkts S von p und l.

b) Zeichne die Punkte auf der Geraden AB ein, die ganzzahlige Koordinaten haben. Bestimme ihre Koordinaten. Was fällt auf?

c) Zeichne einen Kreis um D mit dem Radius $r = 3$ cm und einen um E mit $r = 2$ cm. Schraffiere die Menge der Punkte, die von D weiter als 3 cm und zugleich von E weniger als 2 cm entfernt sind.

Trainieren **Anwenden** Vernetzen

Tipp

Im Projekt „Fußballstadion" entwirfst du dein eigenes Stadion, legst Eintrittspreise fest und berechnest deine Einnahmen.

174-1

10 Wähle passende Beispiele und begründe daran, warum es sinnvoll ist, beim schriftlichen Multiplizieren als zweiten Faktor

a) den kürzeren der beiden Faktoren zu wählen,

b) den Faktor zu wählen, bei dem die meisten Nullen auftreten,

c) den Faktor zu wählen, bei dem Ziffern mehrfach vorkommen.

11 Schätze grob ab,

a) wie viele Buchstaben in deinem Deutschbuch enthalten sind,

b) wie oft das Herz im Leben eines Menschen schlägt.
Schreibe deine Vorgehensweise nachvollziehbar auf.

12 Ganz schön „heftig"!

a) Ermittle die Gesamtzahl aller Linien auf den Seiten deines Deutschheftes.

b) Wie viele vollständige Kästchen wurden insgesamt auf alle Seiten deines Mathematikhefts gedruckt? Runde sinnvoll.

c) Maike kann pro Sekunde 2 Ziffern schreiben (je Kästchen eine Ziffer). Wie viele Minuten dauert es ungefähr, bis sie das Mathematikheft auf diese Weise voll geschrieben hat?
Reicht ein Vormittag in der Schule dafür aus, wenn sie ohne Pause schreibt?

13 Rechentechnik

a) Berechne die Quadratzahlen von 10, 100, 1000 und 10 000.

b) Berechne die Quadratzahlen von 11, 111, 1111 und 11 111. Wie lauten wohl die Quadratzahlen von 111 111 und 1 111 111?

c) Berechne die Produkte $333\,666\,999\,666\,333 \cdot 37$ und $111\,222\,333\,222\,111 \cdot 111$ und vergleiche mit den Ergebnissen aus b).

d) Berechne die Produkte $12\,345\,679 \cdot 9$ und $12\,345\,679 \cdot 18$. Wie geht diese Reihe wohl weiter?

14 Harte Rechennüsse

a) Berechne der Reihe nach die Produkte von 142 857 mit 2, 3, …, 6.
Welche Besonderheit lässt sich bei den Ziffern der Produkte feststellen?

b) Berechne mithilfe von a) das Produkt $142\,857 \cdot 132\,645$.
Welche Merkwürdigkeit entsteht?

15 Ruben hat aus Lego-Vierern eine **massive** sechsstöckige Pyramide gebaut.

a) Wie viele Bausteine hat er dafür verwendet?

b) Er hat noch 222 Vierer zur Verfügung. Kann er sein Bauwerk damit zu einer 10-stöckigen Pyramide erweitern?

c) Wie hoch wäre eine **hohle** Pyramide, wenn Ruben dafür alle Vierer verwendet?

Seitenansicht

Draufsicht

16 How many seconds will you be old on your next birthday?

17 Die Ziffern 0 bis 9 seien wie folgt verschlüsselt.
Was du bist, erfährst du, wenn du die drei Aufgaben richtig löst:

R · CTSRIT MSMSC : CMC MMS · EHNST	0	1	2	3	4	5	6	7	8	9
	A	M	C	N	E	R	H	S	I	T

18 Runde auf einprägsame Zahlen.

a) Wie viele Sekunden sind 12 Tage?

b) Wie viele Sekunden sind 32 Jahre?

c) In einem Liter Trinkwasser dürfen höchstens 240 mg Sulfat enthalten sein.
Wie viel Gramm Sulfat dürfen sich höchstens in einem 50-m-Schwimmbecken befinden, das 1999920 Liter Trinkwasser enthält?

19 Wie viele Umdrehungen machen der kleine Zeiger, der große Zeiger, der Sekundenzeiger einer Uhr in einem Jahr?

20 Für die Herstellung von einem Pfund gemahlenen Kaffee werden rund 5000 Kaffeebohnen benötigt.
Berechne die Anzahl der Kaffeebohnen, die in dem Kaffeelager aus Auftrag 3 gelagert werden können.

21 Dein Herz schlägt rund 85-mal pro Minute.
Berechne die Anzahl deiner Herzschläge pro Stunde, pro Tag und pro Jahr.

22 Am 21.12.1937 kam Walt Disneys erster Zeichentrickfilm „Snow White and the Seven Dwarfs" in die amerikanischen Kinos. Er dauerte 79 Minuten. Vorher gab es Zeichentrickfilme nur als Kurzfilme.
Um im Kino die Illusion von bewegten Bildern zu erzeugen, benötigt man 24 Einzelbilder pro Sekunde.

a) Wie viele Einzelbilder mussten für den Film mindestens gezeichnet werden?

b) Wie lange lief der Film bereits, nachdem 72 000 Bilder an die Wand projiziert wurden?

23 Der Schall legt in der Luft pro Sekunde etwa 333 m zurück.

a) Welche Strecke legt der Schall in einer Minute zurück? Runde sinnvoll.

b) Du hörst im Gebirge das Echo nach 9 Sekunden. Wie weit (in km) ist die Gebirgswand, die deinen Ruf reflektiert, von dir entfernt?

c) Bei einem Gewitter entstehen Blitz und Donner gleichzeitig. Den Blitz siehst du sofort, weil das Licht sehr schnell ist. Wie weit (in km) ist das Gewitter von dir entfernt, wenn du 18 Sekunden nach dem Blitz den Donner hörst?

24 Pro Jahr werden in Deutschland etwa 375 Millionen Paar getragener Schuhe in den Müll geworfen. Wie lang wäre die „Schuh-Schlange" ungefähr, wenn man alle Schuhe hintereinander legen würde? Vergleiche mit dem Erdumfang.

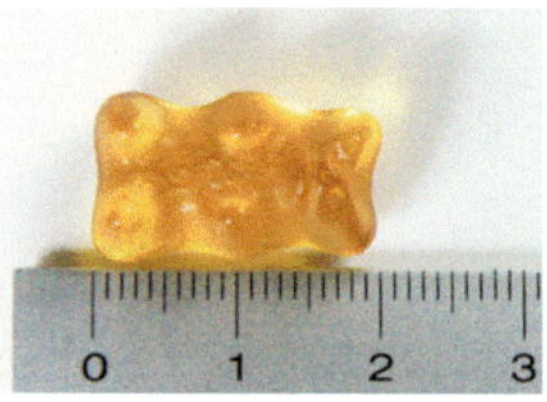

25 Ein bekannter Süßwarenfabrikant stellt europaweit täglich über 60 Millionen Gummibärchen her.
In Deutschland werden jährlich so viele Gummibärchen seiner Firma „vernascht", dass sie hintereinander gelegt 3-mal die Erde umrunden könnten.
Wie viele Tagesproduktionen werden pro Jahr allein für den Verzehr in Deutschland hergestellt?

26 Wie dick (in mm) ist ein Brief durchschnittlich, wenn man die Angaben aus dem Zeitungsartikel zugrunde legt?
Beurteile, ob dieser Wert realistisch sein kann.

Bergeweise Post

Gut 2 250 000 Briefe werden täglich in Berlin zugestellt. Aufeinander gestapelt gibt das 4500 Meter – mehr als die Höhe des Matterhorns (4478 m).

Info

Der Merksatz hilft, die Namen der Planeten in der Reihenfolge ihrer Entfernung von der Sonne zu lernen:
Merkur
Venus
Erde
Mars
Jupiter
Saturn
Uranus
Neptun

27 Das Licht legt pro Sekunde ungefähr 300 000 km zurück.
Von der Sonne zur Erde benötigt das Licht etwa 500 Sekunden.

a) Berechne den Abstand von der Sonne zur Erde.

b) Die Strecke, die das Licht in einem Jahr zurücklegt, nennt man ein Lichtjahr.
Wie lang ist ein Lichtjahr?

c) Der Planet Mars ist von der Erde etwa 57 Mio. Kilometer entfernt, wenn er ihr am nächsten ist.
Wie viel Zeit benötigt dann das Licht vom Mars zur Erde?

28 China ist das bevölkerungsreichste Land der Erde und hat rund 1,3 Milliarden Einwohner. (Zum Vergleich: In Deutschland leben rund 82 Millionen Menschen.) Täglich werden in China etwa 57 600 Babys geboren.

a) Wie viele Babys kommen in China pro Jahr zur Welt?

b) Wie viele Babys werden in China durchschnittlich pro Stunde, pro Schulstunde, pro Minute geboren?

c) Versuche die Daten nachzuprüfen.

Trainieren Anwenden Vernetzen

29 Im Kapitel „Vorteilhaftes Addieren und Subtrahieren", Auftrag 3, hast du den 9-jährigen CARL FRIEDRICH GAUSS kennen gelernt. Er löste die Aufgabe, die Zahlen von 1 bis 100 zu addieren, auf äußerst geschickte Weise.

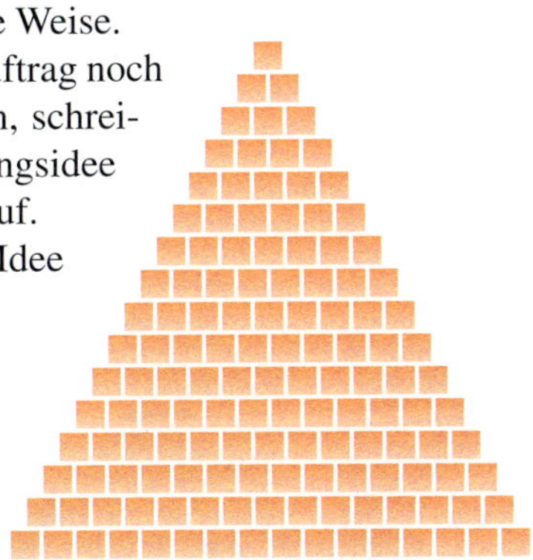

a) Solltest du den Auftrag noch nicht gelöst haben, schreibe seine Lösungsidee nachvollziehbar auf.

b) Was bedeutet die Idee von CARL FRIEDRICH GAUSS geometrisch?
Erkläre dies am Beispiel des abgebildeten Dreiecks.
Berechne die Anzahl der Kästchen des Dreiecks.

30 Marion nimmt sich ein DIN-A4-Blatt und faltet es in der Mitte.
Das so erhaltene „Doppelblatt" faltet sie wieder in der Mitte.
Diesen Vorgang wiederholt sie immer wieder.

a) Wie viele Lagen erhält sie, wenn sie das DIN-A4-Blatt dreimal, viermal, fünfmal faltet?

b) Wie oft müsste sie das Blatt falten, um mehr als 1000 Lagen zu erhalten?

c) Probiere selbst an einem Blatt Papier aus, wie oft du es falten kannst.
Wie viele Lagen erhältst du dabei?

31 Schätze ab, wie viele Menschen an diesem Freitag vor Pfingsten im Stau standen.

200 Kilometer Staus

Zehntausende von Autofahrern in ganz Deutschland haben ihren Pfingsturlaub am Freitag in kilometerlangen Staus begonnen. Insgesamt standen die Blechkarawanen auf 200 Kilometern Länge.

a) Kann die Angabe im Text stimmen?

b) Lies deine örtliche Zeitung besonders genau.
Findest du dort ähnliche „Zahlenspielereien"?

32 Wo muss das Divisionszeichen stehen?

a) 2 0 0 4 0 8 3 5 = 24

b) 5 6 0 8 8 4 5 6 = 123

33 Die alten Ägypter berechneten die Produkte 35 · 13 und 44 · 101 auf folgendem Weg:

35	13	44	~~101~~
17	26	22	~~202~~
8	~~52~~	11	404
4	~~104~~	5	808
2	~~208~~	2	~~1616~~
1	416	1	3232
	455		4444

a) Schreibe eine Anleitung für das ägyptische Verfahren zur Multiplikation.

b) Berechne ebenso die Produkte 19 · 35 und 32 · 58.
Begründe anhand der Beispiele, warum das Verfahren funktioniert.
Tipp: Ähnlicher unserem heutigen Verfahren ist das mittelalterliche Verfahren der schriftlichen Multiplikation.
177-1

34 Auf das Ende kommt es an!
Friederike rechnet: 312 · 443 = 138 214.
Dazu sagt Merle:
„Hier sehe ich ohne Überschlagsrechnung, dass dein Ergebnis falsch ist."

a) Worauf hat Merle geachtet?

b) Prüfe mit Merles Verfahren, ob die folgenden Produkte richtig berechnet sein können:
71 · 256 = 18 176; 128 · 247 = 31 284;
343 · 33 = 11 313; 929 · 35 = 32 551.

c) Kann dieses Verfahren auch bei Divisionsaufgaben angewendet werden?

d) Begründe mit Merles Verfahren, warum die folgenden Zahlen mit Sicherheit keine Quadratzahlen sind:
2208; 7403; 12 322;
20 587; 34 560; 47 315.

Aufgabe der Woche

Palindrome sind Wörter oder Zahlen, die rückwärts dasselbe ergeben wie vorwärts gelesen. Beispiele für Palindrome sind: ANNA, OTTO, RELIEFPFEILER, 1234321, 7337.
Die Zahl 7337 ist ein vierstelliges Ziffern-Palindrom, ebenso wie 1001 oder 9999.
Bestimme die Summe aller vierstelligen Ziffern-Palindrome.
Finde einen geschickten Lösungsweg, ohne alle einzeln zu addieren.

Mathematik in den Medien

Heveney ehrte treuen Gast

Weil er schon zum fünfmillionsten Mal zum Baden kam

Den fünfmillionsten Besucher begrüßte das Freizeitbad Heveney am gestrigen Montag.

Besucherzahlen waren für das im Juli 1986 eröffnete Spaßbad in den letzten Jahren ein wechselhaftes Thema. „Bis 1992 hatten wir noch über 400 000 Besucher pro Jahr, dann gingen die Zahlen runter", weiß Frank Müller von der Verwaltung.

Seit 1997 würden die Besucherzahlen aber kontinuierlich steigen, so daß sich der gute Monatsschnitt von rund 40 000 Badegästen wieder eingependelt hätte. Eine Steigerung, die mit neuen Attraktivitäten, wie dem Ausbau des Saunabereichs sowie der neuen Einrichtung eines Soleaußenbeckens, eines Inhalations- oder Ruheraums, im Freizeitbad Heveney einhergeht. **mut**

Fünf Millionen mal war Joachim Frikke (Mitte) schon als Badegast im Freizeitbad Heveny. Dafür sprach Verwaltungsratsvorsitzender Jan Tech (li.) seine Glückwünsche aus. waz-Bild: Böhmer

Nimm die Überschrift der Zeitungsmeldung ernst und berechne, wie oft Joachim Fricke das Freizeitbad Heveney täglich seit seiner Eröffnung im Durchschnitt besucht haben müsste. Formuliere einen Leserbrief an die Zeitung.

Dauer-Schluckauf nach 42 Tagen gestoppt

Oh! Sechs Millionen „Hickser"

GELSENKIRCHEN (dpa) – Der Dauer-Schluckauf, der einen 75-Jährigen in Gelsenkirchen 42 Tage plagte, ist gestoppt. Nach sechs Millionen „Hicksern" ist er das Leiden los. Was den Schluckauf beruhigte, konnte er nicht genau sagen – er habe viele Mittel angewandt, um den „Dauer-Hick", der ihn zeitweise bis zu hundertmal pro Minute plagte, zu stoppen.

a) Kann die genannte Anzahl der „Hickser" stimmen?

b) Wie ist man in der Zeitung wowhl auf die Zahl „sechs Millionen" gekommen?

4167 Euro jede Stunde

Schumacher bestbezahlter Patient der Welt

LONDON (dpa/sid) Michael Schumacher ist der bestbezahlte Patient der Welt. Stündlich 4167 Euro Krankengeld zahlt eine Londoner Versicherung dem Formel-1-Weltmeister, bis er wieder ins Ferrari-Cockpit klettern kann. Der Kerpener hat bei seinem Unfall am Sonntag beim Großen Preis von England in Silverstone den „teuersten Beinbruch der Geschichte“ erlitten, behauptet die britische Zeitung „The-Express“ gestern.
Nach Informationen des Boulevard-Blattes bekommt der Rheinländer täglich umgerechnet rund 100.000 Euro als Verdienstausfall überwiesen.
„Das hört sich nach einer Menge Geld an, aber eigentlich unterscheidet er sich darin nicht sehr von anderen Leuten“, sagte Versicherungsagent Wolfgang Druschky. Schumacher habe jeden Monat 300.000 Euro in die Versicherung eingezahlt. Wenn er nun ein Jahr lang kein Rennen mehr fahren könne, werde er von der Versicherung 36 Millionen Euro „Krankengeld“ bekommen.

a) Wie ist der Verfasser des Artikels auf den sehr genauen Betrag von 4167 € pro Stunde gekommen? Rechne nach und erkläre.

b) Wie viel Geld musste Michael Schumacher pro Tag (pro Jahr) für seine Krankenversicherung bezahlen?

Nach einer Sonneneruption:

Kosmischer Strom rast auf die Erde zu

Washington (ap) – Mit unvorstellbarer Geschwindigkeit hat die Sonne einen Teilchenstrom in Richtung Erde geschleudert. Wie eine gigantische Flutwelle raste dieser kosmische Strom am Donnerstag nach einer Sonneneruption mit mehr als drei Millionen Kilometern pro Stunde auf unseren Planeten zu. Eine Gefahr für die Menschheit besteht nicht – allerdings dürfte es zu Störungen im Funkverkehr und bei Telekommunikationssatelliten kommen. Die Betreiber von Satelliten wurden vorsorglich alarmiert. Es war am Donnerstag aber gar nicht sicher, ob der Strom die 150-Millionen Kilometer von der Sonne entfernte Erde überhaupt erreicht.

a) Wie viele Stunden würde der kosmische Teilchenstrom auf seinem Weg von der Sonne bis zur Erde benötigen? Wie viele Jahre würdest du – rein theoretisch natürlich – mit deinem Fahrrad von der Erde bis zur Sonne benötigen, wenn du ununterbrochen „fahren“ könntest?

b) Welche Strecke legt der Teilchenstrom in einer Sekunde zurück?

Dreist! 114 580 zollfreie Zigaretten im Reisegepäck

Am Flughafen von London erwischten Zöllner fünf englische Urlauber, die von Teneriffa kamen. Im Gepäck: 114 580 Zigaretten. „Die wollen wir alle selber rauchen“, behaupteten die Schmuggler.
Das Gericht verurteilte die „Kettenraucher“ jetzt zu einer Geldstrafe von je 9600 Euro.
In derselben Maschine saßen übrigens noch 26 weitere Zigarettenschmuggler. Insgesamt wurden über eine halbe Million Zigaretten sichergestellt.

a) Was meinst du: Kann man wirklich davon ausgehen, dass die fünf englischen Urlauber die mitgeführten Zigaretten nicht alle selber rauchen werden?

b) Berechne, wie viele Zigaretten die übrigen Schmuggler des Flugzeugs im Durchschnitt bei sich geführt haben.

Zahlen unter der Lupe

„Reiche“ Zahlen

Die Zahl 60 ist eine besonders „reiche“ Zahl, denn sie ist ein Produkt aus vier anderen Zahlen. Gibt es „reichere“ Zahlen? Welche Zahlen sind besonders „arm“?

$$60 = 2 \cdot 2 \cdot 3 \cdot 5$$

Das Sieb des Eratosthenes

1. Schreibe die Zahlen von 2 bis 100 auf.
2. Streiche alle Vielfachen von 2 außer der 2 selbst.
3. Streiche alle Vielfachen von 3 außer der 3 selbst.
4. Gehe zur kleinsten noch nicht gestrichenen Zahl und streiche alle ihre Vielfachen außer der Zahl selbst.
5. Wiederhole Schritt 4, solange du Vielfache streichen kannst.

Welche Eigenschaften haben die nichtgestrichenen Zahlen? 180-1

1	2	3	4	5	6	7	8	9	10
11	12	13	14	15	16	17	18	19	20
21	22	23	24	25	26	27	28	29	30
31	32	33	34	35	36	37	38	39	40
41	42	43	44	45	46	47	48	49	50
51	52	53	54	55	56	57	58	59	60
61	62	63	64	65	66	67	68	69	70
71	72	73	74	75	76	77	78	79	80
81	82	83	84	85	86	87	88	89	90
91	92	93	94	95	96	97	98	99	100

Teilermengen

Die Zahl 12 hat die Zahlen 1, 2, 3, 4, 6 und 12 als Teiler.
Wir können die Teilermenge von 12 so aufschreiben:
$T_{12} = \{1; 2; 3; 4; 6; 12\}$.

Untersuche die Zahlen von 1 bis 30:
Welche Zahlen haben
- genau zwei verschiedene Teiler?
- genau drei verschiedene Teiler?

Kannst du diese Zahlen vielleicht sofort erkennen? Woran?
Wenn du möchtest, untersuche weitere Zahlen über 30.

6.4 Teiler und Vielfache

1 Karten basteln

Julia möchte aus einem Bogen (147 cm × 105 cm) bunter Pappe Quadrate herausschneiden, die möglichst groß sind. Dabei sollen keine Pappreste übrig bleiben.

Wie würdest du vorgehen?

2 Sportfest

► siehe Erarbeitung

Auf einem von der Schule organisierten Sportfest am Rande der Stadt sollen neben den sportlichen Veranstaltungen auch einige Stände mit Speisen und Getränken aufgestellt werden, um die zahlreichen Gäste zu bewirten. Damit es an den Ständen keine Probleme mit dem Wechselgeld gibt, beschließt die SV (Schülervertretung) Wertmarken zu verkaufen, mit denen jeder Artikel bezahlt werden kann.

Des Weiteren sollen Busse angemietet werden, die die Gäste aus verschiedenen Stadtteilen abholen und wieder wegbringen. Die SV ist damit beauftragt, die notwendigen Details zu planen.

Dazu gilt es u. a. die folgenden zwei Probleme zu lösen:

1. Die Preise 90 ct, 1,50 €, 2,70 € und 3,60 € sollen mit möglichst wenigen Wertmarken bezahlbar sein. Birte schlägt deshalb vor, 10 Cent auf jede Wertmarke zu schreiben.
2. Damit es an den Haltestellen der Busse keine Platzprobleme gibt, soll herausgefunden werden, wann zum nächsten Mal die Busse aller Linien wieder gleichzeitig losfahren.

Fahrplan für das Sportfest		
Linie A	Linie B	Linie C
ab 7:30 Uhr bis 20:00 Uhr alle 15 min	ab 7:30 Uhr bis 19:52 Uhr alle 14 min	ab 7:30 Uhr bis 19:54 Uhr alle 12 min

Kannst du helfen, die Probleme zu lösen?

3 Stuhlkreis

Die Klasse 5b wurde in zwei Gruppen aufgeteilt. In einem Stuhlkreis nehmen die Mädchen, im anderen die Jungen Platz. Hannah und Sebastian, die sich gegenübersitzen, bilden ein Spielpaar und müssen verschiedene Aufgaben erfüllen. Nachdem sie ihre Aufgabe bewältigt haben, rückt jeder Schüler in seinem Stuhlkreis einen Platz im Uhrzeigersinn auf.
Wie oft wird aufgerückt, bis Hannah und Sebastian sich wieder gegenübersitzen?
Wie viele verschiedene Paarungen kann es geben?

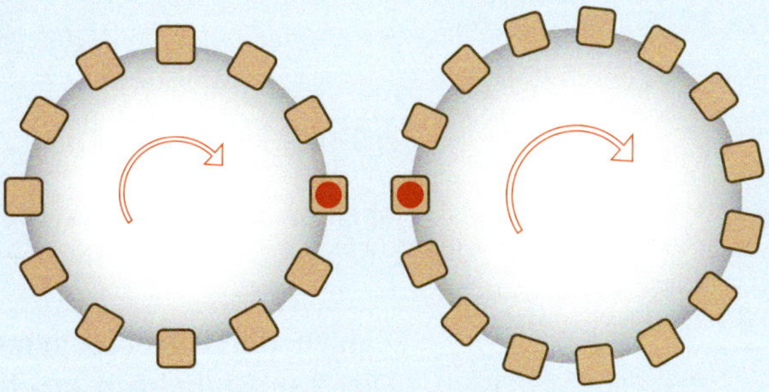

▶ Teiler und Vielfache finden

Damit beim Auftrag 2 alle Artikel mit nur einer Sorte von Wertmarken bezahlt werden können, muss der Wert einer Marke ein **Teiler** aller Preise sein.

Dies ist bestimmt der Fall, wenn Birtes Vorschlag angenommen wird und jede Marke einen Wert von 10 Cent bekommt, denn 10 ist ein Teiler von 90, von 150, von 270 und von 360. Allerdings wäre es umständlich größere Beträge mit 10-Cent-Marken zu bezahlen.

Der größte gemeinsame Teiler
Gesucht ist also eine Zahl, die ein Teiler aller Preise und zudem noch möglichst groß ist, d. h. der größte gemeinsame Teiler von 90, 150, 270 und 360, kurz geschrieben als ggT (90; 150; 270; 360).

Eine Möglichkeit, den größten gemeinsamen Teiler zu finden, besteht darin, die **Teilermengen** der vier Zahlen aufzuschreiben.

$T_{90} = \{1; 2; 3; 5; 6; 9; 10; 15; 18; 30; 45; 90\}$
$T_{150} = \{1; 2; 3, 5; 6; 10; 15; 25; 30; 50; 75; 150\}$
$T_{270} = \{1; 2, 3; 5; 6; 9; 10; 15; 18; 27; 30; 45; 54; 90; 135; 270\}$
$T_{360} = \{1; 2, 3; 4; 5; 6; 8; 9; 10; 12; 15; 18; 20; 24; 30; 36; 40; 45; 60; 72; 90; 120; 180; 360\}$

Die gemeinsamen Teiler sind 1, 2, 3, 5, 6, 10, 15 und 30. Der größte gemeinsame Teiler ist 30. Wertmarken zu je 30 Cent wäre also hier die beste Entscheidung.

Beispiele
ggT (6; 4) = 2
ggT (12; 8) = 4
ggT (25; 30; 35) = 5

Wählst du aus den Teilermengen mehrerer Zahlen den größten überall vorkommenden Teiler aus, so erhältst du den größten gemeinsamen Teiler dieser Zahlen.
Schreibweise: ggT (90; 150; 270; 360) = 30

Ein anderes Verfahren, den größten gemeinsamen Teiler von zwei oder mehr Zahlen zu bestimmen, beruht auf der **Primfaktorzerlegung** der betreffenden Zahlen.

Beispiele
einige mögliche Primfaktoren:
2, 3, 5, 7, 11, 13, …

Primfaktorzerlegung für 90:
$90 = 2 \cdot 45$
$= 2 \cdot 3 \cdot 15$
$= 2 \cdot 3 \cdot 3 \cdot 5$
$= 2 \cdot 3^2 \cdot 5$

Mit der Primfaktorzerlegung (PFZ) lässt sich jede zusammengesetzte Zahl als Produkt von Primzahlen schreiben.
Wenn ein gemeinsamer Teiler gesucht wird, müssen seine Primfaktoren in allen Primfaktorzerlegungen der einzelnen Zahlen enthalten sind.

Für den ggT (90; 150; 270; 360) ergibt sich:

90 =	2			· 3	· 3		· 5	
150 =	2			3			· 5 · 5
270 =	2			· 3	· 3	· 3	· 5
360 =	2	· 2	· 2	· 3	· 3		· 5
ggT (90; 135; 270; 360) =	2			· 3			· 5 = 30

Beispiel
$42 = 2 \cdot 3 \cdot 7$
$15 = 3 \cdot 5$
$14 = 2 \cdot 7$

Haben mehrere Zahlen **keine** übereinstimmenden Primfaktoren, so heißt dies, dass sie keinen größeren gemeinsamen Teiler als die Eins haben.

Zahlen, deren größter gemeinsamer Teiler die Eins ist, heißen teilerfremd.
Dies kannst du auch so schreiben: ggT (42; 15; 14) = 1

Das kleinste gemeinsame Vielfache
Um herauszufinden, wann alle Busse zum nächsten Mal gleichzeitig losfahren, ist es sinnvoll, sich die Vielfachen der Zeitabstände der jeweiligen Linen aufzulisten.
Die Zeitdauer, nach der alle Busse wieder gleichzeitig fahren, muss in der jeweiligen **Vielfachenmenge V** der Zeiten 15 min, 14 min und 12 min enthalten sein:

Linie A: $V_{15} = \{15, 30, 45, 60, 75, 90, 105, 120, 135, 150, \ldots\}$
Linie B: $V_{14} = \{14, 28, 42, 56, 70, 84, 98, 112, 126, 140, 154, \ldots\}$
Linie C: $V_{12} = \{12, 24, 36, 48, 60, 72, 84, 96, 108, 120, 132, \ldots\}$.

Bereits nach 60 Minuten fahren die Busse der Linien A und C gleichzeitig los. Auch bei den Linien C und B gibt es Busse, die gleichzeitig losfahren: nach 84 Minuten ist es soweit. Das kleinste Zeitintervall, nach dem alle drei Linien wieder gleichzeitig Busse entsenden, muss ein Vielfaches aller drei Abfahrtsintervalle sein.

Um ein Vielfaches von 12, 14 und 15 zu erhalten, könntest du einfach alle drei Zeiten miteinander multiplizieren. Nach $15 \cdot 14 \cdot 12$ min = 2520 min = 42 h würden Busse aller drei Linien wieder gleichzeitig losfahren. Aber vielleicht gibt es ja auch kleinere Zahlen, die Vielfache von jeder der drei Zahlen sind.

Die kleinste Zahl, die in allen Vielfachenmengen mehrerer Zahlen vorkommt, heißt das kleinste gemeinsame Vielfache (kgV) dieser Zahlen.

Um das kleinste gemeinsame Vielfache von 12, 14 und 15 herauszufinden, könntest du die Vielfachenmengen solange weiterschreiben, bis du ein erstes gemeinsames Vielfaches gefunden hast.

Ein schnelleres Verfahren findest du mit der **Primfaktorzerlegung** der drei Zahlen 12, 14 und 15:

$$\begin{array}{rccccccccc} 12 = & 2 & \cdot & 2 & \cdot & 3 & & & & \\ 14 = & 2 & & & & & & & \cdot & 7 \\ 15 = & & & & & 3 & \cdot & 5 & & \\ \hline \text{kgV}(12; 14; 15) = & 2 & \cdot & 2 & \cdot & 3 & \cdot & 5 & \cdot & 7 = 420 \end{array}$$

Damit die Zahl 12 enthalten ist, müssen die Faktoren $2 \cdot 2 \cdot 3$ vorkommen. Der Faktor 2 aus der Primfaktorzerlegung von 14 muss aber nicht erneut vorkommen, sodass der Faktor 7 hier ausreicht, um insgesamt ein Vielfaches von 14 zu sein. Das gleiche gilt für den Faktor 3 aus der Primfaktorzerlegung von 15.

Das kgV dieser drei Zahlen muss in seiner eigene n Primfaktorzerlegung die Primfaktoren der Zahlen 12, 14 und 15 enthalten.
Die Zahl 420 ist Vielfaches von 12, von 14 und von 15 und zudem das kleinste Vielfache.

Mithilfe der Primfaktorzerlegung kannst du das kgV mehrerer Zahlen finden, indem du das Produkt aller Primfaktoren bildest, die in diesen Zahlen vorkommen.
Faktoren, die bei mehreren Zahlen zugleich auftreten, musst du nur einmal berücksichtigen. Schreibweise: kgV (12; 14; 15) = 420.

Für das Busproblem bedeutet dies, dass nach 420 min, d. h. nach 7 Stunden Busse aller drei Linien gleichzeitig losfahren. Es ist dann halb drei.

Achtung

Auch das Einfache einer Zahl gehört zur Vielfachenmenge.
Im Gegensatz zur Teilermenge einer Zahl enthält die Vielfachenmenge unendlich viele Elemente.

Trainieren Anwenden Vernetzen

Zur Erinnerung

Quadratzahlen entstehen, wenn du eine natürliche Zahl mit sich selbst multipliziert.

1 Welche der dargestellten Zahlen sind Quadratzahlen, welche sind Primzahlen?

2 Welche Zahlen sind Primzahlen? Begründe.

a) 2; 9; 15; 17; 19; 21; 23; 29; 31; 39; 43; 56; 67

b) 69; 71; 72; 73; 83; 84; 87; 89; 97; 99; 101; 111

Tipp

Wenn du wissen willst, ob 17 ein Teiler von 289 ist, dann prüfe, ob sich 289 ohne Rest durch 17 teilen lässt: 289 : 17 = 17, also ist 17 ein Teiler von 289.

3 Ersetze ☒ durch „|" (ist ein Teiler von) oder „∤" (ist kein Teiler von).
Beispiel: $2 \mid 4$ aber $2 \nmid 5$.

a) 4 ☒ 36	**d)** 42 ☒ 14	**g)** 7 ☒ 105
b) 13 ☒ 76	**e)** 17 ☒ 17	**h)** 19 ☒ 71
c) 21 ☒ 42	**f)** 3 ☒ 102	**i)** 0 ☒ 1

4 Bestimme folgende Teilermengen.

a) T_{36} **b)** T_{106} **c)** T_{105} **d)** T_{89}

5 Bestimme zuerst die Teiler der beiden Zahlen und gib dann die gemeinsamen Teiler an.

a) 6; 12	**d)** 10; 15	**g)** 12; 18
b) 16; 24	**e)** 20; 28	**h)** 42; 48
c) 21; 49	**f)** 15; 33	**i)** 32; 63

6 Bestimme den ggT.

a) 32; 48	**d)** 14; 42	**g)** 16; 27
b) 8; 30	**e)** 54; 81	**h)** 50; 75
c) 40; 80	**f)** 25; 36	**i)** 56; 84

7 Bestimme drei verschiedene Zahlenpaare, deren ggT gleich 6 (11, 1, 7) ist.

8 Bestimme jeweils die ersten acht Vielfachen und markiere wenn möglich das kgV.

a) 2 und 3	**c)** 3 und 4	**e)** 4 und 5
b) 12 und 15	**d)** 11 und 13	**f)** 6 und 14

9 Bestimme die Vielfachmengen der Zahlen bis zum kgV von

a) 12; 14,	**c)** 4; 6; 24,	**e)** 2; 5; 12,
b) 18; 27,	**d)** 4; 6; 14,	**f)** 10; 14; 15.

10 Bestimme das kgV im Kopf.

a) 4 und 7	**e)** 20 und 30	**i)** 3; 4 und 5
b) 2 und 4	**f)** 12 und 18	**j)** 4; 6 und 8
c) 8 und 9	**g)** 15 und 45	**k)** 2; 4 und 7
d) 3 und 12	**h)** 500 und 125	**l)** 1 und 9

11 Bestimme zwei Zahlen, deren kgV gleich 20 (40, 75, 100) ist.

12 **Waagerecht**
1 Quadratzahl; **3** ein Teiler von 1 waagerecht; **5** ein gemeinsames Vielfaches von 2 und 3; **6** kgV (8; 52); **7** ein Vielfaches von 3; **10** eine Zahl, die durch 23 teilbar ist; **12** Diese Zahl ist um 10 größer als 8 senkrecht; **14** Die Zahl in 5 waagerecht ist Teiler dieser Zahl; **16** kgV (5; 7); **17** Quadratzahl zwischen 100 und 200

Senkrecht
1 ggT (99; 121); **2** kgV (9; 47); **3** kgV (8, 20); **4** $2^3 \cdot 3 \cdot 5 \cdot 7$; **6** 9 und 13 sind Teiler dieser Zahl; **8** 2^8; **9** Man erhält diese Zahl, indem man in 7 waagerecht die Einer und Hunderter vertauscht; **11** Vielfaches von 1 waagerecht; **13** ein Teiler von 325; **15** Primzahl zwischen 20 und 30

1	2		■	3	4
5		■	6		
■	7	8		■	
9	■	10		11	■
12	13		■	14	15
16		■	17		

13 Bestimme jeweils die Primfaktorzerlegung.

a) 24 **b)** 111 **c)** 81 **d)** 200 **e)** 360 **f)** 735

14 Bestimme das kgV und den ggT.

a) 2^2; 3^2
b) $2 \cdot 3^2$; $2 \cdot 3$; 2^3
c) $3^3 \cdot 5^2$; $2^2 \cdot 3^2$
d) 90; 315
e) 108; 144
f) 24; 50; 60

noch fit?

I Berechne.
a) $7 \cdot 7$; $12 \cdot 12$; $15 \cdot 15$; $19 \cdot 19$
b) 6^2, 14^2, 3^3, 10^3

II Sind folgende Zahlen Quadratzahlen? Wenn ja, schreibe die zugehörige Rechnung auf.
1, 2, 3, 4, 5, 9, 10, 25, 35, 99.

III 1000 ist keine Quadratzahl. Begründe.

IV Gib den Flächeninhalt der Quadrate mit den folgenden Seitenlängen in Quadratmetern an.
3 cm, 7 cm, 2 dm, 5 dm, 1 m

V Welche Seitenlängen haben Quadrate mit den folgenden Flächeninhalten?
16 cm^2, 25 cm^2, 4 dm^2, 81 m^2

Gruppenpuzzle zu Teilbarkeitsregeln

Wäre es nicht schön, wenn du einer Zahl ansehen könntest, ob sie durch eine andere teilbar ist?

1 Woran erkennst du, ob die Zahlen durch 2, 5 oder 10 teilbar sind?

112; 220; 645; 14; 80; 77; 18; 43; 310; …

Formuliere allgemeine Regeln:
„Eine Zahl ist durch … teilbar, wenn sie auf … endet."

Die „Quersumme" von 2387 ist die Summe 2+3+8+7020.

2 Regel:
Eine Zahl ist durch 3 teilbar, wenn ihre Quersumme durch 3 teilbar ist.

Überprüfe die Regel an folgenden Beispielen:
27; 69; 84; 516; 73; 7911; 142; 88 101.

Probiere, ob die Quersummenregel auch zur 4 oder zur 6 passt.

3 Regel:
Eine Zahl ist durch 4 teilbar, wenn die Zahl, die aus ihren letzten beiden Ziffern gebildet wird, durch 4 teilbar ist.

Überprüfe die Regel an folgenden Beispielen:
108; 10 344; 16; 922; 8 100; 94.

Versuche die Regel am Beispiel 108 zu begründen. Zerlege dazu 108 in die Summe 100 + 8 und betrachte die Summanden einzeln.

4 Schreibe die ersten 25 Zahlen der Dreierreihe auf und markiere diejenigen Zahlen der Dreierreihe, welche durch 6 teilbar sind. Wie kannst du diese Zahlen erkennen? Formuliere eine Regel, wann eine Zahl durch 6 teilbar ist.

Zum Beispiel so:
Eine Zahl ist durch 6 teilbar, wenn sie durch … und durch … teilbar ist."

- Überprüfe anhand der Regel, ob folgende Zahlen durch 6 teilbar sind: 72; 48; 81; 210; 166.
- Versuche eine Regel für die Teilbarkeit durch 15 zu finden.

5 Regel:
Eine Zahl ist durch 9 teilbar, wenn ihre Quersumme durch 9 teilbar ist.

Überprüfe die Regel an folgenden Beispielen:
27; 81; 98; 297; 33; 7911; 88 101..

Probiere, ob die Quersummenregel auch zur 6 oder zur 8 passt.

6 Regel für die Teilbarkeit einer Summe:
Wenn zwei Zahlen *a* und *b* durch dieselbe Zahl *c* teilbar sind, dann ist auch deren Summe *a* + *b* durch *c* teilbar.

Beispiel

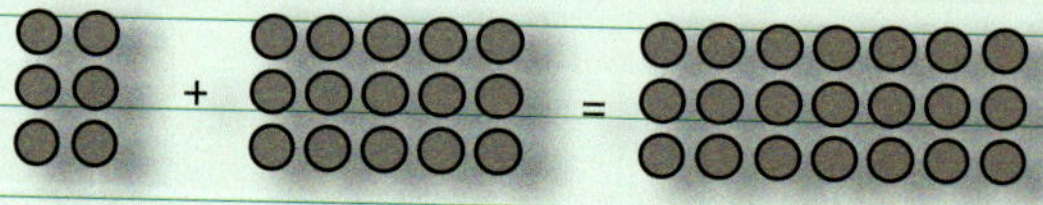

- Schreibe das Beispiel mit Worten und Zahlen auf.
- Begründe die Regel mithilfe der Zeichnung.
- Finde weitere Beispiele.

Austausch der Experten-Ergebnisse

Aufgabe I

Kann es eine Endstellenregel für die Teilbarkeit durch 3 oder durch 9 geben?

Tipp: Schreibe die Vielfachenmengen von 3 und von 9 auf und untersuche, welche Ziffern als Endziffern vorkommen.

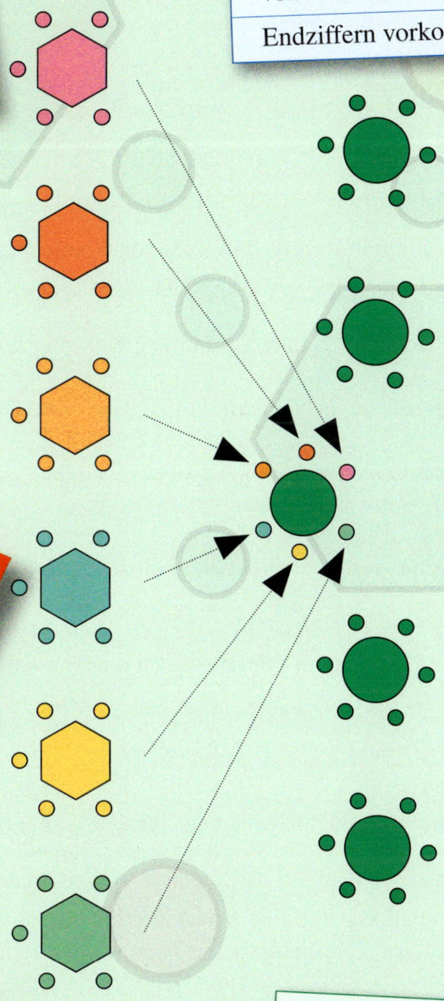

Aufgabe II

Welche der folgenden Zahlen können auf keinen Fall durch 6 teilbar sein?

12; 27; 6738; 59 853

Aufgabe III

Überprüfe mithilfe der Regel für die Teilbarkeit einer Summe, ob die Zahlen durch 3 oder durch 9 teilbar sind.

33; 99; 327; 36 013; 18 024; 117 954

Aufgabe IV

Wende die Teilbarkeitsregeln auf die Zahlen zwischen 111 und 140 an.

Welche sind durch 3 (durch 4; 5; 6; 8; 9; 10; 12) teilbar?

Trainieren **Anwenden** Vernetzen

15 Welcher Geldbetrag lässt sich unter 6 Personen ohne Rest so aufteilen, dass alle denselben Anteil in vollen Euro erhalten?

a) 64 € **d)** 40 €
b) 96 € **e)** 48 €
c) 94 € **f)** 106 €

16 Ist die Aussage wahr oder falsch?

a) 7 ist ein Teiler von 56.
b) 64 lässt sich ohne Rest durch 12 teilen.
c) 9 ist in der Teilermenge T_{74} enthalten.
d) Die Primfaktorzerlegung von 256 ist 2^9.
e) 3^2 ist ein Teiler von 3^5.
f) 12 ist ein Teiler von 12.
g) 37 ist kein Teiler von 111.

17 Überprüfe diese Teilbarkeitsregeln. Gib jeweils drei Zahlenbeispiele an.

a) Eine Zahl ist durch 6 teilbar, wenn sie gerade ist und zugleich ihre Quersumme durch 3 teilbar ist.
b) Eine Zahl ist durch 18 teilbar, wenn sie gerade ist und zugleich ihre Quersumme durch 9 teilbar ist.
c) Eine Zahl ist durch 30 teilbar, wenn sie auf 0 endet und zugleich ihre Quersumme durch 3 teilbar ist.
d) Eine Zahl ist durch 25 teilbar, wenn sie auf 25, 50, 75 oder 00 endet.
e) Eine Zahl ist durch 1000 teilbar, wenn sie auf drei Nullen endet.

18 Formuliere ähnliche Regeln wie in Aufgabe 17 für die Teilbarkeit durch 15, durch 50 sowie durch 100.

19 Benny, Sonja und Sophie messen jeweils die Länge zwischen ausgestrecktem Zeigefinger und Daumen.
Sie erhalten die Längen 18 cm, 14 cm und 16 cm.

a) Wer kann am besten die folgenden Strecken abmessen?
70 cm; 1,26 m; 1,44 m; 9,8 dm
b) Wie oft müssen Sonja und Sophie jeweils ihre Spannen abtragen, um 2,24 m abzumessen?

20 Ein Zug einer Modelleisenbahn benötigt für eine Runde 35 Sekunden, der schnellere Zug 24 Sekunden. Nach welcher Zeit fahren beide Züge wieder gleichzeitig in den Bahnhof?

Wie viele Runden müssen die Züge jeweils dazu fahren?

21 Christian hat 56 rote Legosteine, Carla hat 48 blaue Legosteine. Beide möchten mehrere Türme bauen, indem sie jeweils ihre Steine direkt übereinander stecken. Es sollen keine Steine übrig bleiben und alle Türme gleich groß sein.
Aus wie vielen Steinen können die einzelnen Türme gebaut sein?

22 Der Fußboden eines Zimmers ist 1,98 m breit und 2,70 m lang. Er soll mit möglichst wenigen quadratischen Platten ausgelegt werden.
Welche Maße sollten die Platten haben?

23 Eine Baustelle auf rechteckigem Grund mit 30 m Länge und 18 m Breite soll eingezäunt werden. Praktischerweise soll dies mit Fertigelementen geschehen, die nur meterweise zur Verfügung stehen.
Welche Längen kommen in Frage? Wie groß ist die maximale Länge?

24 Bastian und seine Schwester Jana gehen gemeinsam zur Schule. Bastian hat eine Schrittlänge von 75 cm und die kleine Jana 35 cm weniger. In welchen Abständen treten beide an der gleichen Stelle auf?

25 Ein Zahnrad mit 15 Zähnen dreht ein anderes mit 24 Zähnen. Nach wie vielen Umdrehungen eines jeden Rades greifen wieder dieselben Zähne ineinander?

26 Überlege genau.
a) Der ggT von 24 und 30 ist 6. Welche Teiler haben sie daher noch gemeinsam?
b) Nenne drei Zahlenpaare, deren ggT 8 ist.

27 Prüfe oder widerlege.
a) Zwei gerade Zahlen sind niemals teilerfremd.
b) Zwei ungerade Zahlen sind immer teilerfremd.

28 Welche der folgenden Zahlen sind Primzahlen?
a) $2 \cdot 3 + 1$; $2 \cdot 3 \cdot 5 + 1$; $2 \cdot 3 \cdot 5 \cdot 7 + 1$
b) $2 \cdot 3 + 1$; $2 \cdot 3 + 2$; $2 \cdot 3 + 3$
c) $2 \cdot 3 \cdot 5 + 1$; $2 \cdot 3 \cdot 5 + 2$; $2 \cdot 3 \cdot 5 + 3$; $2 \cdot 3 \cdot 5 + 4$; $2 \cdot 3 \cdot 5 + 5$
d) $2 \cdot 3 \cdot 5 \cdot 7 + 1$; $2 \cdot 3 \cdot 5 \cdot 7 + 3$; $2 \cdot 3 \cdot 5 \cdot 7 + 5$; $2 \cdot 3 \cdot 5 \cdot 7 + 7$

29 Zwei Primzahlen, deren Differenz 2 ist, heißen Primzahlzwillinge.
Finde Beispiele.

Info
Primzahlen werden intensiv erforscht, weil sie eine große Bedeutung für die Verschlüsselung von Computerdaten haben. 189-1

Trainieren Anwenden **Vernetzen**

30 Julia und Peter unterhalten sich: Zu viel oder zu wenig?

31 Martin und seine Freunde haben einen Garagenzirkus organisiert und verlangen als Eintritt eine bestimmte Menge Murmeln von jedem Besucher. Nach einiger Zeit zählt Martin die Murmeln durch und erhält 48 Murmeln. Mehr oder weniger enttäuscht verlassen einige Leute die Garage wieder und nehmen rasch ihre zuvor abgegebene Murmel-Menge wieder heraus. Nun zählt Martin nur noch 30 Murmeln. Was kannst du über die Anzahl der Besucher und den Eintritt sagen?

32 Formuliere eine Regel für die Teilbarkeit einer Zahl durch 18 und durch 20, indem du deine bisherigen Kenntnisse über Teilbarkeit miteinander kombinierst.

33 Acht Mieter eines Hauses vereinbaren, dass an jedem Werktag jeweils einer von ihnen morgens Zeitungen und Brötchen für alle kauft.
Der Reihe nach muss also jeder an jedem achten Tag (der Sonntag wird ausgelassen) früh aufstehen. Herr Kleinlich ärgert sich, da er der erste ist, der Samstag an der Reihe ist.

a) Wann ist Herr Kleinlich wieder an einem Samstag an der Reihe?
b) Gibt es jemanden, der niemals an einem Samstag früh aufzustehen braucht?
c) Was ändert sich bei a) und b), wenn sieben bzw. sechs Mieter diese Vereinbarung treffen?

Aufgabe der Woche

Übertrage die Tabelle in dein Heft und vervollständige sie.

a	6	16	14	32	111	16	34	45	101	…
b	8	4	16	36	37	64	85	54	1001	…
$a \cdot b$	48									
ggT $(a; b)$	2									
kgV $(a; b)$	24									
ggT $(a; b)$ · **kgV** $(a; b)$	48									

Was fällt dir hierbei auf? Formuliere hierzu eine Regel.

Fachbegriffe

Multiplikation und Division sind **entgegengesetzte Rechenarten**. Das kannst du zur Kontrolle nutzen.

$$16 \underset{:3}{\overset{\cdot 3}{\rightleftarrows}} 48$$

Produkt: $16 \cdot 3 = 48$ (**1. Faktor**: 16, **2. Faktor**: 3)

Quotient: $48 : 3 = 16$ (**Dividend**: 48, **Divisor**: 3)

Reihenfolge beim **Berechnen von Termen**:

- Terme werden von links nach rechts berechnet. $50 : 5 \cdot 2 = 10 \cdot 2 = 20$
- Punktrechnung vor Strichrechnung: $60 - 30 : 3 = 60 - 10 = 50$
- Klammern haben Vorrang: $50 : (5 \cdot 2) = 50 : 10 = 5$

Der Wert eines Produktes ist null, wenn wenigstens einer der Faktoren null ist. $5 \cdot 36 \cdot 0 \cdot 127 = 0$

Die Division durch 0 ist nicht möglich. ~~11 : 0 =~~

Kommutativgesetz der Multiplikation $12 \cdot 4 = 4 \cdot 12$

Assoziativgesetz der Multiplikation $7 \cdot 6 \cdot 50 = (7 \cdot 6) \cdot 50 = 7 \cdot (6 \cdot 50)$

Das **Distributivgesetz** für die Multiplikation gilt in zwei Richtungen:

$13 \cdot (100 + 6) = 13 \cdot 100 + 13 \cdot 6$

$(10 + 7) \cdot 12 = 10 \cdot 12 + 7 \cdot 12$

Das Distributivgesetz für die **Division** gilt **nur** so: $(1500 + 75) : 15 = 1500 : 15 + 75 : 15$

Mit der **Primfaktorzerlegung** lässt sich jede natürliche Zahl als Produkt von Primzahlen schreiben.

$945 = 3 \cdot 3 \cdot 3 \cdot 5 \cdot 7$
$\quad = 3^3 \cdot 5 \cdot 7$

Mithilfe der Primfaktorzerlegung kannst du

– den **größten gemeinsamen Teiler (ggT)** von zwei oder mehr Zahlen bestimmen:

$12 = 2 \cdot 2 \cdot 3$
$54 = 2 \cdot 3 \cdot 3 \cdot 3$
$90 = 2 \cdot 3 \cdot 3 \cdot 5$
$\text{ggT}(12; 54; 90) = 2 \cdot 3 = 6$

– das **kleinste gemeinsame Vielfache (kgV)** von zwei oder mehr Zahlen bestimmen:

$75 = 3 \cdot 5 \cdot 5$
$90 = 2 \cdot 3 \cdot 3 \cdot 5$
$120 = 2 \cdot 2 \cdot 2 \cdot 3 \cdot 5$
$\text{kgV}(75; 90; 120) = 2 \cdot 2 \cdot 2 \cdot 3 \cdot 3 \cdot 5 \cdot 5 = 1800$

Teilbarkeitsregeln

Eine Zahl ist durch

– zwei teilbar, wenn auf sie 0, 2, 4, 6, oder 8 endet.
– drei teilbar, wenn ihre Quersumme durch drei teilbar ist.
– fünf teilbar, wenn sie auf 0 oder 5 endet.
– vier teilbar, wenn die Zahl, die aus ihren letzten beiden Ziffern gebildet wird, durch vier teilbar ist.
– neun teilbar, wenn ihre Quersumme durch neun teilbar ist.
– zehn teilbar, wenn sie auf 0 endet.

Das kann ich schon – das will ich noch üben …
Fülle den Selbsteinschätzungsbogen aus. Du findest ihn im Internetangebot unter ↻ 192-1.

Gezielt üben kannst du mit folgenden Aufgaben. Lösungen findest du im Anhang.

Nach Regeln rechnen, Rechenvorteile nutzen

1 Berechne.

a) $125 \cdot (19 - 11)$ **d)** $(16 + 44) : 12$
b) $(108 - 98) : 5$ **e)** $(19 + 111) \cdot (39 : 13)$
c) $(13 + 17) \cdot 13$ **f)** $1 + (1 - 1) : (1 + 1)$

Lösungswort: 1 (r); 2 (l); 3 (s); 4 (r); 5 (v); 360 (a); 390 (e); 1000 (c)

2 Nutze, wenn möglich, Rechenvorteile.

a) $140 - 20 \cdot 6$ **d)** $75 : 3 + 45 : 3$
b) $2800 : 40 - 40$ **e)** $30 : 3 + 30 : 2 + 2 \cdot 6^2$
c) $72 + 12 : 6$ **f)** $46 \cdot 12 - 34 \cdot 12 - 12 \cdot 12$

3 Bestimme die Anzahl der Kästchen.

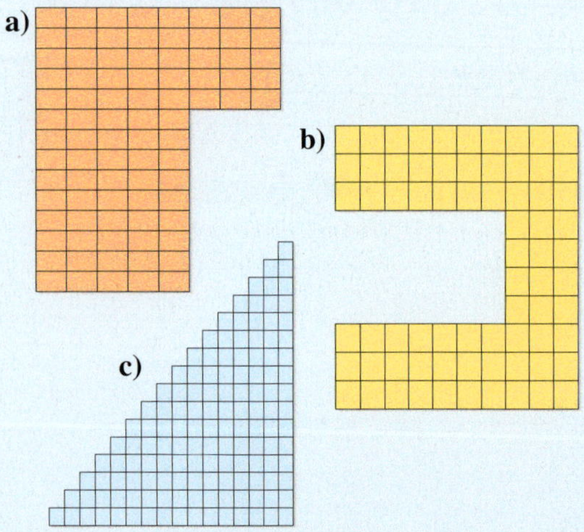

4 Wie ändert sich der Wert eines Produkts aus drei Faktoren, wenn man den ersten Faktor verdoppelt, den zweiten verdreifacht und den dritten halbiert?
Überprüfe deine Vermutung an einem selbst gewählten Beispiel.

Überschlagen und schriftlich rechnen

5 Überschlage und berechne.

a) $300 \cdot 300$ **d)** $832 \cdot 32$
b) $1243 \cdot 221$ **e)** $1234 : 11$
c) $20025 \cdot 857$ **f)** $303303 : 91$

6 Überlege dir zwei sinnvolle Aufgaben zum Text und löse sie.

> Nimmt man alle Bäume der Erde zusammen, dann kommen etwa 500 Bäume auf jeden der rund 6 Milliarden Menschen.
> In Deutschland gibt es abgerundet 80 Millionen Einwohner und schätzungsweise 30 Milliarden Bäume.

Teiler finden und in Primfaktoren zerlegen

7 Zerlege in Primfaktoren und schreibe – wenn möglich – als Potenz.

a) 126 **a)** 96
b) 1625 **b)** 110

8 Schreibe drei verschiedene Paare von Zahlen auf, die miteinander multipliziert jeweils das Produkt 154 ergeben.

9 Welche Zahlen sind durch 3 (oder 9) teilbar?
15; 27; 24; 17; 31; 95; 167; 444

10 Welche Zahlen sind durch 4, welche durch 5, welche durch beide Zahlen und welche durch keine von beiden teilbar?

a) 12; 35; 40; 46; 70; 85
b) 20496; 4822; 55120; 1000750

ggT und kgV berechnen

11 Bestimme den ggT von …

a) 18 und 30 **c)** 15 und 27
b) 117 und 154 **d)** 132, 204 und 228

12 Bestimme das kgV von …

a) 15 und 27 **c)** 16 und 24
b) 12 und 108 **d)** 36, 60 und 84

13 Ein Blech mit Pizza ist 108 cm lang und 72 cm breit und soll in möglichst große quadratische Stücke aufgeteilt werden. Wie viele Pizzastücke werden es?

7. Vernetztes Anwenden

In diesem Kapitel steht das Anwenden des Gelernten beim Lösen von Aufgaben aus verschiedenen Sachbereichen im Mittelpunkt. Dabei kannst du manch Interessantes neu kennenlernen.
Bei vielen Aufgaben musst du dir selbst überlegen, was zu messen, zu rechnen oder zu zeichnen ist, um eine Lösung zu finden. Manchmal führen auch verschiedene Wege zum Ziel. Vergleiche deine Lösungen mit denen der anderen.
Sowohl aus euren Fehlern als auch aus den verschiedenen Lösungsideen kannst du lernen! Vielleicht erkennst du so besonders vorteilhafte Vorgehensweisen, die dir auch bei anderen Aufgaben helfen können.

7.1 Von Zahlen und Mustern

Die griechischen Mathematiker zur Zeit des PYTHAGORAS (etwa 580–500 v. Chr.) legten mit Rechensteinen Muster, wie sie in den folgenden Aufgaben beschrieben sind. Bei den Römern hießen die Rechensteine „calculi“. Davon leitet sich unser „kalkulieren“ ab.

Du kannst kleine Quadrate ausschneiden und die Figuren legen.

1 Wie viele gelbe Quadrate zählst du in jeder Reihe einer Figur?
Wie viele gelbe Quadrate zählst du insgesamt in jeder Figur?

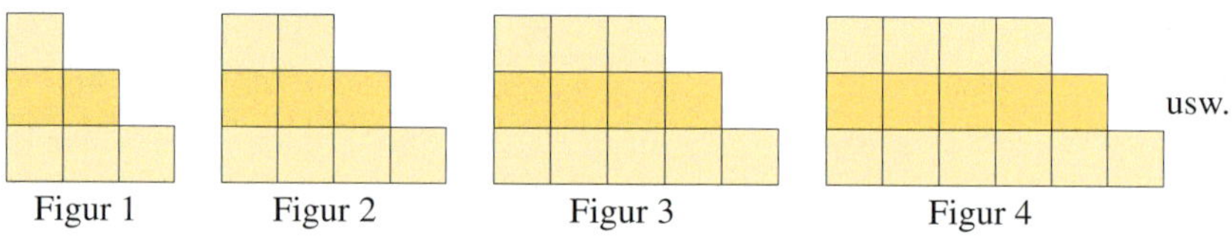

Führe die Reihe fort und zeichne die zugehörigen Bilder in dein Heft.
Die Anzahl der Quadrate in einer Figur lässt sich auf verschiedene Arten bestimmen. Finde solche Möglichkeiten und beschreibe deinen Weg.
Wie viele Quadrate gibt es insgesamt in der 50. Figur?

2 **Quadratmuster**
Wie viele Quadrate kommen in jeder Figur dazu?
Führe die Reihe fort und finde möglichst viele Zusammenhänge.

3 **Rechteckmuster**

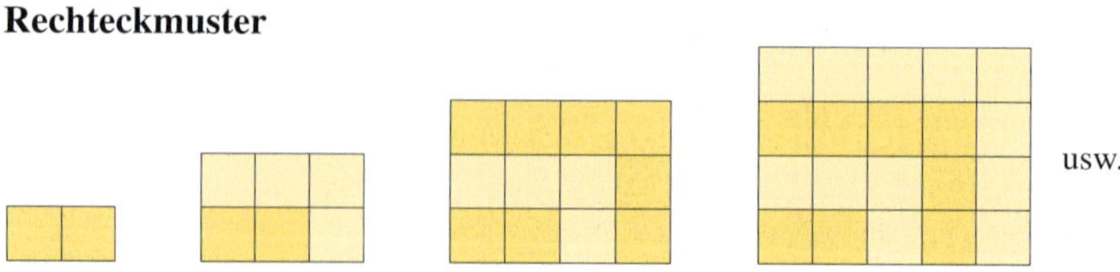

Führe die Reihe fort. Mit diesen Rechtecken kannst du die Summe
2 + 4 + 6 + 8 + 10 + 12 + 14 + 16
der geraden Zahlen einfach bestimmen. Finde einen Weg.
Berechne weitere derartige Summen.

4 Dreieckmuster

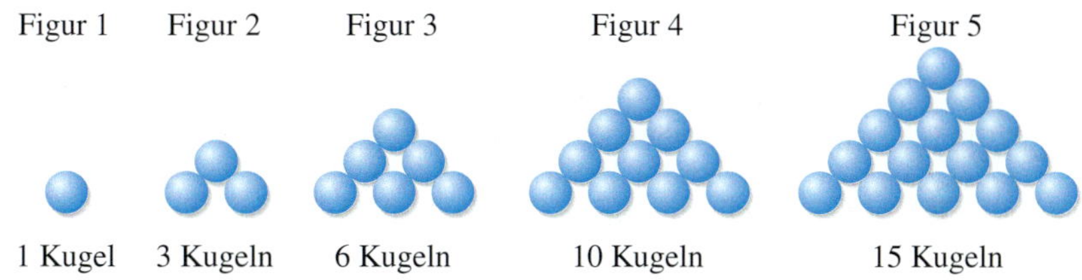

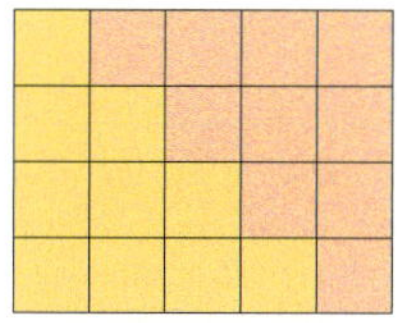

Hier findest du das Dreieckmuster wieder.

Die Anzahl der Kugeln in einer Figur heißt „Dreieckszahl".
Die nächste Figur 6 hat die Dreieckszahl 21.
Sind die Zahlen 36 und 49 Dreieckszahlen, kommen sie in der Reihe vor, wenn du sie weiter führst? Begründe deine Antwort.

Die so genannten Quadratzahlen $1 = 1^2, 4 = 2^2, 9 = 3^2, 16 = 4^2, \ldots$ geben gleichzeitig die Anzahl der kleinen Quadrate an, aus denen sich die Quadratmuster aus Aufgabe 2 zusammensetzen. Bei Aufgabe 4 hast du „Dreieckszahlen" für die Anzahl von Kugeln in Dreieckmustern gefunden.
Solche Zahlen, die mit typischen Mustern in Beziehung stehen, heißen figurierte Zahlen.

5 Das Zahlenhaus

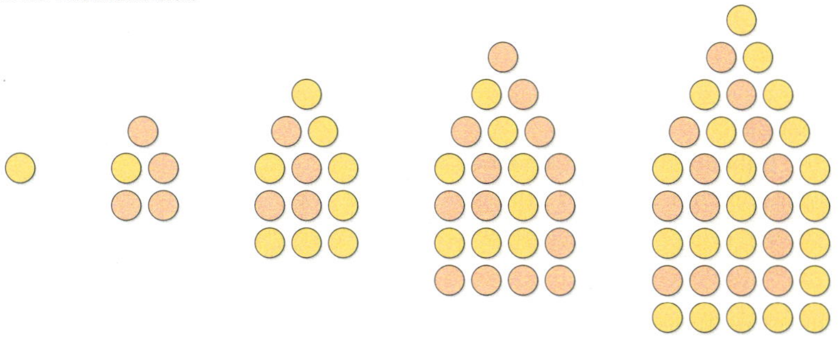

Führe auch hier die Reihe um zwei bis drei Häuser fort. Was fällt dir auf? Vergleiche mit anderen aus der Klasse und tragt eure Ergebnisse zusammen.

6 Weitere Muster

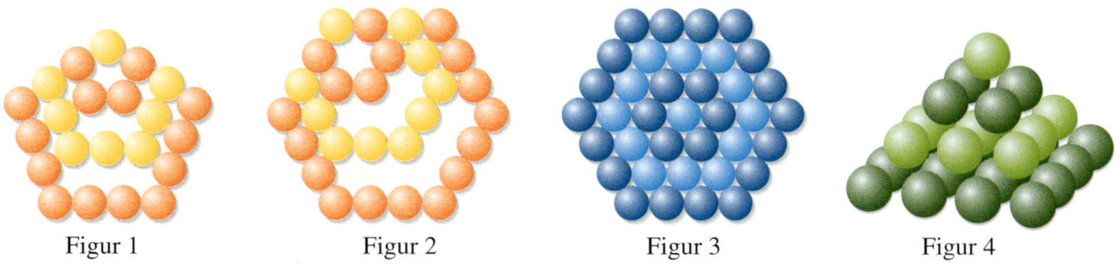

a) Erläutere: Was hat das abgebildete Fünfeck (Figur 1) mit den Zahlenhäusern aus Aufgabe 5 gemeinsam?

b) Die Figuren 2 und 3 verdeutlichen zwei verschiedene Möglichkeiten, schrittweise immer größere Sechseckmuster aufzubauen. Die räumliche Figur 4 zeigt, wie schrittweise immer größere quadratische Pyramiden aufgebaut werden können. Erkunde auch diese Muster.

7.2 Häuser, Kirchen und Burgen zeichnen

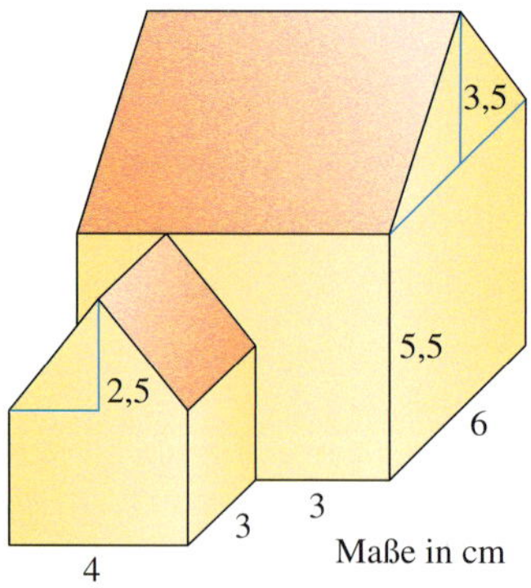

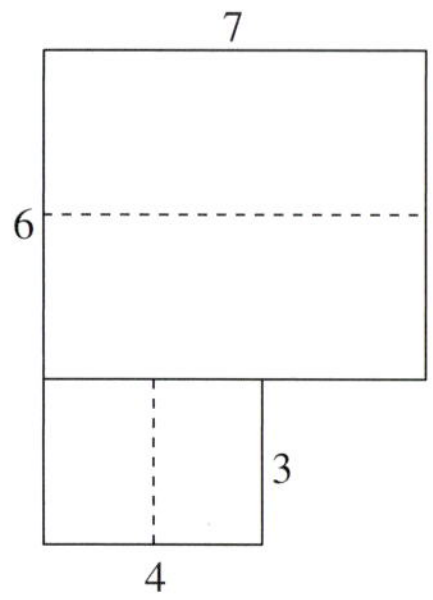

Maße in cm

Schau dir die Bilder auf diesen Seiten 196 bis 199 an. Alle diese Gebäude kannst du in dein Heft zeichnen.
Bei Bedarf kannst du im Abschnitt „Körper darstellen“ nachlesen, wie man das Schrägbild eines Quaders zeichnet. Bis auf die Dächer bestehen nämlich alle Gebäude aus Quadern.

Am Beispiel des Hauses mit dem kleinen Anbau kannst du lernen, wie man schrittweise derart komplexe Schrägbilder zeichnet.

Du beginnst am besten mit dem Grundriss, er ist neben dem Haus dargestellt.

Zur Erinnerung

Beachte die Regeln für Schrägbilder: Zwei Kästchen entsprechen 1 cm, aber bei Linien, die nach hinten verlaufen, stellt eine Kästchendiagonale 1 cm dar!
Aus den Rechtecken im Grundriss werden beim Schrägbild Parallelogramme.

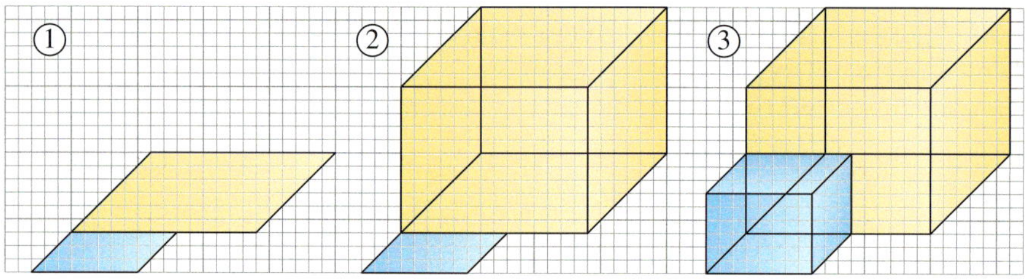

Mit dem Grundriss hast du bereits alle Gebäudeteile erfasst.
Nun zeichnest du auf den Grundriss die Quader, die Höhen der Mauern kannst du der Vorlage entnehmen.
Es ist günstig, mit dem hinteren Quader zu beginnen.
Zeichne auch die nicht sichtbaren Linien, manchmal braucht man sie später noch. Versuche, sehr dünne Linien zu zeichnen, erst am Ende wird dann festgelegt, welche Linien sichtbar sein sollen.

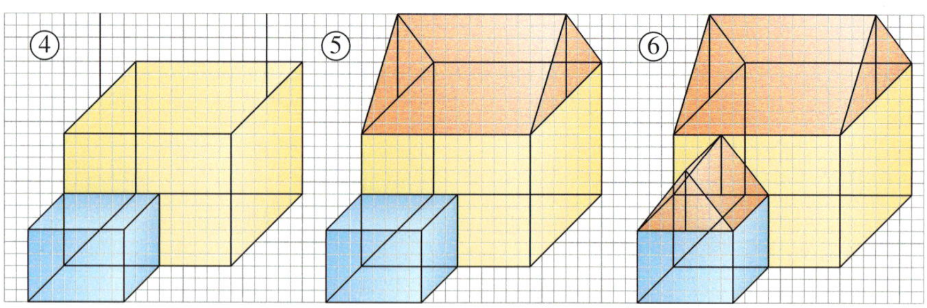

Spannend wird es beim Dach. Die Spitze des Giebels ist genau über der Mitte der nach hinten verlaufenden Wand. Also stellst du in den beiden Mittelpunkten zwei senkrechte Strecken der Länge 3,5 cm auf. Durch Verbinden dieser „Stangen“ mit den oberen Quadereckpunkten erhältst du bereits das Dach.
Ebenso zeichnest du beim vorderen Anbau die beiden Giebeldreiecke.
Dann müssen die beiden Giebelspitzen verbunden werden.
Fertig!

Zeichne nun die sichtbaren Linien kräftig nach. Achtung, dazu musst du deine Figur genau verstehen.
Zum Schluss kannst du das Haus nach Belieben anmalen und ausschmücken.

Beachte:
Die Maße aller Modelle von Häusern, Kirchen und Burgen auf den Seiten 197 bis 199 sind in Zentimeter (cm) angegeben.

1 Zeichne ein Schrägbild des abgebildeten Hauses mit Turm.

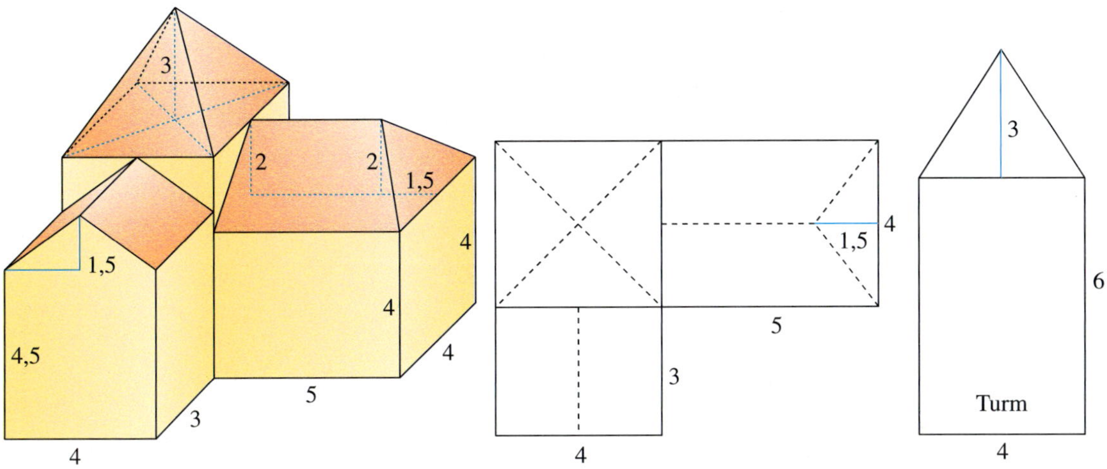

Gehe wie im Beispiel auf Seite 196 vor: zuerst den Grundriss im Schrägbild zeichnen, dann die Quader.
Neu ist die Turmspitze und die Abflachung des rechten Daches (Walmdach).
Beschreibe zuerst, wie die Turmspitze gezeichnet wird und wie man beim Walmdach vorgeht.
Nun kannst du dieses Haus nachzeichnen.

2 Zeichne ein Schrägbild der abgebildeten Kirche.

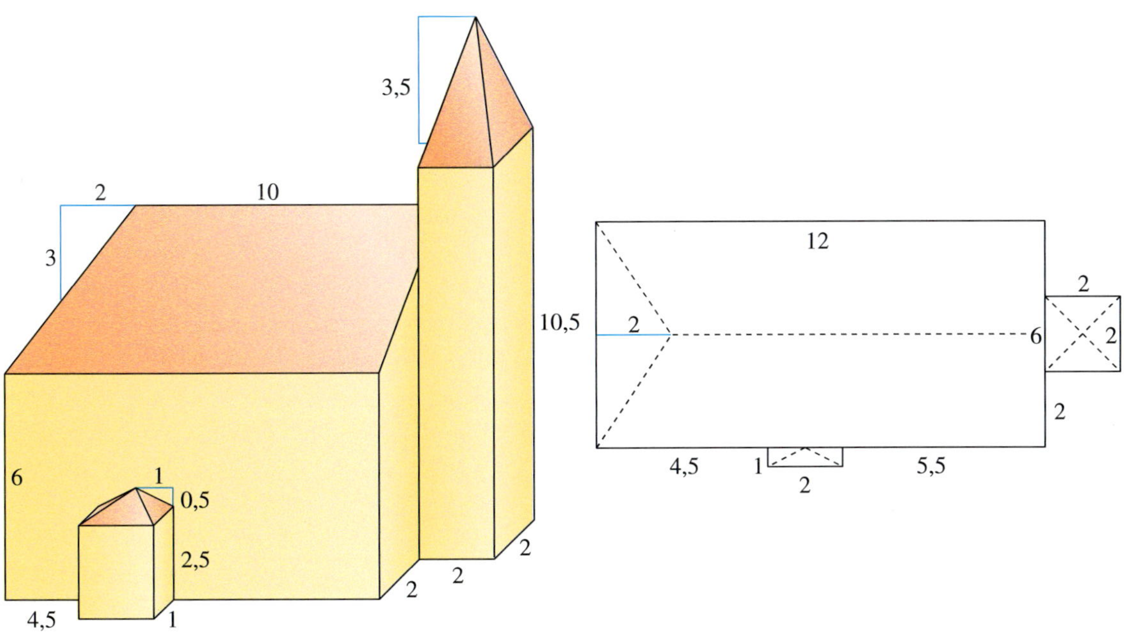

3 Beim Zeichnen eines Schrägbildes dieser Kirche ist der Grundriss besonders wichtig, sonst gelingt es nicht, den Turm an die richtige Stelle zu zeichnen.

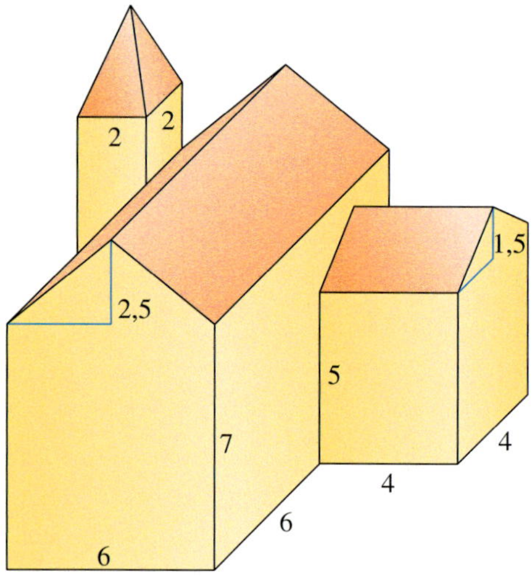

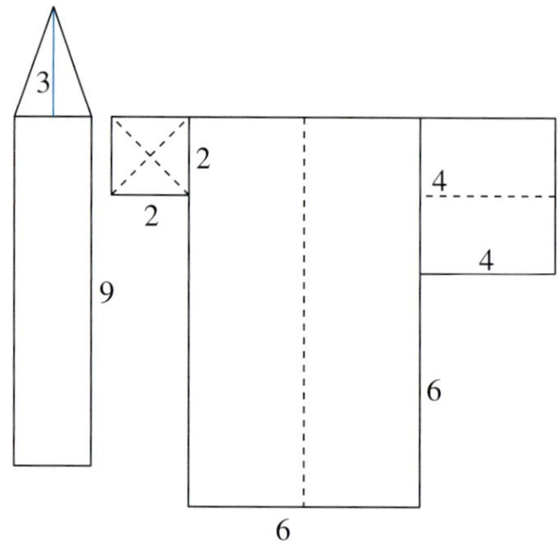

4 Jetzt müsstest du in der Lage sein, eine ganze Burg zu zeichnen. Sicherheitshalber sind die einzelnen Schritte dargestellt.
Beschreibe, was bei jedem der 5 Schritte geschehen ist.

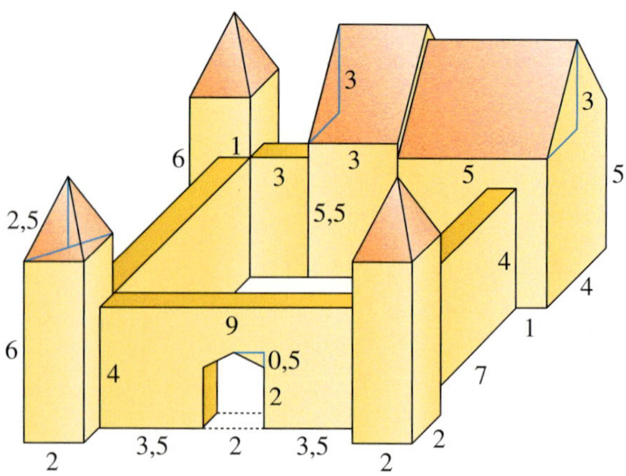

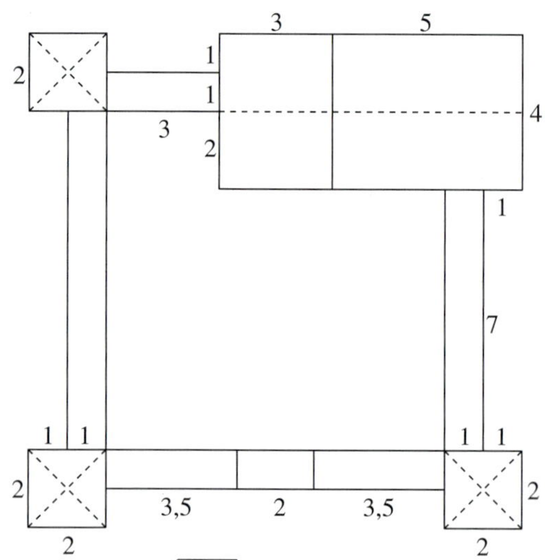

1. Schritt

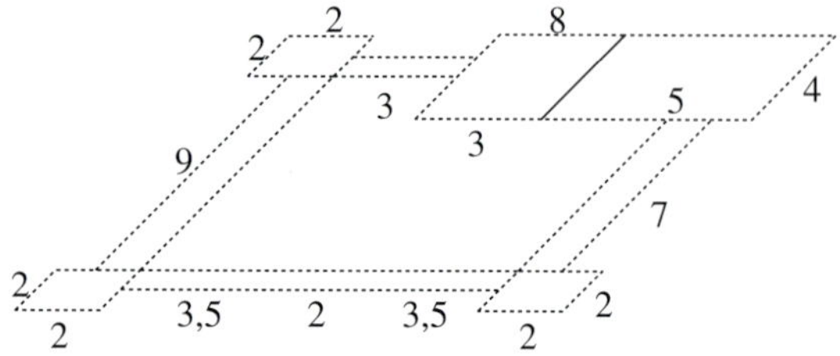

2. Schritt

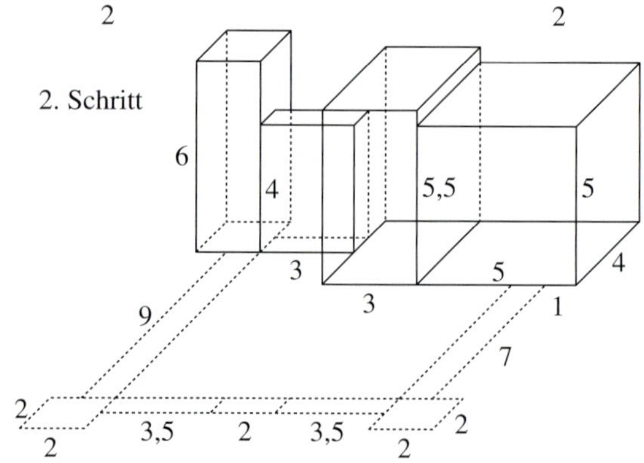

3. Schritt

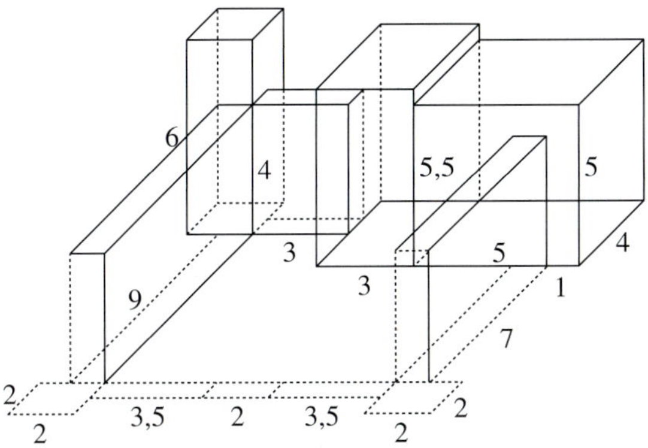

4. Schritt

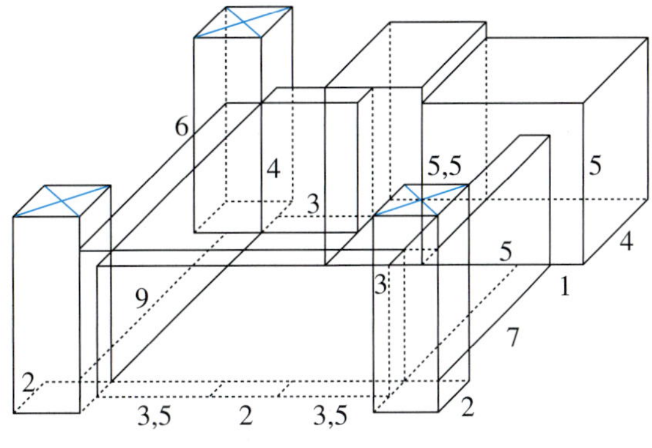

5. Schritt

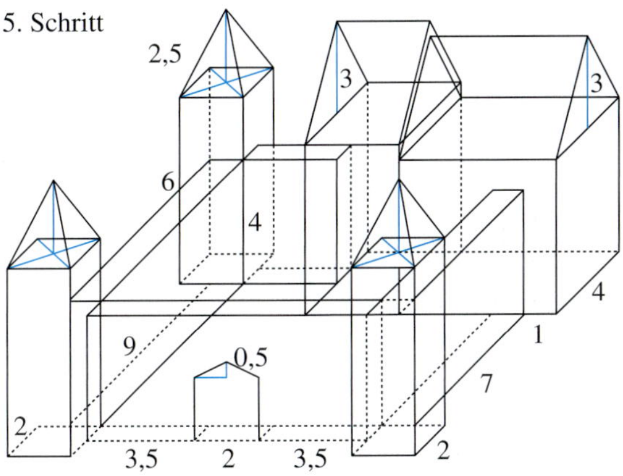

5 Bei nebenstehendem Dom musst du im Dachbereich zwischen den Türmen besonders aufpassen. Wenn du wie bisher mit dem vollständigen Grundriss beginnst und dann alle Quader vollständig einzeichnest, dann wird es gelingen.

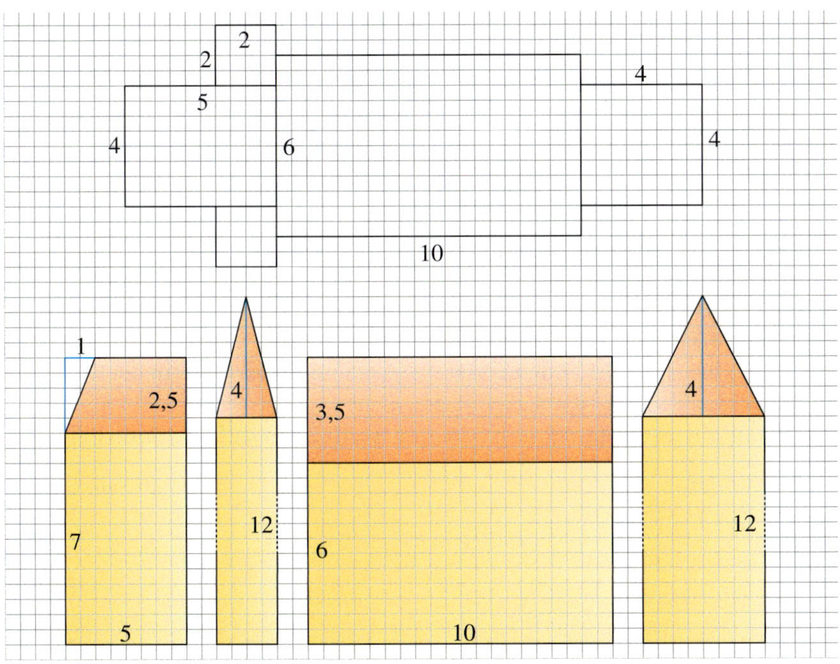

7.3 Dualsystem: To be or not to be

1 Gegensätze ziehen sich an
Wir leben in einer Welt der Schwarz-Weiß-Malerei. Man spricht von gut und böse, links und rechts, Mädchen und Junge, groß und klein, langsam und schnell usw. Suche weitere solche Paare, auch in Sprachen.

2 Käpt'n Schiffys Dualsystem

Käpt'n Schiffy betreibt seit Jahren einen gut gehenden Bootsverleih mit nur 5 Ruderbooten. Käpt'n Schiffy behauptet, diese Miniflotte sei für seine Besuchergruppen völlig ausreichend. Er sagt, er kann die Boote immer so aussuchen, dass sie stets voll besetzt sind. Zur Auswahl hat er je ein 1er-, 2er-, 4er-, 8er- und 16er-Ruderboot.
Im Bootshaus hängt eine Liste, wie der Käpt'n die Boote bei entsprechenden Besuchergruppen füllt.
Fertige ein Plakat an, auf dem die vollständige Liste von Käpt'n Schiffy zu sehen ist.

3 Teamwork Rätselraten wie der Computer
Christian kommt abgehetzt in die Schule. Sein Knie blutet und er schimpft vor sich hin: „So ein Mist. Dabei habe ich doch so aufgepasst." Ziel ist herauszubekommen, was Christian an diesem Morgen passiert ist. Einer von euch denkt sich eine erklärende Geschichte aus und die anderen müssen durch Fragen die Lösung finden.
Achtung: Der Informant darf nur mit ja oder nein antworten.

Info

Der Mathematiker GOTTFRIED WILHELM VON LEIBNIZ erwähnte bereits 1703 die Vorteile des Dualsystems bezüglich der einfacheren Addition und Multiplikation.

Das **Zweiersystem** ist wie unser Zehnersystem ein **Stellenwertsystem.**
Das Zweiersystem wird auch **Dualsystem** genannt.
Es hat nur zwei Ziffern, 0 und 1.
Im Zweiersystem sind die **Stufenzahlen** die Zweierpotenzen:
…, $16 = 2^4$; $8 = 2^3$; $4 = 2^2$; 2; 1
Beispielsweise entspricht der Zahl 1101 des Zweiersystems die Zahl 13 im Zehnersystem, denn $1 \cdot 8 + 1 \cdot 4 + 0 \cdot 2 + 1 \cdot 1 = 13$.
Andererseits hat die Zahl 11 des Zehnersystems im Zweiersystem die Darstellung 1011, denn $11 = 1 \cdot 8 + 0 \cdot 4 + 1 \cdot 2 + 1 \cdot 1$.
Auch für das Zweiersystem kannst du eine **Stellenwerttafel** benutzen.

im Zweiersystem								im Zehnersystem		
$2^7 = 128$	$2^6 = 64$	$2^5 = 32$	$2^4 = 16$	$2^3 = 8$	$2^2 = 4$	2	1	H	Z	E
	1	0	0	0	1	1	0		7	0
1	1	0	1	1	1	0	0	2	2	1

4 Systemwechsel

a) Bestimme die folgenden Zahlen im Zehnersystem.
$1001_{(2)}$ $11011_{(2)}$ $10\,001_{(2)}$ $10\,101_{(2)}$

b) Bestimme die folgenden Zahlen im Zweiersystem.
$127_{(10)}$ $5_{(10)}$ $9_{(10)}$ $511_{(10)}$

Tipp

Wenn du nicht immer als Text schreiben möchtest, aus welchem System die Zahlen stammen, kannst du einfach die Grundzahl (Basis) des Systems in Klammern rechts unten an die Zahl schreiben, also z. B. $1101_{(2)}$ oder $11_{(10)}$.

5 Vier gewinnt

Man nennt vierstellige Zahlen im Dualsystem auch „Tetraden“. Dabei sind wie etwa bei $0010_{(2)} = 2_{(10)}$ oder $0101_{(2)} = 5_{(10)}$ auch führende Nullen erlaubt.

a) Wie viele Tetraden gibt es? Schreibe alle systematisch auf.

b) Welche Zahlen des Zehnersystems entsprechen den Tetraden?

6 Der duale Stuhlkreis

Eine Jahrgangsstufe möchte auf dem Schulhof einen „dualen“ Stuhlkreis bilden. Die Jungs stellen die Nullen und die Mädchen die Einsen dar. Das Besondere an diesem Stuhlkreis soll sein, dass in einem vollen Umlauf alle Tetraden (siehe Aufgabe 5) vorkommen.
Gib einen möglichen Stuhlkreis an.
Wie viele Schülerinnen und wie viele Schüler sitzen in so einem Stuhlkreis?

7 Endlich rechnen

Die Addition von Dualzahlen funktioniert praktisch wie im Zehnersystem. Erkläre die nebenstehende Addition von $1010_{(2)}$ und $10011_{(2)}$.

$$\begin{array}{r} 1\,0\,1\,0_{(2)} \\ +\,1\,0\,0\,1\,1_{(2)} \\ {\scriptstyle 1} \\ \hline 1\,1\,1\,0\,1_{(2)} \end{array}$$

a) Welchen Zahlen im Zehnersystem entsprechen die beiden Summanden? Überprüfe das Ergebnis.

b) Berechne ebenso:
$10110_{(2)} + 11000_{(2)}$; $110_{(2)} + 11110_{(2)} + 100110_{(2)}$; $1_{(2)} + 11_{(2)} + 111_{(2)}$

c) Prüfe, ob das Verfahren der schriftlichen Multiplikation ebenfalls aus dem Dezimalsystem auf das Dualsystem übertragbar ist.
Führe dazu folgende Rechnung durch: $10011_{(2)} \cdot 101_{(2)}$

8 Binärcode oder Maschinenlogik

Eine Maschine „denkt“ nicht wie wir, sondern in Nullen und Einsen. Eins steht für „Strom fließt“ (ein) und Null für „kein Strom“ (aus).

a) Die Tabelle unten beschreibt alle möglichen Kombinationen der Schalter S_1 und S_2 in der Schaltung. Übertrage die Tabelle in dein Arbeitsheft und überlege, wann Strom fließt (1) oder Strom nicht fließt (0) und somit die Lampe leuchtet oder nicht.

b) Wo tauchen solche technische Anordnungen im Alltag auf?
Vielleicht darfst du im Naturphänomene-Unterricht eine derartige Schaltung nachbauen.
Findest du weitere?

Info

Tabellen wie in dieser Aufgabe tauchten bisher nur bei den Grundrechenarten auf.
Es gibt aber auch andere **Verknüpfungen** als +, –, · und :, z. B. hier das Koppeln ₪ von zwei Schaltern.

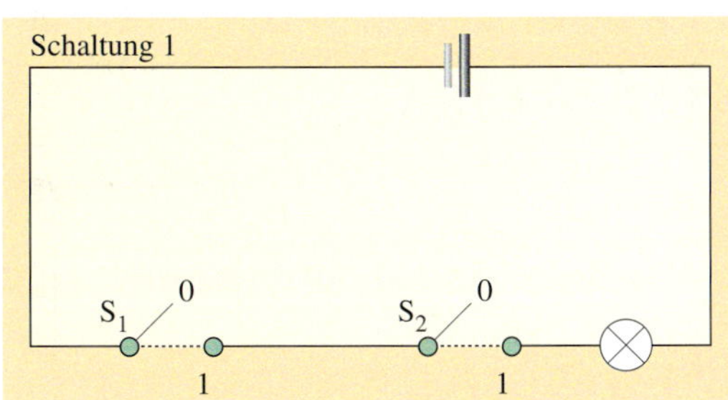

Koppeln ₪		**Stellung S_1**	
		0	1
Stellung S_2	0		
	1		

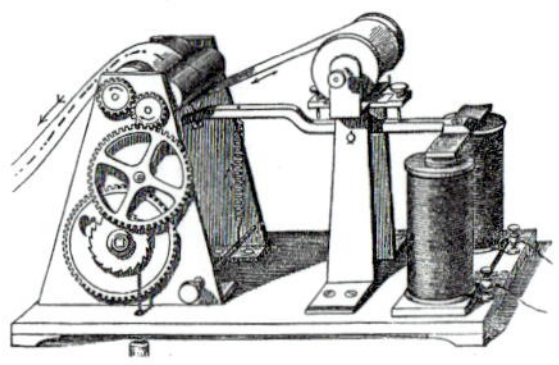

Beispiele

-- ·- - ···· · -- ·- - ·· - · -

Mathematik

·· ··· -

ist

--· · ···· · ·· -- -· ·· ···

geheimnis-

···- --- ·-·· ·-··

voll

9 Dadah dadadah didadit dit dadit

1833 baute Samuel Morse den ersten brauchbaren Schreibtelegrafen. So wurde es möglich, elektrisch über größere Entfernungen Nachrichten zu übermitteln. Dabei wurde ein ansonsten unbeweglicher Stift kurz oder lang auf einen gleichmäßig bewegten Papierstreifen gedrückt.

Damit aus den so entstandenen Punkten und Strichen lesbare Informationen werden konnten, wurde festgelegt, welche Kombinationen für welche Buchstaben und Ziffern stehen sollten.

a) Erstelle eine Tabelle, in der für jeden Buchstaben des Alphabets sein Morse-Code eingetragen ist. Für einige Buchstaben kannst du den Code aus den Beispielen entnehmen. Suche die noch fehlenden Codes im Lexikon oder im Internet und vervollständige die Code-Tabelle.

b) Warum hat Morse für die einzelnen Buchstaben verschieden lange Codes verwendet?

c) Was bedeutet ··· --- ···?

d) Denke dir einen Text aus und übersetze ihn in Morse-Code.
Gib den übersetzten Text jemand aus deiner Klasse zum Entschlüsseln.

e) Wenn du eine Taschenlampe mit Taster benutzt, kannst du sogar bei Nacht übermitteln.

f) Frage nach, ob ihr im Fach Naturphänomene einen Morseapparat bauen und damit Nachrichten übertragen dürft.

Beispiele

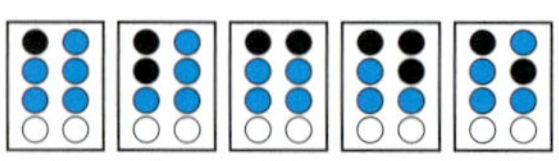

1 2 3 4 5

Brailledisplay

10 Ich fühle was, was du nicht siehst

Für Menschen, die nur sehr schlecht oder gar nicht sehen können, hat der seit seinem dritten Lebensjahr selbst blinde Louis Braille 1825 die nach ihm benannte Brailleschrift entwickelt. Sie besteht aus Punktmustern, die in das Papier geprägt werden und so mit den Fingerspitzen ertastet werden können.

In der nebenstehenden Abbildung siehst du die Darstellung der Ziffern Eins bis Fünf.

a) Louis Braille hat ursprünglich nur die oberen sechs – hier blau markierten – Punkte verwendet.
Wie viele verschiedene Zeichen konnte er damit höchstens darstellen?

b) Wie könnte man die Schriftzeichen von Louis Braille mit Dualzahlen darstellen?

c) Für die Arbeit am Computer gibt es mittlerweile sogar Brailledisplays.
Diese arbeiten mit vier Zeilen mit je zwei möglichen Punkten. Für die Standardzeichen wird dann in der letzten Zeile nichts angezeigt.
Wie viele verschiedene Zeichen sind mit einem Brailledisplay darstellbar?

d) Besorge dir eine Tabelle mit allen Braille-Schriftzeichen und finde heraus, wie groß diese Schriftzeichen normalerweise sind.
Welche Fläche bedeckt diese Frage in Brailleschrift?

e) Vielleicht gibt es in eurer Nähe eine Schule für blinde Kinder, mit denen ihr ein paar Rechenaufgaben in Brailleschrift austauschen könnt.
Bittet eure Lehrerin oder euren Lehrer, mit dieser Schule Kontakt aufzunehmen.

f) Berechne 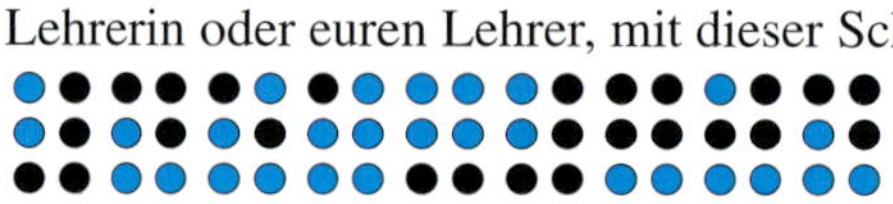 und gib das Ergebnis in Brailleschrift an.

11 Computer speichern Buchstaben in der Form von Dualzahlen

Das A wird als $65 = 1000001_2$ gespeichert, das B als $66 = 1000010_2$, das C als $67 = 1000011_2$ usw.

Durch welche Dualzahlen werden dann die Buchstaben D, H, N, T und Z festgehalten? Schreibe CDROM in Dualzahlen.

7.4 Emilie und die Pferde

Emilie und ihre Eltern möchten auf ihrem Gestüt einen neuen Pferdestall bauen.
Sie haben bereits 5 Stuten und 2 Hengste und bekommen jeweils 2 neue Tiere. Nun ist die Aufteilung des Stalls neu zu überdenken. Reicht der Platz?
Wie könnte eine neue Aufteilung aussehen?

Bisher geplanter Pferdestall:

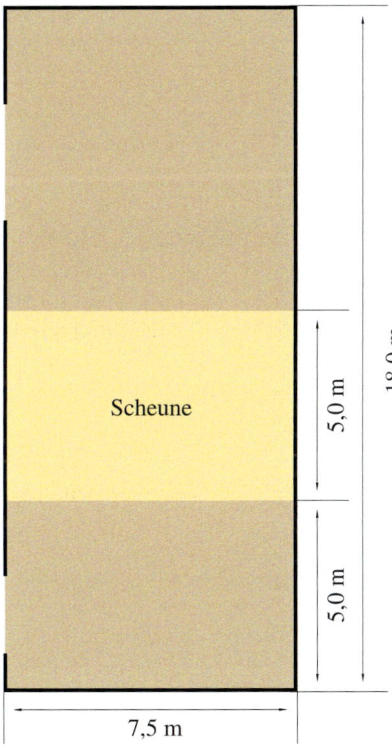

Emilie hat in einem Pferdebuch Folgendes gefunden:

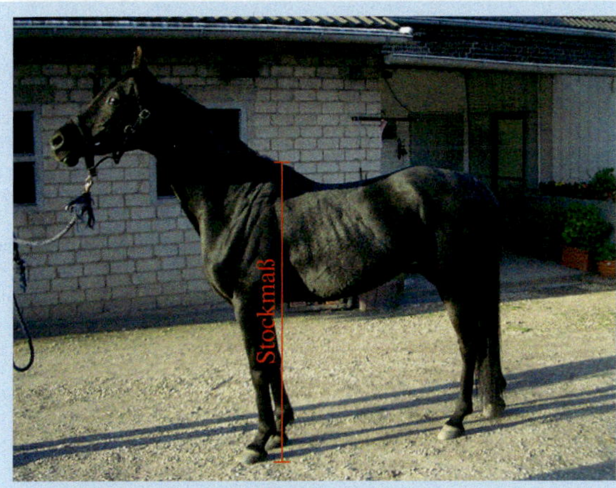

$(2 \times \text{Stockmaß})^2 = \text{Grundfläche}$

- Stuten und Hengste dürfen nicht zusammen in einen Stall.
- Jeder Hengst braucht eine Einzelbox.
- Die Größe der Grundfläche einer Einzelbox richtet sich nach dem Stockmaß der Pferde:

Ein Pferd muss sich mühelos umdrehen können. Deshalb sollte die Schmalseite der Box mindestens 1,5 × Stockmaß breit sein

Emilies Pferde haben ein Stockmaß von ca. 160 cm.
Auch die Weide für die Stuten wird neu angelegt. Sie soll eine Fläche von 9 ha haben und komplett eingezäunt werden. Wie viel Meter Zaun werden dafür mindestens benötigt? Welche Form der Weide wäre die billigste?

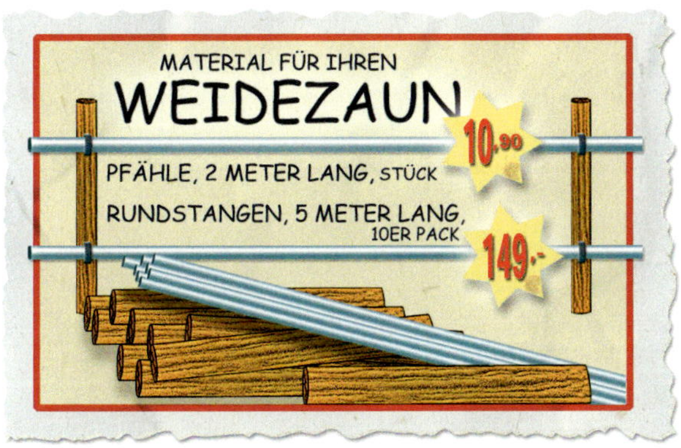

Die Pfähle für den Zaun sollten ca. 2 m lang sein und in einem Abstand von höchstens 3 m aufgestellt werden. Für die Querhölzer des zweireihigen Zaunes möchte ihr Vater auf so genannte Rundstangen zurückgreifen.
Auf der Suche nach Material für den Zaun sieht er das Angebot links.

Bislang musste Emilies Vater für die Futterkosten monatlich etwa so viel wie im April 2010 bezahlen. Zudem trinkt ein Pferd pro Tag 60 bis 80 Liter Wasser. 1000 Liter Wasser kosten ca. 1,50 €. Für Stroh und Heu muss nichts bezahlt werden, da es aus eigenem Anbau kommt.

Futter-Müller

Feinstes Pferdefutter

Herrn
Heinz Stallinger
An der Waldkante 4
xx372 Heltau

Datum: 10.05.2010
Kd.-Nr. 7035-2
Bankverbindung:
Sparkasse Heltau, BLZ 12350123, Kto.-Nr. 43456

Rechnung für April 2010

Anzahl	Sackinhalt	Artikel	Einzelpreis	Preis
12	50 kg	Hafer (gewalzt)	15,– €	180,– €
20	10 kg	Kraftfutter-Pellets	12,– €	240,– €
10	20 kg	Mohrrüben	35,– €	350,– €
1	20 kg	Mineralien	20,– €	20,– €
			Gesamtpreis:	790,– €

Wir danken für Ihren Einkauf.

Berechne die Mehrkosten für die Verpflegung pro Jahr, die auf Emilie und ihre Familie zukommen, wenn die 4 neuen Pferde angeschafft werden.

Finde heraus, welche Ausrüstung zur Pflege eines Pferdes notwendig ist und was sie kostet.

Ein Futterplan muss erstellt werden

Emilie möchte einen Futterplan für ihr Reitpferd zusammenstellen.
Sie findet in einem Buch folgende Angaben:

Ein 500-kg-Pferd hat einen Energiebedarf bei leichter Arbeit von 84 MJ (Megajoule) pro Tag, bei mittlerer Arbeit von 105 MJ pro Tag, bei schwerer Arbeit von 138 MJ pro Tag.

MJ (Megajoule) pro kg Futtermittel

Futterart	Futtermittel	Energiegehalt pro kg
Saftfutter	Weidegras	1,9
Raufutter	Wiesenheu	7,3
Belohnungsfutter	Möhren	1,8
Kraftfutter	Hafer	11,5

Empfohlenes Raufutter-Kraftfutter-Verhältnis

bei leichter Arbeit	2 : 1
bei mittlerer Arbeit	1 : 1
bei schwerer Arbeit	2 : 3

Achtung!
Mit Ausnahme von Weidegras darf kein Futtermittel allein gefüttert werden und 1 kg Hafer ist durch 5 kg Möhren ersetzbar.

Tipp

Wenn ihr mehr darüber wissen wollt, wie teuer es ist, ein Pferd zu kaufen und zu unterhalten, dann schaut doch mal in das Internet.
204-1

Eine Herbstjagd, die ist lustig ...!

Emilie hat den Reitpass gemacht und reitet in diesem Jahr zum ersten Mal die Herbstjagd mit. Zur Vorbereitung hat sie sich eine Geländeskizze für die Herbstjagd angefertigt (s. unten).

Die Reiter treffen sich um 14:00 Uhr zum so genannten „Stell' dich ein".

Um 14:15 Uhr blasen die Jäger das Halali zur Jagd und um 14:30 Uhr geht's los mit dem „Aufgalopp".

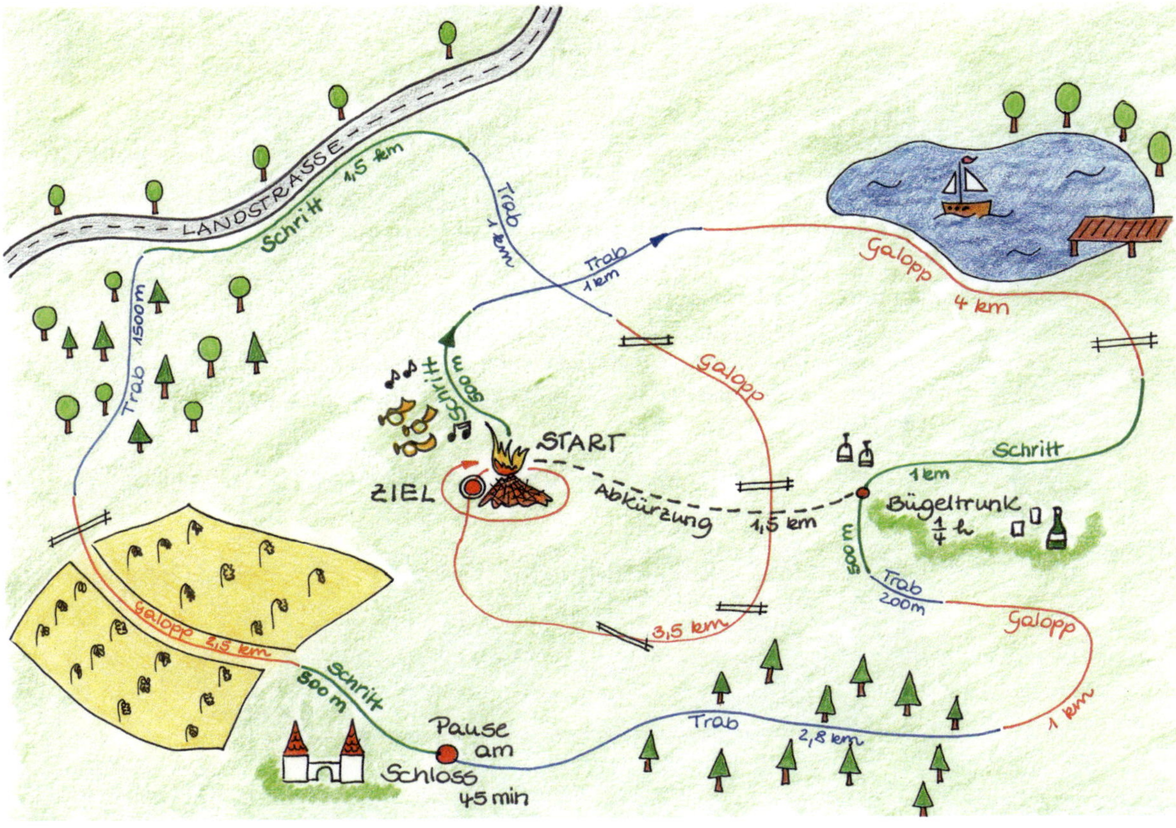

Informiere dich, wie man einen Reitpass macht.
Wann sind die Reiter am Bügeltrunk? Woher kommt der Name?
Wie lange wird insgesamt Schritt, Trab und Galopp geritten?
Wie spät ist es, wenn die Reiter am Schloss ankommen?
Emilies Freundin Leonie hat sich um 20 Minuten verspätet. Deshalb reitet sie vom Start eine Abkürzung direkt zum Bügeltrunk. Schafft sie es, die Reiter einzuholen?
Wann ist die Jagd zu Ende?

Info

Reitgeschwindigkeiten:

Schritt	ca. 5 km/h
Trab	ca. 15 km/h
Galopp	ca. 30 km/h

7.5 Rund gegen eckig

Wie lang ist der Rand von 5 €? Und wie groß ist die Fläche, die du mit 5 € abdecken kannst?

Mathematisch ausgedrückt: Gib Umfang und Flächeninhalt an.

Umfang und Flächeninhalt eines Rechtecks
Nimmst du einen 5-€-Schein, so kannst du beides leicht bestimmen:
Den Umfang erhältst du, wenn du die Längen der einzelnen Randstrecken misst und addierst:
12 cm + 6,1 cm + 12 cm + 6,1 cm = 2 · 12 cm + 2 · 6,1 cm = 36,2 cm
Der Umfang des 5-€-Scheins ist folglich 36,2 cm.
Den Flächeninhalt berechnest du mit der Formel für ein Rechteck:
12 cm · 6,1 cm = 120 mm · 61 mm = 7320 mm^2 = 73,2 cm^2
Du kannst also mit einem 5-€-Schein eine Fläche von 73,2 cm^2 abdecken.

Umfang eines Kreises
Hast du die 5 € dagegen in Münzen, so wird die Aufgabe schwieriger.
Um den Umfang einer Münze zu bestimmen, kannst du sie z. B. mit einem Faden umwickeln, diesen wieder stramm ziehen und dann die Länge des geraden Fadens mit dem Lineal abmessen.

Aber auch durch Abrollen der Münze lässt sich die Randlänge bestimmen.

Bei einer 1-€-Münze ergibt sich ungefähr 7,2 cm. Da es fünf Münzen sind, erhältst du für die Gesamtlänge des Randes 5 · 7,2 cm = 36 cm.

In der Zeichnung oben ist auch der **Durchmesser** der Münze eingezeichnet. Kannst du einen Zusammenhang zwischen Durchmesser und Umfang entdecken?

Hier sind Durchmesser und Umfang verschiedener kreisförmiger Gegenstände ausgemessen:

					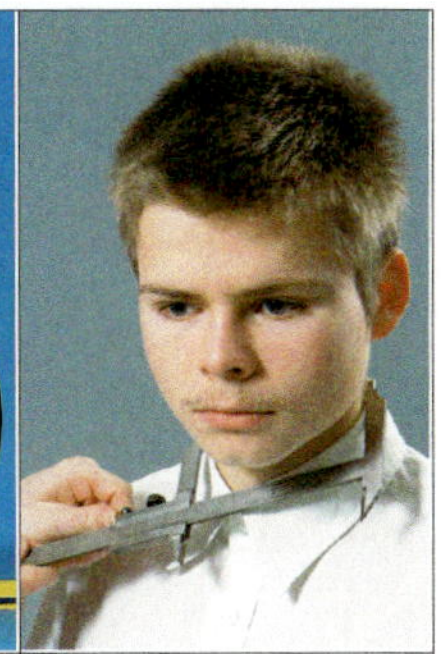
Durchmesser d	2 cm	7,6 m	22,1 cm	71,1 cm	11,8 cm
Umfang U	6,3 cm	24 m	69,5 cm	223,4 cm	37 cm

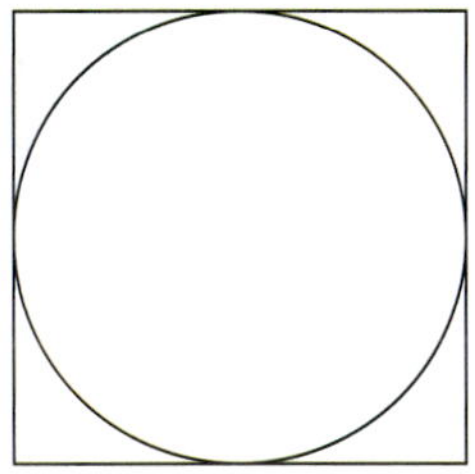

Bei allen diesen kreisförmigen Gegenständen kannst du feststellen, dass der Umfang etwas mehr als dreimal so groß ist wie ihr Durchmesser.

Wenn du um einen Kreis ein Quadrat zeichnest, siehst du außerdem, dass der Umfang auf jeden Fall kleiner ist als das Vierfache des Durchmessers.

Flächeninhalt eines Kreises
Du erkennst auch, dass der Flächeninhalt des Kreises auf jeden Fall kleiner ist als das Quadrat des Durchmessers.
Für die 1-€-Münze mit dem Durchmesser 2,3 cm erhältst du die Abschätzung: Ihr Flächeninhalt ist kleiner als 23 mm · 23 mm = 529 mm^2 = 5,29 cm^2.

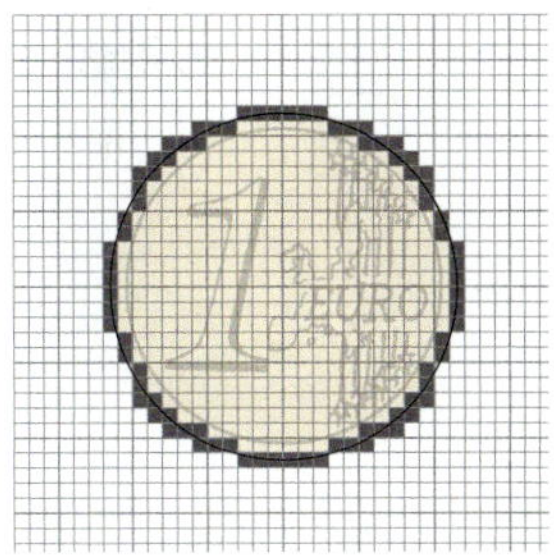

Genauer kannst du den Flächeninhalt der 1-€-Münze bestimmen, wenn du sie auf Millimeterpapier abpaust und und die Millimeterquadrate zählst.
In der rechts abgebildeten Zeichnung sind die Millimeterquadrate innerhalb des Randes der Münze beige gefärbt. Es sind 376. Der Flächeninhalt der 1-€-Münze ist also etwas größer als 376 mm^2 oder 3,76 cm^2.

Wenn du die grau gefärbten Millimeterquadrate, die den Rand der Münze abdecken, hinzunimmst, erhältst du 376 + 80 = 465 Millimeterquadrate und kannst sagen:
Der Flächeninhalt der 1-€-Münze ist etwas kleiner als 465 mm^2 oder 4,65 cm^2.
Eine 1-€-Münze hat also einen Flächeninhalt von ungefähr 4 cm^2. Mit fünf solcher Münzen kannst du eine Fläche von etwa 5 · 4 cm^2 = 20 cm^2 abdecken.

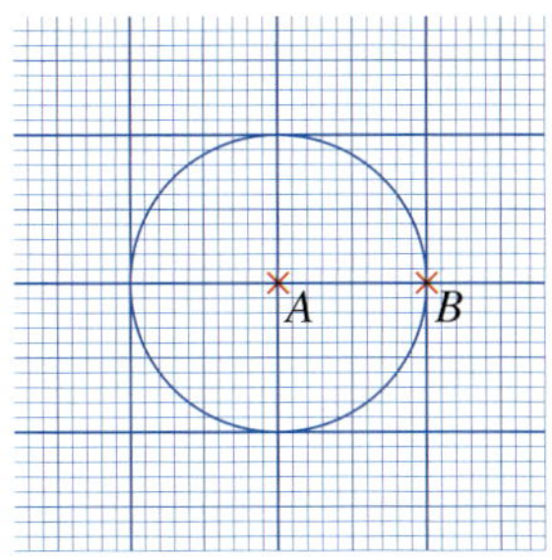

1 Zeichne Kreise mit verschiedenen Radien (2 cm, 4 cm, 5 cm, 7 cm, 10 cm) auf Millimeterpapier.

a) Bestimme jeweils den Flächeninhalt des Kreises mit der oben beschriebenen Methode.

b) Ergänze die Tabelle. Was stellst du fest?

Radius r	2 cm	…			
Flächeninhalt A	12,5 cm^2				
Quadrat des Radius r^2	4 cm^2				

2 Miss die Durchmesser und bestimme ungefähr die Umfänge der rechts abgebildeten Kreise.

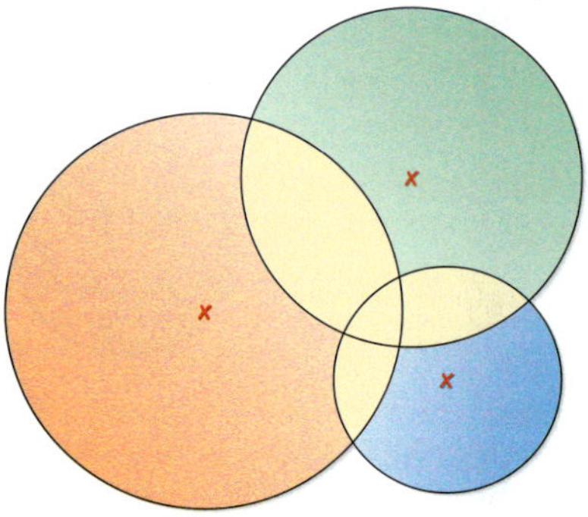

3 Zeichne einen Kreis mit dem Radius $r = 4$ cm. Wie verändert sich der Umfang (der Flächeninhalt) des Kreises, wenn sich der Radius

a) … verdoppelt.
b) … halbiert.

4 Eine Torte mit 24 cm Durchmesser ist in 12 gleich große Stücke zerteilt. Wie lang ist der Rand eines jeden Tortenstückes mindestens? Wie viele Smarties (Durchmesser 1 cm) passen höchstens als Verzierung auf die Torte (auf ein Tortenstück)?

5 Die Hinterräder eines Traktors sind 1,8 m hoch. Welchen Durchmesser müsste das Vorderrad haben, damit es sich bei der Fahrt genau doppelt so oft dreht?
Wie oft dreht sich das Hinterrad auf einer Strecke von 216 m etwa?

6 Um eine Litfaß-Säule mit einem Durchmesser von 1 m sollen vier Poster à 120 cm × 80 cm geklebt werden. Werden sich die Poster gegenseitig verdecken? Begründe deine Antwort.

7 Der Wendekreis eines Pkw hat einen Durchmesser von ca. 11 m. Die beiden Räder einer Achse sind ca. 2 m auseinander (Spurweite).
Um wie viel ist der Weg des äußeren Rades in etwa länger? Schätze und überprüfe rechnerisch.

8 Hannah verschenkt zur Fastnacht eine Maske. Dafür benutzt sie als Verpackung eine runde Hutschachtel. Damit die Maske hineinpasst, benötigt Hannah eine Schachtel, die 40 cm im Durchmesser und 30 cm in der Höhe misst.
Am Abend stellt sie beim Einpacken fest, dass sie nur noch 3 m Geschenkband hat.
Reicht das noch für eine schöne Schleife?

9 Robin will mit seinem Vater ein Bücherregal aus eigenem Holz bauen und dafür eine der beiden Fichten im Garten fällen. Er misst ihre Umfänge: 80 cm und 103 cm.
Welche der Fichten sollten sie fällen, wenn das Regal ca. 25 cm tief sein soll? Begründe deine Entscheidung.

8. Anhang

S. 40 – Zahlen und Daten

1 **a)** 111173 ≈ 111200 (111173 ≈ 111000) **c)** 1575 ≈ 1600 (1575 ≈ 2000)
b) 10499 ≈ 10500 (10499 ≈ 10000) **d)** 832 ≈ 800 (832 ≈ 1000)

2 Die Ausgangszahl muss mindestens 46500 und kann höchstens 47499 gewesen sein.

3 **a)** Die Einwohnerzahlen der Städte sind nur bis auf 100000 Einwohner genau ablesbar.

b)

Berlin	3400000
Hamburg	1700000
München	1200000
Köln	1000000
Frankfurt am Main	600000
Essen	600000
Dortmund	600000
Stuttgart	600000
Düsseldorf	600000
Bremen	500000

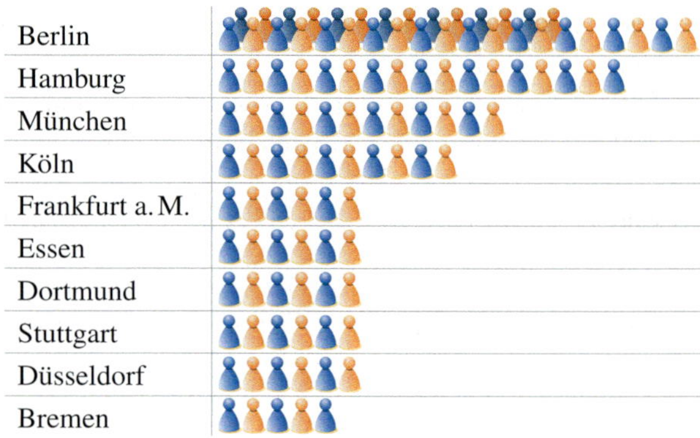

Eine Figur steht für 100000 Einwohner.

4

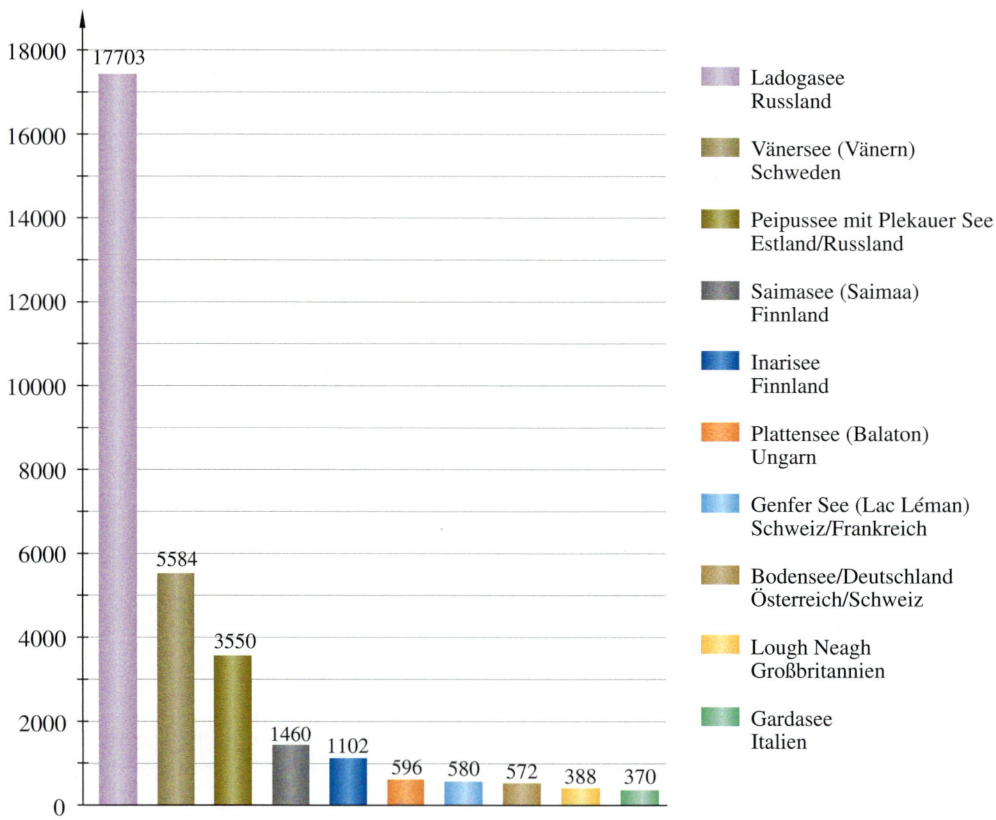

5 **a)** 60 300 010 **b)** 6 006 006

6

Billionen (Bio.)			Milliarden (Mrd.)			Millionen (Mio.)			Tausender (T)					
H	Z	E	H	Z	E	H	Z	E	H	Z	E	H	Z	E
					1	2	3	4	5	6	7	8	9	0
		1	0	5	6	7	1	3	4	9	9	9	9	9

b) Eine Milliarde zweihundertvierunddreißig Millionen fünfhundertsiebenundsechzigtausendachthundertneunzig

c) Eine Billion sechsundfünfzig Milliarden siebenhundertdreizehn Millionen vierhundertneunundneunzigtausendneunhundertneunundneunzig

7 Die Zahl selbst ist 779 999 + 1 = 780 000. Ihr Nachfolger ist dann 780 000 + 1 = 780 001.

8 Wenn du auch Nullen am Anfang der Zahl zulässt, kannst du zwölf verschiedene Zahlen bilden: 0057, 0075, 0507, 0570, 0705, 0750, 5007, 5070, 5700, 7005, 7050, 7500.
Andernfalls sind es nur sechs Zahlen: 5007, 5070, 5700, 7005, 7050, 7500.

9 **a)** 2, 4, 8, 16

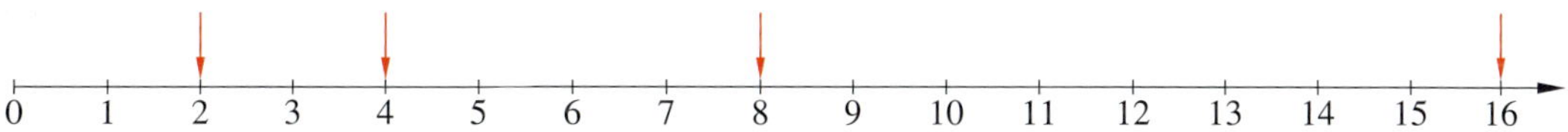

b) 2, 4, 8, 16, 32, 64

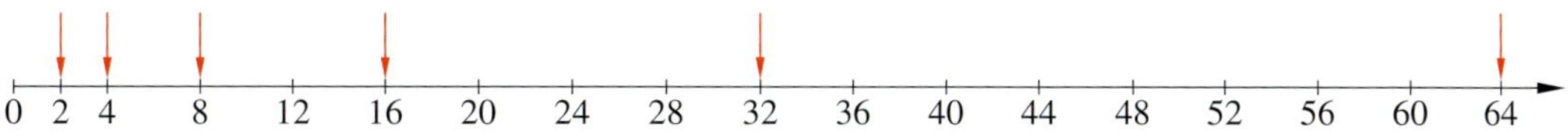

c) 2, 4 , 8, 16, 32, 64, 128, 256

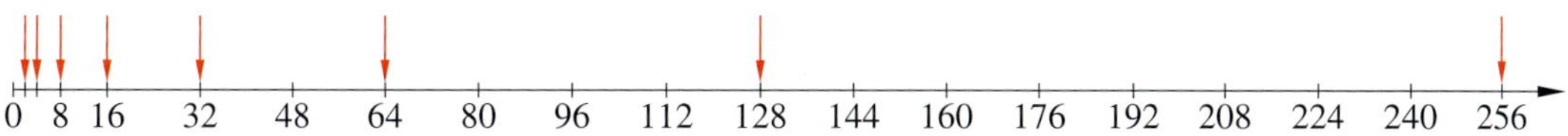

Die nächste Zahl ist immer das Doppelte der Zahl. Auf dem Zahlenstrahl erkennst du, das sich der Abstand zwischen zwei Markierungen immer verdoppelt.
Du könntest die Zahlen auch als Zweierpotenzen schreiben: $2 = 2^1$, $4 = 2^2$, $8 = 2^3$, $16 = 2^4$ usw.

S. 72 – Größen messen

1 **a)** 240 cm **b)** 240 kg **c)** 76 000 g **d)** 4 dm **e)** 720 s **f)** 12 min

2 **a)** 0,03 km (= 30 m); 30 300 mm (= 30,3 m); 3300 cm (= 33 m); 333 dm (= 33,3 m); 330 m
b) 70 700 000 mg (= 70,7 kg); 77 000 g (= 77 kg); 0,77 t (= 770 kg); 7070 kg
c) 1 h 1 min (= 61 min); 11 000 s (= 183 min 20 s); 11 h (= 660 min); 1010 min; 11 d (= 15 840 min)

3 **a)** 4,8 dm = 48 cm = 480 mm
b) 500,05 g = 500 050 mg
c) 2,004 km = 2004 m = 200 400 cm
d) 7003,2 m = 70 032 dm = 700 320 cm = 7 003 200 mm
e) 70,07 kg = 70 070 g
f) 2,3456 t = 2345,6 kg = 2 345 600 g

4 Mögliche Antworten sind:

a) Höhe: 74 cm, Breite: 130 cm, Tiefe: 65 cm
b) Länge: 25 cm, Breite: 9 cm
c) Vier Sekunden

5 Im ersten Schritt legst du die Massen der linken Seite (rot) und die der rechten Seite (gelb) jeweils zusammen auf eine große Waage. Das Gleichgewicht bleibt erhalten.

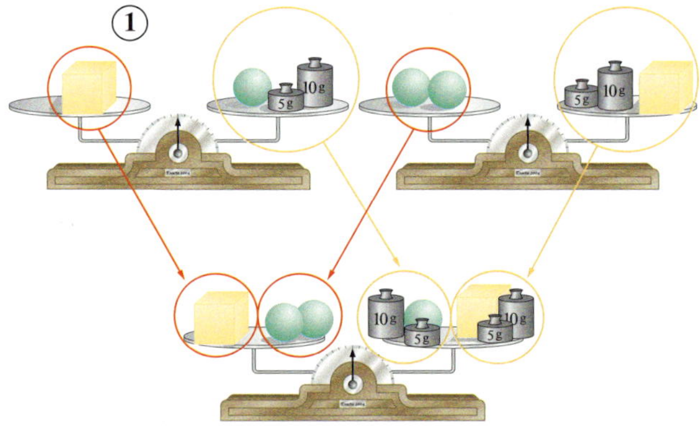

Nun entfernst du auf beiden Seiten einen Würfel.
Entfernst du jetzt noch auf beiden Seiten je eine Kugel, bleibt die Waage immer noch im Gleichgewicht.

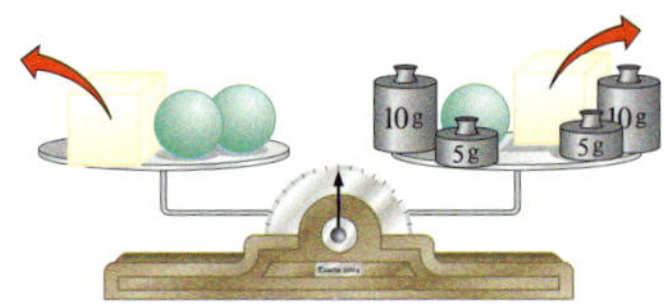

In der linken Waagschale bleibt eine Kugel übrig und in der rechten die vier Gewichtsstücke. Damit wiegt eine Kugel
10 g + 10 g + 5 g + 5 g = 30 g.
Das ergibt für einen Würfel 45 g, wenn du oben eine Kugel durch ihre Massestücke ersetzt.

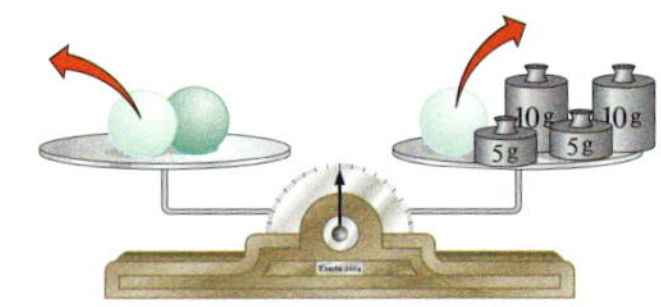

6
a) 6000 mm = 600 cm = 6 m
⇒ Das kann stimmen.
b) 41 dm = 4,1 m
⇒ Nur wenige Schulen haben so hohe Räume.
c) 0,09 km = 90 m
⇒ Das kann stimmen.
d) 5400 s = 90 min ⇒ So lange dauert eine Doppelstunde.
e) 0,008 kg = 8 g ⇒ Das kann stimmen.
f) 5 Minuten = 300 Sekunden ⇒ Vermutlich bist du sogar schneller.
g) 800 Minuten = 13 h 20 Minuten ⇒ So lange wandert man in der Schule nicht.
h) 10 000 m = 10 km ⇒ Das schaffst du locker.
i) 40 000 Tage = 109 Jahre 215 Tage ⇒ In dem Alter sollte er schon in Rente sein.

7

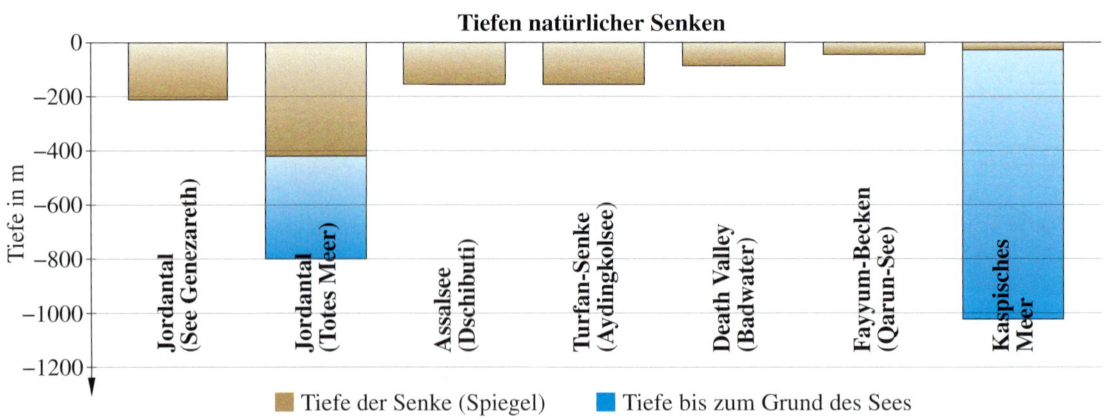

8 Die Zahl selbst ist −86. Ihr Nachfolger ist dann −85.

9 Von klein nach groß geordnet ergibt sich: $-1768 < -1504 < -269 < -160 < -23 < 1 < 32 < 577 < 829 < 1505$

S. 110 – Geometrische Formen untersuchen

1 1) Quader, 2) Würfel, 3) quadratische Pyramide, 4) ergibt keinen Körper: Das Netz ist dem Tetraeder-Netz ähnlich, es fehlt jedoch die vierte Begrenzungsfläche, 5) Zylinder, 6) Kegel

2 Hier siehst du ein Netz mit den richtigen Maßen. Andere Netze sind ebenfalls möglich.

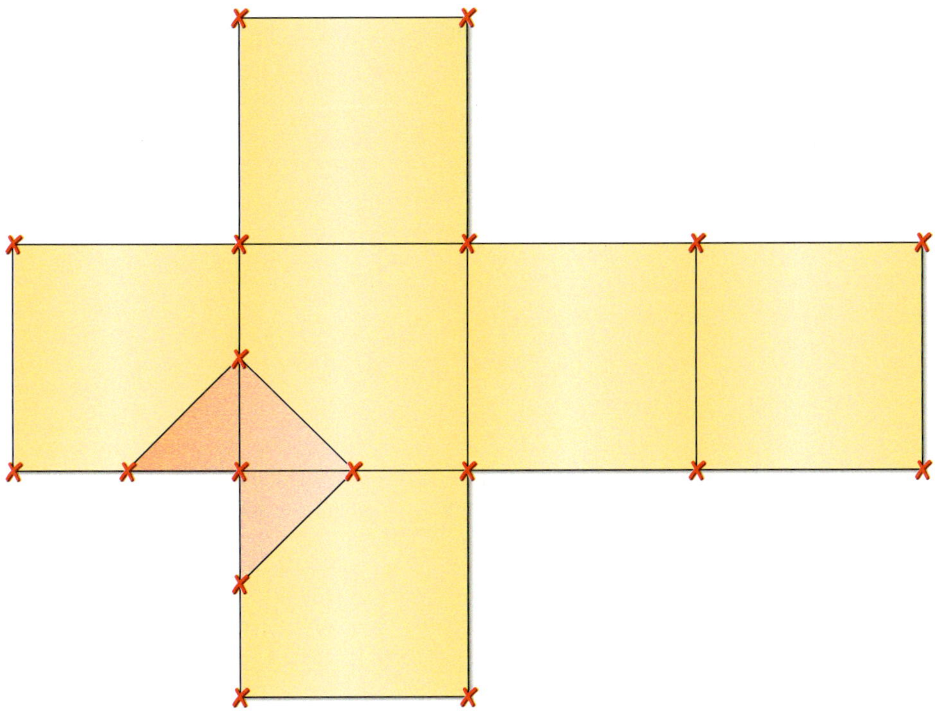

3 **a, b)** Die Strecke $\overline{SM}$ ist die Höhe in dem gleichschenkligen Dreieck *BCS*. *M* ist die Mitte der Kante $\overline{BC}$. Du kannst die Strecke dann abmessen.

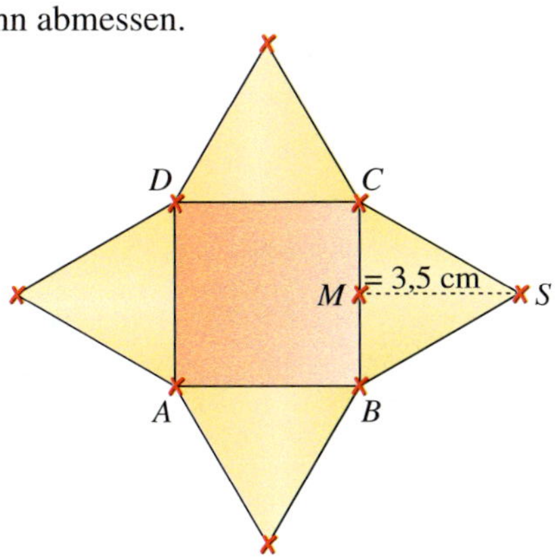

c, d) Alle Kanten der Pyramide sind gleich lang. Also kannst du das Dreieck *DBS* so nach unten klappen, dass *S* genau auf dem Eckpunkt *C* zu liegen kommt. Der Punkt *H* ist die Mitte der Strecke $\overline{DB}$. Du kannst die Strecke dann wieder abmessen.

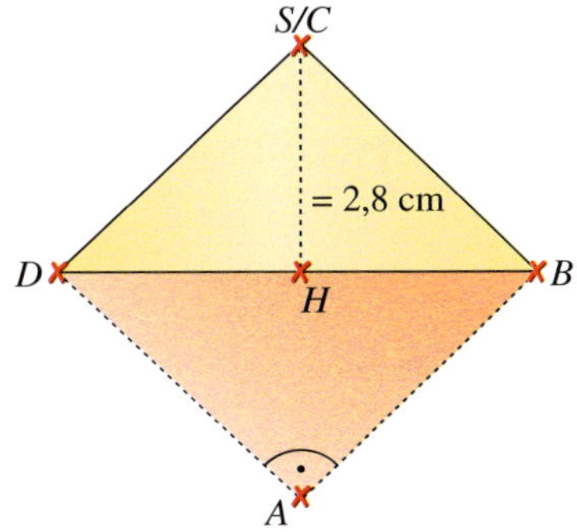

4 Du siehst hier vier verschiedene Schrägbilder des Quaders. Du schaust dabei von rechts oben auf den jeweiligen Quader.

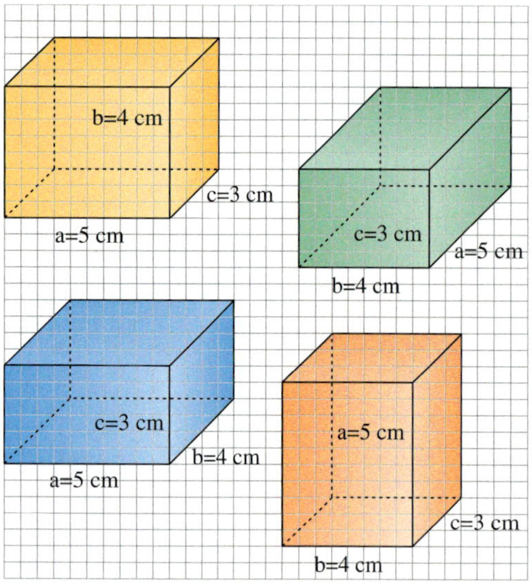

Mögliche Beschreibung für den gelben Quader: Ich zeichne ein Rechteck mit den Seiten $a = 5$ cm und $b = 4$ cm. Von jeder Ecke zeichne ich schräg nach hinten eine Linie, die 3 Kästchendiagonalen lang ist ($c = 3$ cm). Die Endpunkte dieser Linien verbinde ich wieder zu einem Rechteck.

5

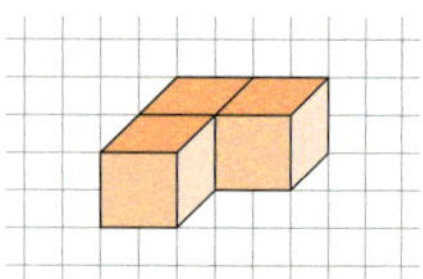

6 Es entsteht das Rechteck *ACBD*. Die Strecke $\overline{AB}$ heißt Diagonale.

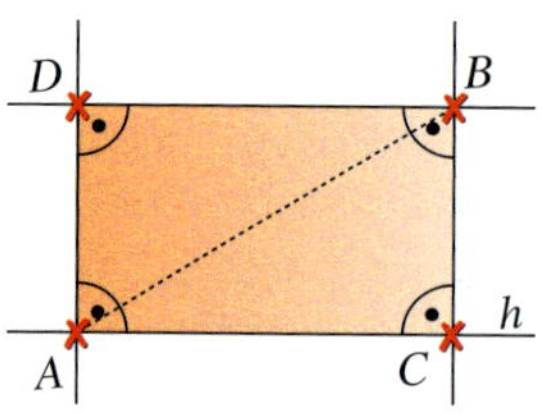

7 Das Quadrat und die Raute sind Vierecke mit zueinander senkrechten Diagonalen. Vielleicht ist dir auch das Drachenviereck (in der Abbildung rechts) bekannt.

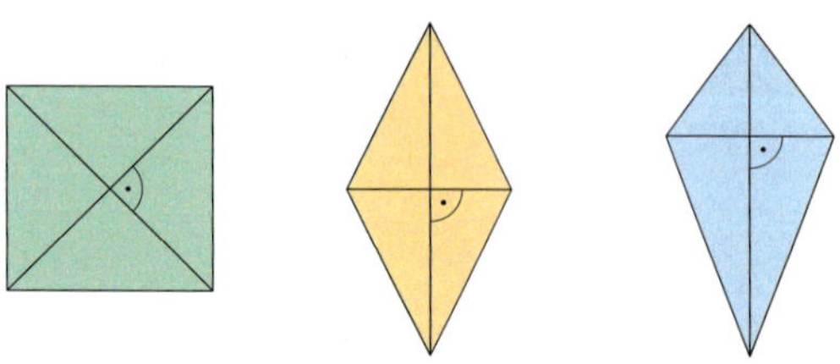

8 Für das Parallelogramm gibt es mehrere Lösungen, zwei mögliche sind abgebildet.

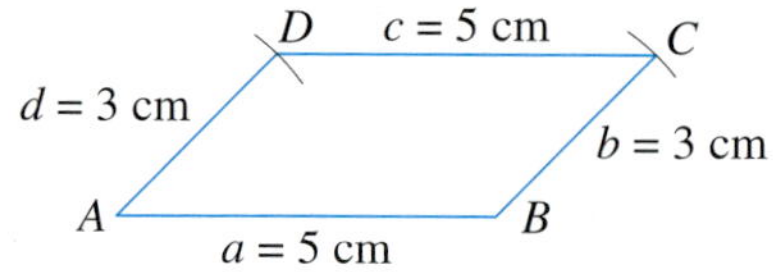

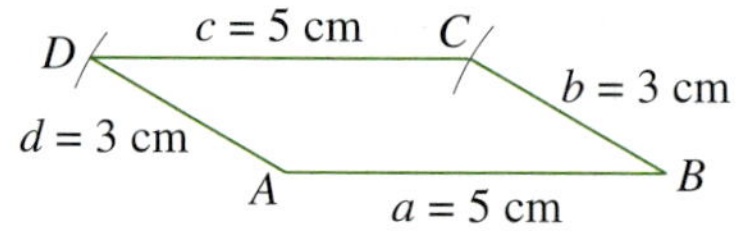

Für das Trapez gibt es ebenfalls mehrere Lösungen, zwei mögliche sind abgebildet.

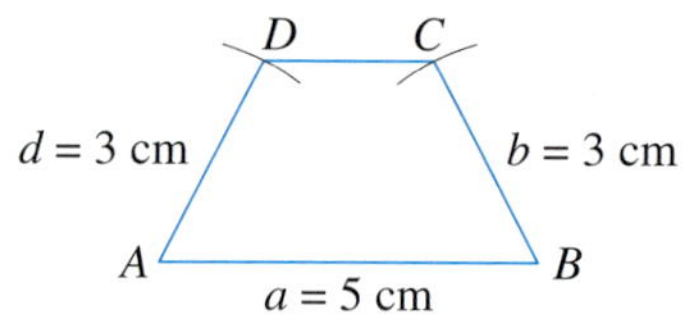

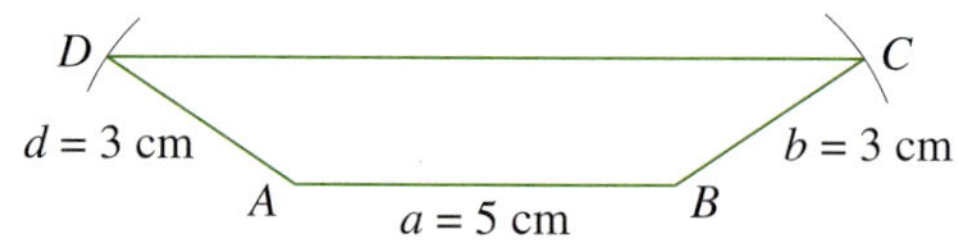

Für das gleichschenklige Dreieck gibt es genau eine Lösung. Du zeichnest die Strecke $\overline{AB} = 5$ cm und schlägst um die beiden Endpunkte jeweils einen Kreisbogen mit dem Radius $r = 3$ cm. Der Schnittpunkt der beiden Kreisbögen ist der Punkt *C*.

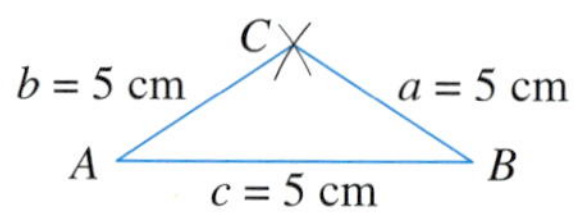

9 Die Gerade *h* schneidet die *x*-Achse im Ursprung $M(0|0)$, der hier der Mittelpunkt des Kreises ist.

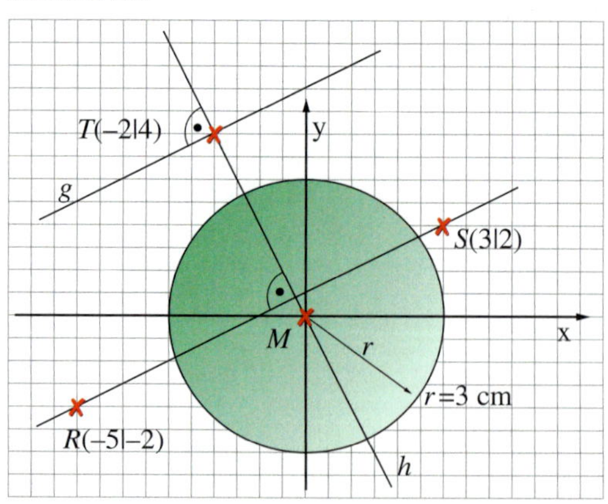

10 **Drachenviereck** (in der Zeichnung braun unterlegt)
Eckpunkte $A(-6|0)$, $B(-4|-5)$, $C(-2|0)$, $D(-4|2)$
Seitenmittelpunkte $M_{AB}(-5|-2{,}5)$, $M_{BC}(-3|-2{,}5)$, $M_{CD}(-3|1)$, $M_{DA}(-5|1)$
Schnittpunkt der Diagonalen $S(-4|0)$

Raute (in der Zeichnung blau unterlegt)
Eckpunkte $A(4|-4)$, $B(10|1)$, $C(4|6)$, $D(-2|1)$
Seitenmittelpunkte $M_{AB}(7|-1{,}5)$, $M_{BC}(7|3{,}5)$, $M_{CD}(1|3{,}5)$, $M_{DA}(1|-1{,}5)$
Schnittpunkt der Diagonalen $S(4|1)$

S. 128 – Addieren und Subtrahieren

1 **a)** $44 + 18 + 72 = 44 + (18 + 72) = 134$
b) $169 - 53 - 69 = 169 - 69 - 53 = 47$
c) $12 + 37 + 8 + 54 + 3 + 6 = (12 + 8) + (37 + 3) + (54 + 6) = 20 + 40 + 60 = 120$
d) $57 + 58 + 59 + 60 + \ldots + 63 = (57 + 63) + (58 + 62) + (59 + 61) + 60 = 3 \cdot 120 + 60 = 420$

2 1. Schritt: $7 + 53 = 60$
2. Schritt: $3 + 37 = 40$
3. Schritt: $97 - 60 = 37$

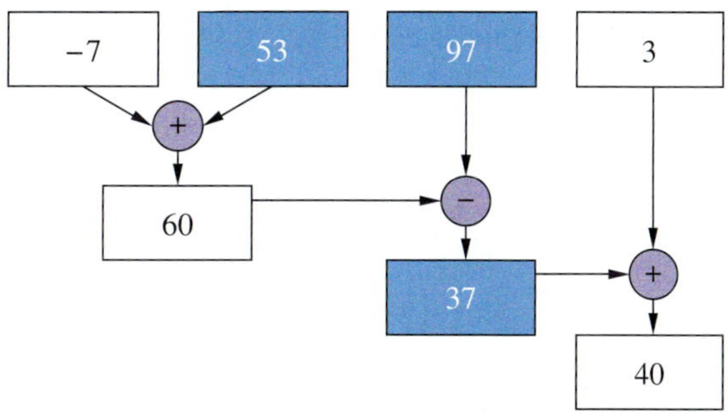

3 **a)** $383 - (145 + 155) - 73$
$= 383 - 73 - (145 + 155) = 310 - 300$
$= 10$
b) $(301 - 3) - (87 - 12) = 298 - 75 = 223$
c) $(12 + 86) + (14 + 108)$
$= (12 + 108) + (86 + 14) = 120 + 100$
$= 220$
d) $511 - 334 - 66 + 89 = 511 + 89 - 334 - 66 = 600 - 400 = 200$

4 **a)** $\mathbf{8} + 9 = 17$ **c)** $29 - (4 + \mathbf{3}) = 22$
b) $47 - \mathbf{24} = 23$ **d)** $\mathbf{134} - (5 + 99) = 30$

5 **a)** Überschlag: 6000 + 2000 + 2000 = 10 000 genau: 9906,44
b) Überschlag: 23 000 – 18 000 = 5000 genau: 5291,42

6 **a)** 5529 **b)** 371 039 **c)** 233 934 **d)** 223 572

7 Du musst alle Mengenangaben addieren um das Gesamtgewicht zu ermitteln.
225 g + 15 g + 6 g + 171 g + 4 g + 500 g = 921 g
Der Pfannkuchenteig wiegt insgesamt 921 g.

8 Die Süßigkeiten kosten zusammen 6,64 €. Es bleiben also noch 10 € – 6,64 € = 3,36 € übrig. Du kannst von einzelnen Packungen mehrere kaufen, z. B. noch 5 P. Fruchtkaubonbons und 1 P. Gummibärchen.

9 **a)**

	2	3	**7**	6
+	**3**	0	9	**9**
+	5	**4**	7	5

b)

	1	0	**5**	2	**5**
–		**8**	7	0	1
		1	8	**2**	4

10 **a)** $(74 - 33) + (25 + 18) = 41 + 43 = 84$ **b)** $(34 + 42) - (34 + 28) = 76 - 62 = 14$

11 Wenn man den Minuenden um 10 und den Subtrahenden um 9 vergrößert, dann wird die Differenz um $10 - 9 = 1$ größer.

S. 150 – Flächeninhalte

1 Du zählst die Kästchen der einzelnen Buchstaben aus und erhältst:

Buchstabe	P	A	U	S	E
Anzahl der Kästchen	10	12	11	11	11

Die Reihenfolge nach der Größe des Flächeninhaltes ist: $A > U, S, E > P$
U, S und E haben denselben Flächeninhalt.

2 Linke Teilfigur (gelb schraffiertes Quadrat): $A_Q = 3\text{ cm} \cdot 3\text{ cm} = 9\text{ cm}^2$
Rechte Teilfigur (kleines grünes Rechteck): $A_R = 2\text{ cm} \cdot 3\text{ cm} = 6\text{ cm}^2$
Gesamtfläche als Summe berechnet: $A_Q + A_R = 9\text{ cm}^2 + 6\text{ cm}^2 = 15\text{ cm}^2$
Gesamtfläche direkt berechnet (großes grünes Rechteck): $A_R = 5\text{ cm} \cdot 3\text{ cm} = 15\text{ cm}^2$.

3 Der Flächeninhalt des Rechtecks beträgt $A_R = 2\text{ cm} \cdot 8\text{ cm} = 16\text{ cm}^2$.
Ein Quadrat mit demselben Flächeninhalt hat die Kantenlänge 4 cm, denn $A_Q = 4\text{ cm} \cdot 4\text{ cm} = 16\text{ cm}^2$.

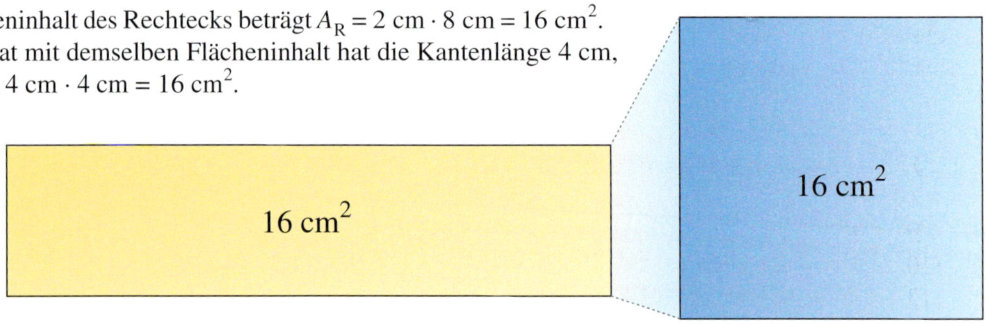

4 **Möglichkeit 1**
Die Restfläche kann zum Beispiel in zwei Rechteckflächen zerlegt werden:
$A_1 = 20\text{ cm} \cdot 30\text{ cm} = 600\text{ cm}^2$,
$A_2 = 30\text{ cm} \cdot 50\text{ cm} = 1500\text{ cm}^2$.
Zusammen sind das
$A = 600\text{ cm}^2 + 1500\text{ cm}^2 = 2100\text{ cm}^2 = 21\text{ dm}^2$.

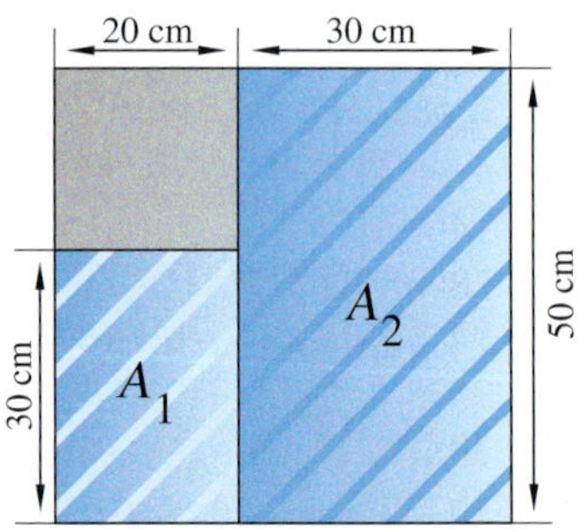

Möglichkeit 2
Eine weitere Art der Zerlegung in drei Flächen erfolgt, indem A_2 zusätzlich in eine rechteckige und eine quadratische Fläche zerlegt wird.
Die so neu entstandene Rechteckfläche A_3 ist genauso groß wie A_1.
Die quadratische Fläche hat den Flächeninhalt
$A_Q = 30\text{ cm} \cdot 30\text{ cm} = 900\text{ cm}^2$.
Insgesamt ergibt damit wieder
$A = A_1 + A_3 + A_Q = 600\text{ cm}^2 + 600\text{ cm}^2 + 900\text{ cm}^2 = 2100\text{ cm}^2$
$= 21\text{ dm}^2$.
Du kannst die Berechnungen durch Umwandlung der Längen in dm auch direkt in dm^2 durchführen.

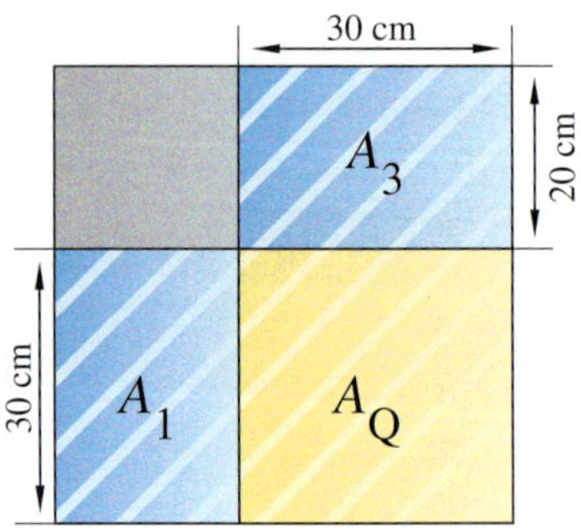

5 Ein Blatt DIN-A4-Papier hat einen Flächeninhalt von ungefähr
$A_R = 21\text{ cm} \cdot 29{,}7\text{ cm} \approx 21\text{ cm} \cdot 30\text{ cm} = 630\text{ cm}^2$
Wenn du dies mit der Anzahl der Blätter in einer Packung multiplizierst, erhältst du die gesamte Fläche die du damit auslegen könntest.
$500 \cdot 630\text{ cm}^2 = 315\,000\text{ cm}^2 = 3150\text{ dm}^2 = 31{,}5\text{ m}^2$
Das entspricht in etwa der Fläche eines Klassenzimmers mit 6 m Länge und 5 m Breite.

6
a) $14\text{ m}^2 = 140\,000\text{ cm}^2$
b) $36\,000\text{ mm}^2 = 360\text{ cm}^2$
c) $450\text{ dm}^2 = 4{,}5\text{ m}^2 = 45\,000\text{ cm}^2$
d) $86\,000\text{ cm}^2 = 8{,}6\text{ m}^2$

7
a) $12\,060\text{ dm}^2 = 120{,}6\text{ m}^2$
b) $7500\text{ cm}^2 = 75\text{ dm}^2$
c) $340\,000\text{ mm}^2 = 34\text{ dm}^2$

8
a) $A = 5\text{ cm} \cdot 12\text{ cm} = 60\text{ cm}^2$
b) $A = 3{,}2\text{ cm} \cdot 5\text{ cm} = 32\text{ mm} \cdot 50\text{ mm} = 1600\text{ mm}^2 = 16\text{ cm}^2$
c) $A = 13\text{ mm} \cdot 13\text{ mm} = 169\text{ mm}^2$

9
a) Länge: 3 cm, Breite 2 cm, Höhe 1 cm
b) $A_1 = A_6 = 1\text{ cm} \cdot 2\text{ cm} = 2\text{ cm}^2$
$A_2 = A_4 = 3\text{ cm} \cdot 1\text{ cm} = 3\text{ cm}^2$
$A_3 = A_5 = 3\text{ cm} \cdot 2\text{ cm} = 6\text{ cm}^2$
c) Die Summe aller Flächeninhalte beträgt
$2 \cdot 2\text{ cm}^2 + 2 \cdot 3\text{ cm}^2 + 2 \cdot 6\text{ cm}^2 = 22\text{ cm}^2$.
Das ist der Flächeninhalt der „Oberfläche“ des Quaders.

S. 192 – Multiplizieren und Dividieren

1
a) $125 \cdot (19 - 11) = 125 \cdot 8 = 1000$
b) $(108 - 98) : 5 = 10 : 5 = 2$
c) $(13 + 17) \cdot 13 = 30 \cdot 13 = 390$
d) $(16 + 44) : 12 = 60 : 12 = 5$
e) $(19 + 111) \cdot (39 : 13) = 130 \cdot 3 = 390$
f) $1 + (1 - 1) : (1 + 1) = 1 + 0 : 2 = 1 + 0 = 1$
Lösungswort: clever

2
a) $140 - 20 \cdot 6 = 140 - 120 = 20$
b) $2800 : 40 - 40 = 280 : 4 - 40 = 70 - 40 = 30$
c) $72 + 12 : 6 = 72 + 2 = 74$
d) $75 : 3 + 45 : 3 = 25 + 15 = 40$ oder $75 : 3 + 45 : 3 = (75 + 45) : 3 = 120 : 3 = 40$
e) $30 : 3 + 30 : 2 + 2 \cdot 6^2 = 10 + 15 + 2 \cdot 36 = 25 + 72 = 97$
f) $46 \cdot 12 - 34 \cdot 12 - 12 \cdot 12 = (46 - 34 - 12) \cdot 12 = 0 \cdot 12 = 0$

3 Es gibt stets mehrere systematische Wege zur Lösung. Hier wird jeweils nur ein Beispiel angegeben:
a) $14 \cdot 5 + 5 \cdot 3 = 70 + 15 = 85$
b) $10 \cdot 10 - 4 \cdot 7 = 100 - 28 = 72$
c) Nach Gauß: $(1 + 16) + (2 + 15) + \ldots + (8 + 9) = 8 \cdot 17 = 136$

4 Wenn ein Faktor verdoppelt und ein anderer halbiert wird, so ändert sich das Produkt gar nicht. Also wirkt sich nur die Verdreifachung des einen Faktors aus und verdreifacht den Wert des Produktes.
Ausgangsterm, z. B. $7 \cdot 10 \cdot 8 = 560$
Veränderung $(7 \cdot 2) \cdot (10 \cdot 3) \cdot (8 : 2) = 14 \cdot 30 \cdot 4 = 56 \cdot (3 \cdot 10) = (56 \cdot 10) \cdot 3 = 560 \cdot 3$

5
a) Überschlag: ist nicht nötig — exakt: 90 000
b) Überschlag: $1300 \cdot 200 = 260\,000$ — exakt: 274 703
c) Überschlag: $20\,000 \cdot 900 = 18\,000\,000$ — exakt: 17 161 425
d) Überschlag: $800 \cdot 30 = 24\,000$ — exakt: 26 624
e) Überschlag: $1200 : 10 = 120$ — exakt: $112 + 2 : 11$
f) Überschlag: $300\,000 : 100 = 3000$ — exakt: 3333

6 Nahe liegende Aufgaben sind die folgenden. Weitere sind aber durchaus denkbar.
a) Aufgabe: Wie viele Bäume gibt es ungefähr auf der Erde?
Es gibt etwa $500 \cdot 6\,000\,000\,000 = 3\,000\,000\,000\,000 = 3$ Billionen Bäume auf der Erde.
b) Aufgabe: Wie viele Bäume kommen in Deutschland auf jeden Einwohner? Sind es mehr oder weniger als im Erddurchschnitt?
In Deutschland kommen etwa $30\,000\,000\,000 : 80\,000\,000 = 375$ Bäume auf jeden Einwohner. Das sind also weniger als im Erddurchschnitt.

7
a) $126 = 2 \cdot 63 = 2 \cdot 3 \cdot 21 = 2 \cdot 3 \cdot 3 \cdot 7 = 2 \cdot 3^2 \cdot 7$
b) $1625 = 5 \cdot 325 = 5 \cdot 5 \cdot 65 = 5 \cdot 5 \cdot 5 \cdot 13 = 5^3 \cdot 13$
c) $96 = 2 \cdot 48 = 2 \cdot 2 \cdot 24 = 2 \cdot 2 \cdot 2 \cdot 12 = 2 \cdot 2 \cdot 2 \cdot 2 \cdot 6 = 2 \cdot 2 \cdot 2 \cdot 2 \cdot 2 \cdot 3 = 2^5 \cdot 3$
d) $110 = 2 \cdot 55 = 2 \cdot 5 \cdot 11$

8 Die Primfaktorzerlegung von 154 lautet: $154 = 2 \cdot 7 \cdot 11$
Neben dem Produkt $154 = 1 \cdot 154$ gibt drei weitere Möglichkeiten 154 als Produkt zweier Zahlen zu schreiben. Du musst jeweils zwei der drei Primfaktoren zusammenfassen und erhältst die Lösungen $154 = 14 \cdot 11$ oder $154 = 22 \cdot 7$ oder $154 = 77 \cdot 2$.

9 Durch 3 teilbar sind die Zahlen: 15; 24; 27; 444
Durch 9 teilbar ist nur die Zahl: 27

10
a) Teilbar durch 4 sind: 12; 40
Teilbar durch 5 sind: 35; 40; 70; 85
Teilbar durch 4 und 5 ist: 40
Weder durch 4 noch durch 5 teilbar ist: 46

b) Teilbar durch 4 ist: 20 496
Teilbar durch 5 sind: 55 120; 1 000 750
Teilbar durch 4 und 5 ist: 55 120
Weder durch 4 noch durch 5 teilbar ist: 4822

11
a) $18 = 2 \cdot 3 \cdot 3$ und $30 = 2 \cdot 3 \cdot 5$ $\Rightarrow$ $ggT(18; 30) = 2 \cdot 3 = 6$
b) $15 = 3 \cdot 5$ und $27 = 3 \cdot 3 \cdot 3$ $\Rightarrow$ $ggT(15; 27) = 3$
c) $117 = 1 \cdot 117$ und $154 = 1 \cdot 2 \cdot 7 \cdot 11$ $\Rightarrow$ $ggT(117; 154) = 1$
d) $132 = 2 \cdot 2 \cdot 3 \cdot 11$ und $204 = 2 \cdot 2 \cdot 3 \cdot 17$ und $228 = 2 \cdot 2 \cdot 3 \cdot 19$
$\Rightarrow ggT(132; 204; 228) = 2 \cdot 2 \cdot 3 = 12$

12
a) $15 = 3 \cdot 5$ und $27 = 3 \cdot 3 \cdot 3$ $\Rightarrow$ $kgV(15; 27) = 3 \cdot 3 \cdot 3 \cdot 5 = 135$
b) $12 = 2 \cdot 2 \cdot 3$ und $108 = 2 \cdot 2 \cdot 3 \cdot 3 \cdot 3$ $\Rightarrow$ $kgV(12; 108) = 2 \cdot 2 \cdot 2 \cdot 3 \cdot 3 = 108$
c) $16 = 2 \cdot 2 \cdot 2 \cdot 2$ und $24 = 2 \cdot 2 \cdot 2 \cdot 3$ $\Rightarrow$ $kgV(16; 24) = 2 \cdot 2 \cdot 2 \cdot 2 \cdot 3 = 48$
d) $36 = 2 \cdot 2 \cdot 3 \cdot 3$ und $60 = 2 \cdot 2 \cdot 3 \cdot 5$ und $84 = 2 \cdot 2 \cdot 3 \cdot 7$
$\Rightarrow kgV(36; 60; 84) = 2 \cdot 2 \cdot 3 \cdot 3 \cdot 5 \cdot 7 = 1260$

13 Zunächst berechnest du die Primfaktorzerlegungen von der Breite 72 cm und der Länge 108 cm.
$108 = 2 \cdot 2 \cdot 3 \cdot 3 \cdot 3$ und $72 = 2 \cdot 2 \cdot 2 \cdot 3 \cdot 3$.
Damit ist der größte gemeinsame Teiler der beiden Zahlen $ggT(72; 108) = 2 \cdot 2 \cdot 3 \cdot 3 = 36$ und es gilt: $72 = 36 \cdot 2$ und $108 = 36 \cdot 3$. Du kannst also $2 \cdot 3 = 6$ quadratische Stücke mit der Seitenlänge 36 cm aus dem Blech Pizza ausschneiden.

Zahlen

Zahlen können mithilfe von **Stellenwerttafeln** dargestellt werden.
(Beachte auch die Seite 39)

Millionen			Tausender					
H	Z	E	H	Z	E	H	Z	E
1	0	0	0	1	5	7	9	8
				5	7	3	3	1

Verfahren der **schriftlichen Subtraktion**
(Beachte auch die Seite 127)

```
  8 4 7
– 1₁9 3
  6 5 4
```

$7 - 3 = 4$ oder $3 + 4 = 7$
$14 - 9 = 5$ (Übertrag 1) $9 + 5 = 14$ (Übertrag 1)
$8 - 1 - 1 = 6$ $1 + 1 + 6 = 8$

Verfahren der **schriftlichen Multiplikation**
(Beachte auch die Seite 191)

```
2 3 2 · 1 4
    2 3 2
      9 2 8
    3 2 4 8
```

$10 \cdot 232 = 2320$
$+ 4 \cdot 232 = 928$
3248

Verfahren der **schriftlichen Division**
(Beachte auch die Seite 191)

```
  6 2 1 : 2 7 = 2 3
– 5₁4 ↓
    8 1
  – 8 1
      0
```

$20 \cdot 27 = 540$
Übertrag 1
$3 \cdot 27 = 81$

Rundungsregel
Von Eins bis Vier runde ab, von Fünf bis Neun runde auf.
(Beachte auch die Seite 127)

45 374 ≈ 45 370 (auf Zehner **ab**gerundet)
45 374 ≈ 45 400 (auf Hunderter **auf**gerundet)
45 374 ≈ 45 000 (auf Tausender **ab**gerundet)
45 374 ≈ 50 000 (auf Zehntausender **auf**gerundet)

Einfache **Brüche**

$\frac{1}{4}$ Kuchen 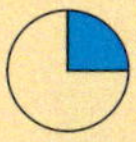

$\frac{1}{3}$ Pizza 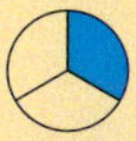

$\frac{1}{2}$ Torte 

$\frac{3}{4}$ Stunde 

Beispiele für **Teiler** und **Vielfache**

2 ist Teiler von 10, denn 10 : 2 = 5 Rest 0
Damit ist auch 5 ein Teiler von 10.
27 ist ein Vielfaches von 3, denn $9 \cdot 3 = 27$
Alle geraden Zahlen sind Vielfache der 2.

Messen

Längen, Zeit, Massen, Flächeninhalte etc. werden gemessen, indem du mit dem **Zahlenwert** angibst, wie oft die **Einheit** in das zu messende Objekt passt.
Häufig findest du auch die Begriffe **Maßzahl** statt Zahlenwert und **Maß**einheit.

47 mm
Zahlenwert – Einheit

Länge:

1 km = 1000 m

1 m = 10 dm = 100 cm

1 dm = 10 cm = 100 mm

1 cm = 10 mm

km		m		dm		cm		mm
	1000		10		10		10	

Masse:

1 t = 1000 kg = 1 000 000 g

1 kg = 1000 g = 1 000 000 mg

= 1 g = 1000 mg

t		kg		g		mg
	1000		1000		1000	

Geldwerte

1 € = 100 ct

4,97 € = 497 ct
10 089 ct = 100,89 €

Hohlmaße

1 l = 100 ml

5,08 l = 5080 ml
1500 ml = 1,5 l

Zeiten

1 a = 365 d = 8760 h
1 d = 24 h
1 h = 60 min = 3600 s
1 min = 60 s
1 s = 1000 ms

3 d = 72 h
17 h = 1020 min
360 s = 6 min
2300 ms = 2,3 s

Raum und Form

Körper und ihre Netze

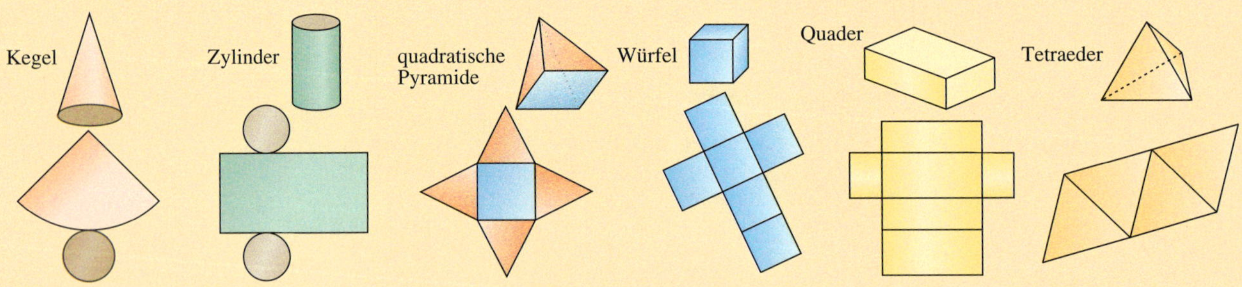

Ebene Grundfiguren

Rechteck Quadrat Dreieck Kreis

Daten

Daten können in **Tabellen** oder **Diagrammen** übersichtlich dargestellt werden.
In Tabellen kannst du schneller genaue Informationen ablesen, in Diagrammen kannst du hingegen gut vergleichen.

Bevölkerung in Millionen im Jahr 2000	
Afrika	800
Asien	3684
Australien	31
Europa	728
Nordamerika	306
Südamerika	518
gesamt	6067

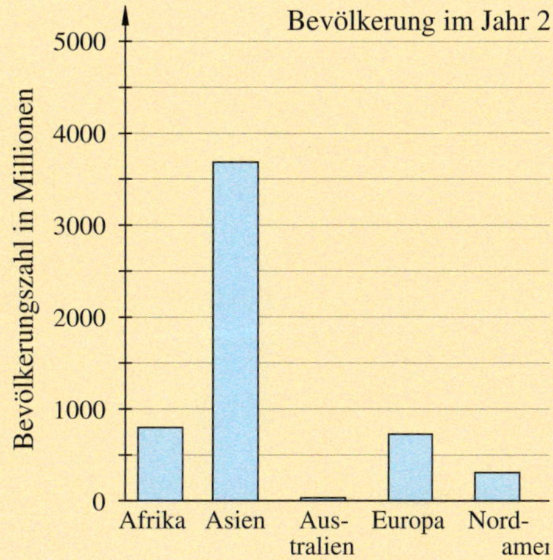

Zeichenerklärung

$=; \neq$	ist gleich; ist ungleich
$\approx$	ungefähr, rund, angenähert
$<; >$	ist kleiner als; ist größer als
$\leq; \geq$	ist kleiner oder gleich; ist größer oder gleich
$\hat{=}$	entspricht
$\vert a \vert$	Betrag der Zahl *a*
$\{4; 11; 34\}$	Menge mit den Elementen 4; 11; 34
$\mathbb{N}$	Menge der natürlichen Zahlen $\{0; 1; 2; 3; 4; \ldots\}$
$\mathbb{Z}$	Menge der ganzen Zahlen $\{\ldots; -4; -3; -2; -1; 0; 1; 2; 3; 4; \ldots\}$
AB	Gerade durch die Punkte *A* und *B* (Geraden werden auch mit Kleinbuchstaben bezeichnet, z. B. *g* oder *h*)
$\overline{AB}$	Strecke von *A* nach *B*
$\vert\overline{AB}\vert$	Länge der Strecke von *A* nach *B*
$g \parallel h$	*g* ist parallel zu *h*
$g \perp h$	*g* ist senkrecht bzw. orthogonal zu *h*
⊾	rechter Winkel

Bildnachweis

Einband: ullstein bild, Berlin/Simon | 5 Cornelsen Verlagsarchiv | 6 OKAPIA/Cubitt | 16 Stadt Fulda/Grundstücks- und Vermessungsamt | 17 Kinder-Akademie Fulda o. r.; Wikimedia/CC/Thomas SD u. r.) | 18 Cornelsen Verlagsarchiv o.; picture-alliance/ZB/Wolfgang Thieme M. l. | 19 akg-images, Berlin | 24 Informationsbüro der Europäischen Union, Berlin | 26 Cornelsen Verlagsarchiv | 29 Staatliche Museen zu Berlin – Preussischer Kulturbesitz/Ägyptisches Museum | 30 Cornelsen Verlagsarchiv | 31 picture-alliance/dpa | 34 Wikipedia/GNU/Bernhard Gragnon | 42 Fotolia.com/Twilight Art Pictures | 43 Marisa Pilger, Rosenheim o. r.; BildArt Photo Volker Döring, Hohen-Neuendorf M. l. | 49 B. I. M. P., Sèvres (F) | 50 Stadt Ulm/Tourismus Information | 58 Cornelsen Verlagsarchiv | 64 Cornelsen Verlagsarchiv | 65 Dr. med. Michael Zacher, Bad Neustadt a. d. S. o. r.; Hamburger Hafen-Lagerwirtschaft AG/Presse M. r. | 69 http://www.heywhatsthat.com/profiler.html l.; Cornelsen Verlag/Red. Geografie o. r., M. r.; Cornelsen Verlagsarchiv u. | 70 picturealliance/dpa/Breloer | 73 Peter Hartmann, Potsdam | 75 Frank Welke, Berlin | 77 BildArt Photo Volker Döring, Hohen-Neuendorf | 81 Wikimedia/CC/Klaus Graf u. r.; Wikipedia/GNU/R.ledigt u. l. | 83 akg-images, Berlin M. r.; Gregor Lüdi, Martin Lüscher, http://www.natur-struktur.ch u. r. | 84 Martin Frech, Tübingen | 90 Peter Hartmann, Potsdam | 91 © Google Earth | 93 Peter Hartmann, Potsdam o. r.; Wikimedia/GNU/Alvaro u. r. | 107 Flickr/tjschloss u.r.; Kartografie Peh & Schefcic, Eppelheim | 108 Cornelsen Verlag/Red. Naturwissenschaften/Astronomie | 113 akg-images, Berlin | 117 Via-Ferrata.de/Ralf Stute, Erlangen | 118 Fotolia.com/Christa Eder | 120 Simone Lambert, Berlin | 121 picture-alliance: dpa/gms/Öger Tours o. r.; dpa/Marczok o. .; dpa/Hackenberg M. .; OKAPIA KG/Rose M. .; dpa/Scheidemann u. .; dpa/Grab u. . | 129 http://de.thesims3.com | 131 © M. C. Escher Company/Cordon Art B. ., Baarn (NL) | 136 Cornelsen Verlagsarchiv | 146 Ernst Maier Spielplatzgeräte, Traunreut u. .; FHS Holztechnik, Arnsberg-Niedereimer/Reinhard Gebhardt (8) | 147 ullstein bild, Berlin/Helmut Niedenzu | 150 Peter Hartmann/Cornelsen Verlag | 151 blickwinkel.de/R. Dirscherl | 152 dpa/Olm o. .; Helga Lade/OKAPIA/Pölking M.; Carl Zeiss Jena u. | 157 zefa visual media group/Heckenberg, Hamburg | 158 Europäische Zentralbank, Frankfurt am Main | 159 laif/© Frommann/TANAP/Frankfurt Zoological Society | 168–169 Peter Hartmann, Potsdam | 171 Simone Lambert, Berlin | 173 BildArt Photo Volker Döring, Hohen-Neuendorf | 176 NAS.Gov.JPL | 179 picture-alliance/dpa/epa/afp/NASA | 189 CARO, Berlin | 193 Luigi Neumüller, Graz (A) o.; pixelio.de/© Hofschläger u. l. | 200 Cornelsen Verlagsarchiv | 202 Cornelsen Verlagsarchiv o. l.; picture-alliance/ dpa/Fotoreport/Schulze u. l. | 203-205 Kathrin Höffken, Voerde | 206 BildArt Photo Volker Döring, Hohen-Neuendorf (2) | 207 BildArt Photo Volker Döring, Hohen-Neuendorf o. r.; Uwe Schönefeld, Berlin | 208 Cornelsen Verlagsarchiv